电工与电子技术

主　编　张晓辉
副主编　王　珺　钟嘉庆　王云静
　　　　董　杰　杨秋霞
主　审　荣亚君

燕山大学出版社
·秦皇岛·

作者对高等院校电工电子系列课程内容和课程体系进行了研究和实践，针对普通高等院校非电类专业特点，编写了本教材。

“电工与电子技术”是本科非电类专业必修的专业基础课程，是后续涉电类课程的基础，是理论与实践结合、应用范围非常广泛的一门课程。作为培养“新工科”人才的基础课程，既要强调其基础性，涵盖基础的电学知识和理论推导，又要突出其应用性，为学生后续知识的拓展预留空间。

本教材主要包括直流电路、正弦交流电路、三相供电、电动机械及电器控制电路、半导体及基本放大电路、集成运算放大器及其应用、组合逻辑电路、时序逻辑电路、电子电路仿真软件 Multisim 的应用等。主要适用于机械设计、机械制造、机械电子工程、汽车与交通等机械工程学科的各个专业方向，也适用于如材料工程、能源与动力工程、环境工程、化学工程、建筑工程、过程装备等其他非电类专业。同时也是上述学科及其他相关学科工程技术人员很好的实用参考书。

图书在版编目（CIP）数据

电工与电子技术/张晓辉主编. —秦皇岛：燕山大学出版社，2020.1（2022.2重印）
ISBN 978-7-81142-767-7

Ⅰ.①电… Ⅱ.①张… Ⅲ.①电工技术—高等学校—教材②电子技术—高等学校—教材 Ⅳ.①TM②TN

中国版本图书馆 CIP 数据核字（2022）第009653号

电工与电子技术

张晓辉　主编

出 版 人：陈　玉
责任编辑：孙志强
封面设计：刘韦希
出版发行：燕山大学出版社 YANSHAN UNIVERSITY PRESS
地　　址：河北省秦皇岛市河北大街西段 438 号
邮政编码：066004
电　　话：0335-8387555
印　　刷：英格拉姆印刷(固安)有限公司
经　　销：全国新华书店

开　　本：700 mm×1000 mm　1/16　**印　　张**：22.5　**字　　数**：420 千字
版　　次：2020 年 1 月第 1 版　**印　　次**：2022年2月第2次印刷
书　　号：ISBN 978-7-81142-767-7
定　　价：49.80 元

前　言

新工科背景下人才培养需要构建分层次、立体化的教育体系，这对工科专业基础课程教学提出了新的要求。“电工与电子技术”是机械设计制造及其自动化、材料工程、车辆工程、能源与动力工程、环境工程、建筑工程等专业的基础课程，其与大数据、物联网、人工智能、网络安全、大健康等新经济领域人才的培养密切相关。

根据非电类专业人才培养计划的基本要求，按照电工电子技术基础课程教学大纲的基本精神，积极开展了教材建设。本教材具有内容典型、详细、涵盖面广的特点，在教材编撰过程中更注重与实践相结合，不仅重视各种电路的连接方法及元器件特性，更重视完整的系统电路分析、现代电气工程的理念、全新的应用技术等。在合理安排非电类培养计划所要求的基本知识点以外，在对学生解决复杂工程问题能力的培养上也有所突破，增加了基本理论知识与生产实际紧密融合的综合应用。

本书共分九章，主要内容包括：直流电路、正弦交流电路、三相供电、电动机械及电器控制电路、半导体及基本放大电路、集成运算放大器及其应用、组合逻辑电路、时序逻辑电路、电子电路仿真软件 Multisim 的应用等。为便于自学和工程应用，在第九章提供了一些电路应用实例。书中加“*”的内容可以根据实际需要删减。

本书的第 1 章由王云静老师编写，第 2、7 章由钟嘉庆老师编写，第 3 章由董杰老师编写，第 4、9 章由王珺老师编写，第 5 章由杨秋霞老师编写，第 6、8 章由张晓辉老师编写。荣亚君老师负责全书的主审工作，并倾力制作了全书电子课件，在此表示感谢！在本书的编写过程中，得到了燕山大学电力工程系全体同人的帮助，也得到兄弟院校同行的大力支持，在此表示衷心的感谢！

由于编者水平有限，缺点和错误在所难免，敬请读者批评指正。

目　　录

第1章　直流电路

本章提要　电路是电工和电子技术的基础。本章以直流电路为分析对象，主要介绍电路和电路模型的概念、电压和电流的参考方向、电路元件、电路的工作状态、电路的分析方法等，重点讨论电路计算的基本定律和复杂电路的分析方法如基尔霍夫定律、支路电流法、节点电压法、叠加原理、戴维南定理等，这些内容都是分析与计算电路的基础，所得结论不仅适用于直流电路，也同样适用于交流电路。

本章重点　电压和电流的参考方向、关联方向；理想电路元件的电压-电流关系；电路的功率平衡；电源与负载的判别；基尔霍夫定律；复杂电路的分析方法。

本章难点　电源与负载的判别；戴维南定理。

1.1　电路及其基本物理量

1.1.1　电路

电路是电流的通路，是由若干个电气设备或元件按一定的方式组合起来的。电路也称为电网络，简称网络。

电路的结构形式是多种多样的，根据功用主要分为两类：

一类电路用以实现电能的生产、传输、转换和分配，其中最典型的例子是电力供电设备与各用电设备组成的电力系统，如图1-1a所示。发电机是电源，是供应电能的设备，在发电厂内可将热能、水能或核能等转换为电能。电灯、电动机、电炉等都是负载，是取用电能的设备，分别将电能转换为光能、机械能、热能等。变压器和输电线路是中间环节，是连接电源和负载的部分，起传输和分配电能的作用。

另一类电路用于电信号的产生、传递和处理，常见的例子如扩音机，如图1-1b所示，先由传声器将语言或音乐信息转换为相应的电压和电流等电信号，而后通过电路传递到扬声器，将电信号还原为语言或音乐。由于传声器输出的电信号比较微弱，不足以推动扬声器发音，因此中间还要用放大器将电信号放大。

通常，将由非电能或非电信号转换为电能或电信号的供电设备和器件称为电源(或信号源)。将用电设备和器件称为负载。一个完整的电路总是由电源、负载以及连接导线、开关等电气设备或器件组成。

不论电能的传输和转换，还是信号的传递和处理，在实际电路中，电压和电流都是在电源的作用下产生的，因此，电源又称为激励。由激励在电路中产生的电压和电流称为响应。有时，根据激励和响应之间的因果关系，将激励称为输入，响应称为输出。所谓电路分析，就是在已知电路结构和元件参数的条件下，讨论电路的激励与响应之间的关系。

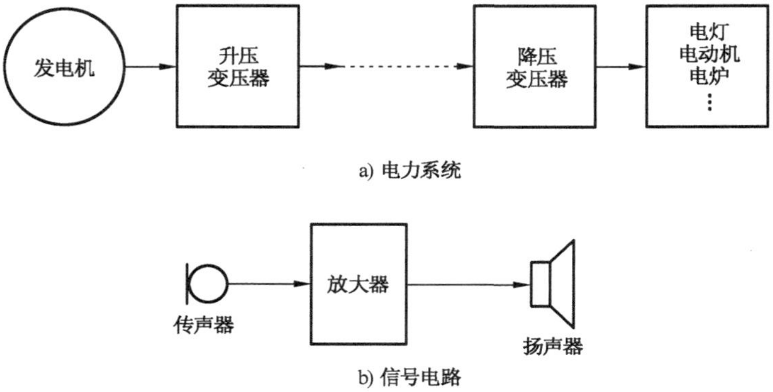

图 1-1　电路示意图

1.1.2　电路模型

电气设备和器件种类繁多，实际电路都是由一些实际电气设备或器件所组成，如发电机、变压器、电动机、晶体管以及各种电阻器和电容器等。即便是很简单的电气设备，在工作时所发生的物理现象也是很复杂的，直接使用实际器件组成的接线图来进行电路分析和研究往往是困难的甚至是不可能的。但这些复杂的物理现象是由一些基本的物理现象综合而成的。例如，一个实际的绕线式电阻器，当电流通过时，除了对电流呈现阻力外，还会产生微弱的磁场，因而兼有电感的性质，但电感微小，在电路分析中可忽略不计。因此，在电路理论中提出了用各种电路模型对实际电路进行分析和数学描述，从而进行电路分析的方法。将实际电路抽象为电路模型，就是将实际元件理想化(或称模型化)，即在一定条件下突出主要的电磁性质，忽略次要因素，从而将其近似地看作理想电路元件。由一些理想电路元件所组成的电路模型是对实际电路电磁性质的科学抽象和概括。

理想电路元件是组成电路模型的最小单元，具有单一电磁特性，主要有电阻元件、电感元件、电容元件和电源元件等，分别由相应的参数来表征。理想电阻元件是仅具有消耗电能特性的元件；理想电感元件是仅具有储存磁场能量特性的元件；理想电容元件是仅具有储存电场能量特性的元件；理想电源元件(包括电压源、电流源)是仅具有产生电能特性的元件。各元件的表示符号如图 1-2 所示。

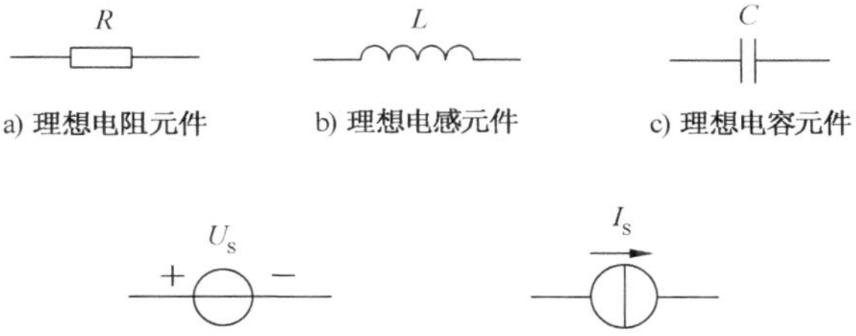

a) 理想电阻元件　b) 理想电感元件　c) 理想电容元件

d) 理想电压源　e) 理想电流源

图 1-2 理想电路元件

实际电气设备或器件在一定的条件下都可以用相应的电路模型近似描述。图 1-3a 所示为含有一个电源即干电池、一个负载即电灯和两根连接导线的简单电路，其电路模型如图 1-3b 所示，电阻元件 R 作为电灯的电路模型，理想电压源 U_S 和电阻元件 R_0 的串联组合作为干电池的电路模型，理想导线（其电阻忽略不计）作为连接导线的电路模型。

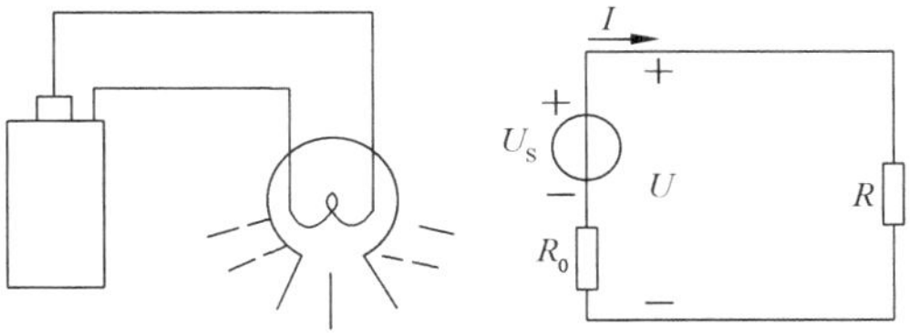

a) 实际电路　b) 电路模型

图 1-3 实际电路与电路模型

电路模型可简称电路，今后的电路分析都是指电路模型的分析。在电路图中，各种电路元件用规定的图形符号和文字符号表示。电路的分类方式有很多种，按电源来分，电源本身的电流通路为内电路，电源以外的电流通路为外电路；按电流方向变化来分，当电流的方向不随时间变化时，为直流电路，当电流的方向随时间变化时，为交流电路。

1.1.3 电流

电荷在电场作用下做有规则的定向运动就形成电流。单位时间内通过导体横截面的电荷量称为电流强度，简称电流，用以衡量电流的大小。国家标准规定，不随时间变化的物理量用大写字母表示，随时间变化的物理量用小写字母表示。因此，在直流电路中电流用大写的 I 表示，它与电荷量 Q、时间 t 的关系为

$$I=\frac{Q}{t} \tag{1-1}$$

随时间变化的电流用小写的 i 表示，等于电荷量 q 对时间 t 的变化率，即

$$i=\frac{dq}{dt} \tag{1-2}$$

在国际单位制中，电流的单位是 A(安培，简称安)，1 A=1 C/s(库仑/秒)。根据实际需要，电流的大小可以用 A(安)、mA(毫安)和 μA(微安)度量，它们之间的关系为 1 mA=10^{-3} A，1 μA=10^{-6} A。

在分析电路时，不仅要计算电流的大小，还要知道电流的方向。习惯上规定正电荷运动的方向或负电荷运动的相反方向为电流的实际方向。通常在电路图中用箭头"→"表示电流的方向。

1.1.4 电压、电位和电动势

1. 电压

电压是描述电场力对电荷做功大小的物理量，即为电场力将单位正电荷由一点移动到另一点所释放的电能。直流电压用大写的 U 表示，与电能 W、电荷 Q 的关系为

$$U=\frac{W}{Q} \tag{1-3}$$

随时间变化的电压用小写的 u 表示，等于电能 w 对电荷 q 的变化率，即

$$u=\frac{dw}{dq} \tag{1-4}$$

在国际单位制中，电压的单位是 V(伏特，简称伏)，1 V=1 J/C(焦耳/库仑)。根据实际需要，电压的大小可以分别用 kV(千伏)、V(伏)、mV(毫伏)和 μV(微伏)度量，它们之间的关系为 1 kV=10^3 V，1 mV=10^{-3} V，1 μV=10^{-6} V。

电压的实际方向规定为从高电位指向低电位的方向，即电位降低的方向。通常在电路图中用"+"(高电位端)、"−"(低电位端)表示。

2. 电位

电位是衡量电荷在电路中某点所具有能量的物理量。在数值上，电路中某点的电位，等于单位正电荷由该点移动到参考点(即零电位点)时电场力所做的功。电位的单位也是 V(伏)。电位是相对的，电位的大小与参考点的选择有关。计算电位时，必须选定电路中某一点(只能选定一点)作为参考点，其电位称为参考电位，通常设参考电位为零，则参考点又称为零电位点，习惯上就叫作"地"，在电路图中用符号"⊥"表示。例如图 1-4 中，选定 b 点为参考点。电位的表示符号为 V_a，下角标 a 表示此电位为 a 点相对地的电位。

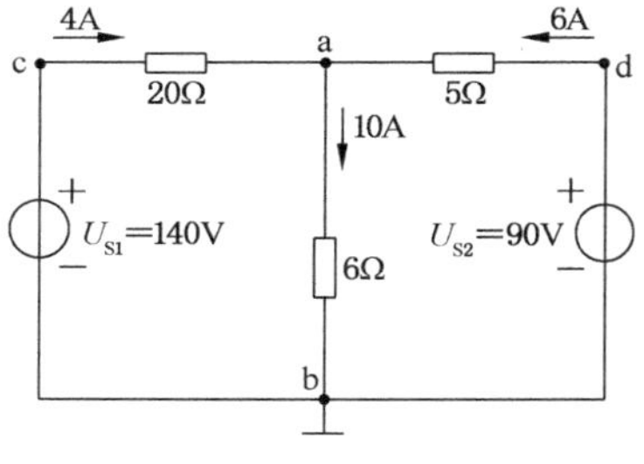

图 1-4 电位的概念

电路中某一点的电位等于该点与参考点之间的电压。参考点选定以后，电路中其他各点的电位都与其比较，比它高的为正，比它低的为负，正数值愈大则电位愈高，负数值愈大则电位愈低。所选定的参考点不同，电路中各点电位的数值也不同。

两点间的电压就是两点的电位差。它说明某一点的电位高，另一点的电位低，以及两点的电位相差多少。电压的表示符号为 U_{ab}，下角标 ab 表示此电压为 a 点相对 b 点的电位差，即

$$U_{ab}=V_a-V_b \tag{1-5}$$

参考点选得不同，电路中各点的电位值随之改变，但是任意两点间的电压值是不变的。所以各点电位的高低是相对的，而两点间的电压值是绝对的。

3. 电动势

电动势是描述电源力对电荷做功大小的物理量，即电源力将单位正电荷从电源负极经过电源内部移动到正极所做的功。直流电动势用大写的 E 表示，随时间变化的电动势用小写的 e 表示。电动势的单位也是 V(伏)。电动势的方向为在电源内部从低电位指向高电位的方向，即电位升高的方向，与电压方向相反。

1.1.5　电压和电流的参考方向

在电路分析中，当涉及某个元件或部分电路的电流或电压时，有必要指定电流或电压的参考方向。这是因为电流或电压的实际方向可能是未知的，也可能是随时间变动的，所以在电路图上用箭标或“＋”“－”来标出它们的方向或极性，才能正确列出电路方程。对于电压和电流的方向，有实际方向和参考方向之分，要加以区别。

电流的方向是客观存在的。但在分析较为复杂的电路时，往往难以事先判断某支路中电流的实际方向；对交流而言其方向随时间变化，在电路图上也无法用一个箭标来表示它的实际方向。为此，在分析与计算电路时，有必要指定电流的参考方向，可任意选定某一方向作为电流的参考方向，在电路图中用箭头表示。所选电流的参考方向并不一定与电流的实际方向一致。当电流的参考方向与其实际方向一致时，则电流为正值(见图 1-5a)；反之，当电流的参考方向与其实际方向相反时，则电流为负值(见图 1-5b)。图中，虚线箭头表示电流的实际方向，实线箭头表示电流的参考方向。显然，在参考方向选定之后电流之值才有正负之分。

同理，对电路中两点之间的电压也可以任意指定参考方向或参考极性，在电路图中用“＋”(高电位端)、“－”(低电位端)表示。电压的参考方向规定为由“＋”端指向“－”端，即为电位降低的方向。当电压的参考方向与其实际方向一

致时，则电压为正值(见图 1-6a)；反之当电压的参考方向与其实际方向相反时，则电压为负值(见图 1-6b)。图中，“(＋)”“(－)”表示电压的实际方向，“＋”“－”表示电压的参考方向。

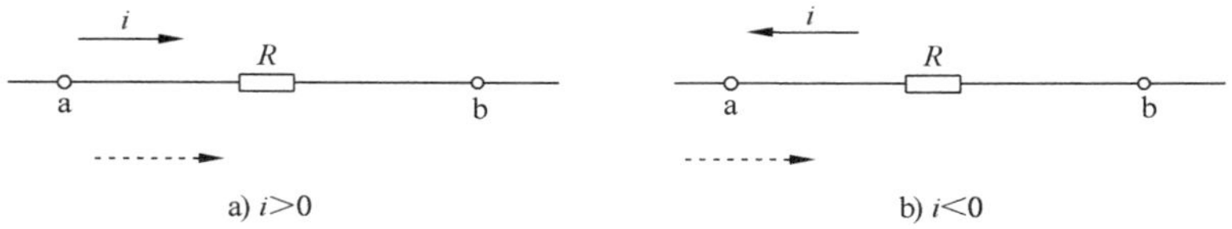

图 1-5　电流的参考方向

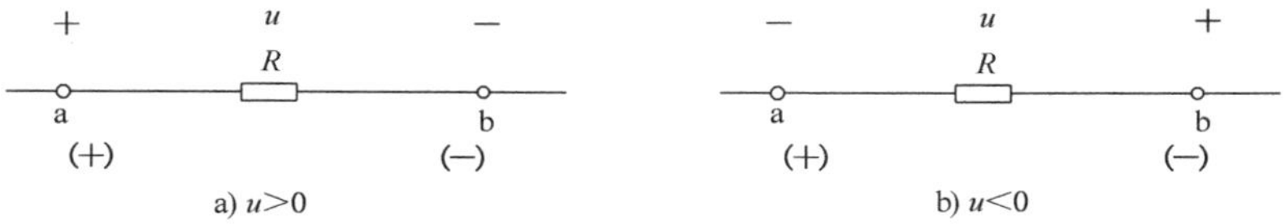

图 1-6　电压的参考方向

电压的参考方向除用极性“＋”“－”表示外，也可用双下标表示。例如 a、b 两点之间的电压 U_{ab}，它的参考极性是由 a 指向 b，也就是说 a 点的参考极性为“＋”，b 点的参考极性为“－”。如果参考方向选为由 b 指向 a，则为 U_{ba}，$U_{ab}=-U_{ba}$。可知在图 1-6a 中，电压 u_{ab} 为正值，u_{ba} 则为负值。

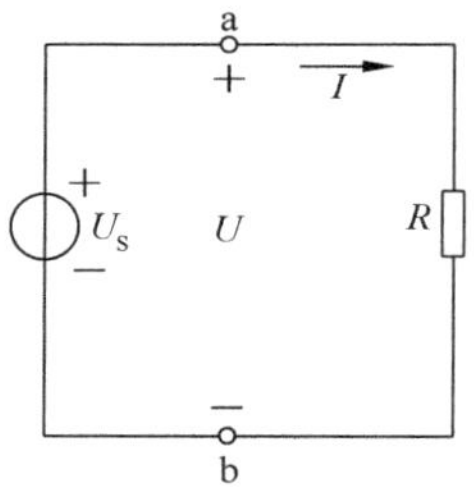

图 1-7　电压与电流的关联方向

在电路图上所标的电流和电压方向，一般都是参考方向，而不是实际方向。当参考方向与实际方向相同时，其值为正，否则为负。它们是正值还是负值，视选择的参考方向而定。

在标定电路中无源元件(如电阻、电感、电容等元件)的电压和电流参考方向时，两者常采用一致的参考方向，称为关联方向；对于电源元件(电压源、电流源)，常采用电压与电流不一致的参考方向，称为非关联方向。图 1-7 中电阻元件 R 上电压与电流的参考方向为关联方向，电压源 U_S 上电压与电流的参考方向为非关联方向。

1.1.6　电功率和能量

电能是电场力在一定时间内将正电荷从电路的一点移动到另一点所做的功，也就是该段电路所消耗或释放的电能。由电压与电流的定义，可将电路中的电能 W(或 w)表示为

$$W=UQ=UIt \tag{1-6}$$

或

$$w=uq=uit \tag{1-7}$$

电功率是单位时间内电路各部分所转换的电能，电功率可简称为功率，用 P 或 p 表示

$$P=W/t \text{ 或 } p=\frac{\mathrm{d}w}{\mathrm{d}t} \tag{1-8}$$

图 1-7 所示是由电源（即电压源）与负载（即电阻）串联组成的最简单电路的能量转换。电源 U_S 提供功率，负载 R 则消耗功率。然而情况往往是复杂的。蓄电池、发电机等有源元件有可能提供功率，但也有可能像蓄电池充电那样消耗功率；电阻、电感、电容等无源元件有可能消耗功率，也有可能像储能元件电感和电容放电那样提供功率。为了反映元件在电路中的不同工作状态，在功率的量值前面标以"＋""－"符号加以区别。任何元件功率值为正值时规定为消耗功率，负值时则规定为提供功率。

电功率与电压和电流密切相关。当正电荷从元件上电压的"＋"极性端经元件运动到电压的"－"极性端时，与此电压相应的电场力要对电荷做正功，这时，元件吸收电能；反之，正电荷从电压的"－"极性端经元件运动到电压"＋"极性端时，电场力做负功，元件向外释放电能。

元件采用关联参考方向时，其功率可写为

$$P=UI \text{ 或 } p=ui \tag{1-9}$$

若采用非关联参考方向时，则

$$P=-UI \text{ 或 } p=-ui \tag{1-10}$$

式中，当 P 或 $p>0$ 时，元件吸收（消耗）功率；当 P 或 $p<0$ 时，元件发出（释放）功率。

在国际单位制中，功率的单位是 W（瓦特，简称瓦），根据实际需要，功率的大小可以分别用 MW（兆瓦）、kW（千瓦）、W（瓦）和 mW（毫瓦）来度量，它们之间的关系为 $1\ \text{MW}=10^6\ \text{W}$，$1\ \text{kW}=10^3\ \text{W}$，$1\ \text{mW}=10^{-3}\ \text{W}$。

电能的单位是 J（焦耳，简称焦）。在工程上常用 kW · h（千瓦时）作为电能的计量单位，1 千瓦时即为 1 度电。千瓦时与焦耳的换算关系为 $1\ \text{kW}\cdot\text{h}=3.6\times10^6\ \text{J}$。

［思考题］

1. 电路一般由哪几部分组成？它们分别在电路中起什么作用？

2. 电压与电动势两个概念有何共同和不同之处？

3. 有一元件接于某电路的 a、b 两点之间，已知 $U_{ab}=-5\ \text{V}$，请问 a、b 两点哪点电位较高？

1.2　电路元件

理想电路元件（以下简称电路元件）具有单一的物理特性和严格的数学定

义。电路元件分为无源元件和有源元件两类。

1.2.1 无源元件

电路分析中常见的无源元件包括电阻元件、电感元件和电容元件，其中电阻元件表征实际器件消耗电能的物理特性，称为耗能元件，电感元件、电容元件表征实际器件储存磁场能量、电场能量的物理特性，称为储能元件。

1. 电阻元件

电气设备中，常用电阻元件（简称电阻）来表征将电能转换成热能、光能等其他形式能量的特性，例如电炉、电灯等都可以用电阻来代替，其图形符号如图 1-8a 所示。电阻元件分为线性电阻元件和非线性电阻元件。本书仅介绍线性电阻元件，其伏安特性曲线如图 1-8b 所示，是通过坐标原点的一条直线，电阻值等于该电阻两端的电压值与流过该电阻的电流值的比值，即

$$R=\frac{U}{I} \tag{1-11}$$

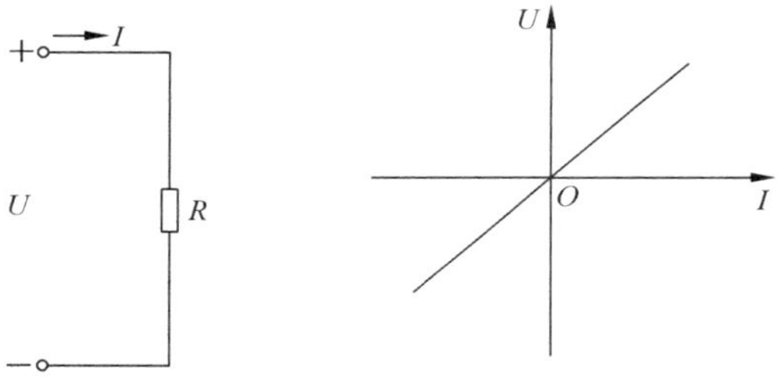

a) 图形符号　　b) 伏安特性曲线

图 1-8　线性电阻元件

这就是欧姆定律，是分析电路的基本定律之一。可见，当所加电压 U 一定时，电阻 R 愈大，则电流 I 愈小，电阻具有对电流起阻碍作用的物理性质。在国际单位制中，电阻的单位是 Ω（欧姆，简称欧）。当电路两端的电压为 1 V、通过的电流为 1 A 时，则该段电路的电阻为 1 Ω。根据实际需要，电阻的单位可以分别用 kΩ（千欧）或 MΩ（兆欧）来度量，它们之间的关系是 $1\ \text{k}\Omega=10^3\ \Omega$，$1\ \text{M}\Omega=10^6\ \Omega$。电阻的倒数称为电导，用符号 G 表示，即

$$G=\frac{1}{R} \tag{1-12}$$

电导的单位是 S（西门子，简称西）。

显然，欧姆定律还可表示为

$$I=GU \tag{1-13}$$

根据在电路图上所选电压和电流的参考方向的不同，在欧姆定律的表达式中

可带有正号或负号。当电压与电流的参考方向一致，即为关联参考方向时，则得

$$U=RI \tag{1-14}$$

当两者的参考方向选得相反，即为非关联参考方向时，则得

$$U=-RI \tag{1-15}$$

2. 电感元件

当电路中有线圈存在时，电流通过线圈就会产生比较集中的磁场，电感是用来表征产生磁场、储存磁场能量特性的电路元件。当通过电流为 i_L 时，将产生磁通 Φ 通过每匝线圈，如果线圈有 N 匝，则电感（或自感）的定义为

$$L=\frac{N\Phi}{i_L} \tag{1-16}$$

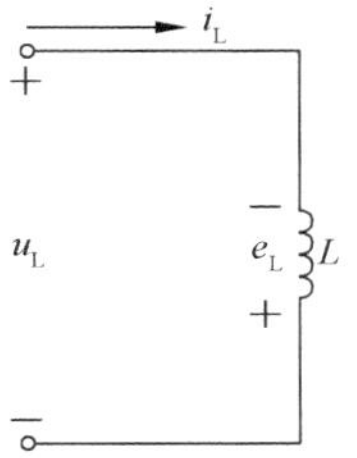

图 1-9 电感元件

电感的单位是 H（亨利，简称亨）或 mH（毫亨）。

对于含有电感元件的电路，当通过电感线圈的磁通 Φ 或者电流 i_L 发生改变时，根据法拉第电磁感应定律，电感上会出现电动势来抵抗电流的改变，如图 1-9 所示。感应电动势 e_L 的值为

$$e_L=-N\frac{\mathrm{d}\Phi}{\mathrm{d}t} \tag{1-17}$$

电感两端的电压

$$u_L=-e_L=N\frac{\mathrm{d}\Phi}{\mathrm{d}t}=L\frac{\mathrm{d}i_L}{\mathrm{d}t} \tag{1-18}$$

如果电感线圈中通过恒定电流，则电感两端电压 $u_L=0$，所以此时电感元件可视为短路。

电感元件中所储存的能量为

$$W_L=\int_0^t u_L i_L \mathrm{d}t=\int_0^{i_L} L i_L \mathrm{d}i_L=\frac{1}{2}Li_L^2 \tag{1-19}$$

式(1-19)表明，当电流 i_L 增大时，电感中所储存的能量增大，在此过程中电能转换为磁场能，即电感元件从电源吸收能量。反之，当电流 i_L 减小时，电感中所储存的能量减小，磁场能转换为电能，即电感元件向外电路释放能量。可见，电感元件不消耗能量，是储能元件。

3. 电容元件

电容器由两块金属薄板及中间的绝缘介质组成。当电容器的两个极板间加上电压时，两个极板上就聚集起上下等量的异性电荷，介质内出现较强的电场，储存电场能量，如图 1-10 所示。绝大多数电容器都是线性的，其电容定义为

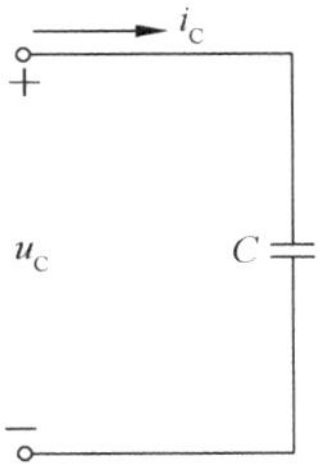

图 1-10 电容元件

$$C=\frac{q}{u_C} \tag{1-20}$$

电容的单位是 F(法拉,简称法),由于法拉的单位太大,工程上多采用 μF(微法)或 pF(皮法)。1 μF=10^{-6} F,1 pF=10^{-12} F。

当电容元件上的电荷 q 或电压 u_C 发生变化时,则在电路中引起电流

$$i_C=\frac{dq}{dt}=C\frac{du_C}{dt} \tag{1-21}$$

如果在电容元件两端加恒定电压,电流 i_C 为零,所以此时电容元件可视为开路。

电容元件中所储存的能量为

$$W_C=\int_0^t u_C i_C dt=\int_0^{u_C} Cu_C du_C=\frac{1}{2}Cu_C^2 \tag{1-22}$$

式(1-22)表明当电容元件上的电压 u_C 增高时,电容上储存的电场能量增大,在此过程中电容元件从电源吸收能量(或称为充电)。反之,当电压 u_C 降低时,电容上储存的电场能量减小,电容元件向外电路释放能量(或称为放电)。可见,电容元件也不消耗能量,是储能元件。

1.2.2 有源元件

电路理论中,有源元件分为两类:一类以电压源形式表示;一类以电流源形式表示。

1. 电压源

理想电压源是指电源两端的电压 U_S 恒定不变,其发出的电流由外电路决定,这种理想电压源又称为恒压源,其符号如图 1-11a 所示。而实际电压源在工作中具有发热效应,因此在电路模型中用恒压源 U_S 和内阻 R_0 串联的形式表示,称为电压源,如图 1-11b 所示。

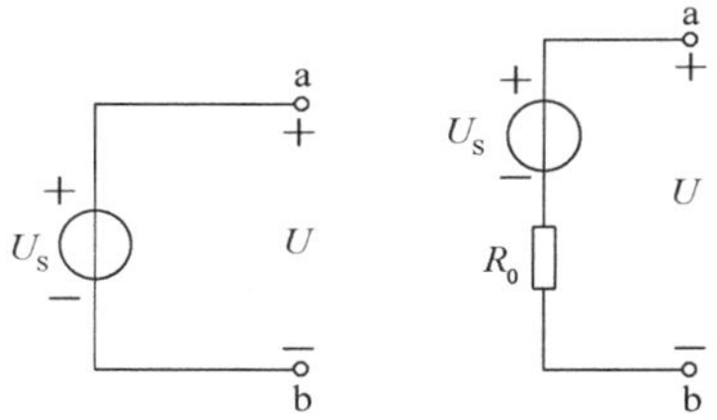

a) 理想电压源　　b) 电压源

图 1-11　理想电压源与电压源的图形符号

当理想电压源与负载连接时,如图 1-12a 所示,其输出电压 U 等于 U_S,输出电流 I 由负载电阻 R_L 和恒压源 U_S 本身确定,它的外特性曲线是与横轴平行的一条直线,如图 1-13 所示。当电压源与负载连接时,如图 1-12b 所示,此时输出电压 U 与输出电流 I 的关系为

$$U=U_S-R_0I \tag{1-23}$$

由此可做出电压源的外特性曲线,如图 1-13 所示,随着输出电流 I 的增加,输出电压 U 呈减小的趋势。

由于理想电压源的电压为恒定的,因此与理想电压源并联的支路上的任意元件,其两端的电压都是理想电压源的电压值。例如,图 1-14 所示电路中,无论

R 的电阻值为多少，二端口的电压 U 恒等于 U_S。

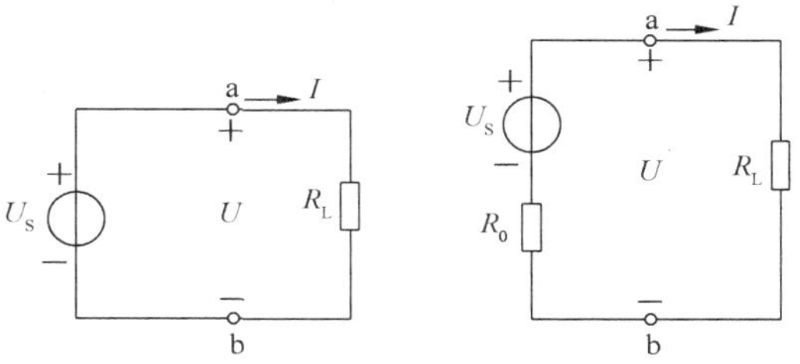

a) 理想电压源电路　　b) 电压源电路

图 1-12　理想电压源与电压源电路

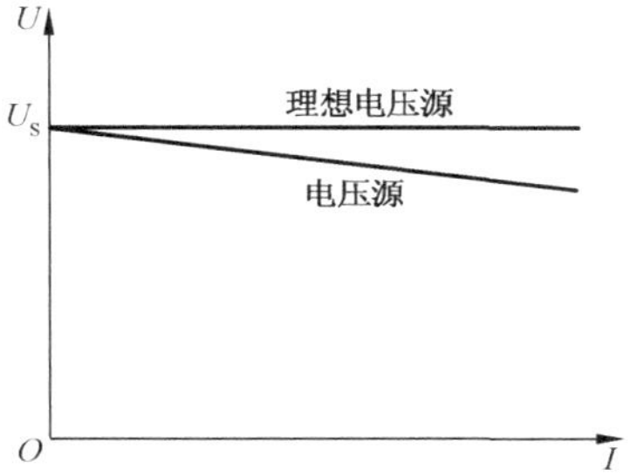

图 1-13　电压源和理想电压源的外特性曲线

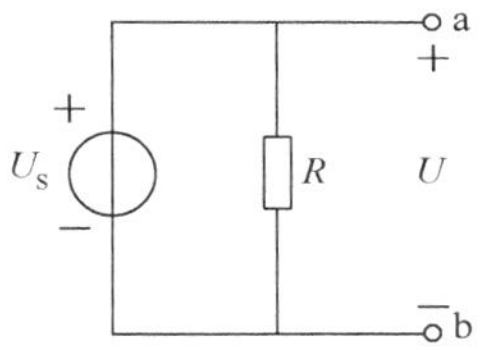

图 1-14　理想电压源并联电路

2. 电流源

理想电流源是指电源支路的电流 I_S 恒定不变，其两端电压由外电路决定，这种理想电流源又称为恒流源，其符号如图 1-15a 所示。而实际电流源在工作中同样具有发热效应，在电路模型中用恒流源 I_S 和内阻 R_0 并联的形式表示，称为电流源，如图 1-15b 所示。

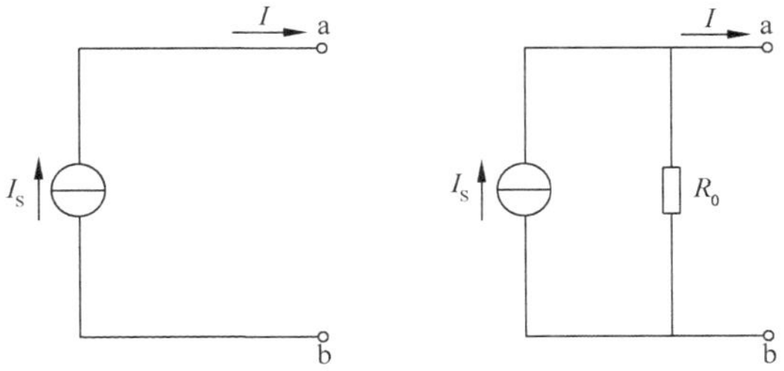

a) 理想电流源　　b) 电流源

图 1-15　理想电流源与电流源的图形符号

当理想电流源与负载连接时，如图 1-16a 所示，其输出电流 I 等于 I_S，输出电压 U 由负载电阻 R_L 和恒流源 I_S 本身确定，它的外特性曲线是与横轴垂直的一

条直线，如图 1-17 所示。当电流源与负载连接时，如图 1-16b 所示，此时

$$I=I_S-\frac{U}{R_0} \tag{1-24}$$

由此可做出电流源的外特性曲线，如图 1-17 所示。随着输出电压 U 的增加，输出电流 I 呈减小的趋势。

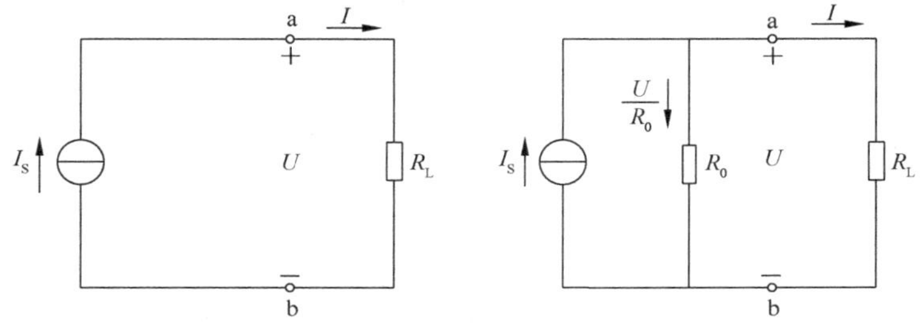

a) 理想电流源电路　　b) 电流源电路

图 1-16　理想电流源电路与电流源电路

由于理想电流源的电流为恒定的，因此与理想电流源串联的支路上的任意元件，其中流过的电流都是理想电流源的电流值。例如，图 1-18 所示电路中，无论 R 的电阻值为多少，该支路中的电流 I 恒等于 I_S。

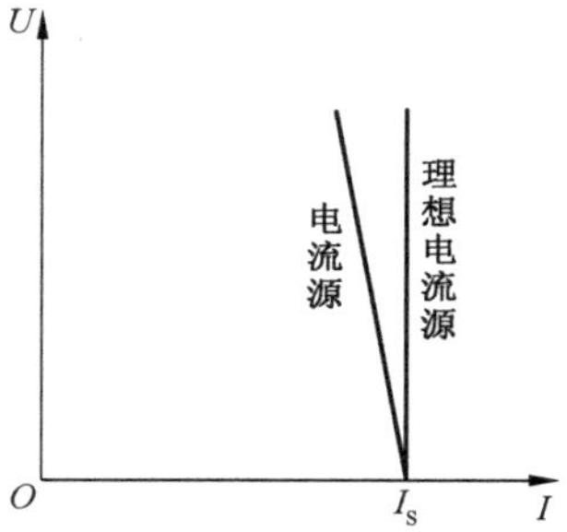

图 1-17　电流源的外特性曲线

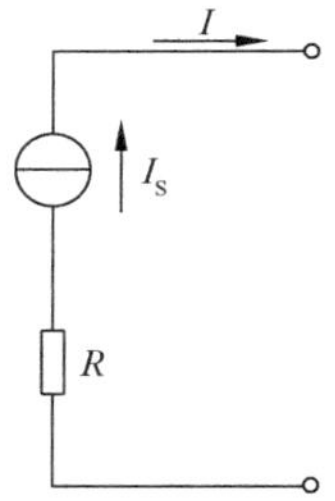

图 1-18　理想电流源串联电路

3. 电压源与电流源的等效变换

在电路分析时，电压源和电流源可以进行等效变换。

由图 1-12b 中得到的式(1-23)，将其两端除以 R_0，则得

$$\frac{U}{R_0}=\frac{U_S}{R_0}-I=I_S-I$$

可写为

$$I_S=\frac{U}{R_0}+I \tag{1-25}$$

式中，I_S 为电源的短路电流，$I_S=\frac{U_S}{R_0}$；I 为负载电流；$\frac{U}{R_0}$为内电阻 R_0 支路的电流。

由图 1-16b 所得到的式(1-24)与式(1-25)是相同的，由此说明，电压源和电流源的外特性是相同的，二者可以相互转换，如图 1-19 所示，转换前后电源的输出电压 U 及输出电流 I 均不会发生变化。

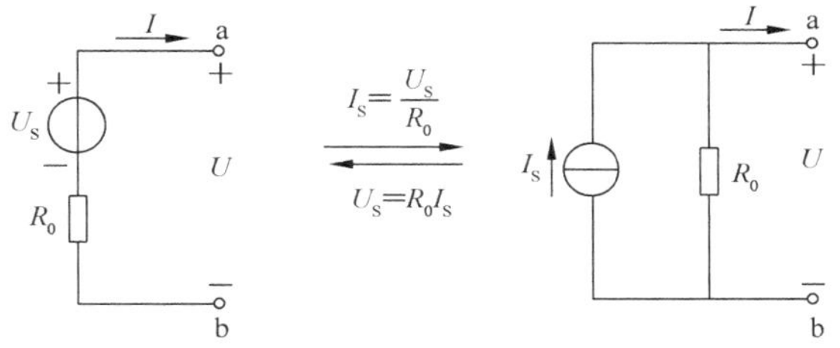

图 1-19　电压源与电流源的等效变换

电压源与电流源之间等效是指对外电路是等效的，但电源内部特性是不同的。例如，在电源开路时，电压源内部不消耗能量，电流源内阻流过的电流等于 I_S，内部能量消耗最大。所以二者内部特性是不等效的。

理想电压源与理想电流源之间没有等效的关系。因为对理想电压源($R_0=0$)来说，其短路电流 I_{SC} 为无穷大，对理想电流源($R_0=\infty$)来说，其开路电压 U_{OC} 为无穷大，都不能得到有限的数值，故两者之间不存在等效变换的条件。

例 1-1　用电压源与电流源等效变换的方法计算图 1-20a 所示电路中 1 Ω 电阻上的电流 I。

解　如图 1-20 所示，电路图 a 最后化简为电路图 f。

由图 1-20f 可求得

$$I=\frac{2}{2+1}\times 3\text{A}=2\text{A}$$

在进行等效变换时，应注意电流源的方向和电压源的极性。

*1.2.3　受控电源

上面讨论的电压源和电流源，都是独立电源。所谓独立电源，就是电压源的电压或电流源的电流不受外电路的控制而独立存在。此外，在电子电路中还会遇到另一种类型的电源：电压源的电压或电流源的电流，是受电路中其他部分的电压或电流控制的，这种电源称为受控电源。当控制的电压或电流消失或等于零时，受控电源的电压或电流也将为零。

根据受控电源是电压源还是电流源，以及受电压控制还是受电流控制，受控电源可分为电压控制电压源 VCVS、电流控制电压源 CCVS、电压控制电流源 VCCS 和电流控制电流源 CCCS 四种类型。四种理想受控电源的模型如图 1-21 所示。

所谓理想受控电源，就是它的控制端(输入端)和受控端(输出端)都是理想的。在控制端，对电压控制的受控电源，其输入端电阻为无穷大；对电流控制的受控电源，其输入端电阻为零。这样，控制端消耗的功率为零。在受控端，对受控电压源，其输出端电阻为零，输出电压恒定；对受控电流源，其输出端电阻为无穷大，输出电流恒定。

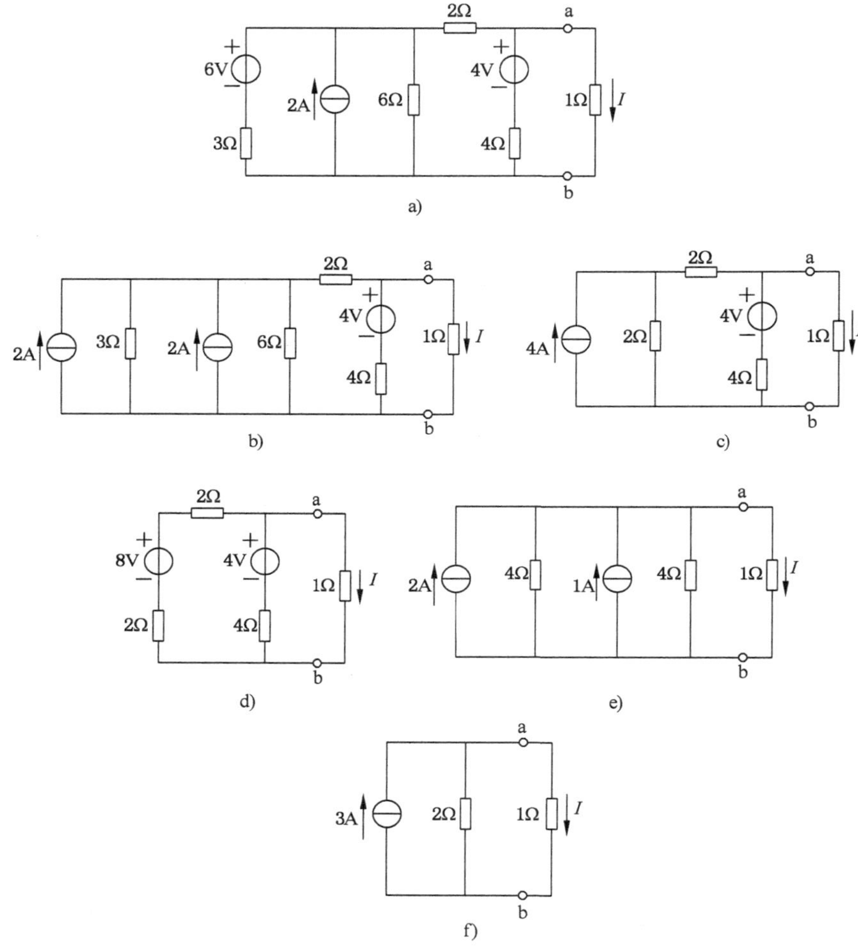

图 1-20　例 1-1 图

如果受控电源的电压或电流和控制它们的电压或电流之间有正比的关系，则这种控制作用是线性的，图 1-21 中的系数 μ、r、g 及 β 都是常数。这里 μ 和 β 是没有量纲的常数，r 具有电阻的量纲，g 具有电导的量纲。在电路图中，受控电源用菱形表示，以便与独立电源的图形符号相区别。

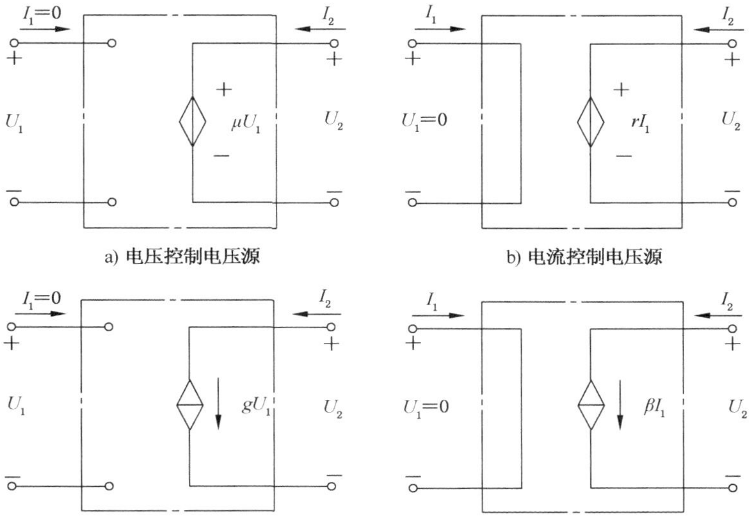

a) 电压控制电压源 b) 电流控制电压源 c) 电压控制电流源 d) 电流控制电流源

图 1-21 受控电源

［思考题］

1. 电感元件中通过恒定电流时是否可视作短路？是否此时电感 L 为零？电容元件两端施加恒定电压时，是否可看作开路？是否此时电容 C 为无穷大？

2. 当恒压源与恒流源并联时输出电压和输出电流如何确定？当恒压源与恒流源串联时又如何？

3. 电流源外接电阻越大，其端电压越高，是否正确？

1.3 基尔霍夫定律

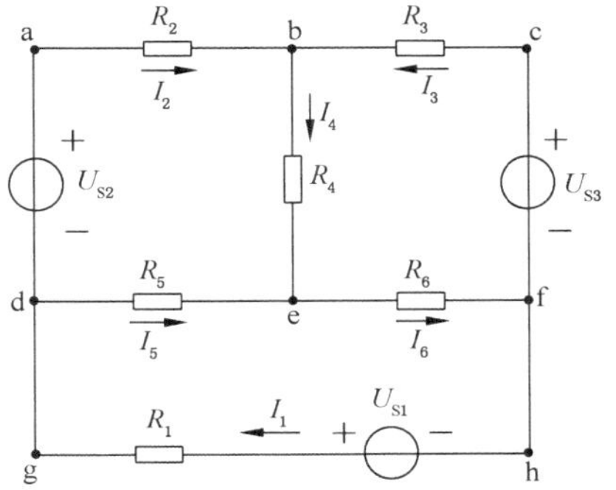

图 1-22 电路举例

基尔霍夫定律是电路理论中最基本的定律之一。基尔霍夫定律有两条：基尔霍夫电流定律（简称 KCL）和基尔霍夫电压定律（简称 KVL）。基尔霍夫电流定律应用于节点，电压定律应用于回路。

为了说明基尔霍夫定律，以图 1-22 电路为例介绍支路、节点和回路等概念。

电路中没有分支的一段电路称为支路。图 1-22 电路中有 6 条支路。例如 be 是其中的一条支路，bad 也是一条支路。每一条支路流过一个电流，称为支路电流。

在电路中三条或三条以上的支路相连接的点称为节点。图中共有 4 个节点

b、d、e 和 f。

由一条或多条支路所组成的闭合路径称为回路。图中共有 7 个回路。例如 abeda、abcfeda 均为回路。

没有被支路穿过的回路称为网孔。显然，网孔是回路的一种特例，上述 7 个回路中只有 3 个是网孔：abeda、bcfeb、defhgd。

1.3.1 基尔霍夫电流定律（KCL）

基尔霍夫电流定律用来确定连接在同一节点上的各支路电流之间的关系。由于电流的连续性，电路中任何一点（包括节点在内）均不能堆积电荷，因此，在任一瞬时，流入电路中任一节点的各支路电流之和等于从该节点流出的各支路电流之和。基尔霍夫电流定律是电流连续性原理的反映。

例如，图 1-23 电路中，对于节点 a，在图示的各支路电流参考方向下，可写出

$$I_1+I_2=I_3 \tag{1-26}$$

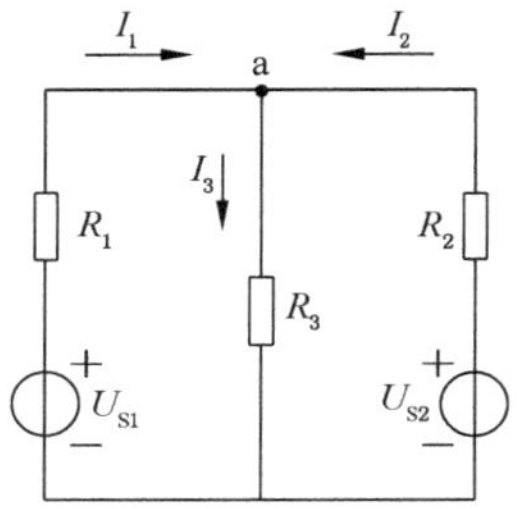

图 1-23 基尔霍夫电流定律电路图

式(1-26)是基尔霍夫电流定律的数学表达式，称为节点电流方程。如把流入节点的支路电流取正号，流出节点的支路电流取负号，则上式可改写为

$$I_1+I_2-I_3=0 \quad 或 \quad \sum I=0 \tag{1-27}$$

可见，在任一瞬时，与任一节点关联的支路电流的代数和等于零。由此可见，基尔霍夫电流定律与各支路中元件无关。

例 1-2 在图 1-24 中，$I_1=5$ A，$I_2=-3$ A，$I_3=1$ A，试求支路电流 I_4 的大小。

解 根据图中所标示的各支路电流的参考方向，由基尔霍夫电流定律可列出

$$I_1-I_2+I_3-I_4=0$$

$$5\ \text{A}-(-3)\text{A}+1\ \text{A}-I_4=0$$

解得

$$I_4=9\ \text{A}$$

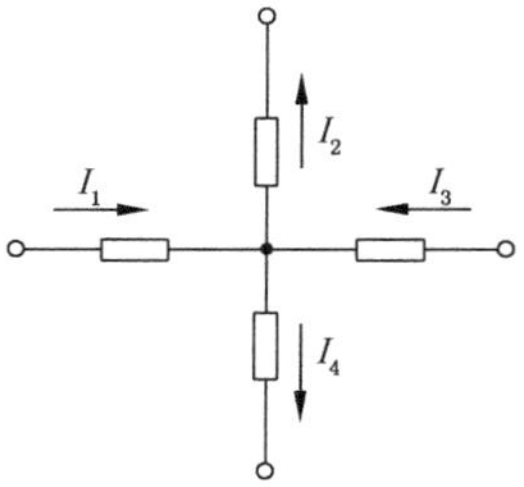

图 1-24 例 1-2 图

此计算结果说明，有些支路的电流可能是负值，这是由于所选定的电流的参考方向与实际方向相反所致。由本例可见，I 前的正负号是由基尔霍夫电流定律根据电流的参考方向确定的，括号内数字前的正负号则是表示电流本身数值的正负。

基尔霍夫电流定律通常应用于节点，也可以将其推广应用于包围部分电路的任一假设的闭合面（称为广义节点）。例如，图 1-25 所示的闭合面包围的是一

个三角形电路，有 3 个节点。应用 KCL 可列出

$$I_a = I_{ab} - I_{ca}$$
$$I_b = I_{bc} - I_{ab}$$
$$I_c = I_{ca} - I_{bc}$$

上列三式相加，便得

$$I_a + I_b + I_c = 0$$

或

$$\sum I = 0$$

可见，在任一瞬时，通过任一广义节点的电流的代数和也恒等于零。

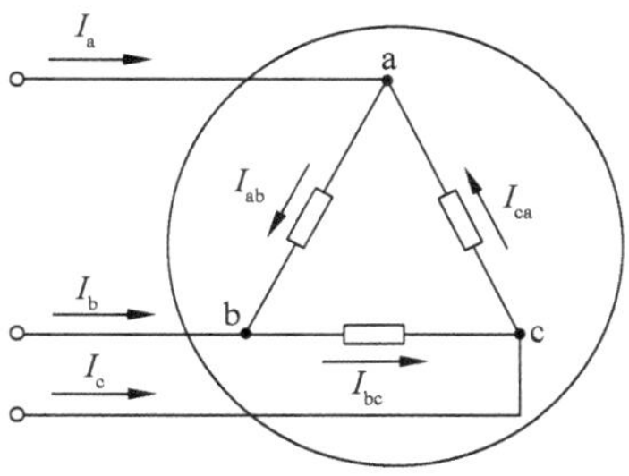

图 1-25　基尔霍夫电流定律的推广应用

1.3.2　基尔霍夫电压定律（KVL）

基尔霍夫电压定律用来确定回路中各段电压之间的关系。基尔霍夫电压定律指出，如果从回路中任意一点出发，以顺时针方向或逆时针方向沿回路循行一周，则在这个方向上的电位降之和应该等于电位升之和。基尔霍夫电压定律是电位单值性的反映。

例如，图 1-26 电路中，电源电动势、电流和各段电压的参考方向均已标出，任意选定逆时针的绕行方向（虚线所示），可列出

$$U_1 + U_4 = U_2 + U_3 \tag{1-28}$$

式(1-28)是基尔霍夫电压定律的数学表达式，称为回路电压方程。如果规定电位降取正号，电位升取负号，则可将上式改写为

$$U_1 - U_2 - U_3 + U_4 = 0 \quad 或 \quad \sum U = 0 \tag{1-29}$$

式(1-29)说明，沿任一回路循行方向（顺时针方向或逆时针方向），回路中各段电压的代数和恒等于零。基尔霍夫电压定律是描述回路上各元件或各段电路电压降关系的定律，与回路中元件的性质无关。

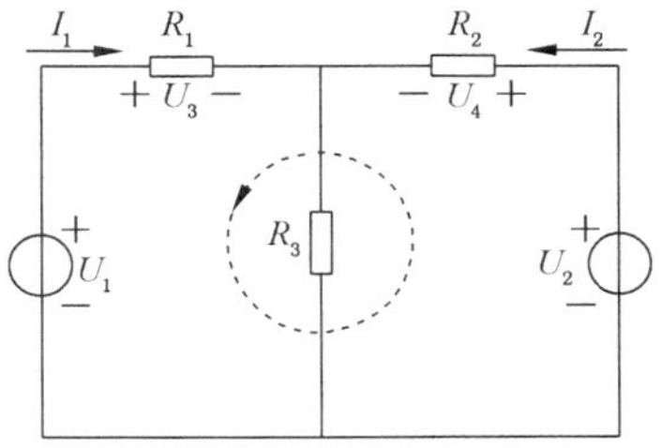

图 1-26　基尔霍夫电压定律电路图

例 1-3　图 1-27 所示电路中，已知 $U_1 = U_3 = 1$ V，$U_2 = 4$ V，$U_4 = U_5 = 2$ V，求电压 U_7。

解　对回路Ⅰ与Ⅱ分别列出 KVL 方程

$$-U_1 + U_2 + U_6 - U_3 = 0$$
$$-U_6 + U_4 + U_5 - U_7 = 0$$

将两个方程相加，消去 U_6 得

$$U_7=-U_1+U_2-U_3+U_4+U_5=6\ \text{V}$$

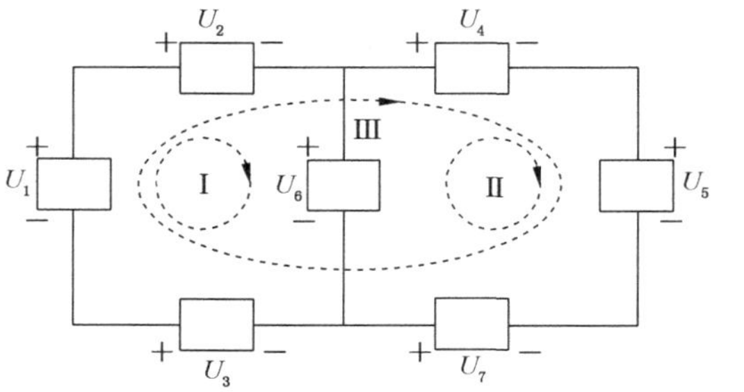

图 1-27　例 1-3 图

若沿图中回路Ⅲ列出 KVL 方程为

$$-U_1+U_2-U_3+U_4+U_5-U_7=0$$

可直接求得

$$U_7=6\ \text{V}$$

根据电路中节点电位的单值性，基尔霍夫电压定律不仅应用于闭合回路，也可以将其推广应用于各段电压闭合、但电路形式并不闭合的电路（称为广义回路），例如图 1-28a、b 所示电路。在图 1-28b 的电路中，应用 KVL 可得

$$U_S-U-RI=0$$

或

$$U=U_S-RI$$

此为有源电路的欧姆定律表达式。

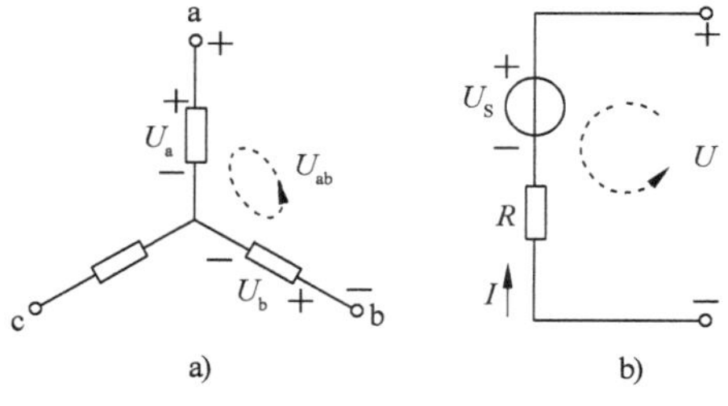

图 1-28　基尔霍夫电压定律的推广应用

列方程时，不论是应用基尔霍夫定律或欧姆定律，首先都要在电路图上标出电流、电压或电动势的参考方向，因为所列方程中各项前的正负号是由它们的参考方向决定的，如果参考方向选得相反，则会相差一个负号。

基尔霍夫定律所确定的电流方程和电压方程与各支路所包含元件无关，因此基尔霍夫两个定律具有普遍性，适用于由各种不同元件所构成的电路。

［**思考题**］

1. 如图 1-25 所示广义节点，由 KCL 可知 $I_a+I_b+I_c=0$，请问电流都是流入广义节点的，又从何处流出呢？

2. 按顺时针或逆时针循行方向列出的回路电压方程是否相同？

1.4　电路的工作状态

1.4.1　电源的三种状态

1. 电源有载工作

将图 1-29a 中的开关 S 合上，接通电源与负载，即为电源有载工作。

由图可得出电路中的电流

$$I=\frac{U_S}{R_0+R}$$

负载电阻两端的电压

$$U=RI$$

并有

$$U=U_S-R_0I \tag{1-30}$$

式(1-30)与式(1-23)相同，得如图 1-29b 所示的电源外特性曲线。可见电源有载工作时端电压 U 小于恒压源电压 U_S，两者之差为电流通过电源内阻所产生的电压降 R_0I。电流越大，则电源端电压下降得越多。电源内阻一般很小，当 $R_0 \ll R$ 时，则 $U \approx U_S$，表明当电流（负载）变化时，电源的端电压变化不大，说明其带负载能力强。

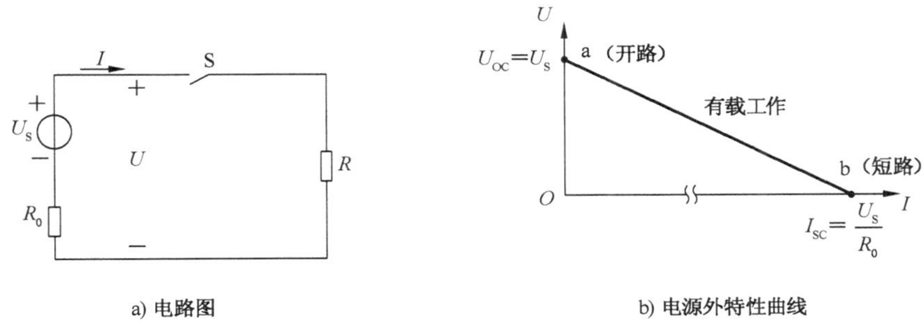

图 1-29　电源有载工作

2. 电源开路

在图 1-29a 所示的电路中，当开关 S 断开时，电源则处于开路（空载）状态。开路时，外电路的电阻对电源来说等于无穷大，因此电路中电流为零。这时电源的端电压称为开路电压或空载电压 U_{OC}，其值等于恒压源电压，电源不输出电能。此时电源的外特性如图 1-29b 中 a 点所示。

电源开路时的特征可表示为

$$\left.\begin{aligned}I&=0\\U&=U_{OC}=U_S\\P&=0\end{aligned}\right\}\qquad(1\text{-}31)$$

3. 电源短路

在图 1-30 所示的电路中，当电源的两端由于某种原因而连在一起时，电源则被短路。电源短路时，外电路的电阻可视为零，电流有捷径可通，不再流过负载。因为在电流的回路中仅有很小的电源内阻 R_0，所以这时的电流很大，此电流称为短路电流 I_{SC}。短路电流可能使电源遭受机械与热的损伤或毁坏。短路时电源所产生的电能全被内阻所消耗。

电源短路时由于外电路的电阻为零，所以电源的端电压也为零。这时电源的电压全部由内阻承受。此时电源的外特性如图 1-29b 中 b 点所示。

电源短路时的特征可表示为

$$\left.\begin{aligned}U&=0\\I&=I_{SC}=\frac{U_S}{R_0}\\P_{U_S}&=\Delta P=R_0I^2,P=0\end{aligned}\right\}\qquad(1\text{-}32)$$

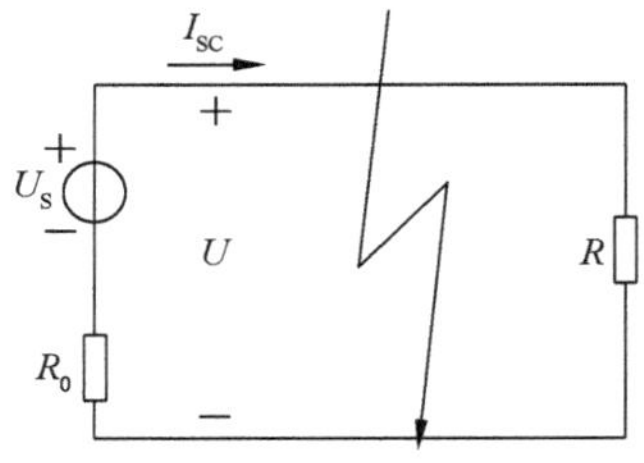

图 1-30　电源短路

短路通常是一种严重事故，应该尽力预防。产生短路的原因往往是由于绝缘损坏或接线不慎，因此经常检查电气设备和线路的绝缘情况是一项很重要的安全措施。此外，为了防止短路事故所引起的后果，通常在电路中接入熔断器或自动断路器，以便发生短路时，能迅速将故障电路自动切除。但是，有时由于某种需要，可以将电路中的某一段短路（常称为短接）或进行某种短路实验。

开路和短路也可发生在负载端或线路的任何处。

例 1-4　若电源的开路电压 $U_{OC}=12\ \text{V}$，其短路电流 $I_{SC}=30\ \text{A}$，试问该电源的电压和内阻各为多少？

解　电源的电压

$$U_S=U_{OC}=12\ \text{V}$$

电源的内阻

$$R_0=\frac{U_S}{I_S}=\frac{U_{OC}}{I_{SC}}=\frac{12}{30}\Omega=0.4\ \Omega$$

这是由电源的开路电压和短路电流计算其电压和内阻的一种方法。

1.4.2　功率平衡

根据能量守恒定律可知，在一个电路中，任一瞬间取用电能的各元件功率的

总和,应等于发出电能的各元件功率的总和,或者说所有元件取用功率的代数和恒为零,这就是电路的功率平衡。可写为

$$\sum P_{发出}=\sum P_{取用} \quad 或 \quad \sum P=0 \tag{1-33}$$

例如,如图1-29a所示电源有载工作电路,将式(1-30)各项乘以电流 I,则得功率平衡式

$$\left.\begin{aligned} UI &= U_S I - R_0 I^2 \\ P &= P_{Us} - \Delta P \end{aligned}\right\} \tag{1-34}$$

式中,P_{Us} 为电源产生的功率,$P_{Us}=U_S I$;ΔP 为电源内阻上损耗的功率,$\Delta P=R_0 I^2$;P 为电源输出的功率,$P=UI$。

可见,在一个电路中,电源产生的功率和负载取用的功率以及内阻上损耗的功率是平衡的。

分析电路有时需判别哪个元件是电源(或起电源的作用,发出功率),哪个元件是负载(或起负载的作用,取用功率),有以下两种方法:

(1) 根据元件电压和电流的实际方向可确定某一元件是电源还是负载。

电源:U 和 I 的实际方向相反,电流从高电位端流出,发出功率;

负载:U 和 I 的实际方向相同,电流从高电位端流入,取用功率。

(2) 由元件电压和电流的参考方向来确定电源或负载,若两者为关联方向时:

电源:$P=UI$ 为负值,发出功率;

负载:$P=UI$ 为正值,取用功率。

例 1-5 在如图1-31所示的电路中,$U=220$ V,$I=5$ A,内阻 $R_{01}=R_{02}=0.6$ Ω。(1) 试求电压 U_{S1}、U_{S2};(2) 试说明功率的平衡。

解 (1) 根据KVL,对电路左半部分列方程得

$$U=U_{S1}+\Delta U_1=U_{S1}-R_{01}I$$

$$U_{S1}=U+R_{01}I=(220+0.6\times 5)\text{V}=223 \text{ V}$$

根据 U_{S1} 和 I 的实际方向可知,U_{S1} 为电源。

根据KVL,对电路右半部分列方程得

$$U=U_{S2}+\Delta U_2=U_{S2}+R_{02}I$$

$$U_{S2}=U-R_{02}I=(220-0.6\times 5)\text{V}=217 \text{ V}$$

根据 U_{S2} 和 I 的实际方向可知,U_{S2} 为负载。

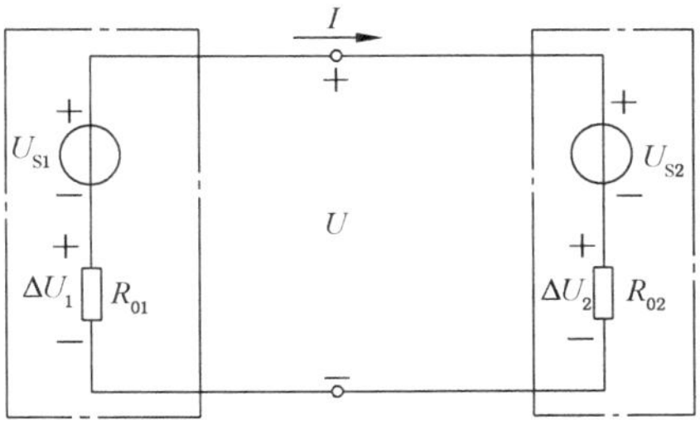

图 1-31 例 1-5 图

(2) U_{S1} 的功率为

$$P_{S1}=-U_{S1}I=-223\times 5 \text{ W}=-1\ 115 \text{ W}$$

此功率为负值,是电源产生的功率,即在单位时间内由机械能或其他形式能量转

换成电能的值；

U_{S2}的功率为

$$P_{S2}=U_{S2}I=217\times5\ W=1\ 085\ W$$

此功率为正值，是负载取用的功率，即在单位时间内由电能转换成的机械能（负载是电动机）或化学能（负载是充电时的蓄电池）的值；

电阻R_{01}的功率为

$$P_{01}=R_{01}I^2=0.6\times5^2\ W=15\ W$$

是电源内阻上损耗的功率；

电阻R_{02}的功率为

$$P_{02}=R_{02}I^2=0.6\times5^2\ W=15\ W$$

是负载内阻上损耗的功率。

可得

$$P_{S1}+P_{S2}+P_{01}+P_{02}=0$$

说明此电路功率平衡。

1.4.3 额定值与实际值

通常负载（例如电灯、电动机等）都是并联运行的。因为电源的端电压是基本不变的，所以负载两端的电压也是基本不变的。因此当负载增加（例如并联的负载数目增加）时，负载所取用的总电流和总功率都增加，即电源输出的功率和电流都相应增加。就是说，电源输出的功率和电流决定于负载的大小。

既然电源输出的功率和电流决定于负载的大小，是可大可小的，那么，有没有一个最合适的数值呢？对负载来说，它的电压、电流和功率又是怎样确定的呢？要回答这个问题，需要引出额定值这个术语。

各种电气设备的电压、电流及功率等都有一个额定值。例如一盏电灯的电压是 220 V，功率是 60 W，这就是它的额定值。额定值是制造厂为了使产品能在给定的工作条件下正常运行而规定的正常容许值。大多数电气设备（例如电机、变压器等）的寿命与绝缘材料的耐热性能及绝缘强度有关。当电流超过额定值过多时，由于发热过甚，绝缘材料将遭受损坏；当所加电压超过额定值过多时，绝缘材料也可能被击穿。反之，如果电压和电流远低于其额定值，不仅得不到正常合理的工作情况，而且也不能充分利用设备的能力。此外，对电灯及各种电阻器来说，当电压过高或电流过大时，其灯丝或电阻丝也将被烧毁。

因此，制造厂在制定产品的额定值时，要全面考虑使用的经济性、可靠性以及寿命等因素，特别要保证设备的工作温度不超过规定的容许值。电气设备或元件的额定值常标在铭牌上或写在其说明书中，在使用时应充分考虑额定数据。例如一把电烙铁，标有 220 V、45 W，这是额定值，使用时不能接到 380 V 的电源上。额定电压、额定电流和额定功率分别用 U_N，I_N 和 P_N 表示。

使用时，电压、电流和功率的实际值不一定等于它们的额定值，这也是一个重要的概念。究其原因，一个是受到外界的影响。例如电源额定电压为 220 V，但电源电压经常波动，稍低于或稍高于 220 V。这样，额定值为 220 V、40 W 的电灯上所加的电压不是 220 V，实际功率也就不是 40 W 了。

另一原因如上所述，在一定电压下电源输出的功率和电流决定于负载的大小，就是负载需要多少功率和电流，电源就给多少，所以电源通常不一定处于额定工作状态，但是一般不应超过额定值。对于电动机也是这样，它的实际功率和电流也决定于它轴上所带的机械负载的大小，通常也不一定处于额定工作状态。

例 1-6　有一 220 V、60 W 的电灯，接在 220 V 的电源上，试求通过电灯的电流和电灯在 220 V 电压下工作时的电阻。如果每晚用 3 h，问一个月消耗多少电能？

解

$$I_N = \frac{P_N}{U_N} = \frac{60}{220}\text{A} = 0.273\ \text{A}$$

$$R = \frac{U_N}{I_N} = \frac{220}{0.273}\Omega = 806\ \Omega$$

也可用 $R = \frac{P_N}{I_N^2}$ 或 $R = \frac{U_N^2}{P_N}$ 计算。

一个月用电

$$W = P_N t = 60\ \text{W} \times (3 \times 30)\text{h} = 5.4\ \text{kW} \cdot \text{h}$$

例 1-7　有一额定值为 5 W、500 Ω 的线绕电阻，其额定电流为多少？在使用时电压不得超过多大的数值？

解　根据额定功率和电阻值可求出额定电流，即

$$I_N = \sqrt{\frac{P_N}{R}} = \sqrt{\frac{5}{500}}\text{A} = 0.1\ \text{A}$$

在使用时电压不得超过

$$U_N = RI_N = 500 \times 0.1\ \text{V} = 50\ \text{V}$$

因此，在选用时不能只提出电阻值，还要考虑电流有多大，而后提出功率。

［**思考题**］

1. 做实验需要一只 1 W、500 kΩ 的电阻元件，但实验室只有 0.5 W、250 kΩ 和 0.5 W、1 MΩ 的电阻若干只，请问应如何解决？

2. 如果将一 220 V、50 W 的电灯接到 380 V 和 127 V 的电源上使用，分别会有什么问题？

3. 某用电器的额定功率为 1 W、额定电压为 100 V，欲接到 200 V 的直流电

源上工作，应选下列哪个电阻与之串联才能正常工作？为什么？

(1) $R=10\ \text{k}\Omega, P_N=0.5\ \text{W}$；(2) $R=5\ \text{k}\Omega, P_N=2\ \text{W}$；

(3) $R=20\ \text{k}\Omega, P_N=0.25\ \text{W}$；(4) $R=10\ \text{k}\Omega, P_N=1.2\ \text{W}$。

1.5 支路电流法

支路电流法是以支路电流为求解对象，直接应用基尔霍夫定律，分别对节点和回路列出所需的方程组，然后解出各支路电流。

如图1-32所示电路，其支路数 $b=3$，节点数 $n=2$，共需列出3个独立方程才能求解各支路电流。

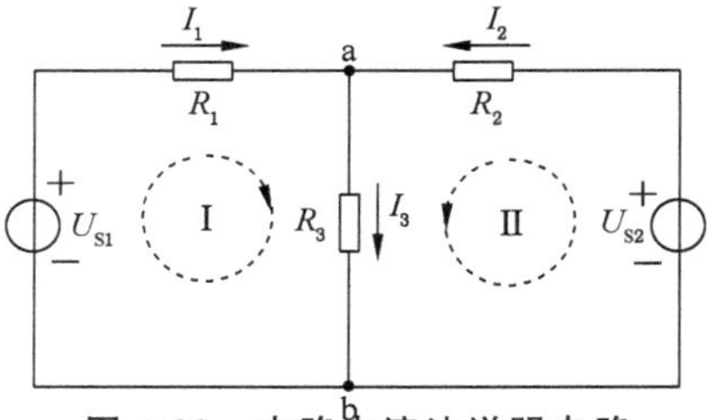

图1-32 支路电流法说明电路

1. 应用基尔霍夫电流定律对节点列KCL方程

对节点a列出

$$I_1+I_2-I_3=0 \tag{1-35}$$

对节点b列出

$$I_3-I_1-I_2=0 \tag{1-36}$$

式(1-36)即为式(1-35)，是非独立的方程。因此，对具有2个节点的电路，应用KCL只能列出1个独立方程。一般来说，如果电路有 n 个节点，只能列出 $n-1$ 个独立的节点方程，解题时可在 n 个节点中任选 $n-1$ 个节点列出方程。

2. 应用基尔霍夫电压定律对回路列KVL方程

所需方程数目为 $b-(n-1)=2$，图1-32中共有3个回路，选择哪两个回路才能列出独立的回路方程呢？为了使所列出的每一方程都是独立的，应该使每次所选的回路至少包含1条前面未曾使用过的新支路，通常选用网孔列出的回路方程一定是独立的。一般来说，电路所列出的独立回路方程数加上独立的节点方程数一定正好等于支路数。

对网孔Ⅰ可列出

$$R_1I_1+R_3I_3=U_{S1} \tag{1-37}$$

对网孔Ⅱ可列出

$$R_2I_2+R_3I_3=U_{S2} \tag{1-38}$$

3. 求解

联立式(1-35)、(1-37)及(1-38)，即可解出三个支路电流。

综上所述，应用基尔霍夫电流定律和电压定律一共可列出 $(n-1)+[b-(n-1)]=b$ 个独立方程，所以能解出 b 个支路电流。

应用支路电流法进行网络分析时，可以按以下步骤进行：

(1) 确定支路数 b，选定各支路电流的参考方向。

(2) 确定节点数 n，列出 $n-1$ 个独立的 KCL 方程。

(3) 确定余下所需的方程数 $b-(n-1)$，选择网孔列出独立的 KVL 方程。

(4) 解联立方程组，求出各支路电流的数值。

例 1-8　电路如图 1-33 所示，已知 $U_{S1}=12\ \text{V}$，$U_{S2}=12\ \text{V}$，$R_1=1\ \Omega$，$R_2=2\ \Omega$，$R_3=2\ \Omega$，$R_4=4\ \Omega$，求各支路电流。

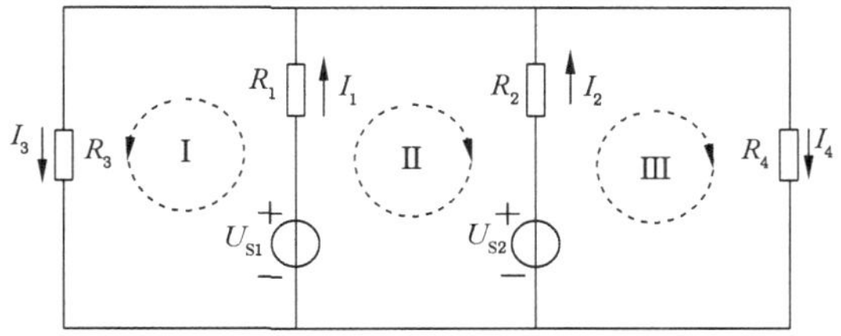

图 1-33　例 1-8 图

解　选择各支路电流的参考方向如图所示，列出节点和回路方程

上节点　　$I_1+I_2-I_3-I_4=0$

网孔Ⅰ　　$R_1I_1+R_3I_3-U_{S1}=0$

网孔Ⅱ　　$R_1I_1-R_2I_2-U_{S1}+U_{S2}=0$

网孔Ⅲ　　$R_2I_2+R_4I_4-U_{S2}=0$

代入数据

$$I_1+I_2-I_3-I_4=0$$
$$I_1\times 1\ \Omega+I_3\times 2\ \Omega-12\ \text{V}=0$$
$$I_1\times 1\ \Omega-I_2\times 2\ \Omega-12\ \text{V}+12\ \text{V}=0$$
$$I_2\times 2\ \Omega+I_4\times 4\ \Omega-12\ \text{V}=0$$

联立解得

$$I_1=4\ \text{A},I_2=2\ \text{A},I_3=4\ \text{A},I_4=2\ \text{A}$$

例 1-9　电路如图 1-34 所示，已知 $U_S=42\ \text{V}$，$I_S=7\ \text{A}$，$R_1=12\ \Omega$，$R_2=6\ \Omega$，$R_3=3\ \Omega$，求各支路电流。

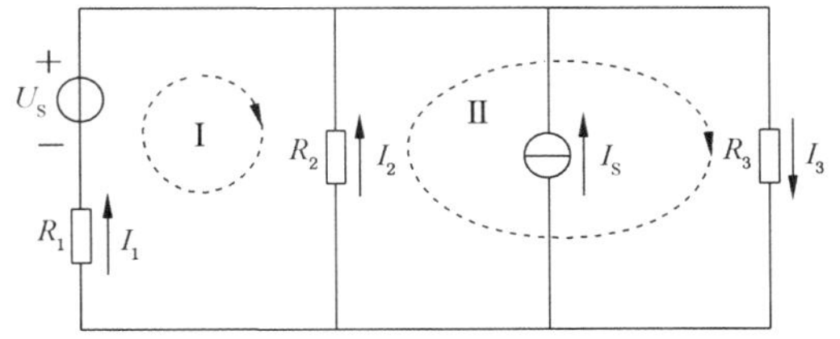

图 1-34　例 1-9 图

解 选择各支路电流的参考方向如图所示，列出节点和回路方程

上节点 $I_1+I_2-I_3+I_S=0$

回路Ⅰ $R_1I_1-R_2I_2-U_S=0$

回路Ⅱ $R_2I_2+R_3I_3=0$

代入数据

$$I_1+I_2-I_3+7\ \text{A}=0$$

$$I_1\times 12\ \Omega-I_2\times 6\ \Omega-42\ \text{V}=0$$

$$I_2\times 6\ \Omega+I_3\times 3\ \Omega=0$$

联立解得

$$I_1=2\ \text{A},I_2=-3\ \text{A},I_3=6\ \text{A}$$

［**思考题**］

1. 如图1-32所示电路共有三个回路，是否可用KVL列出三个回路电压方程求解三个支路电流？

2. 对于如图1-32所示电路，下列各式是否正确？

$$I_1=\frac{U_{S1}-U_{S2}}{R_1+R_2};I_1=\frac{U_{S1}-U_{ab}}{R_1+R_3};I_2=\frac{U_{S2}}{R_2};I_2=\frac{U_{S2}-U_{ab}}{R_2}$$

3. 列独立的回路方程式时，是否一定要选用网孔？

1.6 节点电压法

节点电压法是以独立节点电压为电路中的独立电压变量，根据基尔霍夫电流定律列出用节点电压表示的电路方程并求解的电路分析法。这里的节点电压是各节点与参考节点之间的电压，即各节点的电位。如图1-35所示，设c为参考节点，电路有两个独立节点a、b，应用基尔霍夫电流定律可以写出它们的节点电流方程为

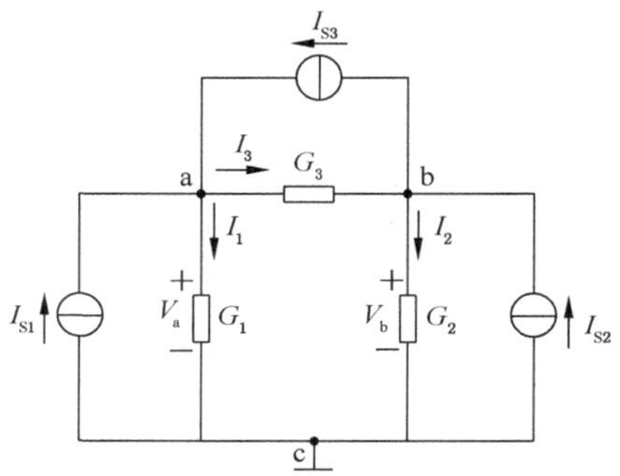

图1-35 节点电压法说明电路

$$\left.\begin{aligned}&\text{对节点 a}\quad I_1+I_3=I_{S1}+I_{S3}\\&\text{对节点 b}\quad I_2-I_3=I_{S2}-I_{S3}\end{aligned}\right\}\tag{1-39}$$

且有

$$\left.\begin{aligned}I_1&=G_1V_a\\I_2&=G_2V_b\\I_3&=G_3U_{ab}=G_3(V_a-V_b)\end{aligned}\right\}\tag{1-40}$$

将式(1-40)代入式(1-39)，得

$$\left.\begin{aligned}(G_1+G_3)V_a-G_3V_b=I_{S1}+I_{S3}\\-G_3V_a+(G_2+G_3)V_b=I_{S2}-I_{S3}\end{aligned}\right\}\tag{1-41}$$

式(1-41)为图 1-35 所示电路以节点电位 V_a、V_b 为求解量的 KCL 方程，称为以节点电压表示的节点电流方程。式(1-41)可写成一般形式

$$\left.\begin{aligned}G_{11}V_a+G_{12}V_b=I_{S11}\\G_{21}V_a+G_{22}V_b=I_{S22}\end{aligned}\right\}\tag{1-42}$$

式中，$G_{11}=G_1+G_3$，$G_{22}=G_2+G_3$ 分别是连接节点 a 和节点 b 的所有电导之和，称为该节点的自电导，自电导总是正的。$G_{12}=G_{21}=-G_3$ 是连接节点 a、b 之间的所有电导之和，称为节点 a 和节点 b 的互电导，互电导总是负的。

$I_{S11}=I_{S1}+I_{S3}$，$I_{S22}=I_{S2}-I_{S3}$ 分别表示电流源流入节点 a 和节点 b 的电流代数和，流入节点的电流取正，流出取负。

由式(1-41)解出各节点电位后，就能由式(1-40)求出原电路中各支路电流。

用节点电压法进行网络分析时，可以按以下步骤进行：

(1) 选定各支路电压或支路电流的参考方向。

(2) 选定参考点，随后标定其余各独立节点的编号，根据网络的独立节点数确定节点电流方程的阶数。

(3) 根据电路图的结构和元件参数确定方程中的各自电导、互电导和各节点流入电流。

(4) 解节点电流方程组，求得各节点电压，并由节点电压计算各支路电压或支路电流。

如图 1-36 所示电路只有两个节点 a 和 b，首先将图中电压源等效变换为电流源，如图 1-37 所示，设 b 点为参考点，再根据节点电压法列方程有

$$\left(\frac{1}{R_1}+\frac{1}{R_2}+\frac{1}{R_3}\right)V_a=I_{S1}-I_{S2}$$

则有

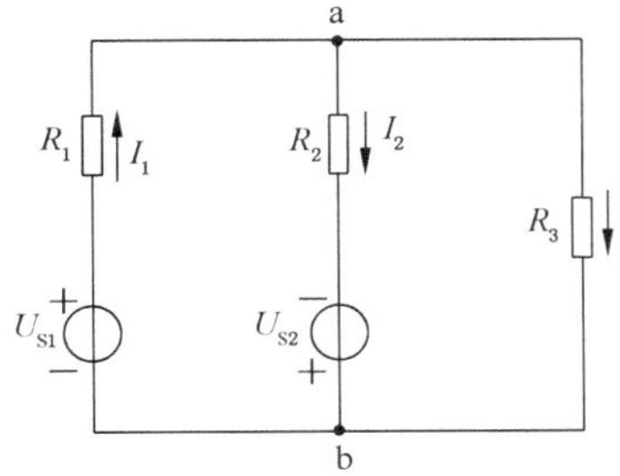

图 1-36　具有两个节点的电路

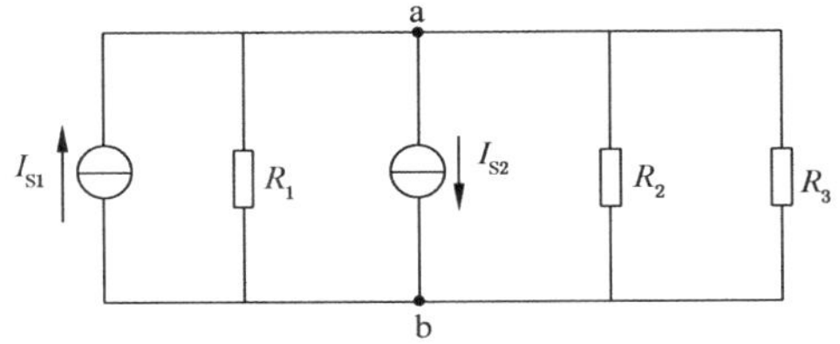

图 1-37　图 1-36 电路的等效电路

$$V_a=\frac{I_{S1}-I_{S2}}{\frac{1}{R_1}+\frac{1}{R_2}+\frac{1}{R_3}}=\frac{\frac{U_{S1}}{R_1}-\frac{U_{S2}}{R_2}}{\frac{1}{R_1}+\frac{1}{R_2}+\frac{1}{R_3}} \tag{1-43}$$

式(1-43)可写为一般形式

$$V_a=\frac{\sum\frac{U_S}{R}}{\sum\frac{1}{R}} \tag{1-44}$$

式(1-44)为直接求解两节点电压的一般表达式，式中，分母的各项总为正；分子的各项可以为正，也可以为负，当电源电压和节点电压的参考方向相同时取正号，相反时取负号，而与该支路电流的参考方向无关。

由式(1-44)求出节点电压后，就能求出图 1-36 电路中各支路电流。

例 1-10 电路如图 1-36 所示，已知 $U_{S1}=10\ \text{V}$，$U_{S2}=12\ \text{V}$，$R_1=1\ \Omega$，$R_2=2\ \Omega$，$R_3=2\ \Omega$，求各支路电流。

解 设 b 点为参考点，由式(1-43)和(1-44)得

$$V_a=\frac{\sum\frac{U_S}{R}}{\sum\frac{1}{R}}=\frac{\frac{U_{S1}}{R_1}-\frac{U_{S2}}{R_2}}{\frac{1}{R_1}+\frac{1}{R_2}+\frac{1}{R_3}}=\frac{\frac{10}{1}-\frac{12}{2}}{1+\frac{1}{2}+\frac{1}{2}}\text{V}=2\ \text{V}$$

则各支路电流为

$$I_1=\frac{U_{S1}-V_a}{R_1}=\frac{10-2}{1}\text{A}=8\ \text{A}$$

$$I_2=\frac{U_{S2}+V_a}{R_2}=\frac{12+2}{2}\text{A}=7\ \text{A}$$

$$I_3=\frac{V_a}{R_3}=\frac{2}{2}\text{A}=1\ \text{A}$$

例 1-11 电路如图 1-38 所示，用节点电压法求电流 I。

解 设 V_a、V_b 分别为节点 a、b 的节点电位，列节点电流方程(数值方程，为简便起见，方程中略去单位，以下同)

$$(1+2)V_a-2V_b=2$$

$$-2V_a+(2+1)V_b=-3$$

解得 $V_a=0\ \text{V}$，$V_b=-1\ \text{V}$

$$I=2\text{S}\times(V_a-V_b)=(2\times(0-(-1)))\text{A}=2\ \text{A}$$

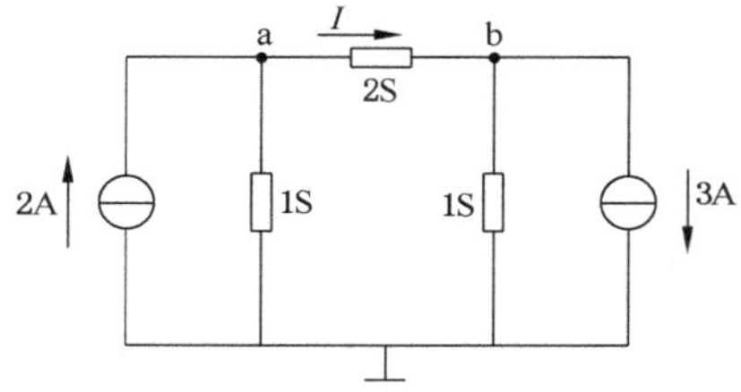

图 1-38 例 1-11 图

例 1-12 电路如图 1-39 所示，试用节点电压法求 1 Ω 电阻所消耗的功率 P。

解 此电路中含有理想电压源与电阻的串联支路，此时可将图 1-39 等效为

图 1-40，并设 c 为参考节点。列写节点电流方程

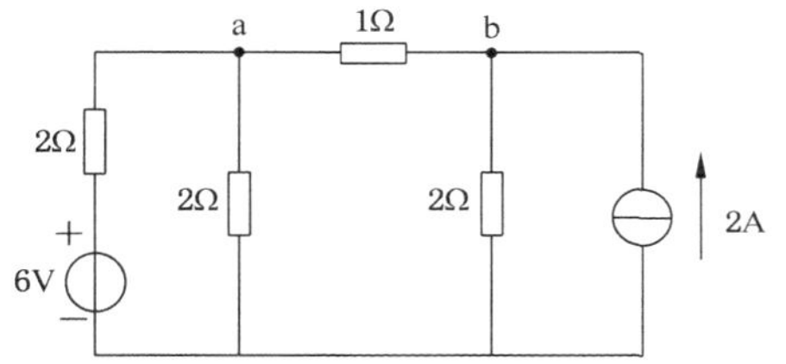

图 1-39　例 1-12 电路图

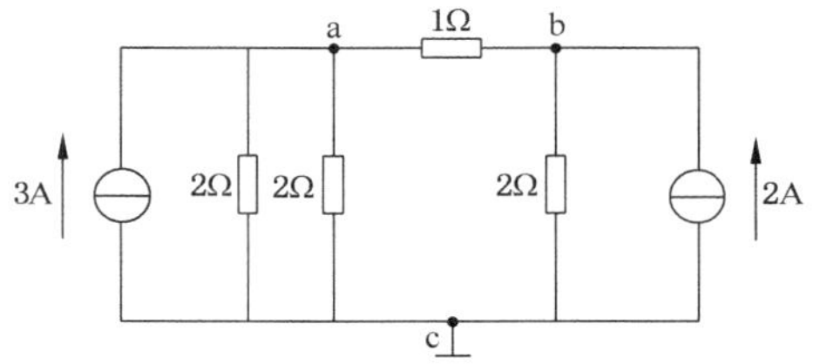

图 1-40　例 1-12 等效电路图

$$\left(\frac{1}{2}+\frac{1}{2}+1\right)V_a-V_b=3$$

$$-V_a+\left(1+\frac{1}{2}\right)V_b=2$$

解得　　　　　　　　$V_a=3.25\ \text{V}, V_b=3.5\ \text{V}$

1 Ω 电阻两端电压为

$$U_{ab}=V_a-V_b=(3.25-3.5)\text{V}=-0.25\ \text{V}$$

则 1 Ω 电阻所消耗的功率为

$$P=\frac{U_{ab}^2}{1\ \Omega}=(-0.25)^2\ \text{W}=0.062\ 5\ \text{W}$$

[**思考题**]

1. 为什么自电导总是正的，互电导总是负的？

2. 如果电路中含有理想电压源，其电压已知而电流是未知的，如何采用节点电压法分析电路？

1.7　叠加原理

在如图 1-41a 所示电路中有两个电源，各支路中的电流是由这两个电源共同作用产生的。对于线性电路，任何一条支路中的电流或电压，都可以看成是由电路中各个电源（电压源或电流源）分别单独作用时在此支路中所产生的电流或电压的代数和（见图 1-41b、c），这就是叠加原理。

所谓电路中只有一个电源单独作用，就是假设其余电源均不作用（将各个理想电压源短接，即其电压为零；将各个理想电流源开路，即其电流为零），但是它们的内阻（如果给出的话）仍应计及。图 1-41b 即为电压源 U_{S1} 单独作用的电路，图 1-41c 即为电压源 U_{S2} 单独作用的电路。可见，用叠加原理计算复杂电路，就是将一个多电源的复杂电路化为几个单电源电路来进行计算。

应用叠加原理分析电路的一般步骤为：

(1) 将复杂电路分解为含有一个（或几个）电源单独（或共同）作用的分解

电路。

（2）分析各分解电路，分别求得各电流或电压分量。

（3）将各电流或电压分量叠加得最后结果。

使用叠加原理时，应注意以下几点：

（1）叠加原理只适用于线性电路，不适用于非线性电路。

（2）叠加原理可以用于计算电压和电流，但不能直接应用于计算功率。

（3）应用叠加原理时，电路的连接以及电路中所有电阻和受控电源都不能改动。当考虑电路中某一电源单独作用时，其余不作用的理想电压源处用短路替代；不作用的理想电流源处用开路替代。

（4）叠加时要特别注意各电流或电压分量的符号。若分量的参考方向与原电路中的参考方向一致，则该分量取正号，反之取负号。

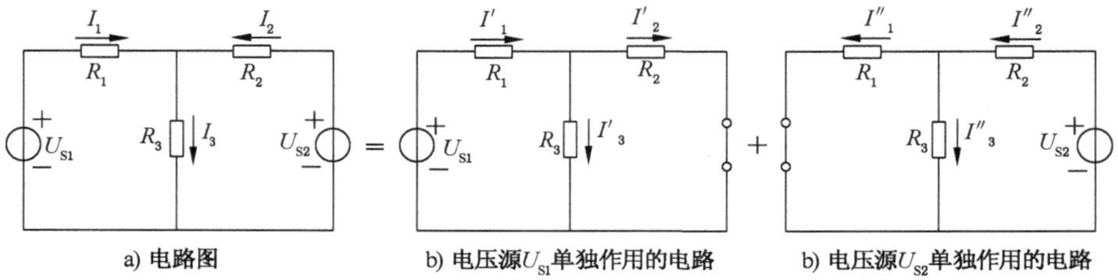

图 1-41　叠加原理说明电路

例 1-13　用叠加原理计算图 1-41a 所示电路中的各个电流。已知 $U_{S1}=140\ \text{V}$，$U_{S2}=90\ \text{V}$，$R_1=20\ \Omega$，$R_2=5\ \Omega$，$R_3=6\ \Omega$。

解　图 1-41a 所示电路的电流可以看成是由图 1-41b 和图 1-41c 所示两个电路的电流叠加起来的。I'_1、I'_2、I'_3 为电压源 U_{S1} 单独作用时各支路中的电流，称为 I_1、I_2、I_3 的一个分量；I''_1、I''_2、I''_3 为电压源 U_{S2} 单独作用时各支路中的电流，称为 I_1、I_2、I_3 的另一个分量。

在图 1-41b 中

$$I'_1=\frac{U_{S1}}{R_1+\dfrac{R_2R_3}{R_2+R_3}}=\frac{140}{20+\dfrac{5\times6}{5+6}}\text{A}=6.16\ \text{A}$$

$$I'_2=\frac{R_3}{R_2+R_3}I'_1=\left(\frac{6}{5+6}\times6.16\right)\text{A}=3.36\ \text{A}$$

$$I'_3=\frac{R_2}{R_2+R_3}I'_1=\left(\frac{5}{5+6}\times6.16\right)\text{A}=2.80\ \text{A}$$

在图 1-41c 中

$$I''_2=\frac{U_{S2}}{R_2+\dfrac{R_1R_3}{R_1+R_3}}=\frac{90}{5+\dfrac{20\times6}{20+6}}\text{A}=9.36\ \text{A}$$

$$I''_1=\frac{R_3}{R_1+R_3}I''_2=\left(\frac{6}{20+6}\times 9.36\right)\text{A}=2.16\ \text{A}$$

$$I''_3=\frac{R_1}{R_1+R_3}I''_2=\left(\frac{20}{20+6}\times 9.36\right)\text{A}=7.20\ \text{A}$$

所以

$$I_1=I'_1-I''_1=(6.16-2.16)\text{A}=4.0\ \text{A}$$

$$I_2=I''_2-I'_2=(9.36-3.36)\text{A}=6.0\ \text{A}$$

$$I_3=I'_3+I''_3=(2.80+7.20)\text{A}=10.0\ \text{A}$$

例 1-14　利用叠加原理计算图 1-42 所示电路中的电流 I_3，已知 $I_S=12$ A，$U_S=120$ V，$R_1=20\ \Omega$，$R_2=20\ \Omega$，$R_3=5\ \Omega$。

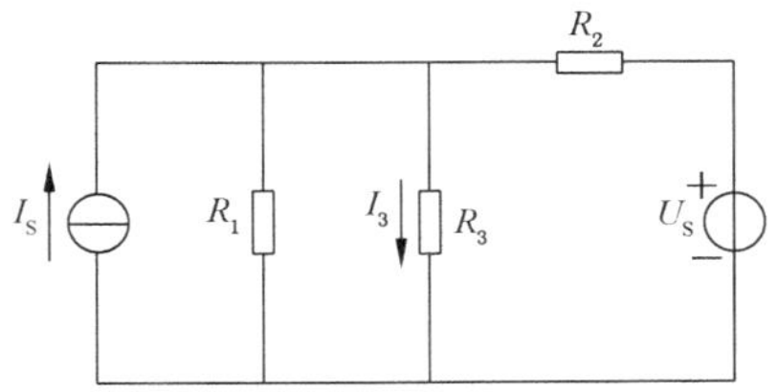

图 1-42　例 1-14 图

解　如图 1-42 所示电路的电流 I_3 可以看成是由图 1-43a（电流源 I_S 单独作用）和图 1-43b（电压源 U_S 单独作用）两个电路的电流 I'_3 和 I''_3 叠加起来的。

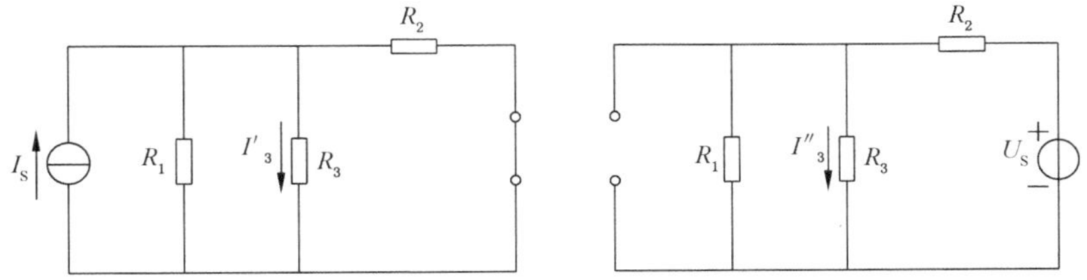

a) 电流源I_S单独作用电路　　b) 电压源U_S单独作用电路

图 1-43　图 1-42 的叠加原理分解

由图 1-43a 可求出 I'_3，即

$$I'_3=\frac{\dfrac{R_1R_2}{R_1+R_2}}{\dfrac{R_1R_2}{R_1+R_2}+R_3}I_S=\left(\frac{\dfrac{20\times 20}{20+20}}{\dfrac{20\times 20}{20+20}+5}\times 12\right)\text{A}=8\ \text{A}$$

由图 1-43b 可求出 I'_3，即

$$I'_3=\frac{U_S}{R_2+\dfrac{R_1R_3}{R_1+R_3}}\frac{R_1}{R_1+R_3}=\left(\frac{120}{20+\dfrac{20\times 5}{20+5}}\times\frac{20}{20+5}\right)\text{A}=4\ \text{A}$$

所以

$$I_3=I'_3+I''_3=(8+4)\text{A}=12\ \text{A}$$

[思考题]

1. 叠加原理可否用于将多电源电路(例如有 4 个电源)看成是几组电源(例如两组电源)分别作用的叠加?

2. 为何不能直接应用叠加原理计算多电源电路中的功率?

1.8 戴维南定理与诺顿定理

在有些情况下,只需要计算一个复杂电路中某一条支路的电流或电压,如果用前面几节所述的方法来计算时,必然会引出一些不需要的电流或电压来。为了使计算简便些,常常应用等效电源的方法。

如果只需计算复杂电路中的一个支路时,可以将这个支路划出,如图 1-44a 中的 R_L 支路,将其余部分(即图 1-44a 中的点划线框部分)看作一个有源二端网络,如图 1-44b 所示。所谓有源二端网络就是具有两个出线端的部分电路,其中含有电源。有源二端网络可以是简单的或任意复杂的电路,但是不论简繁程度如何,对 R_L 支路而言,仅相当于一个电源,它为 R_L 支路供给电能。因此,这个有源二端网络一定可以化简为一个等效电源,R_L 可看成是它的负载。经这种等效变换后,流经 R_L 的电流 I 和其端电压 U 没有变化。

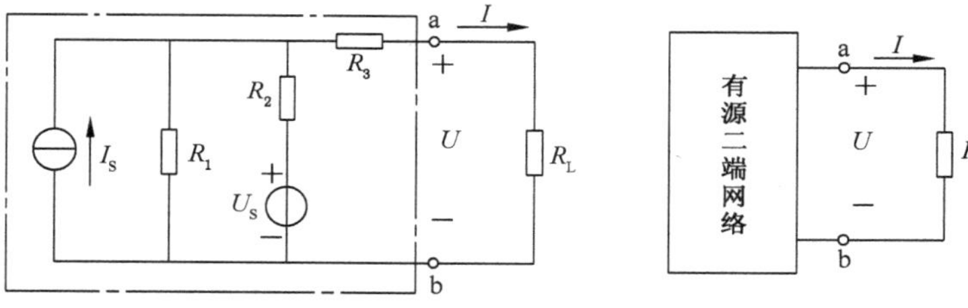

a) 电路图　　b) 结构框图

图 1-44　有源二端网络

如前所述,一个电源可以用两种电路模型表示:一种是理想电压源 U_S 和内阻 R_0 串联的电路(电压源);一种是理想电流源 I_S 和内阻 R_0 并联的电路(电流源)。因此,有两种等效电源,从而得出下述两个定理。

1.8.1 戴维南定理

任何一个线性有源二端网络都可以用一个理想电压源 U_S 和内阻 R_0 串联的电源来等效代替(见图 1-45)。等效电源中的电压源电压 U_S 就是有源二端网络的开路电压 U_{OC},即将负载断开后 a、b 两端之间的电压。等效电源的内阻 R_0 等于有源二端网络中所有电源均不作用(将各个理想电压源短路,即其电压为零;将各个理想电流源开路,即其电流为零)所得到的无源网络 a、b 两端之间的等效电阻。这就是戴维南定理。

图 1-45 所示的等效电路是一个最简单的电路。其中,电流可由下式计算

$$I=\frac{U_S}{R_0+R_L} \tag{1-45}$$

等效电源的电压和内阻可通过实验或计算得出。

例 1-15　电路如图 1-46 所示,试用戴维南定理求:(1)电流 I;(2)3 Ω 电阻所消耗的功率 $P_{3\Omega}$。

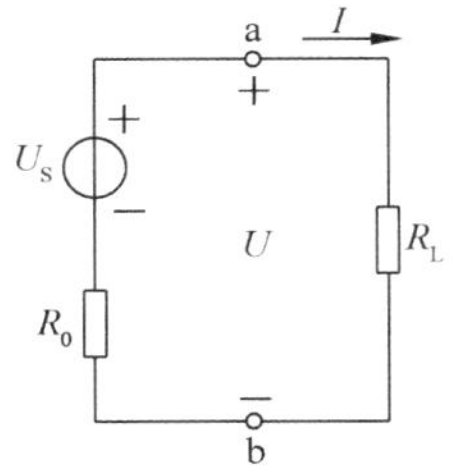

图 1-45　戴维南等效电路

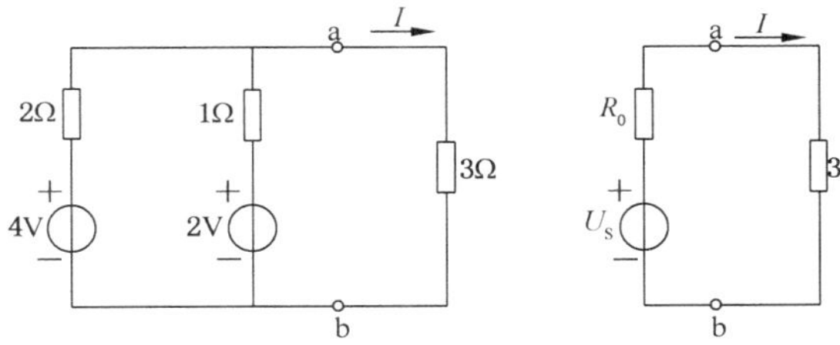

a) 电路图　　b) 戴维南等效电路

图 1-46　例 1-15 图

解　在如图 1-46a 所示电路中,将电流 I 所在支路与原电路在节点 a、b 处断开,而从 a、b 节点向左看的网络即为一有源二端网络,可等效为图 1-46b 所示的戴维南等效电路。欲求电流 I,只要求出等效电源的电压 U_S(即开路电压 U_{OC})和戴维南等效电阻 R_0 即可。

(1) 求等效电源的电压 U_S,即开路电压 U_{OC}。其等效电路如图 1-47 所示,可解得电流

$$I_1=\frac{4-2}{2+1}\text{A}=0.67\text{ A}$$

由 KVL 得

$$U_{OC}=(1\times I_1)\text{V}+2\text{ V}=(1\times0.67+2)\text{V}=2.67\text{ V}$$

$$U_S=U_{OC}=2.67\text{ V}$$

(2) 求戴维南等效电阻 R_0。其等效电路如图 1-48 所示,则

$$R_0=\frac{2\times1}{2+1}\Omega=0.67\ \Omega$$

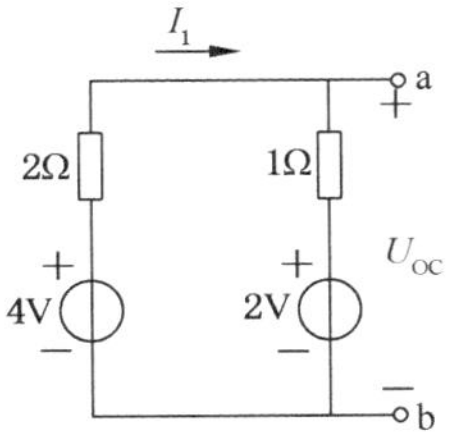

图 1-47　求 U_{OC} 的电路

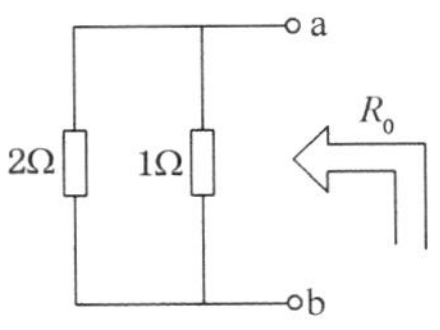

图 1-48　求 R_0 的电路

(3) 在图 1-46b 中，求得电流 I 为

$$I=\frac{U_S}{R_0+3\ \Omega}=\frac{2.67}{0.67+3}\text{A}=0.73\ \text{A}$$

3 Ω 电阻所消耗的功率为

$$P_{3\Omega}=3\ \Omega\times I^2=3\times(0.73)^2\text{W}=1.6\ \text{W}$$

例 1-16 电路如图 1-49a 所示，已知 $U_{S1}=8\ \text{V}$，$U_{S2}=5\ \text{V}$，$I_S=3\ \text{A}$，$R_1=2\ \Omega$，$R_2=5\ \Omega$，$R_3=2\ \Omega$，$R_4=8\ \Omega$，试用戴维南定理求通过 R_4 的电流 I_4。

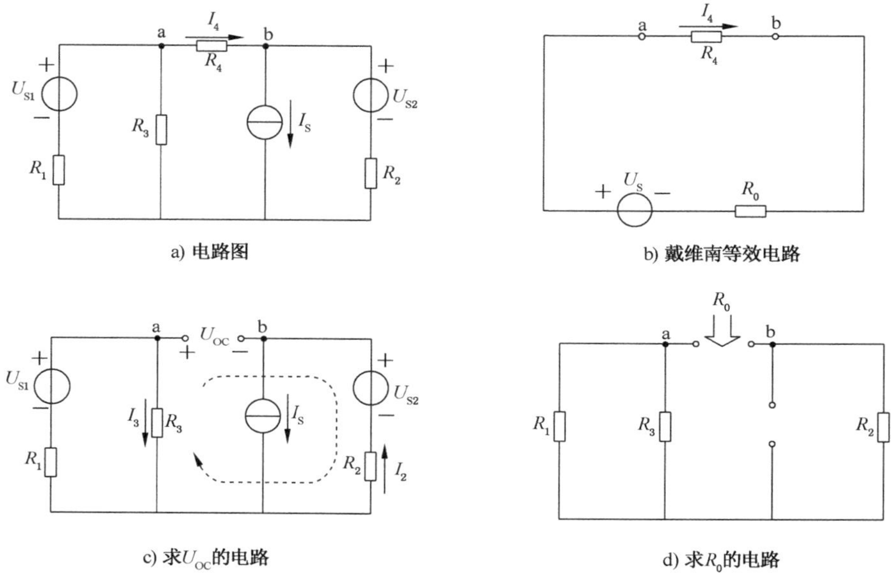

图 1-49 例 1-16 图

解 从节点 a、b 处断开，将待求支路提出，可将图 1-49a 的电路等效为图 1-49b 所示的戴维南等效电路。

(1) 求等效电源的电压 U_S，即二端网络的开路电压 U_{OC}，在图 1-49c 中，由于

$$I_2=I_S=3\ \text{A}$$

$$I_3=\frac{U_{S1}}{R_1+R_3}=\frac{8}{2+2}=2\ \text{A}$$

选图中虚线所示回路，由 KVL 得

$$U_{OC}+U_{S2}-R_2I_2-R_3I_3=0$$

$$U_{OC}=-U_{S2}+R_2I_2+R_3I_3=(-5+5\times3+2\times2)\text{V}=14\ \text{V}$$

$$U_S=U_{OC}=14\ \text{V}$$

(2) 求等效电源内阻 R_0，在图 1-49d 中

$$R_0=\frac{R_1R_3}{R_1+R_3}+R_2=\left(\frac{2\times2}{2+2}+5\right)\Omega=6\ \Omega$$

（3）在图 1-49b 中，可求得

$$I_4=\frac{U_S}{R_0+R_4}=\frac{14}{6+8}\text{A}=1\ \text{A}$$

例 1-17　电路如图 1-50 所示，试用戴维南定理求 $R=2.5\ \text{k}\Omega$ 电阻中的电流 I。

解　图 1-50a 的电路可等同于图 1-50b 的电路。

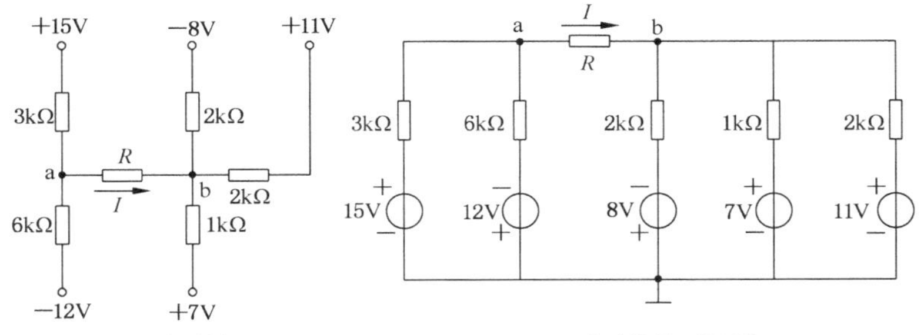

图 1-50　例 1-17 图

（1）将 a、b 间开路，求等效电源的电压 U_S，即开路电压 U_{OC}

$$V_a=\frac{\frac{15}{3\times10^3}-\frac{12}{6\times10^3}}{\frac{1}{3\times10^3}+\frac{1}{6\times10^3}}\text{V}=6\ \text{V}$$

$$V_b=\frac{-\frac{8}{2\times10^3}+\frac{7}{1\times10^3}+\frac{11}{2\times10^3}}{\frac{1}{2\times10^3}+\frac{1}{1\times10^3}+\frac{1}{2\times10^3}}\text{V}=4.25\ \text{V}$$

$$U_S=U_{OC}=V_a-V_b=(6-4.25)\text{V}=1.75\ \text{V}$$

（2）令所有电压源不作用，求等效电源的内阻 R_0

$$R_0=3\ \text{k}\Omega/\!/6\ \text{k}\Omega+2\ \text{k}\Omega/\!/1\ \text{k}\Omega/\!/2\ \text{k}\Omega=2.5\ \text{k}\Omega$$

式中，“//”表示电阻并联。

（3）戴维南等效电路如图 1-51 所示，则电阻 R 中的电流为

$$I=\frac{U_S}{R+R_0}=\frac{1.75}{(2.5+2.5)\times10^3}\text{A}=0.35\times10^{-3}\text{A}=0.35\ \text{mA}$$

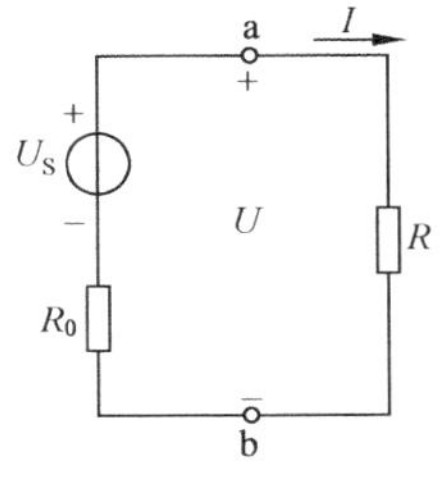

图 1-51　例 1-17 等效电路

*1.8.2　诺顿定理

如图 1-52 所示，任何一个有源二端线性网络都可以用一个电流为 I_S 的理想电流源和内阻 R_0 并联的电源来等效代替。等效电源的电流 I_S 就是有源二端网络的短路电流 I_{SC}，

即将 a、b 两端短接后其中的电流，等效电源的内阻 R_0 等于有源二端网络中所有电源均除去（理想电压源短路，理想电流源开路）后所得到的无源网络 a、b 两端之间的等效电阻。这就是诺顿定理。

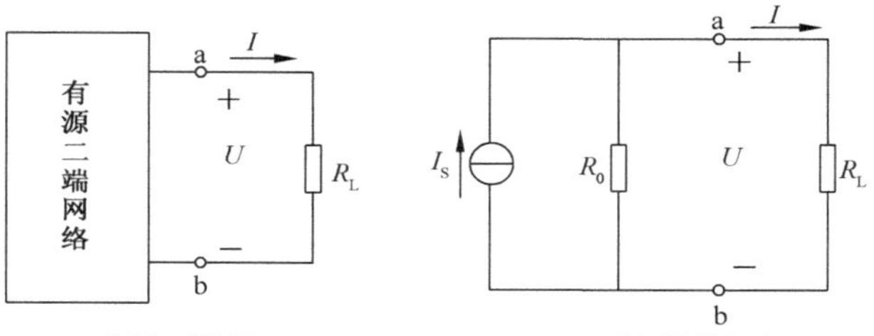

a) 有源二端网络　　b) 诺顿等效电路

图 1-52　诺顿定理电路图

由图 1-52b 的等效电路可计算电流为

$$I=\frac{R_0}{R_0+R_L}I_S \tag{1-46}$$

因此，一个有源二端网络既可用戴维南定理化为图 1-45 所示的等效电压源，也可用诺顿定理化为如图 1-52b 所示的等效电流源。两者对外电路来讲是等效的，关系是

$$U_S=R_0I_S \quad 或 \quad I_S=\frac{U_S}{R_0} \tag{1-47}$$

［思考题］

1. 试用戴维南定理求解例 1-14。

2. 欲求有源二端网络的戴维南等效电路，现有直流电压表、直流电流表各一块，电阻一个，如何用实验的方法求得？

3. 有一电源，两端短路时测出短路电流为 10 A，空载时测出端电压为 24 V，试画出其两种电源模型图，并求出相应参数。

习　　题

1-1　电路如图 1-53 所示，试计算 a 点和 b 点之间的电压。

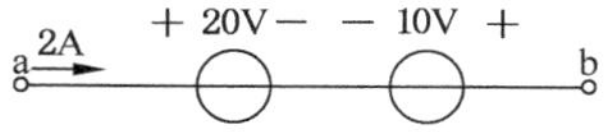

图 1-53　题 1-1 图

1-2　电路如图 1-54 所示，已知 $U_{ab}=9$ V，$U_{ac}=6$ V。（1）若取 a 点为参考点，则 b 点和 c 点的电位是多少？（2）若取 b 点为参考点，则 a 点和 c 点的电位是多少？（3）若取 c 点为参考点，则 a 点和 b 点的电位是多少？

图 1-54　题 1-2 图

1-3　如图 1-55 所示是一个常用的电阻分压器电路。已知直流电源电压 $U=18$ V，滑动触头 c 的位置使 $R_1=600\ \Omega$，$R_2=400\ \Omega$，试求输出电压 U_2。若用内阻为 1 200 Ω 的电压表去测量此电压，试求电压表的读数。

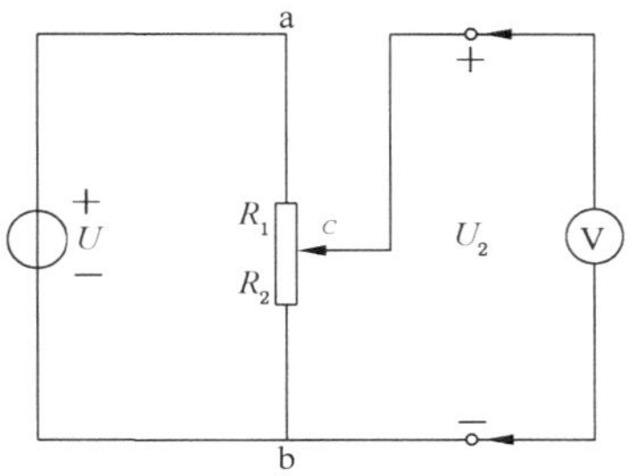

图 1-55　题 1-3 图

1-4　如图 1-56 所示电路中，试分析图 a 中电流源的电压 U 和图 b 中电压源的电流 I。

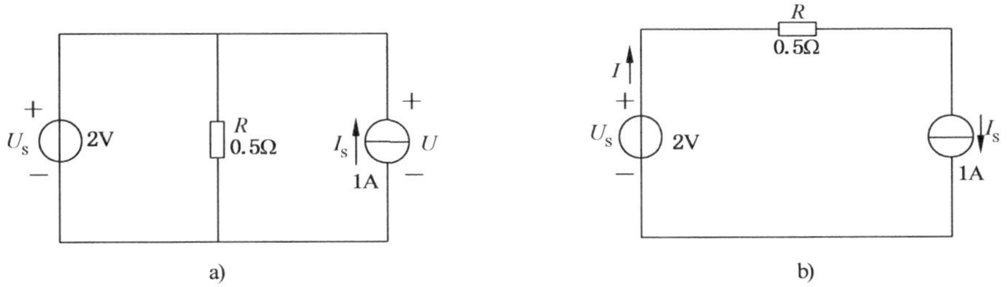

图 1-56　题 1-4 图

1-5　一个实际电源的电路和外特性曲线分别如图 1-57a、b 所示，试求采用电压源模型来表示该电源时，U_S、R_0 和 R_L 各为多少，画出相应的电路模型。

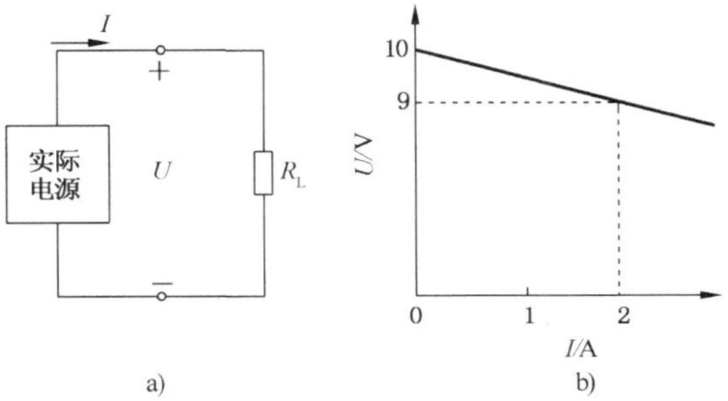

图 1-57　题 1-5 图

1-6 求如图 1-58 所示电路中 a 点电位。

1-7 试求如图 1-59 所示电路中 a 点和 b 点的电位。如将 a、b 两点直接连接或接一电阻，对电路工作有何影响？

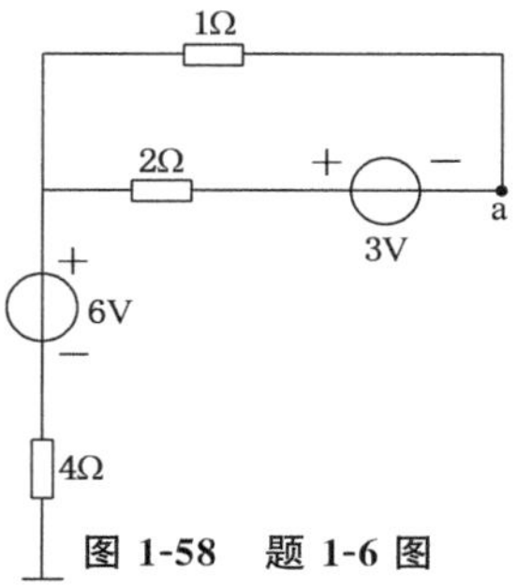

图 1-58 题 1-6 图

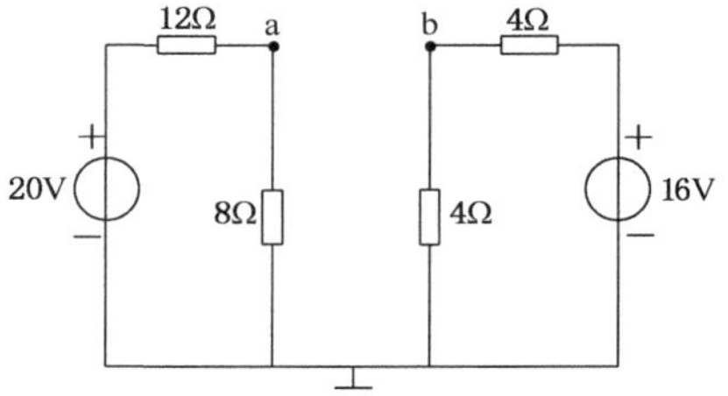

图 1-59 题 1-7 图

1-8 如图 1-60 所示电路中，已知 $I_1=0.01\ \mu A$，$I_2=0.3\ \mu A$，$I_5=9.61\ \mu A$，求电流 I_3、I_4 和 I_6。

1-9 如图 1-61 所示电路中，已知 $I_1=0.3$ A，$I_2=0.5$ A，$I_3=1$ A，求电流 I_4。

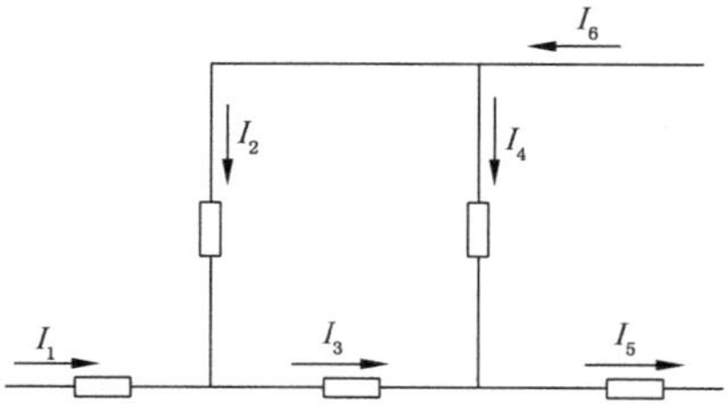

图 1-60 题 1-8 图

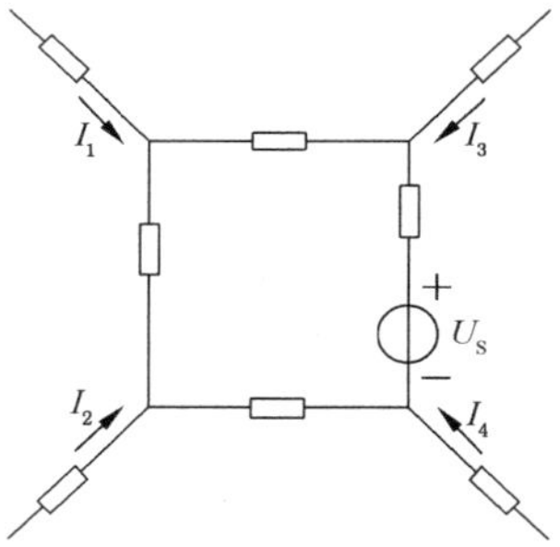

图 1-61 题 1-9 图

1-10 将如图 1-62 所示各电路变换成电压源等效电路。

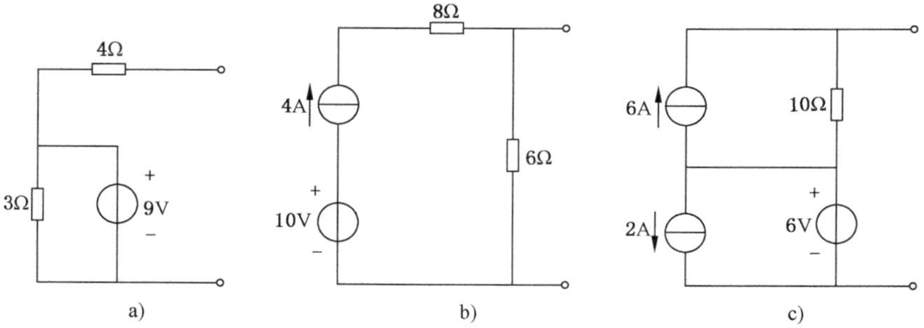

图 1-62 题 1-10 图

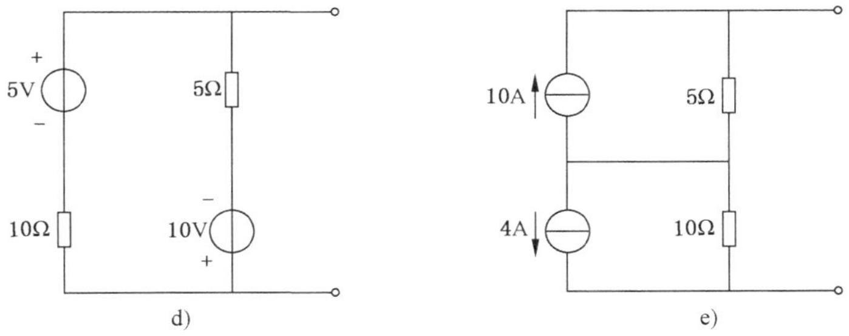

续图 1-62

1-11　将如图 1-63 所示各电路变换成电流源等效电路。

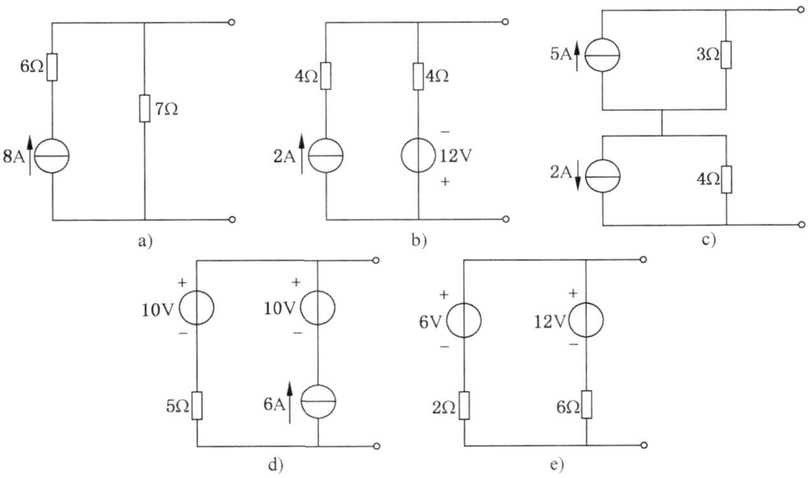

图 1-63　题 1-11 图

1-12　电路如图 1-64 所示，用电源等效变换法求 U。

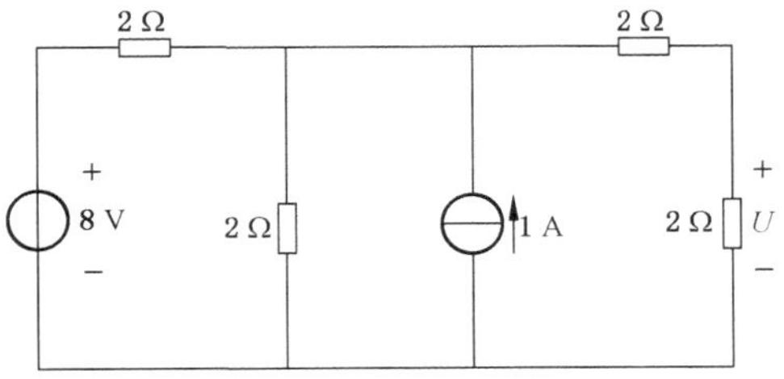

图 1-64　题 1-12 图

1-13 电路如图 1-65 所示，用电源等效变换法求 U。

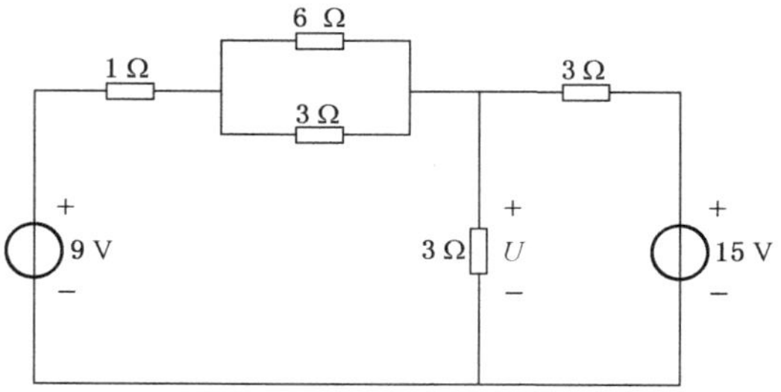

图 1-65 题 1-13 图

1-14 在图 1-66 的两个电路中，要在 12 V 直流电源上使 6 V、50 mA 的电珠正常发光，应该采用哪一个连接电阻？

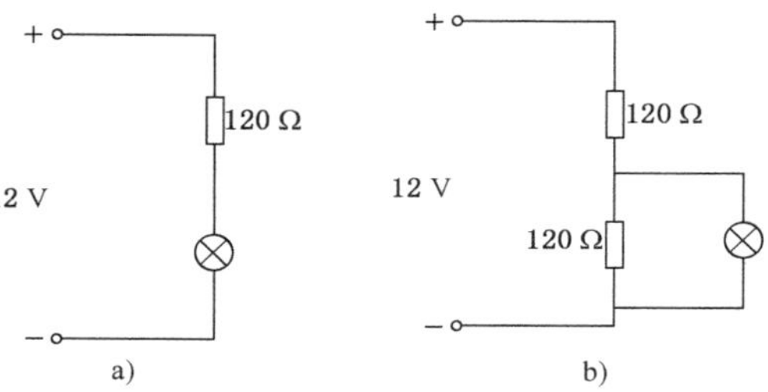

图 1-66 题 1-14 图

1-15 图 1-67 是电源有载工作的电路。电源的电动势 $U_S=220$ V，内阻 $R_0=0.2$ Ω；负载电阻 $R_1=10$ Ω，$R_2=6.67$ Ω；线路电阻 $R_l=0.1$ Ω。试求负载电阻 R_2 并联前后：(1) 电路中电流 I；(2) 电源端电压 U_1 和负载端电压 U_2。当负载增大时，总的负载电阻、线路中电流、电源端的电压是如何变化的？

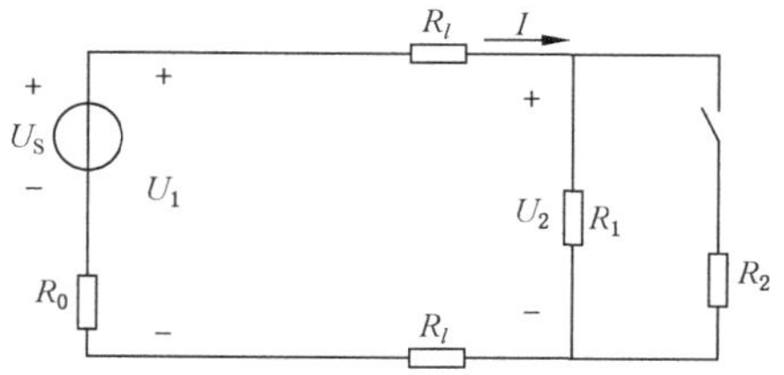

图 1-67 题 1-15 图

1-16 一只 110 V、8 W 的指示灯，现在要接在 380 V 的电源上，问要串联多大阻值的电阻？该电阻应选用多大瓦数的？

1-17 有 50 个彩色的白炽灯接在 24 V 的电源上，每个白炽灯为 60 W，求每个白炽灯的电流及总电流，另外消耗的总功率是多少？

1-18　电路如图 1-68 所示，已知 $U_{S1}=15\ V$，$U_{S2}=5\ V$，$I_S=1\ A$，$R=5\ \Omega$，求各元件的功率值，并说明各元件是吸收功率还是发出功率。

1-19　在图 1-69 中，H_1 和 H_2 的额定功率分别为 60 W、100 W，额定电压为 220 V。请问：

(1) 电源电压 U_S 应为多少？

(2) 开关 S 闭合前、后，电源供出的电流及各灯通过的电流为多少？S 闭合时，I_1 是否被分去一些？

(3) 60 W 和 100 W 的灯哪个电阻大？

(4) 不慎将 100 W 的灯两端短接，当 S 闭合时，后果如何？100 W 的灯丝是否会烧断？

(5) 设电源的额定功率为 125 W，当只接一个 220 V、60 W 的电灯时该灯会不会被烧坏？

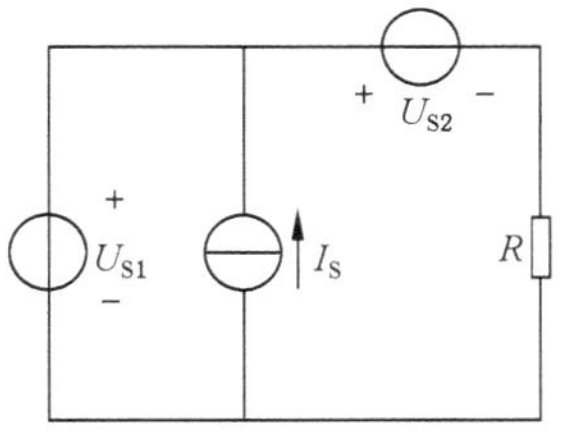

图 1-68　题 1-18 图

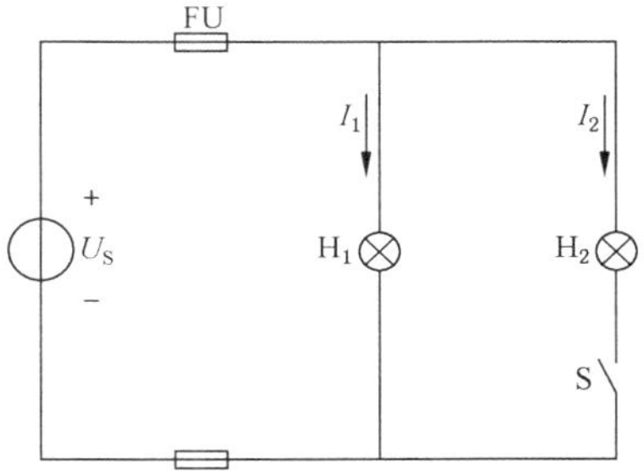

图 1-69　题 1-19 图

***1-20**　电路如图 1-70 所示，$U_{ab}=2\ V$，试求 R。

1-21　用支路电流法求如图 1-71 所示电路中 a 点的电位。

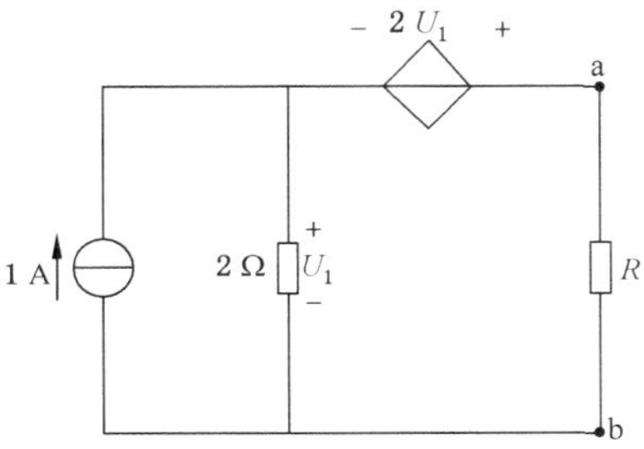

图 1-70　题 1-20 图

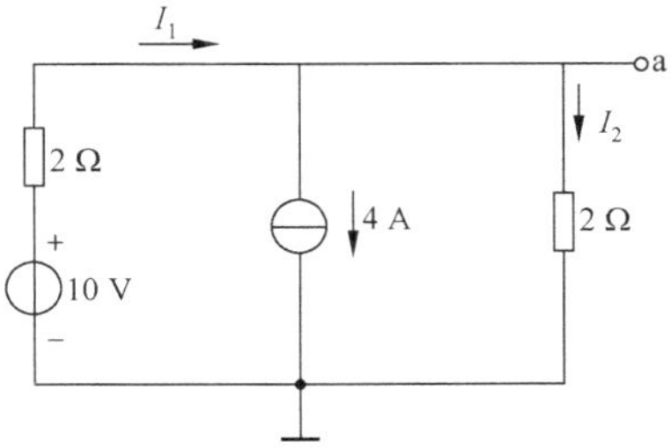

图 1-71　题 1-21 图

1-22　电路如图 1-72 所示，已知 $U_{S1}=30\ V$，$U_{S2}=24\ V$，$U_{S3}=4\ V$，$I_S=1\ A$，$R_1=6\ \Omega$，$R_2=R_3=12\ \Omega$，用支路电流法求各支路电流。

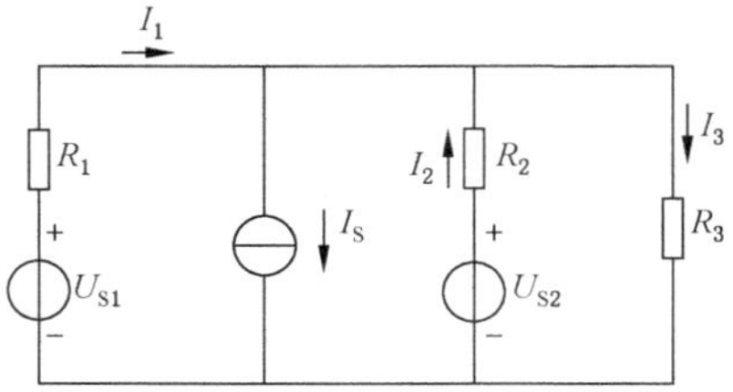

图 1-72　题 1-22 图

1-23　列出图 1-73a、b 所示各电路在用支路电流法求解时所需要的独立方程。

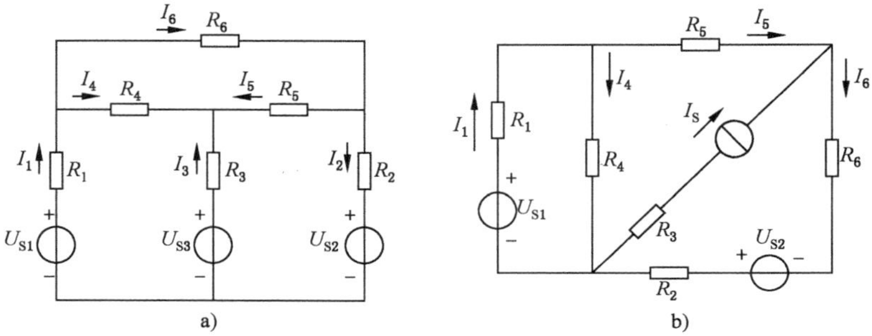

图 1-73　题 1-23 图

1-24　电路如图 1-74 所示，试用节点电压法求：(1) 节点电位 V_a、V_b；(2) 电压 U_{ab}；(3) 各元件的功率，并说明功率平衡关系。

1-25　电路如图 1-75 所示，试用节点电压法求：(1) 节点电位 V_a、V_b；(2) 电流 I。

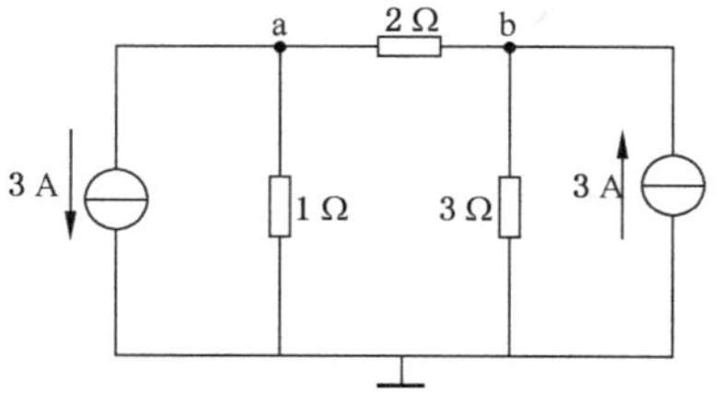

图 1-74　题 1-24 图

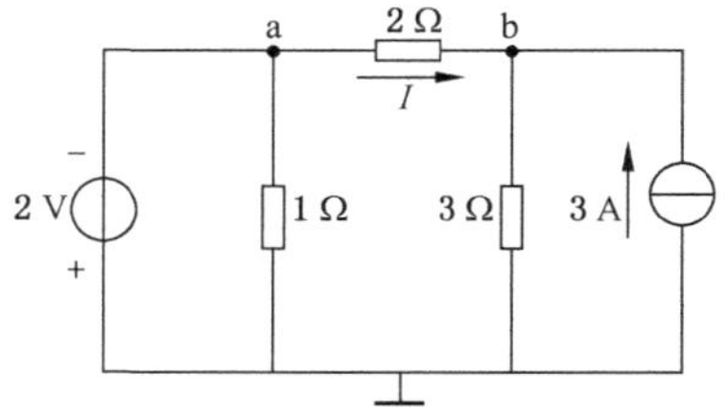

图 1-75　题 1-25 图

1-26　电路如图 1-76 所示，试用节点电压法求：(1) 节点电位 V_a、V_b；(2) 电压 U_{ab}；(3) 电流 I。

1-27　电路如图 1-77 所示，试用节点电压法求：(1) 节点电位 V_a、V_b；(2) 1 V电压源的功率，并说明是发出还是取用的。

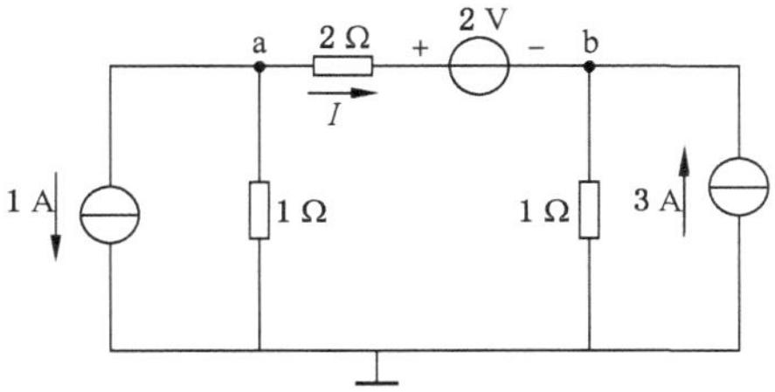

图 1-76　题 1-26 图

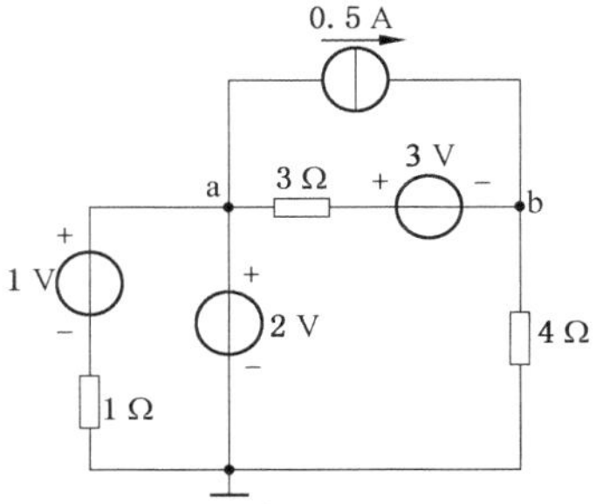

图 1-77　题 1-27 图

1-28　用叠加原理求如图 1-78 所示电路中的 U。

1-29　在图 1-79 所示电路中，当 $U_S=20$ V 时，$U_{ab}=10$ V，利用叠加原理求 $U_S=0$ 时的 U_{ab}。

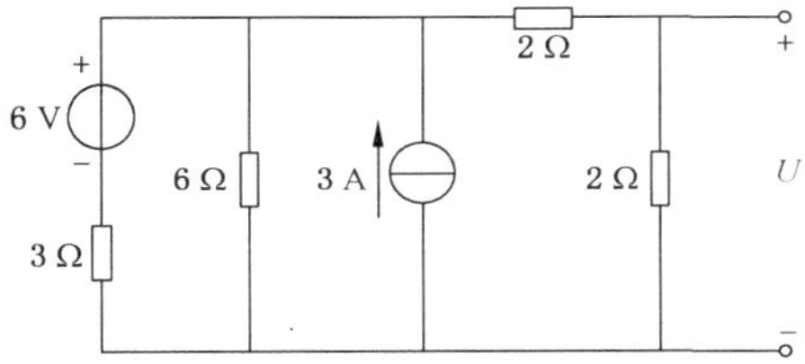

图 1-78　题 1-28 图

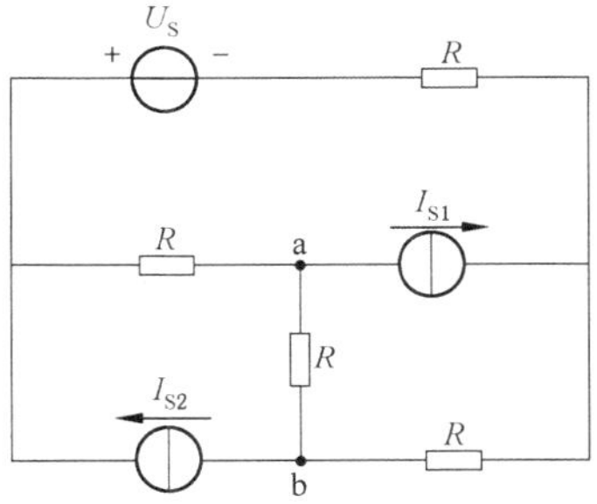

图 1-79　题 1-29 图

1-30　用叠加原理求如图 1-80 所示电路中的电压 U，并求电流源的功率。

1-31　如图 1-81 所示电路，(1) 当开关 S 合在 a 点时，求电流 I_1、I_2 和 I_3；(2) 将开关 S 合在 b 点时，利用(1)的结果，用叠加原理计算电流 I_1、I_2 和 I_3。

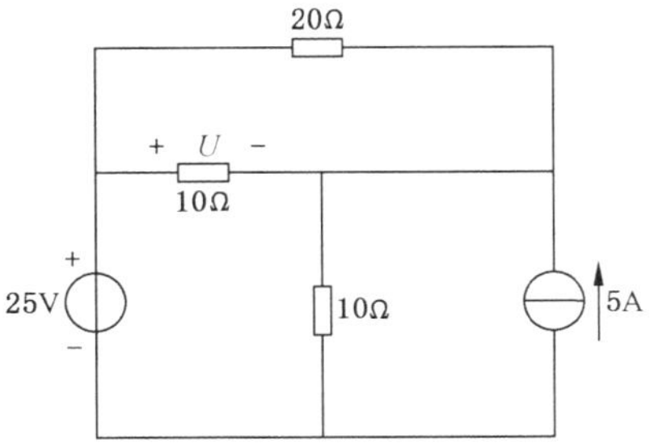

图 1-80　题 1-30 图

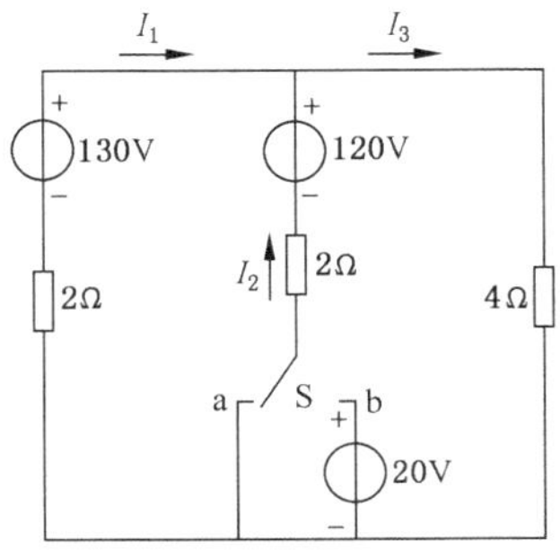

图 1-81　题 1-31 图

1-32　应用叠加原理计算如图 1-82 所示电路中各支路的电流和各元件(电

源和电阻)两端的电压,并说明功率平衡关系。

1-33 电路如图 1-83 所示,试求 U_{ab}。

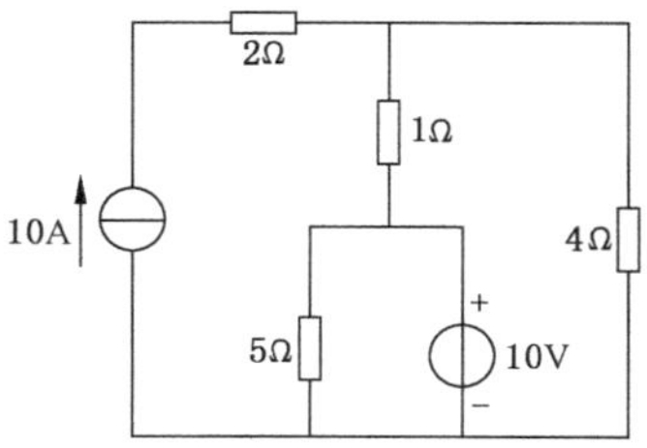

图 1-82 题 1-32 图

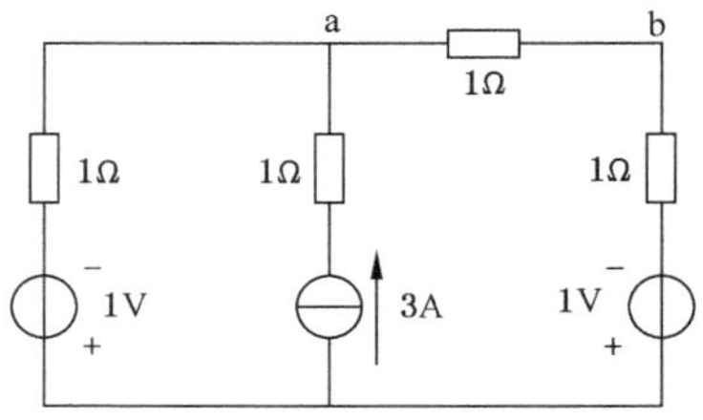

图 1-83 题 1-33 图

1-34 用戴维南定理求如图 1-84 所示电路中的电流 I。

1-35 利用戴维南定理求如图 1-85 所示电路中的电流 I。已知 $U_S=10$ V, $I_S=2$ A, $R_1=R_2=R_3=10\ \Omega$。

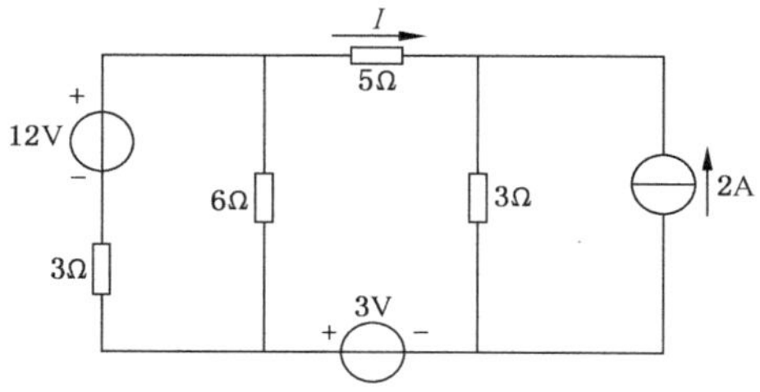

图 1-84 题 1-34 图

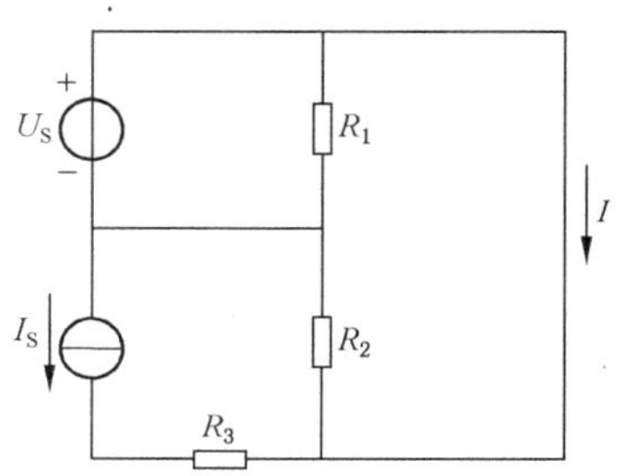

图 1-85 题 1-35 图

1-36 利用戴维南定理求如图 1-86a、b 电路所示二端网络的等效电路。

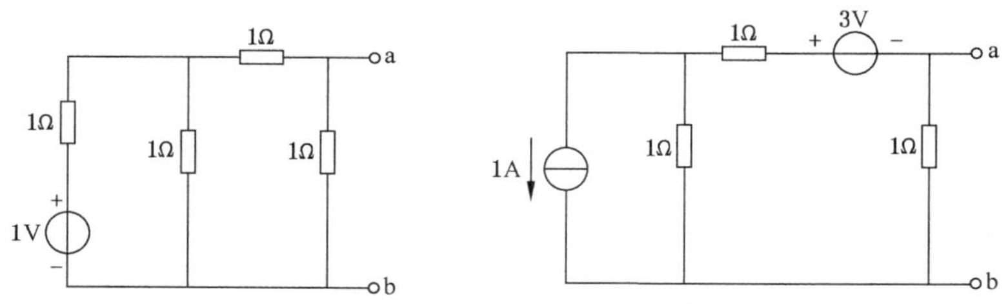

a) b)

图 1-86 题 1-36 图

1-37 电路如图 1-87 所示,利用戴维南定理求 40 Ω 电阻中的电流 I。

1-38 在如图 1-88 所示电路中,N 为有源二端网络,当开关 S 断开时,电流表读数为 $I=1.8$ A,当开关 S 闭合时,电流表读数为 1 A。试求有源二端网络的等值电压源参数。

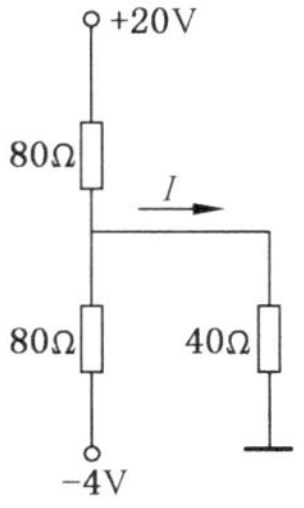

图 1-87　题 1-37 图

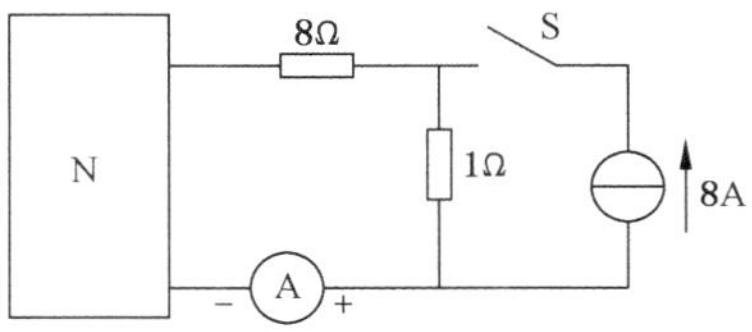

图 1-88　题 1-38 图

1-39　在图 1-89 中，已知 $U_{S1}=15\ V$，$U_{S2}=13\ V$，$U_{S3}=4\ V$，$R_1=R_2=1\ \Omega$，$R_3=R_4=1\ \Omega$，$R_5=10\ \Omega$。(1) 当开关 S 断开时，试求电阻 R_5 上的电压 U_5 和电流 I_5；(2) 当开关 S 闭合后，试用戴维南定理计算 I_5。

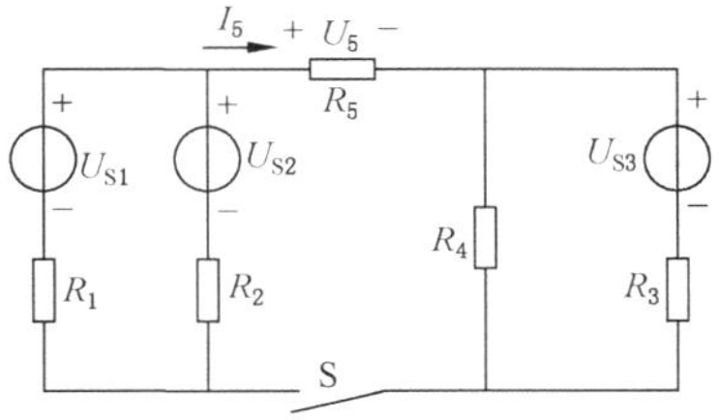

图 1-89　题 1-39 图

* **1-40**　计算图 1-90 所示电路的诺顿等效电路。

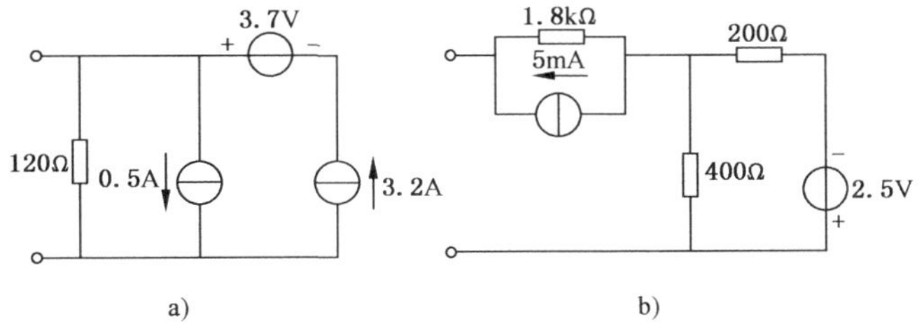

a)　　b)

图 1-90　题 1-40 图

* **1-41**　电路如图 1-91 所示，试利用诺顿定理求：(1) 电压 U；(2) 1 A 电流源的功率 P_{1A}。

1-42　试求图 1-92 所示电路中的电流 I。

1-43　电路如图 1-93 所示，试用本章所学多种方法求电路中的电流 I_3。

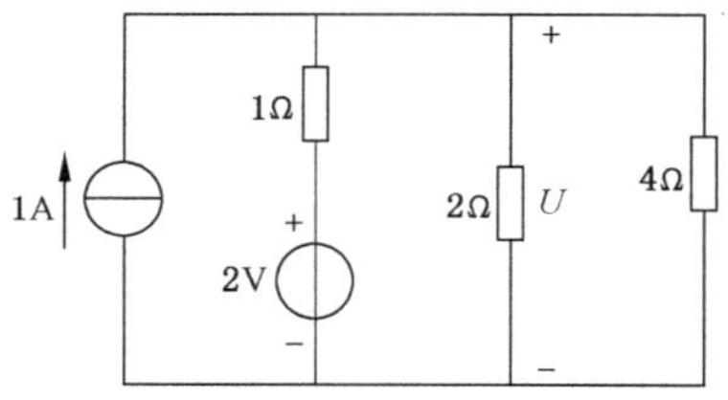

图 1-91　题 1-41 图

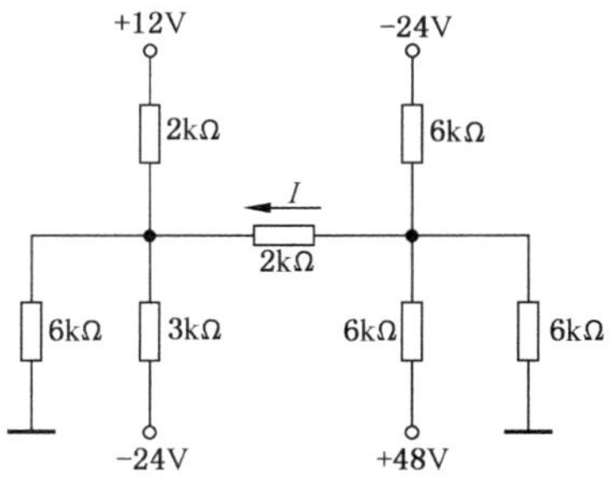

图 1-92　题 1-42 图

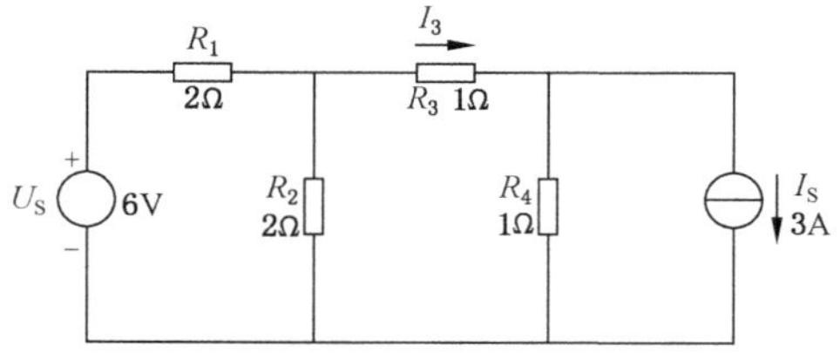

图 1-93　题 1-43 图

第2章　正弦交流电路

本章提要　本章主要讨论正弦交流电路。首先介绍正弦交流电路的基本概念及相量表示法，分析单一参数元件交流电路，然后讨论电阻、电感、电容元件串联的交流电路、电路的谐振现象及提高功率因数的方法。直流电路所提及的电路定律和分析方法在运用相量法后，可以推广到正弦交流电路中。

本章重点　正弦量的相量表示法；用相量法分析正弦交流电路的电压、电流；有功功率、无功功率、视在功率的概念和计算；串联谐振电路；提高功率因数的方法。

本章难点　正确理解相量分析法和交流功率。

工程上经常涉及很多在时间上按一定规律变化的电学量或信号。图 2-1 是三种随时间作周期性变化的电学量，简称周期量。图 2-1a 所示周期量在任一瞬时数值(即瞬时值)的极性保持不变，称为脉动直流电。图 2-1b 则是瞬时值的正、负值反复交替出现的交流电。所谓交流电是指在大小和方向上随时间作周期性变化，并且在一个周期内的平均值为零的电压、电流和电动势的统称。直流电与交流电的区别在于其方向是否随时间变化。

图 2-1c 是随时间按正弦函数规律周期性交变的，称为正弦交流电，简称正弦量。其他的周期量则统称为周期性非正弦量。所谓正弦交流电路，是指含有正弦电源(激励)，且在电路各部分所产生的电压和电流(响应)均按正弦规律变化的电路。

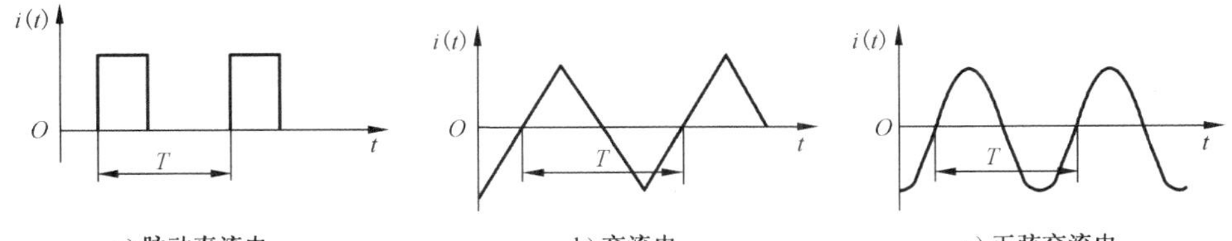

a) 脉动直流电　　b) 交流电　　c) 正弦交流电

图 2-1　周期量

正弦交流电是目前供电和用电的主要形式，这是因为正弦交流电可以利用变压器改变电压，能够实现远距离高压输电，使用方便，比直流电供电经济且效率高。在电子技术中，正弦交流信号的应用十分广泛，是信号电路中最基本的信号，因为非正弦周期信号可以通过傅里叶级数分解为一系列不同频率的正弦信号之和。多个正弦函数的和、差及微分、积分运算结果仍是正弦函数，正弦函数的微分方程可以简化为代数方程，这些特点使正弦交流电路的分析计算简便、有效，所以正弦交流电路理论是电路分析中很重要的一部分。本章分析与计算正弦交流电路，主要讲解不同参数和不同结构的各种正弦交流电路中电压与电流之间的关系和功率。

2.1 正弦量的三要素

正弦电压和电流等物理量，常统称为正弦量。正弦量的特征表现在变化的快慢、大小及初始值三个方面，它们分别由频率(或周期)、幅值(或有效值)和初相位来确定。所以频率、幅值和初相位就称为确定正弦量的三要素。

2.1.1 频率与周期

图 2-2 是一正弦电流的波形图，它的正弦函数表达式为

$$i(t)=I_{\mathrm{m}}\sin(\omega t+\varphi) \tag{2-1}$$

正弦量变化一周所需要的时间称为周期 T，单位是 s(秒)。正弦量在每秒时间内变化的次数称为频率 f，单位是 Hz(赫兹)。根据实际的需要，频率的高低可以分别用 kHz(千赫)或 MHz(兆赫)度量，它们之间的关系为 1 kHz=10^3 Hz，1 MHz=10^6 Hz。周期与频率之间的关系为

$$f=\frac{1}{T} \tag{2-2}$$

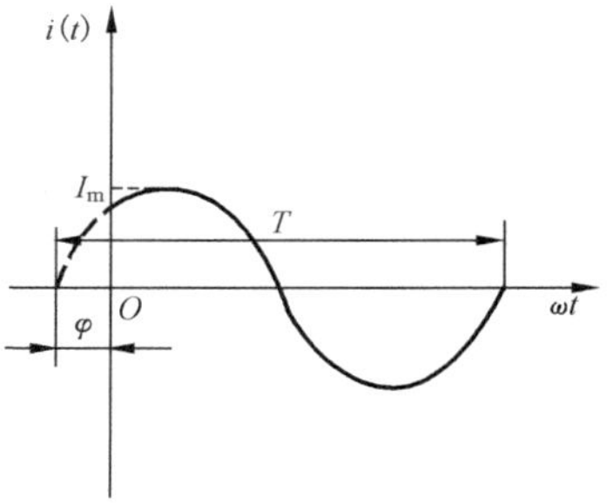

图 2-2　正弦电流波形

我国和大多数国家都采用 50 Hz 作为电力系统标准频率，只有少数国家(如美国、日本等)采用 60 Hz。这种频率在工业上应用广泛。通常，交流电动机和照明负载都用这种频率，习惯上也称为工频。除工频外，某些领域还需要采用其他的频率，如无线电通信的频率为 30 kHz～3×10^4 MHz，音频信号的频率为 20 Hz～20 kHz。

正弦量变化的快慢除用周期和频率表示外，还可用角频率 ω 来表示。因为一周期内经历了 2π 弧度，所以角频率为

$$\omega=\frac{2\pi}{T}=2\pi f \tag{2-3}$$

角频率的单位为 rad/s(弧度/秒)。

2.1.2 幅值与有效值

正弦量在一个周期中所能达到的最大数值称为正弦量的最大值，也叫作幅值或峰值，用带有下标 m 的大写字母表示，如 I_{m}、U_{m}、E_{m} 分别表示电流、电压及

电动势的幅值。

正弦电流、电压和电动势的大小往往不是用它们的幅值，而是常用有效值(方均根值)计量。如果一个正弦电流通过电阻，在一周期时间内所消耗的电能和某一直流电流通过同一电阻、在相同时间内所消耗的电能相等，则这个直流电流的量值就称为该正弦电流的有效值。正弦电流的有效值通常用大写字母 I 表示。

根据上述有效值的定义，可得

$$\int_0^T i^2(t)R\mathrm{d}t = I^2RT$$

由此可得出正弦电流的有效值

$$I = \sqrt{\frac{1}{T}\int_0^T i^2(t)\mathrm{d}t} \tag{2-4}$$

即正弦量的有效值是它的方均根值。

对于正弦电流，取其一般三角函数式

$$i(t)=I_{\mathrm{m}}\sin(\omega t+\varphi)$$

代入式(2-4)，则其有效值为

$$\begin{aligned} I &= \sqrt{\frac{1}{T}\int_0^T i^2(t)\mathrm{d}t} \\ &= \sqrt{\frac{1}{T}\int_0^T I_{\mathrm{m}}^2\sin^2(\omega t+\varphi)\mathrm{d}t} \\ &= \sqrt{\frac{1}{T}\int_0^T \frac{I_{\mathrm{m}}^2}{2}\mathrm{d}t - \frac{1}{T}\int_0^T \frac{I_{\mathrm{m}}^2}{2}\cos2(\omega t+\varphi)\mathrm{d}t} \\ &= \frac{I_{\mathrm{m}}}{\sqrt{2}} \end{aligned} \tag{2-5}$$

同理，正弦电压和电动势的有效值分别为

$$U=\frac{U_{\mathrm{m}}}{\sqrt{2}}$$

$$E=\frac{E_{\mathrm{m}}}{\sqrt{2}} \tag{2-6}$$

即正弦量的有效值等于最大值的 $1/\sqrt{2}$。

交流电的有效值和最大值都是反映交流电大小(即电流强弱或电压高低)的物理量。需要说明的是：

(1) 在工程上所说的正弦交流电压、电流的大小一般均指有效值。电气设备铭牌额定值、电网的电压等级等，例如交流电压 380 V 或 220 V，都是指它的有效值。但电气设备的耐压值指的却是最大值，因此，在确定电气设备的耐压值时应按最大值考虑。

(2) 在测量仪器中所指示的电压、电流的读数均为有效值。

(3) 分析正弦交流电路时,要注意区分交流电压、电流的瞬时值 u、i 和它们的最大值 U_m、I_m 以及有效值 U、I 的符号。

2.1.3 初相位

正弦量是随时间而变化的,要确定一个正弦量还须从计时起点($t=0$)上看。所取的计时起点不同正弦量的初始值($t=0$ 时的值)就不同,到达幅值或某一特定位所需的时间也就不同。

式(2-1)中的 $\omega t+\varphi$ 称为正弦量的相位角或相位。当相位角随时间连续变化时,正弦量的瞬时值随之连续变化。$t=0$ 时正弦量的相位角,称为初相位角或初相位。初相位有正负之分,习惯上常取初相位绝对值小于 180°。

两个同频率正弦量的相位角之差称为相位差,用 φ 表示。在同一正弦交流电路中,电压 $u(t)$ 和电流 $i(t)$ 的频率是相同的,但初相位不一定相同。如图 2-3 所示,图中 $u(t)$ 和 $i(t)$ 的波形可用下式表示

$$\left.\begin{aligned} u(t)&=U_m\sin(\omega t+\varphi_1)\\ i(t)&=I_m\sin(\omega t+\varphi_2)\end{aligned}\right\} \tag{2-7}$$

它们的频率相同,初相位分别为 φ_1 和 φ_2。$u(t)$ 和 $i(t)$ 的相位差为

$$\varphi=(\omega t+\varphi_1)-(\omega t+\varphi_2)=\varphi_1-\varphi_2 \tag{2-8}$$

可见,两个相同频率正弦量的相位差就是它们的初相位之差。虽然两个同频率正弦量的相位角都随时间改变,但它们的相位差却保持不变,即与时间 t 无关。

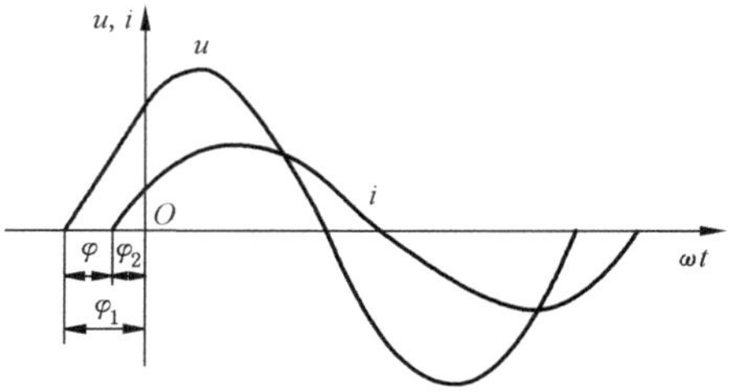

图 2-3 u 与 i 的相位关系

由图 2-3 的波形可见,因为 $u(t)$ 和 $i(t)$ 的初相位不同(不同相),所以它们的变化步调是不一致的,即不同时到达正的幅值或零值。图中,$\varphi_1>\varphi_2$,所以 $u(t)$ 比 $i(t)$ 先到达正的幅值,称作 $u(t)$ 的相位超前于 $i(t)$ 的相位一个 φ 角,或 $i(t)$ 的相位滞后于 $u(t)$ 的相位一个 φ 角。

如图 2-4a 所示,如果两个同频率正弦量的初相位相同,则称它们是同相。图 2-4b 所示两正弦量相位差等于 180°,称为反相。图 2-4c 所示两正弦量相位差等于 90°,称为正交。

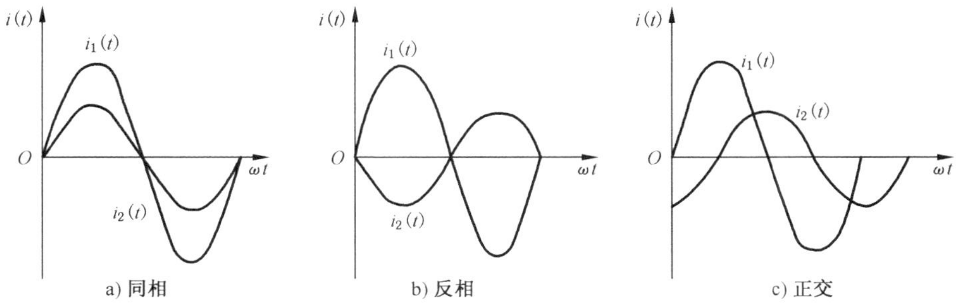

图 2-4 同频率正弦量的相位关系

初相位为零的正弦量称为参考正弦量，在分析和计算交流电路时，为了简化计算，常常先选定某一个正弦量为参考正弦量，然后再求出其他正弦量与参考正弦量之间的相位关系。

对于不同频率的正弦量，不能应用相位差的概念，因为它们相位角的差是随时间而变化的。

例 2-1 用示波器测得图 2-5a 电路的各电压如图 2-5b 所示。(1)写出 u_{ab}、u_{cb}的表达式；(2)求 u_{ab}与 u_{bc}的相位差。

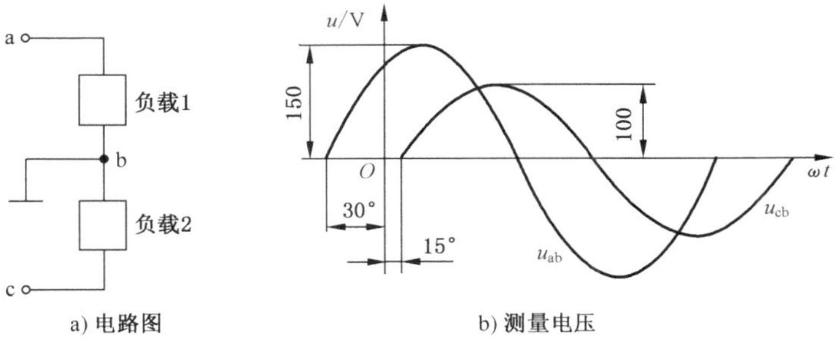

图 2-5 例 2-1 图

解 (1) $u_{ab}=150\sin(\omega t+30°)\text{V}$

$u_{cb}=100\sin(\omega t-15°)\text{V}$

(2) $u_{bc}=-u_{cb}=-100\sin(\omega t-15°)\text{V}=100\sin(\omega t+165°)\text{V}$

$\varphi=\varphi_1-\varphi_2=30°-165°=-135°$

计算表明，u_{ab}滞后于 u_{bc}135°。

综上所述，正弦量的基本特征表现为它的变化快慢、变化幅度以及初始情况三个方面，用频率、幅值和初相位这三个量来描述。这三个量称为正弦量的三要素，其中频率和幅值与计时起点的选择无关，初相位则与计时起点的选择有关。知道了三要素，一个正弦量就完全被确定了。

［思考题］

1. 若某电路中，$u=380\sin(314t-45^\circ)\text{V}$：

(1) 试指出它的频率、周期、角频率、幅值、有效值及初相位各为多少？

(2) 画出其波形图。

2. 正弦量的幅值和有效值是否随时间变化？它们的大小与频率、相位有没有关系？

3. 计算下列两正弦量的相位差：

(1) $u_1(t)=10\sin\left(100\pi t+\frac{3\pi}{4}\right)$，$i_2(t)=15\sin\left(100\pi t-\frac{\pi}{2}\right)$；

(2) $i_1(t)=15\sin(100\pi t+30^\circ)$，$i_2(t)=10\sin(200\pi t+60^\circ)$；

(3) $u_1(t)=10\sin(100\pi t+120^\circ)$，$i_2(t)=-10\cos(100\pi t-30^\circ)$。

4. 5A 的直流电流和最大值为 6A 的正弦交流电流，分别流过阻值相同的电阻，试问：在相同的时间内，它们谁发热量较多？为什么？

2.2 正弦量的相量表示法

如前所述，一个正弦量可以用三角函数来表示，如 $i(t)=I_m\sin(\omega t+\varphi)$。还可以用如图 2-2 所示的正弦波形来表示。这两种表示法不便于进行加、减、乘、除等运算。为了便于正弦交流电路的分析及计算，行之有效的方法是用相量表示正弦量，即相量表示法。相量表示法的基础是复数。

设复平面中有一复数 A，其模为 r，辐角为 φ，如图 2-6 所示。其在横轴上的投影是复数 A 的实部，$a=r\cos\varphi$，在纵轴上的投影是复数 A 的虚部 $b=r\sin\varphi$。若将该复数 A 以 ω 角速度作逆时针方向旋转，并将其每时每刻在纵坐标上的投影沿时间轴展开，如：在 $t=0$ 时，$u_0=U_m\sin\varphi$；在 $t=t_1$ 时，$u_1=U_m\sin(\omega t_1+\varphi)$。则可得到如图 2-7 所示的正弦波形。可见，正弦量可以用复数来表示。

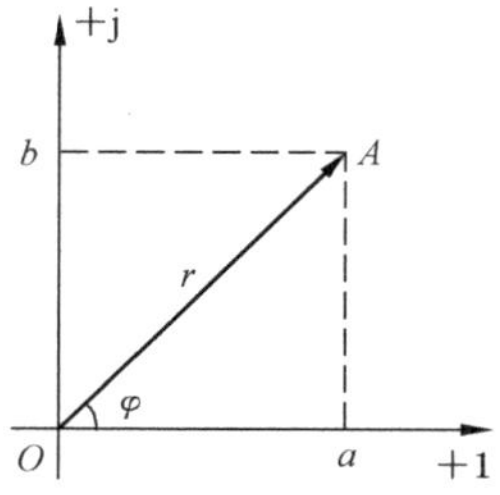

图 2-6 复数的几何表示

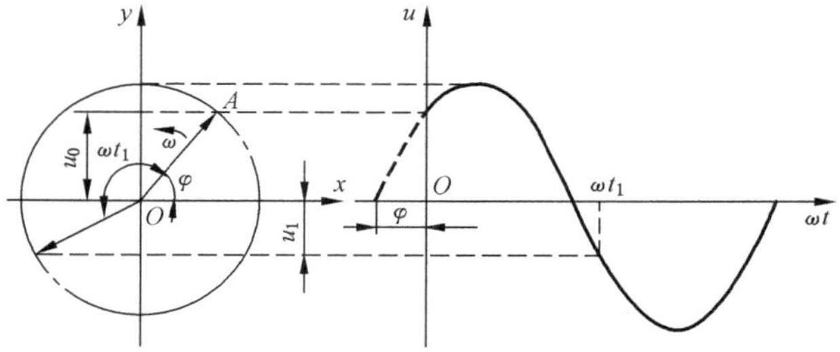

图 2-7 正弦量与复数的关系示意图

根据复变函数的相关知识，复数可表示为

$$A=a+\mathrm{j}b \qquad \text{（代数式）} \qquad (2\text{-}9)$$

$$=r(\cos\varphi+\mathrm{j}\sin\varphi)\quad（三角函数式）\tag{2-10}$$

$$=r\mathrm{e}^{\mathrm{j}\varphi}\quad（指数式）\tag{2-11}$$

$$=r\underline{/\varphi}\quad（极坐标式）\tag{2-12}$$

式中，$r=\sqrt{a^2+b^2}$，$\varphi=\arctan\dfrac{b}{a}$，$\mathrm{e}^{\mathrm{j}\varphi}=\cos\varphi+\mathrm{j}\sin\varphi$（欧拉公式）。

可见，复数 A 决定于它的模和辐角，即复数有两个要素。在同一线性的正弦交流电路中，所有的激励和响应都是同频率的正弦量，激励的频率决定了响应的频率，因此，若认为频率是已知或默认的，则表示正弦量的三要素只有幅值（有效值）和初相位是未知量。

如果用复数表示正弦量，则复数的模即为正弦量的幅值或有效值，复数的辐角即为正弦量的初相位。为了与一般的复数相区别，将表示正弦量的复数称为相量，并在大写字母上加“·”。其中有向线段长度等于正弦量幅值的相量称为幅值相量，用 $\dot{I}_\mathrm{m}$ 或 $\dot{U}_\mathrm{m}$ 表示；长度等于有效值的相量称为有效值相量，用 $\dot{I}$ 或 $\dot{U}$ 表示。同样，表示正弦量的相量也有 4 种形式，即代数式、三角式、指数式和极坐标式。

电压与电流的幅值相量可表示为

$$\left.\begin{aligned}\dot{U}_\mathrm{m}&=U_\mathrm{m}(\cos\varphi_1+\mathrm{j}\sin\varphi_1)=U_\mathrm{m}\mathrm{e}^{\mathrm{j}\varphi_1}=U_\mathrm{m}\underline{/\varphi_1}\\ \dot{I}_\mathrm{m}&=I_\mathrm{m}(\cos\varphi_2+\mathrm{j}\sin\varphi_2)=I_\mathrm{m}\mathrm{e}^{\mathrm{j}\varphi_2}=I_\mathrm{m}\underline{/\varphi_2}\end{aligned}\right\}\tag{2-13}$$

有效值相量可表示为

$$\left.\begin{aligned}\dot{U}&=U(\cos\varphi_1+\mathrm{j}\sin\varphi_1)=U\mathrm{e}^{\mathrm{j}\varphi_1}=U\underline{/\varphi_1}\\ \dot{I}&=I(\cos\varphi_2+\mathrm{j}\sin\varphi_2)=I\mathrm{e}^{\mathrm{j}\varphi_2}=I\underline{/\varphi_2}\end{aligned}\right\}\tag{2-14}$$

本书中除非特别说明，相量都采用有效值相量的形式表示。注意，相量只是表示正弦量，而不是等于正弦量。

按照各个正弦量的大小和相位关系，用初始位置的有向线段画出的若干个相量的图形，称为相量图。在相量图上能形象地看出各个正弦量的大小和相互间的相位关系。例如，在图 2-3 中用正弦波形表示的电压 $u(t)$ 和电流 $i(t)$ 两个正弦量，如用相量图表示则如图 2-8 所示，电压相量 $\dot{U}$ 比电流相量 $\dot{I}$ 超前 φ 角，也就是正弦电压 $u(t)$ 比正弦电流 $i(t)$ 超前 φ 角。

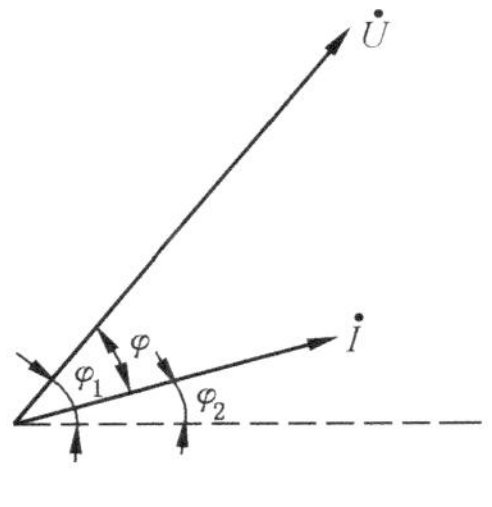

图 2-8　相量图

只有正弦量才能用相量表示，相量不能表示非正弦周期量。只有同频率的正弦量才能画在同一相量图上，不同频率的正弦量不能画在一个相量图上，否则无法比较和计算。

由上可知，表示正弦量的相量有两种形式：相量图和相量式（复数式）。两个或多个正弦量的加减运算可用相量的代数式，乘除运算可用相量的指数式或极坐标式来进行。

在图 2-9 中，如以 $e^{j\alpha}(\alpha>0)$ 乘相量 $\dot{A}=re^{j\varphi}$，则得

$$\dot{B}=re^{j\varphi}e^{j\alpha}=re^{j(\varphi+\alpha)}$$

即相量 $\dot{B}$ 的大小仍为 r，但与实轴正方向间的夹角为 $\varphi+\alpha$。可见一个相量乘上 $e^{j\alpha}$ 后，即向前（逆时针方向）转了 α 角，就是相量 $\dot{B}$ 比相量 $\dot{A}$ 超前了 α 角。

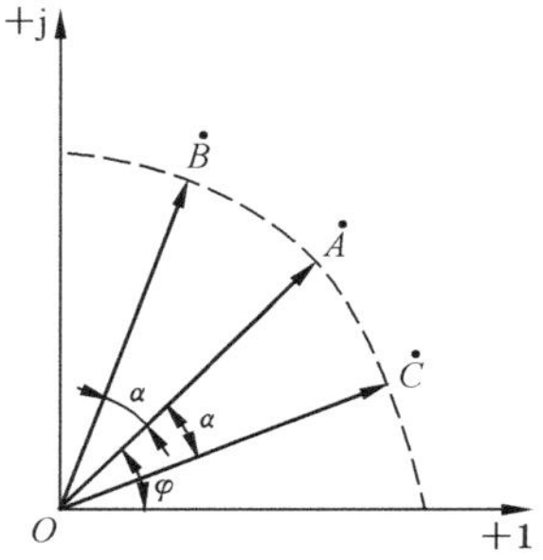

图 2-9　相量的超前与滞后

同理如以 $e^{-j\alpha}$ 乘相量 $\dot{A}$，则得

$$\dot{C}=re^{j(\varphi-\alpha)}$$

即向后（顺时针方向）转了 α 角，就是相量 $\dot{C}$ 比相量 $\dot{A}$ 滞后了 α 角。

当 $\alpha=\pm90°$ 时，有

$$e^{\pm j90°}=\cos90°\pm j\sin90°=\pm j$$

因此任意一个相量乘上 +j 后，即向前旋转了 90°；乘上 −j 后，即向后旋转了 90°。所以 j 称为旋转 90°的算子。

例 2-2　已知 $i_1(t)=5\sin(314t+60°)$ A，$i_2(t)=-10\cos(314t+30°)$ A，试写出代表这两个正弦电流的幅值相量，并作相量图。

解　$\dot{I}_{1m}=5\angle 60°$ A

$$\begin{aligned}i_2(t)&=-10\cos(314t+30°)\text{ A}\\&=10\cos(314t+30°+180°)\text{ A}\\&=10\sin(314t+30°+180°+90°)\text{ A}\\&=10\sin(314t-60°)\text{ A}\end{aligned}$$

$\dot{I}_{2m}=10\angle -60°$ A

其相量图如图 2-10 所示。

以余弦函数表示的正弦量都要将其化为正弦函数表达式，再写出相量。

例 2-3　写出表示 $u_A=220\sqrt{2}\sin314t$ V，$u_B=220\sqrt{2}\sin(314t-120°)$ V，$u_C=220\sqrt{2}\sin(314t+120°)$ V 的相量，并作相量图。

解
$$\dot{U}_A=220\angle 0°\text{ V}$$

$$\dot{U}_B = 220\angle{-120°}\ \text{V}$$

$$\dot{U}_C = 220\angle{+120°}\ \text{V}$$

其相量图如图 2-11 所示。

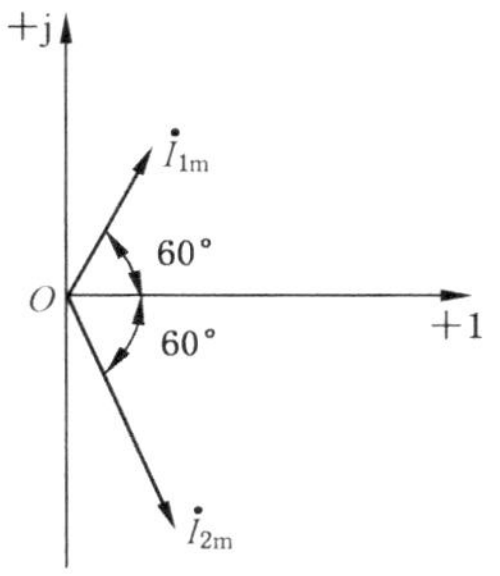

图 2-10　例 2-2 图

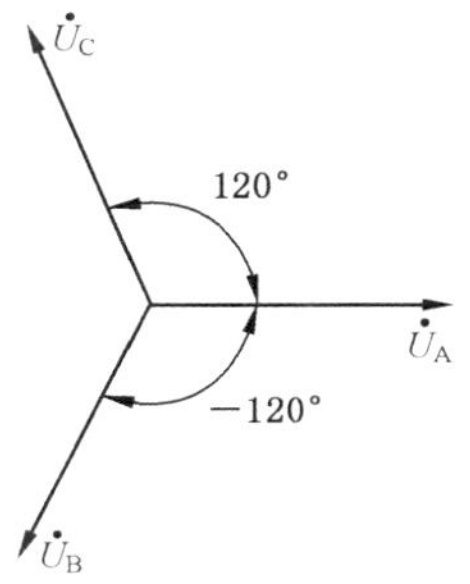

图 2-11　例 2-3 图

例 2-4　已知 $i_1 = 20\sin(\omega t + 60°)$ A，$i_2 = 10\sin(\omega t - 45°)$ A，求电流 $i = i_1 + i_2$。

解　用相量表示法，将 i_1、i_2 写成幅值相量形式，即

$$\dot{I}_{1m} = 20\angle{60°}\ \text{A}$$

$$\dot{I}_{2m} = 10\angle{-45°}\ \text{A}$$

求得电流 i 的幅值相量为：

$$\begin{aligned}\dot{I}_m = \dot{I}_{1m} + \dot{I}_{2m} &= (20\angle{60°} + 10\angle{-45°})\ \text{A} = (10 + \text{j}17.3 + 7.07 - \text{j}7.07)\ \text{A}\\ &= (17.07 + \text{j}10.23)\ \text{A} = 19.9\angle{30.9°}\ \text{A}\end{aligned}$$

则电流 i 的瞬时值表达式为

$$i = I_m\sin(\omega t + \varphi) = 19.9\sin(\omega t + 30.9°)\ \text{A}$$

采用相量来表示正弦量，使得相应的运算变得简单易行，从而使正弦交流电路的分析得到简化，另外，相量图也是分析正弦量的常用方法。需要指出的是，相量法的实质是将同频的正弦量用复数形式表示，因此相量法只是一种分析交流电路的数学工具。

［**思考题**］

1. 不同频率的几个正弦量能否用相量表示在同一相量图上？为什么？

2. 已知 $u_1 = 60\sqrt{2}\sin\omega t$ V，$u_2 = 120\sqrt{2}\sin(\omega t + 90°)$ V，$u_3 = 40\sqrt{2}\sin(\omega t - 90°)$ V，$u = u_1 + u_2 + u_3$。试用相量式和相量图求 u。

3. 判断下列各式的正误。

(1) $\dot{I} = 10e^{45°}$；(2) $u = 20(\cos 30° + \text{j}\sin 30°)$；(3) $i = 3\sqrt{2}\sin(\omega t + 60°) = 3e^{\text{j}60°}$ A；(4) $U = 50e^{\text{j}30°} = 50\sin(\omega t + 30°)$ V；(5) $I = 20\angle{30°}$ A。

2.3 单一参数元件的交流电路

研究正弦交流电路的目的是确定电路中电压、电流的大小、相位关系，以及功率消耗和能量的转换。分析各种交流电路时，先从最简单的单一参数（电阻、电感、电容）元件电路中电压与电流之间的关系进行分析，复杂电路都是由一些单一参数元件组合而成的。

2.3.1 电阻元件的正弦交流电路

电阻元件的交流电路中，若电压 u 和电流 i 的参考方向如图 2-12a 所示，根据欧姆定律，它们瞬时值之间的关系为

$$u=Ri$$

设通过电阻的电流为参考正弦量

$$i=I_m\sin\omega t \tag{2-15}$$

则电阻的端电压

$$u=Ri=RI_m\sin\omega t=U_m\sin\omega t \tag{2-16}$$

式中，$U_m=RI_m$。

由式(2-15)和(2-16)可见，电阻元件交流电路中，电压和电流都是同频率的正弦量。电压的最大值（或有效值）与电流的最大值（或有效值）的比值就是电阻 R，即

$$R=\frac{U_m}{I_m}=\frac{U}{I} \tag{2-17}$$

在电阻元件的交流电路中，电压和电流的相位差 $\varphi=0$，电压和电流是同相的。电压和电流的正弦波形如图 2-12b 所示。

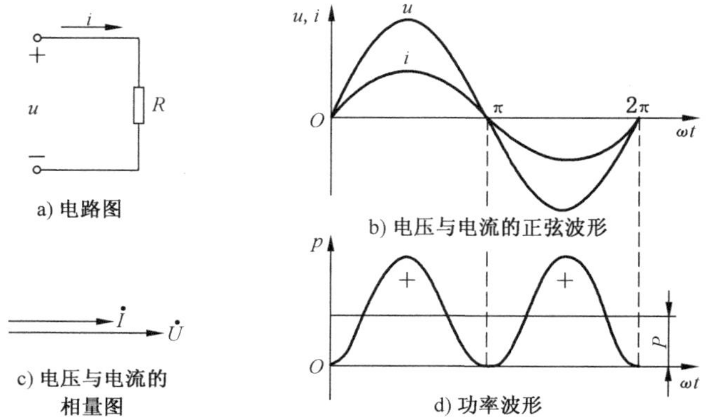

图 2-12 电阻元件的交流电路

如用相量表示电压与电流的关系，则为

$$\dot{U}=R\dot{I} \tag{2-18}$$

此即欧姆定律的相量表达式。它既表示了电压 u 和电流 i 之间的大小关系（$U=RI$），也表示了 u 和 i 之间的相位关系（$\varphi=0$，同相）。电压和电流的相量图如图 2-12c 所示。

因为电流和电压都随时间变化，所以电阻元件消耗的功率也随时间变化。在任意瞬时，电压瞬时值 u 和电流瞬时值 i 的乘积，称为瞬时功率，用 p 表示，即

$$p=ui=U_mI_m\sin^2\omega t=\frac{U_mI_m}{2}(1-\cos2\omega t)=UI(1-\cos2\omega t) \tag{2-19}$$

可见，瞬时功率 p 是由两部分组成的，第一部分是常数 UI；第二部分是幅值为 UI，以 2ω 角频率随时间变化的交变量 $UI\cos2\omega t$。p 随时间变化的波形如图 2-12d所示。瞬时功率总是正值，表示电阻元件在任何时刻都从电源取用电能且转换为热能，这是一种不可逆的能量转换过程，所以电阻元件是耗能元件。

通常，用一个周期内瞬时功率的平均值，称为平均功率，表示元件所消耗的功率。平均功率也称为有功功率，用 P 表示。电阻元件的有功功率为

$$P=\frac{1}{T}\int_0^T p\,dt=\frac{1}{T}\int_0^T UI(1-\cos2\omega t)\,dt=UI=\frac{U^2}{R}=I^2R \tag{2-20}$$

例 2-5　将一个 100 Ω 的电阻元件接到频率为 50 Hz、电压有效值为 10 V 的正弦电源上，求电流为多少？若保持电压值不变，而电源频率改变为 5 000 Hz，这时电流将为多少？

解　因为电阻与频率无关，所以电压有效值保持不变时，电流有效值相等，即

$$I=\frac{U}{R}=\frac{10}{100}\text{A}=0.1\ \text{A}=100\ \text{mA}$$

2.3.2　电感元件的正弦交流电路

电感元件的正弦交流电路是由非铁心线圈（线性电感元件）与正弦电源连接的电路。假定这个线圈只具有电感 L，而电阻 R 极小，可以忽略不计。当电感线圈中通过正弦电流 i 时，其中产生自感电动势 e_L，其方向与电流变化的方向相反。设电流 i、电动势 e_L 和电压 u 的参考方向如图 2-13a 所示。

设电流为参考正弦量，即

$$i=I_m\sin\omega t \tag{2-21}$$

则

$$\begin{aligned}u&=-e_L=L\frac{di}{dt}=L\frac{d(I_m\sin\omega t)}{dt}\\&=\omega LI_m\cos\omega t=\omega LI_m\sin(\omega t+90^\circ)=U_m\sin(\omega t+90^\circ)\end{aligned} \tag{2-22}$$

式中，$U_m=\omega LI_m$。

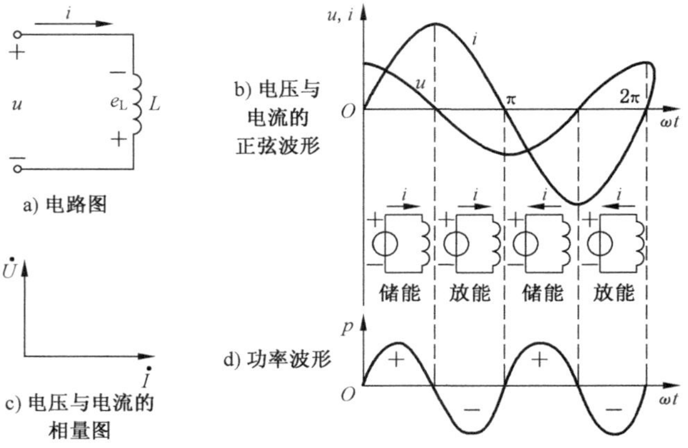

图 2-13 电感元件的交流电路

由式(2-21)和式(2-22)可见，电感元件交流电路中，电压的幅值（或有效值）与电流的幅值（或有效值）之比值为 ωL，即

$$\omega L=\frac{U_m}{I_m}=\frac{U}{I} \tag{2-23}$$

与电阻元件交流电路相比较，ωL 有类似于电阻 R 的作用，当电压一定时，ωL 越大，则电流越小。可见 ωL 具有阻碍交流电流通过的性质，所以称 ωL 为感抗，用 X_L 表示，即

$$X_L=\omega L=2\pi fL \tag{2-24}$$

式中，若 f 的单位用 Hz，L 的单位用 H，则 X_L 的单位为 Ω。

电感元件的电压与电流相位差 $\varphi=90°$，即电压超前于电流 90°。表示电压 u 和电流 i 的正弦波形如图 2-13b 所示。

感抗 X_L 与电感 L、电源的频率 f 成正比，因此，电感线圈对高频电流的阻碍作用很大，而对直流电流（$f=0, X_L=0$）则可视作短路。这种特性一般叫作通直流阻交流。

必须指出，感抗只能表示电感元件电压与电流幅值（或有效值）的比，不能表示它们瞬时值的比，因为在电感元件的交流电路中，电压与电流瞬时值之间成导数的关系，而不是成正比关系。

如用相量表示电压与电流的关系，则为

$$\dot{U}=jX_L\dot{I}=j\omega L\dot{I} \tag{2-25}$$

式(2-25)同时说明了电压 u 和电流 i 的大小关系与相位关系。电压的有效值等于电流的有效值与感抗的乘积，在相位上电压超前于电流 90°。电压和电流的相量图如图 2-13c 所示。

在电感元件交流电路中，瞬时功率的变化规律为

$$
\begin{aligned}
p &= ui = U_m I_m \sin\omega t \sin(\omega t + 90°) = U_m I_m \sin\omega t \cos\omega t \\
&= \frac{U_m I_m}{2}\sin 2\omega t = UI \sin 2\omega t
\end{aligned} \tag{2-26}
$$

由式(2-26)可见，p 是一个幅值为 UI，并以 2ω 的角频率随时间变化的交变量，其变化波形如图 2-13d 所示。

在电流的第一个和第三个 1/4 周期内，瞬时功率 p 为正，即电感元件从电源吸收电能转化为磁场能量；在第二个和第四个 1/4 周期内，瞬时功率 p 为负，元件中的磁场能量转化为电能回馈给电源。这是一种可逆的能量转换过程。在一个周期内，线圈从电源取用的能量一定等于它回馈给电源的能量。可见电感元件不消耗能量，是储能元件。

一个周期内瞬时功率的平均值，即电感元件的有功功率为

$$
P = \frac{1}{T}\int_0^T p\,\mathrm{d}t = \frac{1}{T}\int_0^T UI\sin 2\omega t\,\mathrm{d}t = 0 \tag{2-27}
$$

从图 2-13d 的功率波形也容易看出，p 的平均值为零。

从上述可知，在电感元件的交流电路中，没有能量消耗，只有电源与电感元件间的能量互换。这种能量互换的规模，用无功功率 Q 来衡量。

定义电感元件的无功功率等于瞬时功率的幅值，即

$$
Q = UI = I^2 X_L = \frac{U^2}{X_L} \tag{2-28}
$$

无功功率并不等于单位时间内互换了多少能量。定义电感元件的无功功率为电感性无功功率，取正值。无功功率的单位是乏(var)或千乏(kvar)。

应当指出，电感元件和后面要讲的电容元件都是储能元件，它们与电源间进行能量互换是工作所需。这对电源来说也是一种负担，但对储能元件本身来说，没有消耗能量，故将往返于电源与储能元件之间的功率称为无功功率。

例 2-6　$L=2\text{H}$ 的电感两端电压为 $u(t)=16\sqrt{2}\sin(100t-45°)\text{V}$，求流过电感的电流及电感的瞬时功率 p。

解　将电压用相量形式表示为

$$
\dot{U} = 16\underline{/-45°}\,\text{V}
$$

电感电流相量为

$$
\dot{I} = \frac{\dot{U}}{\mathrm{j}\omega L} = \frac{16\underline{/-45°}}{\mathrm{j}\times 100\times 2}\text{A} = -\mathrm{j}0.08\underline{/-45°}\,\text{A} = 0.08\underline{/-135°}\,\text{A}
$$

电流瞬时值形式为　　$i(t) = 0.08\sqrt{2}\sin(100t-135°)\text{A}$

瞬时功率为

$$p = ui = 16\sqrt{2} \times 0.08\sqrt{2}\sin(100t - 45°) \times \sin(100t - 135°)\,\text{W}$$
$$= 1.28\cos 200t\ \text{W}$$

2.3.3 电容元件的正弦交流电路

图 2-14a 所示为电容元件的正弦交流电路，是由线性电容元件与正弦电源连接的电路。当电容器两端的电压发生变化时，电容器极板上的电荷（量）也要随着发生变化，在电路中就引起电流的变化。

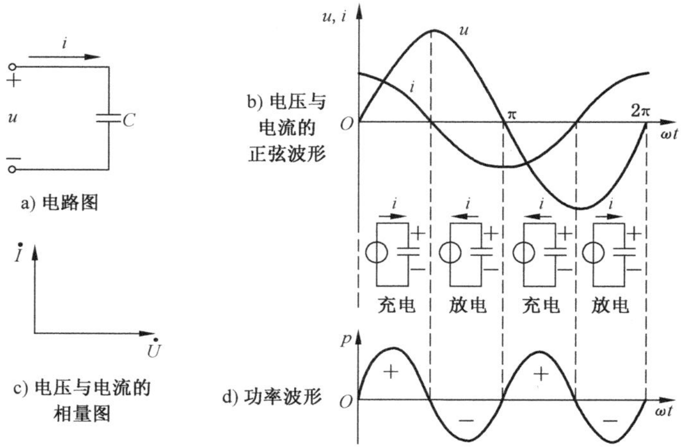

图 2-14 电容元件的交流电路

设电压为参考正弦量，即

$$u = U_m \sin\omega t \tag{2-29}$$

则

$$i = \frac{dq}{dt} = C\frac{du}{dt} = C\frac{d(U_m \sin\omega t)}{dt} = \omega C U_m \cos\omega t$$
$$= \omega C U_m \sin(\omega t + 90°) = I_m \sin(\omega t + 90°) \tag{2-30}$$

式中，$I_m = \omega C U_m$。

由式(2-29)和式(2-30)可见，电容元件交流电路中，电压的幅值（或有效值）与电流的幅值（或有效值）之比值为 $1/(\omega C)$，即

$$\frac{1}{\omega C} = \frac{U_m}{I_m} = \frac{U}{I} \tag{2-31}$$

与电阻元件交流电路相比较，$1/(\omega C)$ 有类似于电阻 R 的作用，当电压一定时，$1/(\omega C)$ 越大，则电流越小。可见 $1/(\omega C)$ 具有阻碍交流电流通过的性质，所以称 $1/\omega C$ 为容抗，用 X_C 表示，即

$$X_C = \frac{1}{\omega C} = \frac{1}{2\pi f C} \tag{2-32}$$

式中，若 f 的单位用 Hz，C 的单位用 F，则 X_C 的单位为 Ω。

电容元件的电压滞后于电流 90°（相位差 $\varphi=-90°$）。表示电压 u 和电流 i 的正弦波形如图 2-14b 所示。

容抗 X_C 与电容 C、电源的频率 f 成反比，因此，电容元件对高频电流所呈现的容抗很小，而对直流电流（$f=0$）所呈现的容抗 $X_C\to\infty$，则可视作开路。因此，电容元件有通交流隔直流的作用。

如用相量表示电压与电流的关系，则为

$$\dot{U}=-\mathrm{j}X_C\dot{I}=-\mathrm{j}\frac{\dot{I}}{\omega C}=\frac{\dot{I}}{\mathrm{j}\omega C}\tag{2-33}$$

式(2-33)同时说明了电压 u 和电流 i 的大小关系与相位关系。电压的有效值等于电流的有效值与容抗的乘积，在相位上电压比电流滞后 90°。电压和电流的相量图如图 2-14c 所示。

在电容元件交流电路中，瞬时功率的变化规律为

$$\begin{aligned}p&=ui=U_mI_m\sin\omega t\sin(\omega t+90°)=U_mI_m\sin\omega t\cos\omega t\\&=\frac{U_mI_m}{2}\sin2\omega t=UI\sin2\omega t\end{aligned}\tag{2-34}$$

由式(2-34)可见，p 是一个幅值为 UI，并以 2ω 的角频率随时间变化的交变量，其变化波形如图 2-14d 所示。

在电压的第一个和第三个 1/4 周期内，电压在升高，即电容元件在充电，电容元件从电源吸收电能储存在电场中，此时瞬时功率为正；在第二个和第四个 1/4周期内，电压降低，即电容元件在放电，电容元件将充电时储存的电场能量回馈给电源，所以瞬时功率为负。可见电容元件也是储能元件。

一个周期内瞬时功率的平均值，即电容元件的有功功率为

$$P=\frac{1}{T}\int_0^T p\,\mathrm{d}t=\frac{1}{T}\int_0^T UI\sin2\omega t\,\mathrm{d}t=0\tag{2-35}$$

从图 2-14d 的功率波形也容易看出，p 的平均值为零。这说明电容元件与电感元件一样，是一种不消耗能量的无源元件。

由上述可知，在电容元件的交流电路中，没有能量消耗，只有电源与电容元件间的能量互换。这种能量互换的规模，用无功功率 Q 来衡量。

定义电容元件的无功功率等于瞬时功率的幅值，即

$$Q=-UI=-I^2X_C=-\frac{U^2}{X_C}\tag{2-36}$$

为体现电容与电感不同的性质，电容性无功功率取负值。

例 2-7　流过 $C=0.2$ F 电容的电流为 $i(t)=5\sqrt{2}\sin(100t-60°)$ A，求电容电压 $u(t)$和电容的瞬时功率 p。

解 将电流用相量形式表示为 $\dot{I}=5\angle{-60^\circ}\,\text{A}$

电容电压相量为

$$\dot{U}=\frac{\dot{I}}{\text{j}\omega C}=\frac{5\angle{-60^\circ}}{\text{j}100\times0.2}\text{V}=-\text{j}0.25\angle{-60^\circ}\,\text{V}=0.25\angle{-150^\circ}\,\text{V}$$

电压瞬时值形式为

$$u(t)=0.25\sqrt{2}\sin(100t-150^\circ)\,\text{V}$$

瞬时功率为

$$\begin{aligned}p&=ui=0.25\sqrt{2}\sin(100t-150^\circ)\times5\sqrt{2}\sin(100t-60^\circ)\,\text{W}\\&=1.25\sin(200t-210^\circ)\,\text{W}\end{aligned}$$

以上介绍了电阻、电感、电容元件的正弦交流电路，表征这些元件特性的唯一参数是电阻 R、电感 L 和电容 C。而实际电路中往往同时具有这三种参数，这时可以将其视为上述元件的组合加以分析。

［思考题］

1. 电感元件中通过恒定电流时可视作短路，此时电感 L 是否为零？电容元件两端加恒定电压时可视作开路，此时电容 C 是否为无穷大？

2. 判断下列各式的正误。

(1) $\frac{u}{i}=X_L$；(2) $u=\text{j}\omega Li$；(3) $X_L=\frac{\dot{U}_L}{\dot{I}_L}$；(4) $\dot{I}_m=\text{j}\omega CU_m$；(5) $\frac{U}{\dot{I}}=X_C$；(6) $\dot{I}=-\text{j}\frac{\dot{U}}{\omega L}$。

3. 一个电感线圈接在 $U=100$ V 的直流电源上，电流为 20 A；若接在 $f=50$ Hz、$U=220$ V 的交流电源上，则电流为 14.1 A。求该线圈的电阻和电感。

2.4 *RLC* 串联交流电路

2.4.1 电压与电流相量关系

电阻、电感与电容元件串联（*RLC* 串联）的交流电路如图 2-15a 所示。电路的各元件通过同一电流，电流与各个电压的参考方向如图中所示。用相量表示的 *RLC* 串联电路如图 2-15b 所示。

根据基尔霍夫电压定律可列出图 2-15a 的电压方程，即

$$u=u_R+u_L+u_C=Ri+L\frac{\text{d}i}{\text{d}t}+\frac{1}{C}\int i\,\text{d}t \tag{2-37}$$

用相量表示图 2-15b *RLC* 串联交流电路中电压与电流的关系，则为

$$\dot{U}=\dot{U}_R+\dot{U}_L+\dot{U}_C=R\dot{I}+\text{j}X_L\dot{I}-\text{j}X_C\dot{I}=[R+\text{j}(X_L-X_C)]\dot{I} \tag{2-38}$$

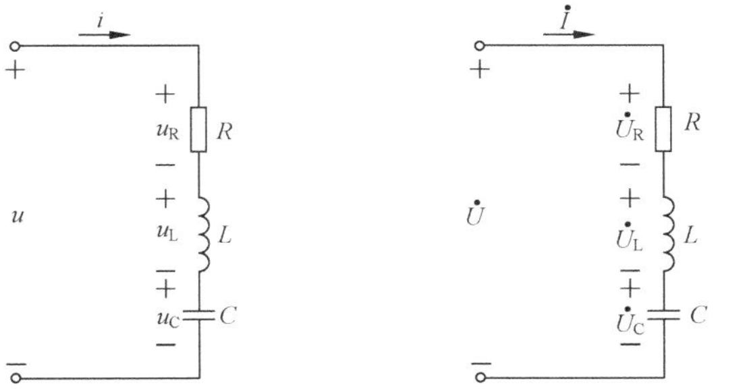

a) RLC串联的交流电路　　b) 相量表示的RLC串联电路

图 2-15　RLC 串联的交流电路

此即为基尔霍夫电压定律的相量表示式，各电压之间相量关系如图 2-16 所示。

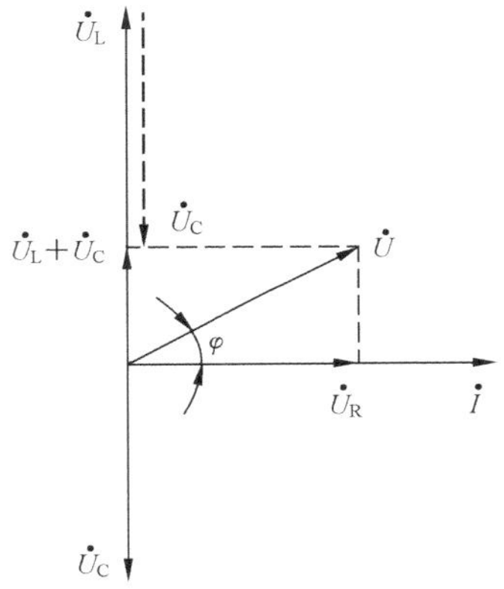

图 2-16　各电压关系的相量图

由电压相量 $\dot{U}$、$\dot{U}_R$ 及 $\dot{U}_L+\dot{U}_C$ 所组成的直角三角形，称为电压三角形，如图 2-17 所示。

将式(2-38)写成

$$\frac{\dot{U}}{\dot{I}}=R+j(X_L-X_C)=R+jX=Z \quad (2\text{-}39)$$

式中，$R-jX$ 称为电路的阻抗，用大写字母 Z 代表，单位是 Ω(欧姆)，X 称为电抗。阻抗是一个复数，但不表示正弦量，故在 Z 上不加“ • ”。即

$$Z=R+jX=R+j(X_L-X_C)=|Z|e^{j\varphi} \quad (2\text{-}40)$$

式中，$|Z|$ 为阻抗模，φ 为阻抗角。

$$|Z|=\sqrt{R^2+X^2}=\sqrt{R^2+(X_L-X_C)^2} \quad (2\text{-}41)$$

$$\varphi=\arctan\frac{X}{R}=\arctan\frac{X_L-X_C}{R} \quad (2\text{-}42)$$

$|Z|$、R 与 X_L-X_C 三者之间的关系也可用一个直角三角形——阻抗三角形(见图 2-17)来表示。显然，阻抗三角形与电压三角形是相似的。

阻抗角 φ 的大小是由电路的参数决定的。如果 $X_L>X_C$，即 $\varphi>0$，则电压 u 超前于电流 i 的角度为 φ，这种电路是电感性的。如果 $X_L<X_C$，即 $\varphi<0$，则电压 u 滞后于电流 i 的角度为 φ，这种电路是电容性的。当然，也可以使 $X_L=X_C$，即 $\varphi=0$，则电压 u 与电流 i 同相，这种电路是电阻性的。

2.4.2　功率关系

RLC 串联交流电路的瞬时功率

$$\begin{aligned} p &= ui = U_m I_m \sin\omega t \sin(\omega t + \varphi) \\ &= \frac{U_m I_m}{2}[\cos\varphi - \cos(2\omega t + \varphi)] \\ &= UI\cos\varphi - UI\cos(2\omega t + \varphi) \end{aligned} \tag{2-43}$$

式(2-43)表明，RLC 串联交流电路的瞬时功率 p 可分为两部分：一是恒定部分 $UI\cos\varphi$，反映耗能元件电阻所消耗的功率；二是以 2ω 的角频率按正弦规律的变化部分，反映了储能元件与电源之间进行能量互换的情况。

由于电阻元件上消耗电能，相应的平均功率，即有功功率为

$$P = \frac{1}{T}\int_0^T p\,dt = UI\cos\varphi \tag{2-44}$$

电感元件、电容元件与电源之间进行能量互换，则 RLC 串联交流电路的无功功率为

$$Q = U_L I - U_C I = (U_L - U_C)I = I^2(X_L - X_C) = UI\sin\varphi \tag{2-45}$$

由此可见，交流电源输出的功率不仅与电源的端电压及其输出电流有效值的乘积有关，还与电路的参数有关。电路的参数不同，则电压与电流间的相位差 φ 不同，在同样的电压和电流下，电路的有功功率与无功功率不同。$\cos\varphi$ 称为电路的功率因数。

在交流电路中，电压有效值与电流有效值的乘积，称为视在功率 S，即

$$S = UI = |Z|I^2 \tag{2-46}$$

视在功率的单位是伏安(VA)。视在功率通常用来表示电源设备的容量，如变压器的容量就是用视在功率表示的。由于有功功率 P、无功功率 Q 和视在功率 S 三者所代表的意义不同，因而采用不同的单位，以示区别。

有功功率、无功功率及视在功率之间的关系为

$$S = \sqrt{P^2 + Q^2} \tag{2-47}$$

显然，它们可以用一个直角三角形来表示，称为功率三角形，如图 2-17 所示。它与电压三角形、阻抗三角形也是相似的。应当注意：功率和阻抗都不是正弦量，所以不能用相量表示。

实际中，常用到电阻与电感元件串联的电路和电阻与电容元件串联的电路。现将几种正弦交流电路中电压与电流的关系列在表 2-1 中。

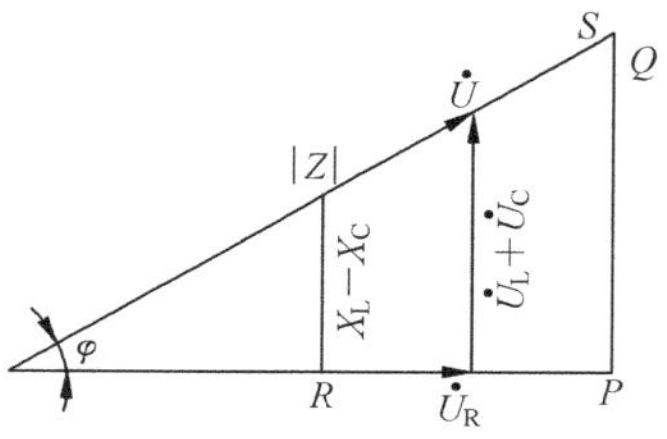

图 2-17　电压、阻抗及功率三角形

表 2-1　正弦交流电路中电压与电流的关系

电路	一般关系式	相位关系	大小关系	复数式
R	$u=Ri$	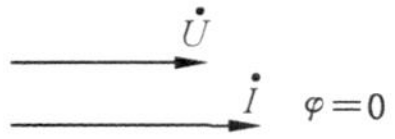	$I=\dfrac{U}{R}$	$\dot{I}=\dfrac{\dot{U}}{R}$
L	$u=L\dfrac{\mathrm{d}i}{\mathrm{d}t}$	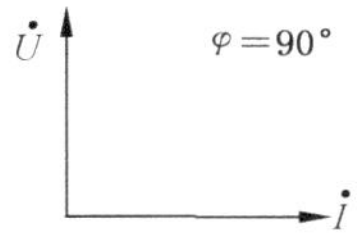	$I=\dfrac{U}{X_L}$	$\dot{I}=\dfrac{\dot{U}}{\mathrm{j}X_L}$
C	$u=\dfrac{1}{C}\int i\,\mathrm{d}t$	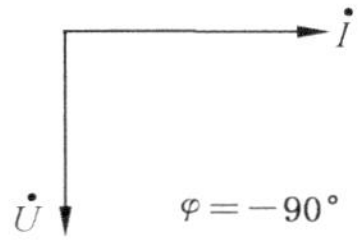	$I=\dfrac{U}{X_C}$	$\dot{I}=\dfrac{\dot{U}}{-\mathrm{j}X_C}$
RL 串联	$u=iR+L\dfrac{\mathrm{d}i}{\mathrm{d}t}$	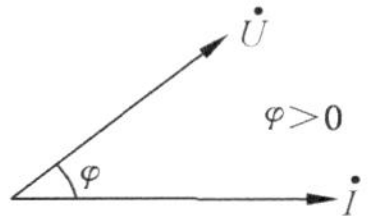	$I=\dfrac{U}{\sqrt{R^2+X_L^2}}$	$\dot{I}=\dfrac{\dot{U}}{R+\mathrm{j}X_L}$
RC 串联	$u=iR+\dfrac{1}{C}\int i\,\mathrm{d}t$	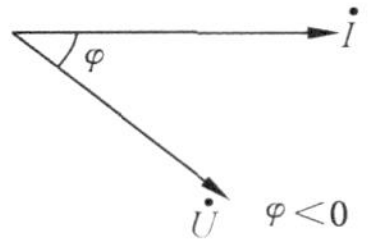	$I=\dfrac{U}{\sqrt{R^2+X_C^2}}$	$\dot{I}=\dfrac{\dot{U}}{R-\mathrm{j}X_C}$
RLC 串联	$u=iR+L\dfrac{\mathrm{d}i}{\mathrm{d}t}+\dfrac{1}{C}\int i\,\mathrm{d}t$	见图 2-16 $\varphi<0$　$\varphi=0$　$\varphi>0$	$I=\dfrac{U}{\sqrt{R^2+(X_L-X_C)^2}}$	$\dot{I}=\dfrac{\dot{U}}{R+\mathrm{j}(X_L-X_C)}$

例 2-8　RLC 串联电路中，输入电压为 $u(t)=100\sqrt{2}\sin 5\,000t$ V，已知 $R=15\ \Omega$，$L=12$ mH，$C=5\ \mu$F，求电路电流的瞬时值表达式。

解　电路的电抗

$$X=X_L-X_C=\omega L-\frac{1}{\omega C}$$

$$=\left(5\,000\times 12\times 10^{-3}-\frac{1}{5\,000\times 5\times 10^{-6}}\right)\Omega$$

$$=20\ \Omega$$

电路的阻抗

$$Z=R+\mathrm{j}X=(15+\mathrm{j}20)\Omega=25\underline{/53.1°}\Omega$$

电路的电流

$$\dot{I}=\frac{\dot{U}}{Z}=\frac{100\angle 0^\circ}{25\angle 53.1^\circ}\text{A}=4\angle -53.1^\circ\text{A}$$

电流的瞬时值形式为

$$i(t)=4\sqrt{2}\sin(5\ 000t-53.1^\circ)\text{A}$$

2.5 正弦交流电路的计算

应用相量法分析正弦交流电路时，引入了电压相量、电流相量、阻抗等，而且基尔霍夫定律和欧姆定律的相量形式与直流电路相同。直流电路的计算是实数运算，交流电路的计算是复数运算。在第 1 章中所讨论过的网络分析方法和定理也可以用来分析和计算正弦交流电路，但要将直流电路中的电压和电流换成电压相量和电流相量，电阻、电感和电容及其组成的电路应以阻抗来表示。

2.5.1 阻抗的串联与并联

在交流电路中，阻抗的连接形式是多种多样的，其中最简单和最常用的是串联与并联。

图 2-18a 是两个阻抗串联的电路。根据基尔霍夫电压定律可写出它的相量表示式

$$\dot{U}=\dot{U}_1+\dot{U}_2=Z_1\dot{I}+Z_2\dot{I}=(Z_1+Z_2)\dot{I} \tag{2-48}$$

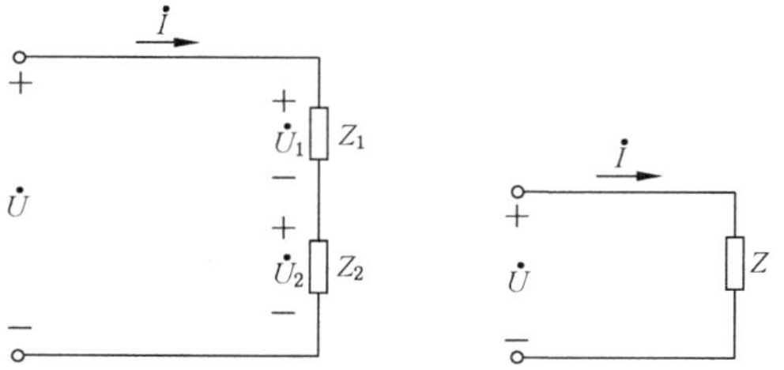

a) 阻抗串联电路　　b) 等效电路

图 2-18 阻抗的串联

两个串联的阻抗可用一个等效阻抗 Z 来代替，在同样电压的作用下，电路中电流的有效值和相位保持不变。根据图 2-18b 所示的等效电路可写出

$$\dot{U}=Z\dot{I} \tag{2-49}$$

比较上列两式，则得

$$Z=Z_1+Z_2 \tag{2-50}$$

由此可见，等效阻抗等于各个串联阻抗之和。在一般的情况下，等效阻抗可写为

$$Z=\sum Z_k=\sum R_k+\mathrm{j}\sum X_k=|Z|\mathrm{e}^{\mathrm{j}\varphi}=|Z|\angle\varphi \tag{2-51}$$

式中，$|Z|=\sqrt{(\sum R_k)^2+(\sum X_k)^2}$，$\varphi=\arctan\dfrac{\sum X_k}{\sum R_k}$。

在上列各式的$\sum X_k$中，感抗X_L取正号，容抗X_C取负号。

图 2-19a 是两个阻抗并联的电路。根据基尔霍夫电流定律可写出它的相量表示式

$$\dot{I}=\dot{I}_1+\dot{I}_2=\frac{\dot{U}}{Z_1}+\frac{\dot{U}}{Z_2}=\dot{U}\left(\frac{1}{Z_1}+\frac{1}{Z_2}\right) \tag{2-52}$$

两个并联的阻抗也可用一个等效阻抗Z来代替。根据图 2-19b 所示的等效电路可写出

$$\dot{I}=\frac{\dot{U}}{Z} \tag{2-53}$$

比较上列两式，则得

$$\frac{1}{Z}=\frac{1}{Z_1}+\frac{1}{Z_2}\text{或}Z=\frac{Z_1Z_2}{Z_1+Z_2} \tag{2-54}$$

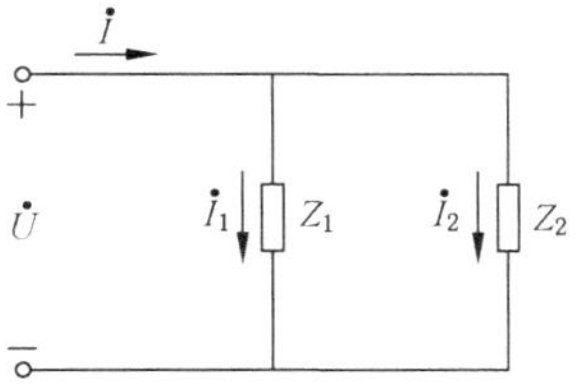

a) 阻抗串联电路

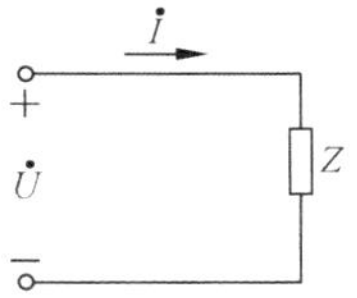

b) 等效电路

图 2-19　阻抗的并联

由此可见，等效阻抗的倒数等于各个并联阻抗的倒数之和，在一般情况下可写为

$$\frac{1}{Z}=\sum\frac{1}{Z_k} \tag{2-55}$$

例 2-9　在图 2-20 中，电源电压$\dot{U}=220\angle 0^\circ$ V。试求：(1) 等效阻抗Z；(2) 电流$\dot{I}$、$\dot{I}_1$和$\dot{I}_2$。

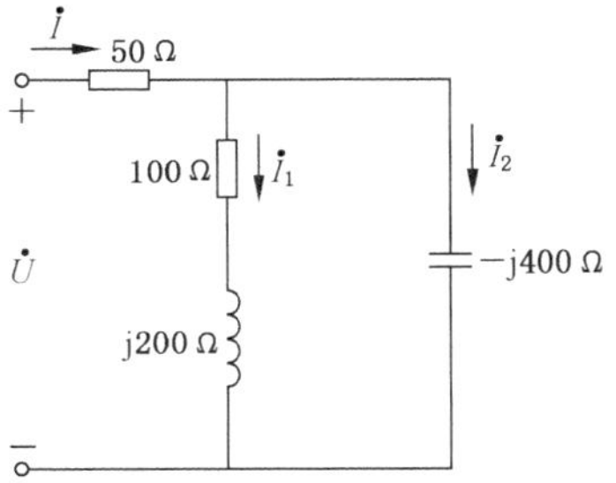

图 2-20　例 2-9 图

解　等效阻抗

$$\begin{aligned}Z&=\left[50+\frac{(100+\mathrm{j}200)(-\mathrm{j}400)}{100+\mathrm{j}200-\mathrm{j}400}\right]\Omega\\&=(50+320+\mathrm{j}240)\Omega=(370+\mathrm{j}240)\Omega\\&=440\angle 33^\circ\,\Omega\end{aligned}$$

电流 $$\dot{I}=\frac{\dot{U}}{Z}=\frac{220\underline{/0^\circ}}{440\underline{/33^\circ}}\text{A}=0.5\underline{/-33^\circ}\text{A}$$

$$\dot{I}_1=\frac{-\text{j}400}{100+\text{j}200-\text{j}400}\times 0.5\underline{/-33^\circ}\text{A}$$

$$=\frac{400\underline{/-90^\circ}}{224\underline{/-63.4^\circ}}\times 0.5\underline{/-33^\circ}\text{A}=0.89\underline{/-59.6^\circ}\text{A}$$

$$\dot{I}_2=\frac{100+\text{j}200}{100+\text{j}200-\text{j}400}\times 0.5\underline{/-33^\circ}\text{A}$$

$$=\frac{224\underline{/63.4^\circ}}{224\underline{/-63.4^\circ}}\times 0.5\underline{/-33^\circ}\text{A}=0.5\underline{/93.8^\circ}\text{A}$$

2.5.2 正弦交流电路的计算

下面通过实例来说明各种计算方法在正弦交流电路中的应用。

例 2-10 如图 2-21 所示电路中，已知 $\dot{U}_{S1}=120\underline{/0^\circ}\text{ V}$，$\dot{U}_{S2}=100\underline{/-30^\circ}\text{ V}$，$R=2\ \Omega$，$X_C=10\ \Omega$，$X_L=5\ \Omega$，求各支路电流。

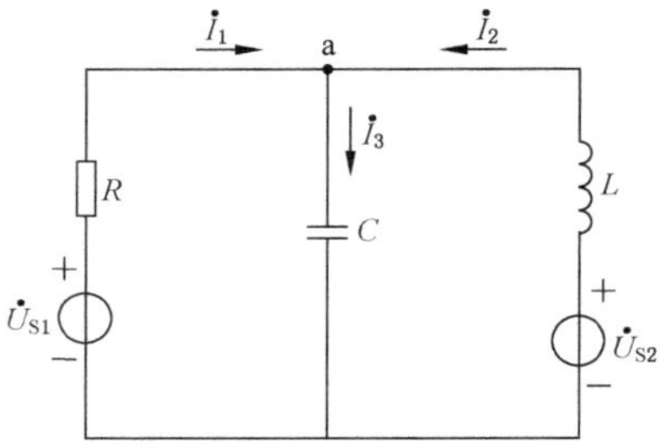

图 2-21 例 2-10 图

解 各支路电流的参考方向如图 2-21 所示。电路节点 a 的节点电流方程是

$$\left(\frac{1}{Z_1}+\frac{1}{Z_2}+\frac{1}{Z_3}\right)\dot{U}_a=\frac{\dot{U}_{S1}}{Z_1}+\frac{\dot{U}_{S2}}{Z_2}$$

$$\left(\frac{1}{2}-\text{j}\frac{1}{5}+\text{j}\frac{1}{10}\right)\text{S}\times\dot{U}_a=\left(\frac{120}{2}+\frac{100\underline{/-30^\circ}}{\text{j}5}\right)\text{A}$$

所以 $$\dot{U}_a=\frac{60-10-\text{j}17.32}{0.5-\text{j}0.1}\text{V}=102.78-\text{j}14.08\text{ V}=103.74\underline{/-7.8^\circ}\text{V}$$

各支路电流

$$\dot{I}_1=\frac{\dot{U}_{S1}-\dot{U}_a}{Z_1}=\frac{120-102.78+\text{j}14.08}{2}\text{A}$$

$$=(8.61+\text{j}7.04)\text{A}=14.07\underline{/39.3^\circ}\text{A}$$

$$\dot{I}_2=\frac{\dot{U}_{S2}-\dot{U}_a}{Z_2}=\frac{86.6-\text{j}50-102.78+\text{j}14.08}{\text{j}5}\text{A}$$

$$=(-7.18+\text{j}3.24)\text{A}=7.88\underline{/155.7^\circ}\text{A}$$

$$\dot{I}_3=\frac{\dot{U}_a}{Z_3}=\frac{102.78-\text{j}14.08}{-\text{j}10}\text{A}=(1.41+\text{j}10.28)\text{A}=10.38\underline{/82.2^\circ}\text{A}$$

例 2-11　图 2-22 所示电路中，已知 $\dot{U}_{S1}=\dot{U}_{S2}=50\ \text{V}$，$R=50\ \Omega$，$R_1=100\ \Omega$，$R_2=200\ \Omega$，$X_L=200\ \Omega$，$X_C=100\ \Omega$。求 R 中的电流 $\dot{I}$。

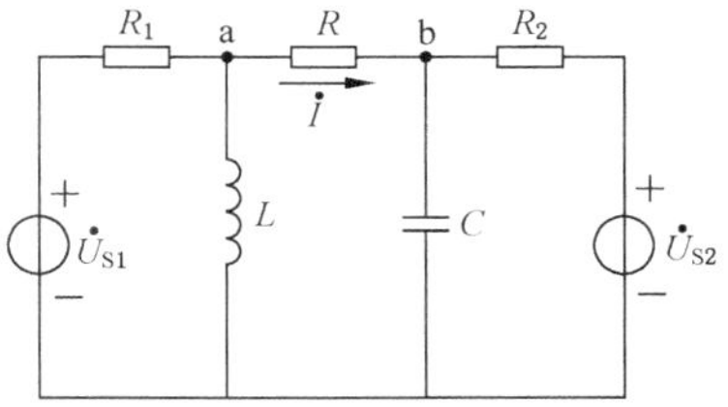

图 2-22　例 2-11 图

解　计算电路中某一支路电流可应用戴维南定理求解。

a、b 端开路电压 $\dot{U}_{OC}$ 为

$$\begin{aligned}\dot{U}_{OC}&=\frac{\dot{U}_{S1}}{R_1+\text{j}X_L}\text{j}X_L-\frac{\dot{U}_{S2}}{R_2-\text{j}X_C}(-\text{j}X_C)\\&=\left[\frac{50}{100+\text{j}200}\text{j}200-\frac{50}{200-\text{j}100}(-\text{j}100)\right]\text{V}\\&=(30+\text{j}40)\text{V}=50\underline{/53.1^\circ}\ \text{V}\end{aligned}$$

ab 端口的等效阻抗

$$\begin{aligned}Z&=\frac{R_1\text{j}X_L}{R_1+\text{j}X_L}+\frac{R_2(-\text{j}X_C)}{R_2-\text{j}X_C}=200\left(\frac{\text{j}}{1+\text{j}2}-\frac{\text{j}}{2-\text{j}}\right)\Omega\\&=(120-\text{j}40)\Omega\end{aligned}$$

所以 R 支路电流

$$\dot{I}=\frac{\dot{U}_{OC}}{Z+R}=\frac{50\underline{/53.1^\circ}}{120-\text{j}40+50}\text{A}=\frac{50\underline{/53.1^\circ}}{175\underline{/-13.2^\circ}}\text{A}=0.285\underline{/66.3^\circ}\ \text{A}$$

[思考题]

1. 在 RLC 串联电路中，判断下列各式的正误。

(1) $I=\dfrac{U}{R+X_L+X_C}$；(2) $U=U_R+U_L+U_C$；(3) $u=Ri+X_Li+X_Ci$；

(4) $i=\dfrac{u}{|Z|}$；(5) $|Z|=R+X_L-X_C$；(6) $U=U_R+\text{j}(U_L-U_C)$。

2. 两个同频率正弦交流电流 i_1、i_2 的有效值分别为 30 A 和 40 A。当 $i=i_1+i_2$ 的有效值分别为 70 A 和 50 A 时，i_1 和 i_2 的相位差分别为多少？

3. 判断下列各式的正误。

(1) $P=S-Q$；(2) $S=P+Q_L-Q_C$；(3) $S=I\sum U$；(4) $S^2=P^2+Q_L^2-Q_C^2$；

(5) $S=\sum S$；(6) $P=Q\tan\varphi$；(7) $S^2=P^2+(Q_L-Q_c)^2$；

(8) $S=\sqrt{(\sum P)^2+(\sum Q)^2}$。

4. 在什么情况下 $S=S_1+S_2$ 才能成立？

5. 两个阻抗串联时，在什么情况下有 $|Z|=|Z_1|+|Z_2|$？两个阻抗并联时，在什么情况下有 $\dfrac{1}{|Z|}=\dfrac{1}{|Z_1|}+\dfrac{1}{|Z_2|}$？

6. 在并联交流电路中，支路电流是否有可能大于总电流？

2.6 电路的串联谐振

在具有电感和电容元件的电路中，电压与电流一般是不同相的。如果调节电路的参数或电源的频率使它们同相，这时电路中就发生谐振现象。研究谐振的目的就是要认识这种客观现象，并在生产上充分利用谐振的特征，同时又要预防它所产生的危害。按发生谐振的电路的不同，谐振现象可分为串联谐振和并联谐振。本书主要讨论串联谐振的条件及特征。

2.6.1 串联谐振的条件及谐振频率

如图 2-15b 所示为 RLC 串联电路，由式(2-42)可知，阻抗角为

$$\varphi=\arctan\frac{X_L-X_C}{R}$$

当

$$X_L=X_C \text{ 或 } 2\pi fL=\frac{1}{2\pi fC} \tag{2-56}$$

时，有

$$\varphi=\arctan\frac{X_L-X_C}{R}=0$$

即电源电压 $\dot{U}$ 与电路中的电流 $\dot{I}$ 同相，这时电路中发生谐振现象。因为发生在串联电路中，故称之为串联谐振。

式(2-56)即为串联谐振的条件。由此可得谐振频率为

$$f=f_0=\frac{1}{2\pi\sqrt{LC}} \tag{2-57}$$

由上式可见，电路是否发生谐振，完全由电路参数和电源频率确定。调节电感 L、电容 C 或电源频率 f 即可使电路发生谐振。

2.6.2 串联谐振的特征

串联电路阻抗的模值为

$$|Z|=\sqrt{R^2+(X_L-X_C)^2} \tag{2-58}$$

当电路满足串联谐振条件时，即 $X_L=X_C$ 时，阻抗模值为

$$|Z|=R$$

可见，谐振时电路的阻抗模值最小。因此，在电源电压 U 不变的情况下，电路中的电流将在谐振时达到最大值，即

$$I=I_0=\frac{U}{R} \tag{2-59}$$

式中，I_0 称为串联谐振电流。在图 2-23a、b 中分别画出了阻抗模值和电流等随

频率变化的曲线。同时应该指出，谐振时电路的感抗和容抗还是客观存在的，只是两者相等。

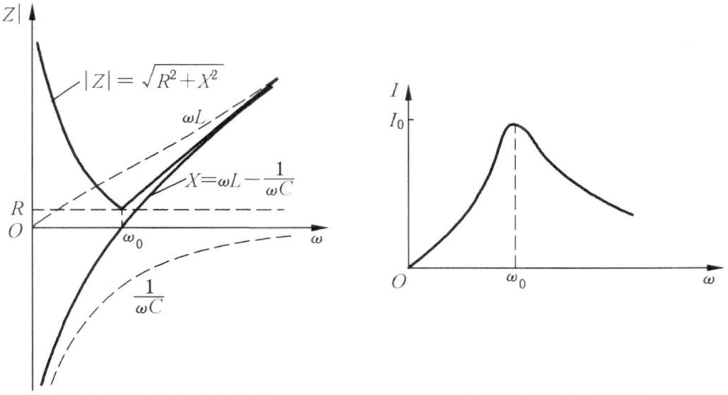

a) 阻抗模随频率变化曲线　　b) 电流随频率变化曲线

图 2-23　*RLC* 串联电路的阻抗和电流

由于电源电压与电路中电流同相 $\varphi=0$，因此电路对电源呈现电阻性。电源供给电路的能量全被电阻所消耗，电源与电路之间不发生能量的互换。能量的互换只发生在电感线圈与电容器之间。

由于 $X_L=X_C$，于是 $U_L=U_C$。而 $\dot{U}_L$ 与 $\dot{U}_C$ 在相位上相反，互相抵消，对整个电路不起作用，因此电源电压 $\dot{U}=\dot{U}_R$（见图 2-24）。

但是，U_L 和 U_C 的单独作用不容忽视，因为

$$\left.\begin{aligned}U_L&=X_LI=X_L\frac{U}{R}\\U_C&=X_CI=X_C\frac{U}{R}\end{aligned}\right\}\tag{2-60}$$

当 $X_L=X_C>R$ 时，U_L 和 U_C 都高于电源电压 U。在电力工程中这种高压往往会击穿电气设备的绝缘而造成损害，因此必须避免谐振或接近谐振状态的发生。而在无线电工程中恰好相反，由于其工作信号比较微弱，常利用串联谐振以获得较高电压，电感或电容元件上的电压常高于电源电压几十倍或几百倍，从而实现频率的选择。

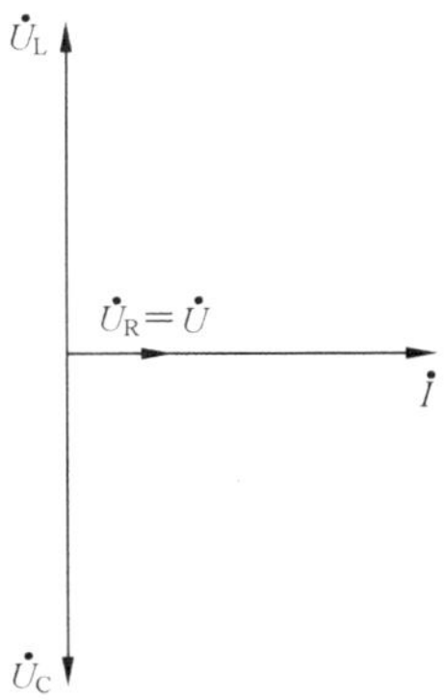

图 2-24　相量图

因为串联谐振时 U_L 和 U_C 可能超过电源电压许多倍，所以串联谐振也称电压谐振。U_L 或 U_C 与电源电压 U 的比值，通常用 Q 来表示

$$Q=\frac{U_C}{U}=\frac{U_L}{U}=\frac{1}{\omega_0CR}=\frac{\omega_0L}{R}\tag{2-61}$$

式中，Q 称为电路的品质因数。在谐振时电容或电感元件上的电压是电源电压的 Q 倍。

Q 值的大小取决于电路参数，是标志谐振电路质量优劣的一个重要指标。在串联谐振的实用电路中，Q 值往往在 50～200 之间，高质量谐振电路的 Q 值则可能超过 200。

RLC 串联谐振在电子技术中得到广泛应用，主要是利用串联谐振阻抗最小和电压谐振的特点。在收音机中常利用高品质因数 Q 的谐振电路来选择不同频率电台的信号。

通常收音机采用图 2-25a 所示的输入调谐电路，由于天线回路与 LC 回路间有互感，在 LC 回路中感应出不同频率的各种电动势，如 e_1、e_2、e_3、…，图 2-25b 就是图 2-25a 的等效电路，感应电动势与 L、C 是串联的，所以电路属串联谐振电路。如果调节电容 C 使电路对某一频率的信号（如 f_1）发生谐振，那么电路中频率为 f_1 的输出电压比感应电动势高 Q 倍。其他各频率信号处于非谐振状态，相应的输出电压很小，被谐振频率的输出电压淹没。所以可以通过改变 C 的大小达到调谐（即选台）的目的。

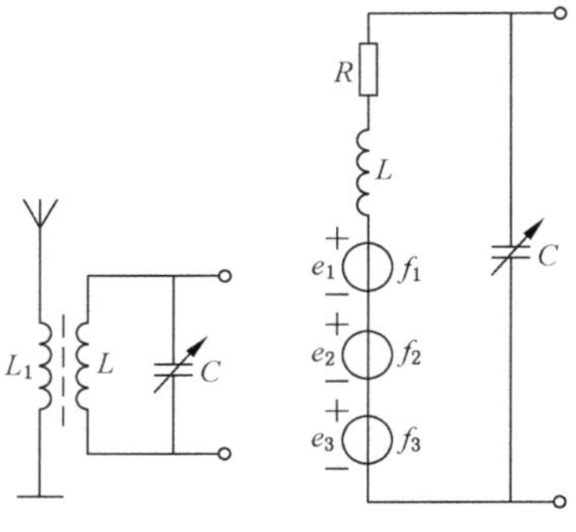

a) 输入调谐电路　　b) 等效电路

图 2-25　收音机的输入调谐电路

应用串联谐振，可以把不同频率的信号分离。在测量仪器中，还可利用串联谐振的特性，测量电感线圈、电容器的参数或电源频率。

例 2-12　将一线圈（$L=4$ mH，$R=50\ \Omega$）与电容器（$C=160$ pF）串联，接在 $U=25$ V 的电源上。(1) 当 $f_0=200$ kHz 时发生谐振，求电流与电容器上的电压；(2) 当频率增加 10%时，求电流与电容器上的电压。

解　(1) 当 $f_0=200$ kHz 时，电路发生谐振

$$X_L=2\pi f_0 L=2\times3.14\times200\times10^3\times4\times10^{-3}\ \Omega=5\ 000\ \Omega$$

$$X_C=\frac{1}{2\pi f_0 C}=\frac{1}{2\times3.14\times200\times10^3\times160\times10^{-12}}\ \Omega=5\ 000\ \Omega$$

$$I_0=\frac{U}{R}=\frac{25}{50}\text{A}=0.5\ \text{A}$$

$$U_C=X_C I_0=5\ 000\times0.5\ \text{V}=2\ 500\ \text{V}$$

(2) 当频率增加 10%时，有

$$X_L=5\ 500\ \Omega$$

$$X_C=4\ 500\ \Omega$$

$$|Z|=\sqrt{50^2+(5\ 500-4\ 500)^2}\ \Omega\approx1\ 000\ \Omega$$

$$I=\frac{U}{|Z|}=\frac{25}{1\ 000}\text{A}=0.025\ \text{A}$$

$$U_C = X_C I = 4\ 500 \times 0.025\ \text{V} = 112.5\ \text{V}$$

可见，偏离谐振频率 10%时，I 和 U_C 就大大减小。

例 2-13 某收音机的输入电路如图 2-25a 所示，线圈 L 的电感 $L=0.3$ mH，电阻 $R=16\ \Omega$。今欲收听 640 kHz 某电台的广播，应将可变电容 C 调到多少？如在调谐回路中感应出电压 $U=10$ mV，试求此时回路中该信号的电流多大，并在线圈（或电容）两端得到多大电压？

解 根据 $f=\dfrac{1}{2\pi\sqrt{LC}}$ 可得

$$640 \times 10^3\ \text{Hz} = \frac{1}{2 \times 3.14\sqrt{0.3 \times 10^{-3} C}}\ \text{Hz}$$

由此可得

$$C = 240\ \text{pF}$$

$$I = \frac{U}{R} = \frac{10 \times 10^{-3}}{16}\ \text{A} = 0.625\ \text{mA}$$

$$X_C = X_L = 2\pi f L = 2 \times 3.14 \times 640 \times 10^3 \times 0.3 \times 10^{-3}\ \Omega = 1\ 200\ \Omega$$

$$U_C = U_L = X_L I = 1\ 200 \times 0.13 \times 10^{-6}\ \text{V} = 156 \times 10^{-6}\ \text{V} = 156\ \mu\text{V}$$

［思考题］

1. 试分析电路发生谐振时能量的消耗和互换情况。

2. 有一 RLC 串联电路，接于 220 V、50 Hz 的交流电源上。$R=4\ \Omega$、$X_L=8\ \Omega$，C 可以调节。试求：(1)当电路的电流为 20 A 时，电容是多少？(2)C 调节至何值时电路的电流最大？这时的电流是多少？

2.7 功率因数的提高

由有功功率公式 $P=UI\cos\varphi$ 可知，在电压和电流一定的情况下，电路获得的有功功率取决于功率因数 $\cos\varphi$ 的大小，而 $\cos\varphi$ 的大小只取决于负载本身的性质。一般的用电设备，如感应电动机、感应炉、日光灯等都是电感性负载，其等效电路是 RL 串联电路。电感元件虽然不消耗能量，但却以无功功率的形式，在电源与负载之间进行能量的往返交换。也就是说，交流电源在输出有功功率的同时，也必须输出无功功率。因而，这些用电设备的功率因数都是比较低的，例如交流感应电动机在轻载运行时，功率因数为 0.2～0.3，即使在额定负载下运行，功率因数也在 0.7～0.8 之间。负载的功率因数太低，将使发电设备的利用率和输电线路的效率降低。

由式 $P=UI\cos\varphi$ 可知，在相同的电源电压下，为了使负载获得同样大小的有功功率，功率因数 $\cos\varphi$ 越低，则所需电流越大。其后果，一是发电设备的容量（即视在功率）不能得到充分的利用（设发电机的额定容量为 S_N，则其输出的有

功功率为 $P=S_N\cos\varphi$，显然，$\cos\varphi$ 越低，P 越小）；二是增加输配电线路上的电压损失和功率损失。功率因数越高，同一额定容量的电源设备能输出的有功功率越大，电源的容量（即视在功率）就能得到充分的利用，同时也能使电能得到节约。由此可见，提高电路的功率因数对国民经济的发展有着极为重要的意义。

电路的功率因数取决于电路总电压与总电流之间的相位差，即电路的阻抗角 $\varphi=\arctan\dfrac{X}{R}$。在电源频率一定的条件下，要提高电路的功率因数，必须减小其等效电抗 X。

如图 2-26a 所示，为了提高电感性电路的功率因数，可在电源与电感性负载两端并联电容器。电路的相量图如图 2-26b 所示。并联电容器以后，电感性负载的电流 $I_L=\dfrac{U}{\sqrt{R^2+X_L^2}}$ 和功率因数 $\cos\varphi_1=\dfrac{R}{\sqrt{R^2+X_L^2}}$ 均未变化，这是因为所加电压和负载参数没有改变。但电压 $\dot{U}$ 和线路电流 $\dot{I}$ 之间的相位差 φ 变小了，即 $\cos\varphi$ 变大了。提高功率因数，是指提高电源或电网的功率因数，而不是指提高某个电感性负载的功率因数。

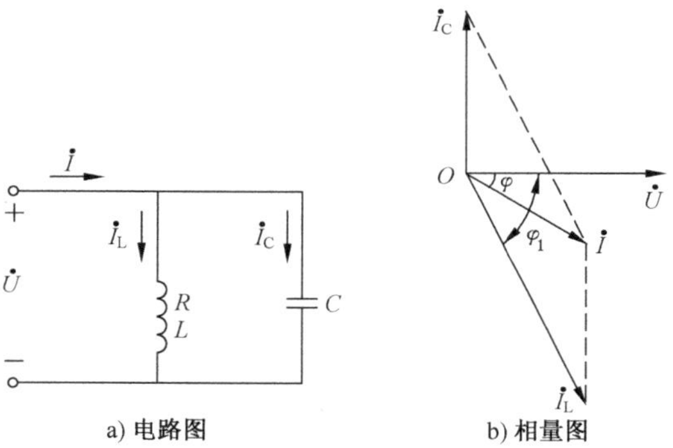

图 2-26　功率因数的提高

在电感性负载上并联了电容器以后，减少了电源与负载之间的能量互换。这时电感性负载所需的无功功率，大部分或全部都是就地供给（由电容器供给），就是说能量的互换现在主要或完全发生在电感性负载与电容器之间，因而使电源容量能得到充分利用。

另外，由相量图可见，并联电容器后，线路电流也减小了，因而减小了线路上的功率损耗和电压降。

按照供用电规则，高压供电的工业企业的平均功率因数不低于 0.95，其他单位不低于 0.9。

例 2-14　有一电感性负载，其功率 $P=10$ kW，功率因数 $\cos\varphi_1=0.6$，接在电压 $U=220$ V 的电源上，电源频率 $f=50$ Hz。如要将功率因数提高到 $\cos\varphi=$

0.95，试求与负载并联的电容器的电容值和电容器并联前后的线路电流。

解　由图 2-26 可得

$$I_C = I_L\sin\varphi_1 - I\sin\varphi = \frac{P}{U\cos\varphi_1}\sin\varphi_1 - \frac{P}{U\cos\varphi}\sin\varphi$$

$$= \frac{P}{U}(\tan\varphi_1 - \tan\varphi)$$

又因

$$I_C = \frac{U}{X_C} = U\omega C$$

所以

$$U\omega C = \frac{P}{U}(\tan\varphi_1 - \tan\varphi)$$

由此可得

$$C = \frac{P}{\omega U^2}(\tan\varphi_1 - \tan\varphi)$$

当 $\cos\varphi_1 = 0.6$ 时，

$$\varphi_1 = 53^\circ$$

当 $\cos\varphi = 0.95$ 时，

$$\varphi = 18^\circ$$

因此所需的电容值为

$$C = \frac{10\times10^3}{2\pi\times50\times220^2}(\tan53^\circ - \tan18^\circ)\text{F} = 659\ \mu\text{F}$$

电容器并联前的线路电流为

$$I_L = \frac{P}{U\cos\varphi_1} = \frac{10\times10^3}{220\times0.6}\text{A} = 75.8\ \text{A}$$

电容器并联后的线路电流为

$$I = \frac{P}{U\cos\varphi} = \frac{10\times10^3}{220\times0.95}\text{A} = 47.8\ \text{A}$$

[思考题]

1. 对电源而言，是否因并联电容越大其功率因数值就越高？

2. 一台单相异步电动机的功率为 600 W，功率因数 $\cos\varphi_1 = 0.6$，接到50 Hz、220 V 的配电线路上。试求，(1) 将电路的功率因数提高至 $\cos\varphi_2 = 0.9$，应并联多大的电容器？(2) 并联电容器前后的电流值。

3. 电感性负载并联电阻能否提高电路的功率因数？和并联电容提高功率因数有何不同？

4. 电感性负载串联电容能否提高电路的功率因数？为什么？

习　　题

2-1　试计算下列正弦量的周期、频率和初相：

(1) $5\sin(314t+30°)$；

(2) $8\cos(\pi t+60°)$。

2-2　试计算下列各正弦量间的相位差：

(1) $i_1(t)=5\sin(\omega t+30°)\text{A}$，
　$i_2(t)=4\sin(\omega t-30°)\text{A}$；

(2) $u_1(t)=5\cos(20t+15°)\text{V}$，
　$u_2(t)=8\sin(10t-30°)\text{V}$，

(3) $u(t)=30\sin(\omega t+45°)\text{V}$，
　$i(t)=40\sin(\omega t-30°)\text{A}$。

2-3　已知正弦量 $\dot{U}=220\text{e}^{\text{j}30°}$ V 和 $\dot{I}=(-4-\text{j}3)\text{A}$，试分别用三角函数式、正弦波形及相量图表示它们。

2-4　写出下列正弦量的相量表示式：

(1) $i=5\sqrt{2}\cos\omega t$ A；

(2) $u=125\sqrt{2}\cos(314t-45°)$ V；

(3) $i=-10\sin(5t-60°)$ A。

2-5　已知 $u_1(t)=80\sin(\omega t+30°)\text{V}$，$u_2(t)=120\sin(\omega t-60°)\text{V}$，求 $u=u_1+u_2$，绘出它们的相量图。

2-6　已知某电感元件的自感为 10 mH，加在元件上的电压为 10 V，初相为 30°，角频率是 10^6 rad/s。试求元件中的电流，写出其瞬时值三角函数表达式，并画出相量图。

2-7　已知某电容元件的电容为 0.05 μF，加在元件上的电压为 10 V，初相为 30°，角频率是 10^6 rad/s。试求元件中的电流，写出其瞬时值三角函数表达式，并画出相量图。

2-8　在图 2-27 所示电路中，试求电流表读数。已知 $i_1(t)=5\sqrt{2}\sin(\omega t+15°)$ A，$i_2(t)=12\sqrt{2}\sin(\omega t-75°)$ A。

2-9　无源二端网络如图 2-28 所示，输入电压和电流为

$$u(t)=50\sin\omega t\ \text{V}$$

$$i(t)=10\sin(\omega t+45°)\text{A}$$

求此网络的有功功率、无功功率和功率因数。

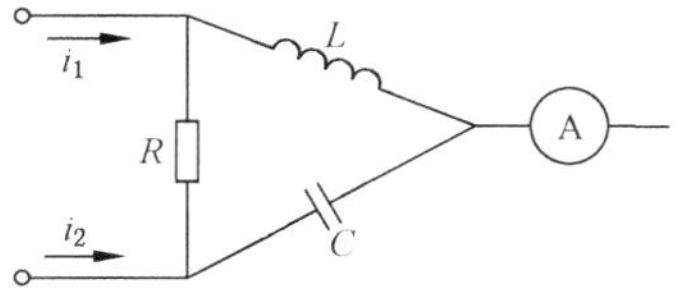

图 2-27　题 2-8 图

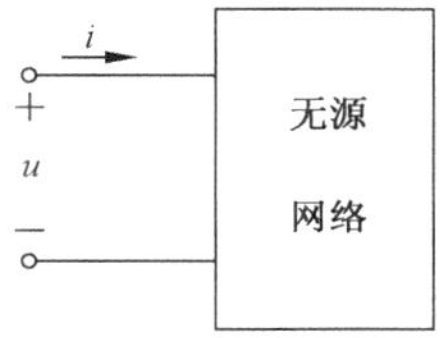

图 2-28　题 2-9 图

2-10　如图 2-29 所示电路中，除 A_0 和 V_0 外，其余电流表和电压表的读数（正弦量的有效值）在图上已标出，试求电流表 A_0 和电压表 V_0 的读数。

2-11　有一 JZ7 型中间继电器，其线圈数据为 380 V、50 Hz，线圈电阻为 2 kΩ，线圈电感为 43.3 H，试求线圈电流及功率因数。

2-12　如图 2-30 所示电路中，电压表的读数为 50 V，求 Z 的性质及参数 R、X。已知 $u(t)=100\sqrt{2}\sin(\omega t+45°)$ V，$i(t)=2\sqrt{2}\sin\omega t$ A。

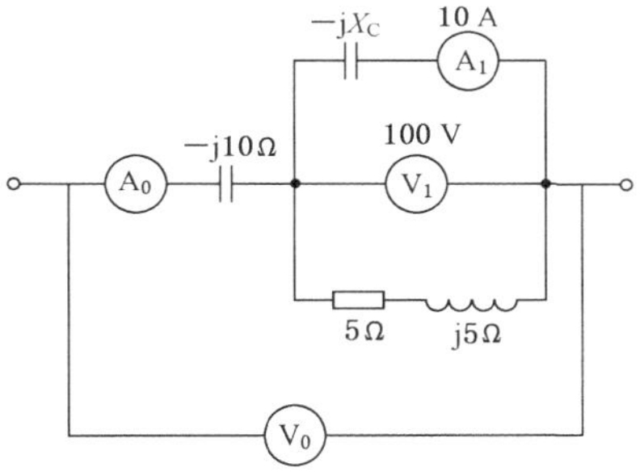

图 2-29　题 2-10 图

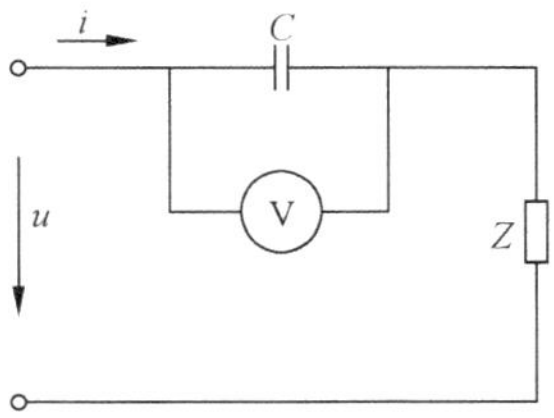

图 2-30　题 2-12 图

2-13　求如图 2-31 所示 a、b 两电路中的电流 $\dot{I}$。

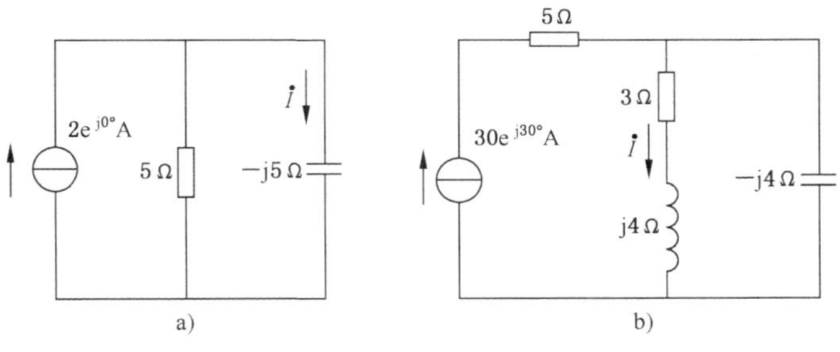

图 2-31　题 2-13 图

2-14　如图 2-32 所示电路中，已知 $\dot{U}_1=230\underline{/0°}$ V、$\dot{U}_2=227\underline{/0°}$ V，$Z_1=(0.1+\mathrm{j}0.5)\Omega$、$Z_2=(0.1+\mathrm{j}0.5)\Omega$、$Z_3=(5+\mathrm{j}5)\Omega$。试用支路电流法求电流 $\dot{I}_3$。

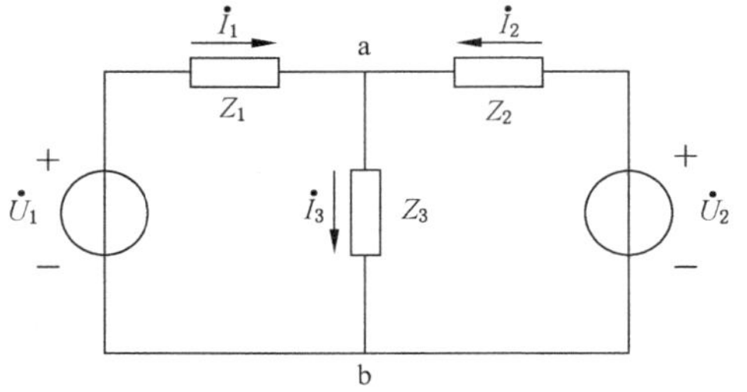

图 2-32　题 2-14 图

2-15　求如图 2-33 所示电路的戴维南等效电路。

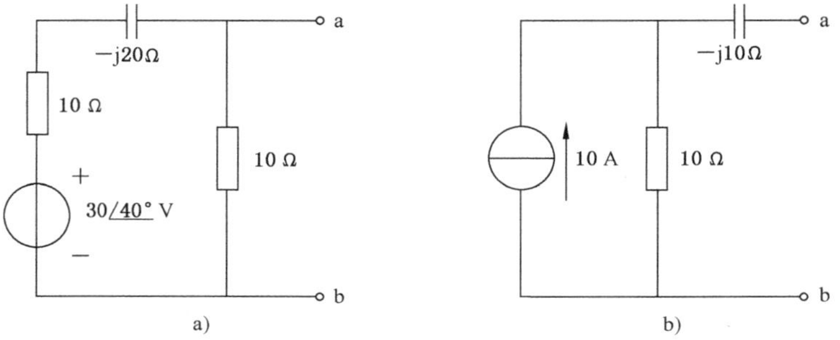

图 2-33　题 2-15 图

2-16　分别用节点电压法和戴维南定理求如图 2-34 所示电路中的电压相量 $\dot{U}_{ab}$。

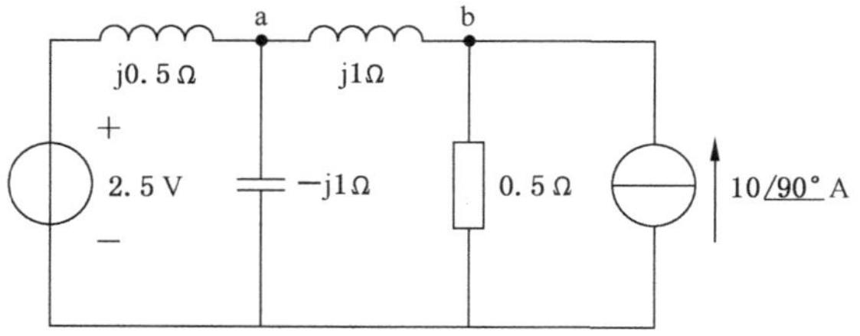

图 2-34　题 2-16 图

2-17　试分别用叠加原理和戴维南定理求如图 2-35 所示电路中的电流 $\dot{I}_L$。

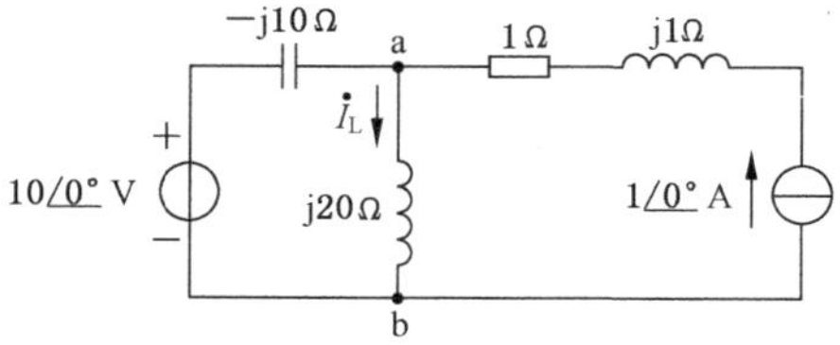

图 2-35　题 2-17 图

2-18　已知一 RLC 串联电路 $R=10\ \Omega$、$L=0.01\ \text{H}$、$C=1\ \mu\text{F}$，求谐振角频率和电路的品质因数。

2-19　已知 RLC 串联谐振电路中，$R=10\ \Omega$、$L=100\ \mu\text{H}$、$C=100\ \text{pF}$，电源电压 $U=1\ \text{V}$，求谐振角频率 ω_0，谐振时电流 I_0 和电压 U_{L0}，U_{C0}。

2-20　有一 RLC 串联电路，它在电源频率 $f=500\ \text{Hz}$ 时发生谐振。谐振时电流 I 为 0.2 A，容抗 X_C 为 314 Ω，并测得电容电压 U_C 为电源电压 U 的 20 倍。试求该电路的电阻 R 和电感 L。

2-21　一只 40 W 荧光灯，镇流器电感为 1.85 H，接到 50 Hz、220 V 的交流电源上。已知功率因数为 0.6，求灯管的电流和电阻。要使 $\cos\varphi=0.9$，需并联多大电容？

2-22　某实验楼装有 220 V/40 W 日光灯 200 盏、220V/40W 白炽灯 30 个。日光灯的功率因数为 0.5，日光灯管和镇流器串联接到交流电源上可看作 RL 串联电路。(1) 试求电源向电路提供的电流 $\dot{I}$，并画出电压和各个电流的相量图，设电源电压 $\dot{U}=220\underline{/0^\circ}\ \text{V}$；(2) 若全部照明灯点亮 5 h，共耗电多少度？

2-23　现有频率为 50 Hz、额定电压为 220 V、额定容量为 9.6 kVA 的正弦交流电源，欲供电给额定功率为 4.5 kW、额定电压为 220 V、功率因数为 0.5 的感性负载，试问：

(1) 该电源供电的电流是否超过其额定电流？

(2) 若将电路功率因数提高到 0.9，应并联多大电容？

(3) 并联电容后还可接多少盏 220 V、40 W 的电灯才能充分发挥电源的能力？

第3章　三相供电与用电

本章提要　三相电力系统由三相电源、三相负载和三相输电线路三部分组成，本章讨论三相电路的电压、电流及功率等问题，主要包括：三相交流电动势的产生、对称三相电压的大小及相序；对称负载为星形联结与三角形联结时电路电压与电流的关系及计算方法；不对称负载星形联结时电路的计算；三相电路的功率；安全用电常识。

本章重点　负载星形联结和三角形联结时三相对称电路的分析；掌握其线电压与相电压、线电流与相电流之间的关系；对称三相电路中电压、电流、功率的计算方法；中性线的作用。

本章难点　各电压与电流间相位的确定；在各种联结下，电压与电流相位之间的超前与滞后关系。

3.1　三相电动势

由于三相交流电有许多优点(如远距离输电比较经济，三相交流电动机结构简单、性能优良等)，因此，目前世界各国的电力系统中电能的生产、传输和供电方式绝大多数都采用三相制。

三相交流电路是由一组频率相同、振幅相等、相位互差120°的三个电动势供电的电路。三相电动势是由三相交流发电机产生的。图3-1是三相交流发电机的原理图，它的主要组成部分是定子和转子。定子铁心的内圆周表面冲有槽，安放着三组匝数相同的绕组，每一组绕组称为一相，各相绕组的结构相同，如图3-2所示。它们的始端(头)标以A、B、C，末端(尾)标以X、Y、Z。每个绕组的两边放置在相应的定子铁心的槽内，但要求绕组的始端之间或末端之间都彼此相隔120°。

转动部分称为转子。转子铁心上绕有励磁绕组，转子是一对由直流电源供电的磁极。选择合适的极面形状，使空气隙中的磁感应强度按正弦规律分布。当转子由原动机带动，按顺时针方向匀速旋转时，定子上的每相绕组依次切割磁力线，其中产生频率相同、幅值相等的正弦电动势 e_A、e_B 及 e_C。选定电动势的参考方向为绕组的末端指向始端。

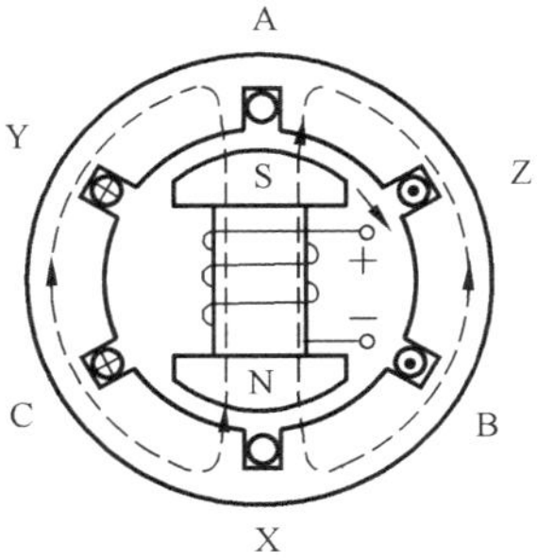

图 3-1　三相交流发电机的原理图

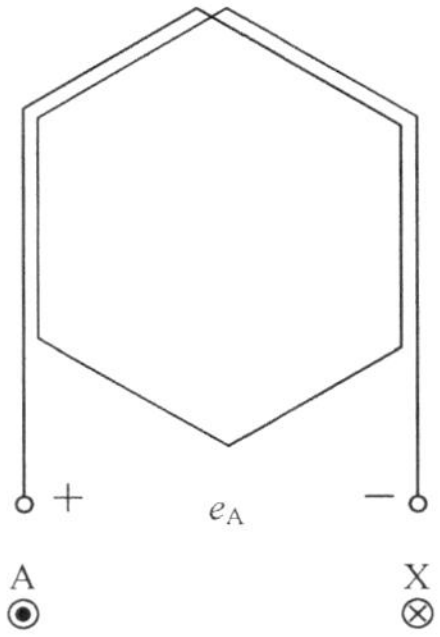

图 3-2　定子绕组

由图 3-1 可见，当 S 极的轴线先转到 A 处时，A 相的电动势达到正的幅值。顺时针转过 120°后，S 极轴线转到 B 处，B 相的电动势达到正的幅值。同理，再转过 120°，C 相的电动势达到正的幅值。所以在相位上 e_A 超前 e_B120°，e_B 超前 e_C120°，而 e_C 又超前 e_A120°。若以 A 相为参考正弦量，则可得出

$$\left.\begin{aligned} e_A &= E_m \sin\omega t \\ e_B &= E_m \sin(\omega t - 120°) \\ e_C &= E_m \sin(\omega t - 240°) = E_m \sin(\omega t + 120°) \end{aligned}\right\} \tag{3-1}$$

它们的相量表达式是

$$\left.\begin{aligned} \dot{E}_A &= E\angle 0° = E \\ \dot{E}_B &= E\angle -120° = E\left(-\frac{1}{2} - j\frac{\sqrt{3}}{2}\right) \\ \dot{E}_C &= E\angle 120° = E\left(-\frac{1}{2} + j\frac{\sqrt{3}}{2}\right) \end{aligned}\right\} \tag{3-2}$$

其正弦波形和相量图如图 3-3 所示。

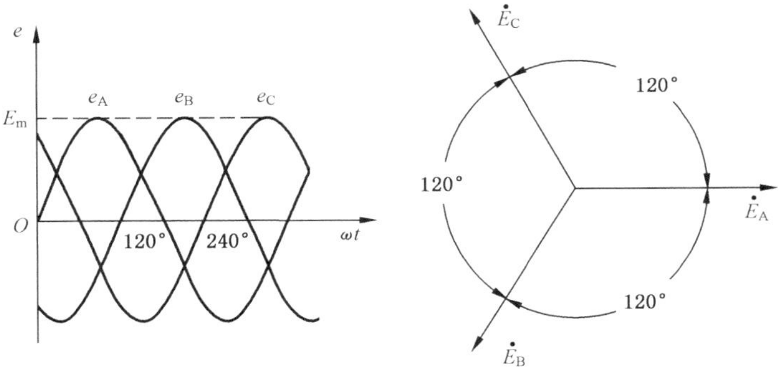

a) 正弦波形　　b) 相量图

图 3-3　表示三相电动势的正弦波形和相量图

这样的三个幅值相等、频率相同并且相位互差120°的电动势，称为对称三相电动势。显然，它们的瞬时值或相量之和为零，即

$$e_A + e_B + e_C = 0$$

或
$$\dot{E}_A + \dot{E}_B + \dot{E}_C = 0 \tag{3-3}$$

同样，若三个电压或电流之间也有上述关系，则称为对称三相电压或对称三相电流。

三相发电机中各绕组的电动势到达幅值（或零值）的先后次序称为相序。相序为A→B→C的称为顺序，若相序为A→C→B，则称为逆序。

［**思考题**］

1. 什么是对称三相电源？对称三相电源的特点是什么？

2. 已知对称三相电源中 $\dot{U}_B = 220\underline{/-30°}$ V，写出另外两相电压相量及瞬时值表达式，画出相量图。

3. 三相电源，电压分别为 $u_A = U_m \sin 3\omega t$ V，$u_B = U_m \sin 3(\omega t - 120°)$ V，$u_C = U_m \sin 3(\omega t + 120°)$ V，它们组成的是三相对称电源吗？

3.2 三相电源的连接

发电机三相绕组的星形联结如图3-4所示，即将三相发电机绕组的末端连接起来，成为一个公共点N，由始端（A、B、C）引出三条线，就成为星形（Y形）联结。公共点N叫作中性点（或零点）。从中性点引出的连接线叫作中性线（或零线），如果中性线接地，则该线又称地线。从始端引出的三根连接线都叫作相线（或端线），俗称火线。

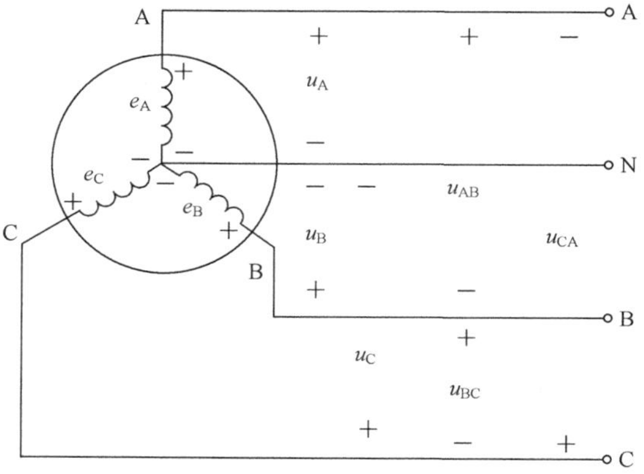

图3-4　三相电源的星形联结

三相电源接成星形时，可以得到两种电压：一种是相线与中性线之间的电压，称为相电压，用 u_A、u_B、u_C 表示，其参考方向规定为由每相绕组的始端指向末端(或相线指向中性线)。另一种是各相线之间的电压，称为线电压，用 u_{AB}、u_{BC}、u_{CA}表示，其参考方向规定为由下标中的前一字母指向后一字母。如 u_{AB}即为由相线 A 指向相线 B 的电压。

当发电机的绕组连成星形时，相电压和线电压显然是不相等的。按图 3-4 所示的参考方向，根据基尔霍夫电压定律，线电压与相电压的基本关系为

$$\left.\begin{aligned} u_{AB} &= u_A - u_B \\ u_{BC} &= u_B - u_C \\ u_{CA} &= u_C - u_A \end{aligned}\right\}$$

因为 u_{AB}、u_{BC}和 u_{CA}都是同频率的正弦量，所以可以用相量来表示，即

$$\left.\begin{aligned} \dot{U}_{AB} &= \dot{U}_A - \dot{U}_B \\ \dot{U}_{BC} &= \dot{U}_B - \dot{U}_C \\ \dot{U}_{CA} &= \dot{U}_C - \dot{U}_A \end{aligned}\right\} \tag{3-4}$$

由于发电机绕组的内阻抗压降与相电压相比很小，可以忽略不计，于是相电压和对应的电动势基本上相等，因此可以认为相电压也是对称的。相量图如图 3-5所示。

由图 3-5 可知，三个线电压也是对称的。因此，在电源为星形联结时，若相电压对称，则线电压也对称。而各线电压与相应相的相电压之间的关系可以表示为

$$\left.\begin{aligned} \dot{U}_{AB} &= \sqrt{3}\dot{U}_A \underline{/30^\circ} \\ \dot{U}_{BC} &= \sqrt{3}\dot{U}_B \underline{/30^\circ} \\ \dot{U}_{CA} &= \sqrt{3}\dot{U}_C \underline{/30^\circ} \end{aligned}\right\} \tag{3-5}$$

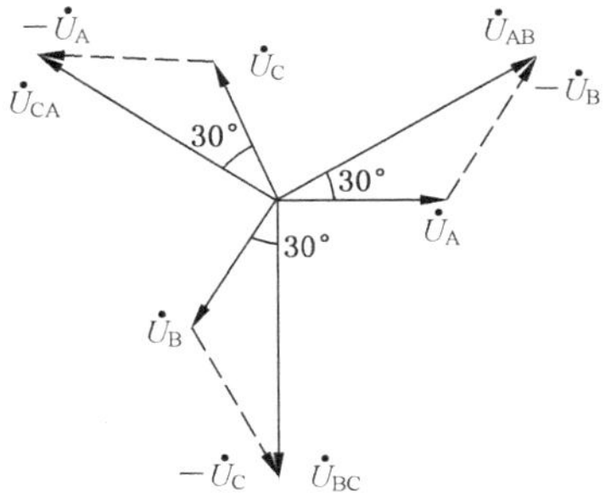

图 3-5　线电压与相电压的相量图

由此可见，在数值上各线电压为相电压的$\sqrt{3}$倍，相位上线电压超前于相应的相电压 30°。用 $\dot{U}_L$表示统一的线电压相量，用 $\dot{U}_P$表示统一的相电压相量，则相量关系为

$$\dot{U}_L = \sqrt{3}\dot{U}_P \underline{/30^\circ} \tag{3-6}$$

在发电机(或变压器)的绕组连成星形时，可引出四根导线(三相四线制)，这样就有可能给予负载两种电压。通常在低压配电系统中相电压为 220 V，线电压为 380 V。

另外,发电机(或变压器)的绕组连成星形时,不一定都引出中性线(三相三线制)。

[思考题]

1. 星形联结的对称三相电源,若相电压 $u_A=220\sqrt{2}\sin\omega t$ V,则 $\dot{U}_B$ 和 $\dot{U}_{AB}$ 是多少?

2. 欲将发电机的三相绕组连成星形时,如果误将 X、Y、C 连成一点(中性点),是否也可以产生对称三相电压?

3. 三孔电源插座和四孔电源插座,分别提供的是单相交流电还是三相交流电?

3.3 三相电路负载的连接

三相电路的负载由三部分组成,其中每一部分叫作一相负载。三相电路的负载一般分为两类:一类是对称负载,各相负载的复阻抗相等,称为对称三相负载。一般三相电动机、三相变压器都可以看成对称三相负载。由对称三相电源和对称三相负载所组成的电路,称为对称三相电路。

另一类是不对称负载,各相负载的复阻抗不相等,称为不对称三相负载。

三相电路中负载的连接方式有两种:一种是星形联结,另一种是三角形联结。负载如何连接,应视其额定电压而定。

3.3.1 负载星形联结的三相电路

若将三相负载 Z_A、Z_B、Z_C 的一端连在一起,成为一个公共点 N′(称为负载的中性点),并接到三相电源的中性线上,而各负载的另一端分别接到三相电源的相线上,就构成星形联结。用四根导线将电源和负载连接起来的三相电路,称为三相四线制电路,负载星形联结的三相四线制电路一般可用如图 3-6 所示的电路表示。若将中性线去掉,只用三根相线连接电源和负载,则构成三相三线制电路。

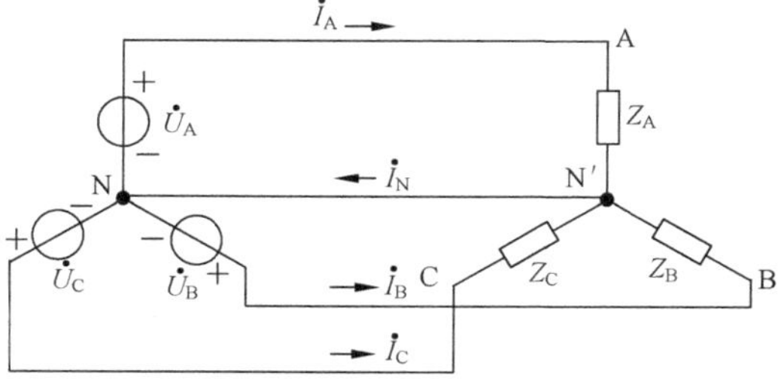

图 3-6 负载星形联结的三相四线制电路

分析三相电路与分析单相电路一样，首先应在电路图上标出电压和电流的参考方向，而后应用电路的基本定律得出电压和电流之间的关系，再确定三相功率。

三相电路中流过各相负载的电流，称为相电流，用 $\dot{I}_P$ 表示；流经各相线的电流称为线电流，用 $\dot{I}_L$ 表示。由图 3-6 可见，在负载为星形联结时，显然，相电流即为线电流，即

$$\dot{I}_P=\dot{I}_L \tag{3-7}$$

当各相线和中性线阻抗可忽略不计时，三相电路的计算就可归为一相计算（见图 3-7，k 代表 A、B、C 中任一相）：

$$\dot{I}_k=\frac{\dot{U}_k}{Z_k}$$

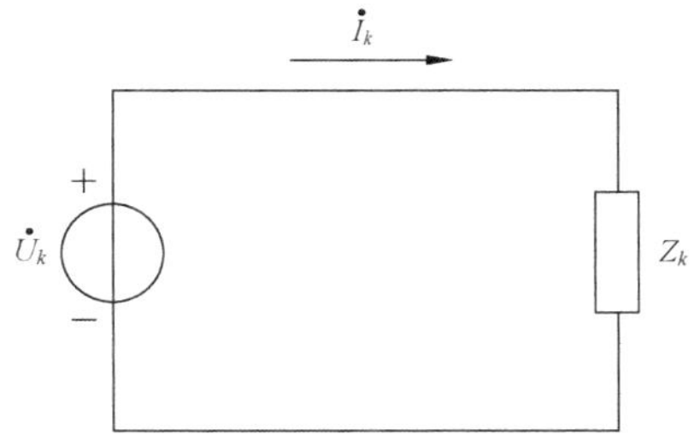

图 3-7　一相电路

设电源相电压 $\dot{U}_A$ 为参考正弦量，则对称三相电源相电压分别为

$$\left.\begin{aligned}\dot{U}_A&=U_P\angle 0^\circ\\ \dot{U}_B&=U_P\angle -120^\circ\\ \dot{U}_C&=U_P\angle 120^\circ\end{aligned}\right\} \tag{3-8}$$

由图 3-7 可见，电源相电压即为每相负载电压。每相负载中的电流可分别求出，即

$$\left.\begin{aligned}\dot{I}_A&=\frac{\dot{U}_A}{Z_A}=\frac{U_P\angle 0^\circ}{|Z_A|\angle\varphi_A}=I_A\angle -\varphi_A\\ \dot{I}_B&=\frac{\dot{U}_B}{Z_B}=\frac{U_P\angle -120^\circ}{|Z_B|\angle\varphi_B}=I_B\angle -\varphi_B-120^\circ\\ \dot{I}_C&=\frac{\dot{U}_C}{Z_C}=\frac{U_P\angle 120^\circ}{|Z_C|\angle\varphi_C}=I_C\angle -\varphi_C+120^\circ\end{aligned}\right\} \tag{3-9}$$

式中，每相负载中电流的有效值分别为

$$\left.\begin{aligned}I_A&=\frac{U_P}{|Z_A|}\\ I_B&=\frac{U_P}{|Z_B|}\\ I_C&=\frac{U_P}{|Z_C|}\end{aligned}\right\} \tag{3-10}$$

各相负载的电压与电流之间的相位差分别为

$$\left.\begin{aligned}\varphi_A&=\arctan\frac{X_A}{R_A}\\\varphi_B&=\arctan\frac{X_B}{R_B}\\\varphi_C&=\arctan\frac{X_C}{R_C}\end{aligned}\right\}\tag{3-11}$$

中性线中的电流可以按照图 3-6 中所选定的参考方向，应用基尔霍夫电流定律得出，即

$$\dot{I}_N=\dot{I}_A+\dot{I}_B+\dot{I}_C\tag{3-12}$$

若负载对称，即各相阻抗相等，即

$$Z_A=Z_B=Z_C=Z$$

亦即

$$|Z_A|=|Z_B|=|Z_C|=|Z|\text{ 和 }\varphi_A=\varphi_B=\varphi_C=\varphi$$

由式(3-10)和式(3-11)可见，因为三相电压对称，所以三相负载相电流也是对称的，即

$$I_A=I_B=I_C=I_P=\frac{U_P}{|Z|}$$

$$\varphi_A=\varphi_B=\varphi_C=\varphi=\arctan\frac{X}{R}$$

此时中性线电流等于零，即

$$\dot{I}_N=\dot{I}_A+\dot{I}_B+\dot{I}_C=0$$

电压和电流的相量图如图 3-8 所示。作相量图时，先画出以 $\dot{U}_A$ 为参考相量的电源相电压 $\dot{U}_A$、$\dot{U}_B$、$\dot{U}_C$ 的相量；而后逐相按照式(3-9)画出各相电流 $\dot{I}_A$、$\dot{I}_B$、$\dot{I}_C$ 的相量。

对称三相电路中性线中既然没有电流通过，则可将中性线去掉，因此如图 3-6所示的电路就变为如图 3-9 所示的电路，这就是三相三线制电路。需要指出的是，只有对称电路可以去除中性线。

综上所述，在星形联结的对称三相电路中：

(1) 由于三相电动势和负载的对称性，各相电压和电流也都是对称的。因此，只要某一相电压、电流求得，其他两相就可以根据对称关系直接写出。

(2) 有中性线时，各相电流仅由各相电压和各相阻抗决定。各相的计算具有独立性。也就是说，三相对称电路的计算可以归结为一相来计算。

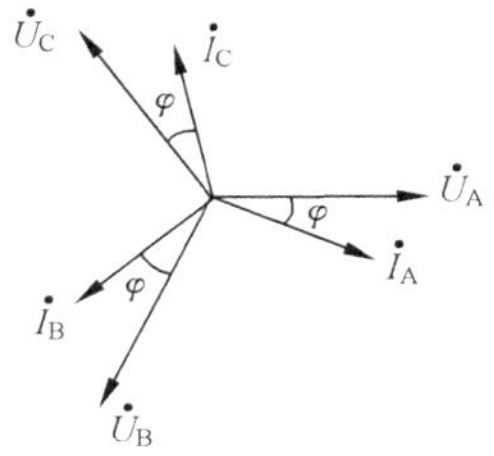

图 3-8　对称负载星形联结时电压和电流的相量图

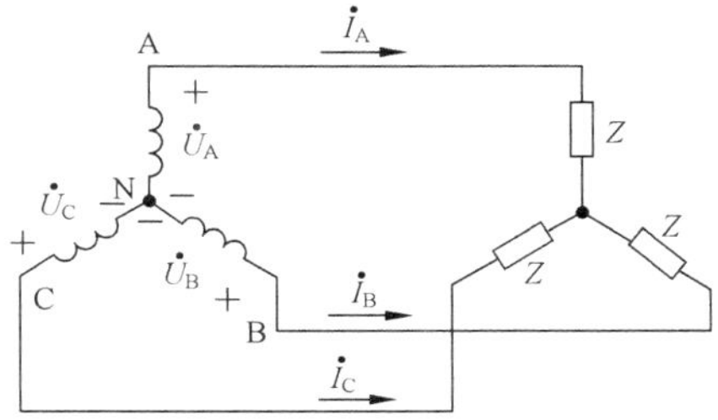

图 3-9　负载星形联结无中性线

例 3-1　有一星形联结的三相负载，每相的电阻 $R=6\ \Omega$，感抗 $X_L=8\ \Omega$。电源电压对称，设 $u_{AB}=380\sqrt{2}\sin(\omega t+30°)\text{V}$，试求各相电流相量。

解　因为负载对称，只需计算一相即可，现以 A 相为例。

由已知 u_{AB} 瞬时值表达式可写出其相量为

$$\dot{U}_{AB}=380\underline{/30°}\ \text{V}$$

则相电压有效值为

$$U_A=\frac{U_{AB}}{\sqrt{3}}=\frac{380}{\sqrt{3}}=220\ \text{V}$$

因 u_A 滞后于 u_{AB} 30°，则

$$\dot{U}_A=220\underline{/0°}\ \text{V}$$

A 相电流有效值为

$$I_A=\frac{U_A}{|Z_A|}=\frac{220}{\sqrt{6^2+8^2}}\text{A}=22\ \text{A}$$

i_A 滞后于 u_A φ 角，即

$$\varphi=\arctan\frac{X_L}{R}=\arctan\frac{8}{6}=53°$$

所以

$$\dot{I}_A=22\underline{/-53°}\ \text{A}$$

因为电流对称，其他两相的电流为

$$\dot{I}_B=\dot{I}_A\underline{/-120°}=22\underline{/-173°}\ \text{A}$$

$$\dot{I}_C=\dot{I}_A\underline{/120°}=22\underline{/67°}\ \text{A}$$

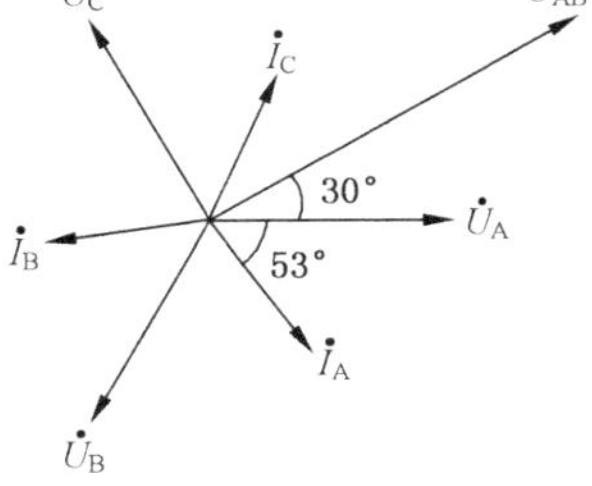

图 3-10　例 3-1 图

电压与电流的相量图如图 3-10 所示。

3.3.2 负载三角形联结的三相电路

负载三角形(△)联结的三相电路如图 3-11 所示(三相三线)。每相负载的阻抗分别为 Z_{AB}、Z_{BC}、Z_{CA}。电压和电流的参考方向均已在图中标出。

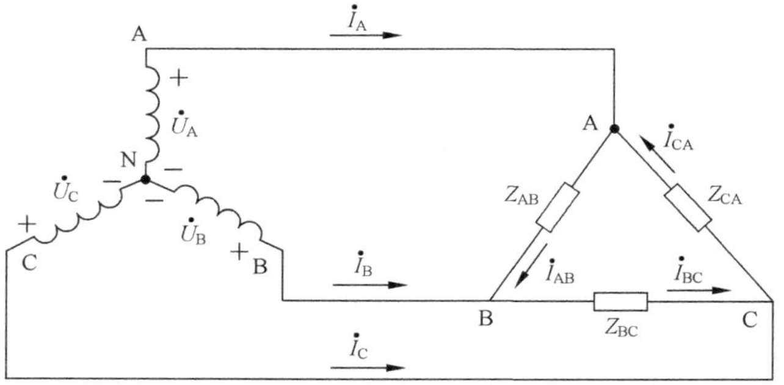

图 3-11　三相负载三角形联结

因为各相负载都直接接在电源的两条相线之间,所以负载的相电压与电源的线电压相等。

因此,不论负载对称与否,其相电压总是对称的。

设线电压 $\dot{U}_{AB}$ 为参考正弦量,则电源线电压分别为:

$$\left.\begin{aligned}\dot{U}_{AB}&=U_L\angle 0^\circ\\ \dot{U}_{BC}&=U_L\angle -120^\circ\\ \dot{U}_{CA}&=U_L\angle 120^\circ\end{aligned}\right\}\tag{3-13}$$

由图 3-11 可知,当负载三角形联结时,相电流和线电流不再相等。各相负载的相电流分别为

$$\left.\begin{aligned}\dot{I}_{AB}&=\frac{\dot{U}_{AB}}{Z_{AB}}=\frac{U_L\angle 0^\circ}{|Z_{AB}|\angle\varphi_{AB}}=\frac{U_L}{|Z_{AB}|}\angle -\varphi_{AB}\\ \dot{I}_{BC}&=\frac{\dot{U}_{BC}}{Z_{BC}}=\frac{U_L\angle -120^\circ}{|Z_{BC}|\angle\varphi_{BC}}=\frac{U_L}{|Z_{BC}|}\angle -\varphi_{BC}-120^\circ\\ \dot{I}_{CA}&=\frac{\dot{U}_{CA}}{Z_{CA}}=\frac{U_L\angle 120^\circ}{|Z_{CA}|\angle\varphi_{CA}}=\frac{U_L}{|Z_{CA}|}\angle -\varphi_{CA}+120^\circ\end{aligned}\right\}\tag{3-14}$$

当负载对称时,即

$$|Z_{AB}|=|Z_{BC}|=|Z_{CA}|=|Z| \text{ 和 } \varphi_{AB}=\varphi_{BC}=\varphi_{CA}=\varphi$$

根据式(3-14)可知,负载的各相电流是对称的。可见,只要求出其中一相电流,其余两相可以根据对称关系直接写出。

根据图 3-11，负载的线电流可应用基尔霍夫电流定律列出下列各式进行计算

$$\left.\begin{aligned}\dot{I}_A&=\dot{I}_{AB}-\dot{I}_{CA}\\ \dot{I}_B&=\dot{I}_{BC}-\dot{I}_{AB}\\ \dot{I}_C&=\dot{I}_{CA}-\dot{I}_{BC}\end{aligned}\right\} \tag{3-15}$$

负载对称时线电流和相电流的关系可由相量图得出，如图 3-12 所示。显然，线电流也是对称的，在相位上比相应相的相电流滞后 30°，大小是相电流的$\sqrt{3}$倍，即

$$\left.\begin{aligned}\dot{I}_A&=\sqrt{3}\dot{I}_{AB}\angle{-30^\circ}\\ \dot{I}_B&=\sqrt{3}\dot{I}_{BC}\angle{-30^\circ}\\ \dot{I}_C&=\sqrt{3}\dot{I}_{CA}\angle{-30^\circ}\end{aligned}\right\} \tag{3-16}$$

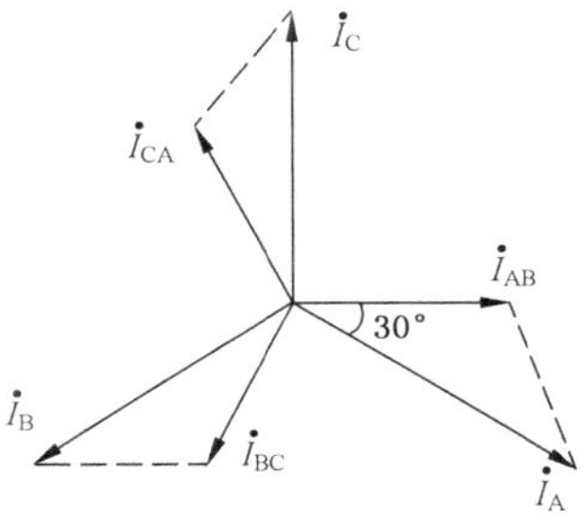

图 3-12　对称负载三角形联结时电流的相量图

线电流和相电流的关系统一表示为

$$\dot{I}_L=\sqrt{3}\dot{I}_P\angle{-30^\circ} \tag{3-17}$$

三相电动机的绕组可以连接成星形，也可以接成三角形，而照明负载一般都连接成星形(具有中性线)。

例 3-2　在如图 3-11 所示的电路中，设三相对称电源线电压为 380 V，三角形联结的对称负载每相阻抗 $Z=4+\mathrm{j}3\ \Omega$，试求各相电流与线电流相量，并作相量图。

解　设 $\dot{U}_{AB}=380\angle{0^\circ}$ V，则

$$\dot{I}_{AB}=\frac{\dot{U}_{AB}}{Z}=\frac{380\angle{0^\circ}}{4+\mathrm{j}3}\mathrm{A}=\frac{380\angle{0^\circ}}{5\angle{36.9^\circ}}\mathrm{A}=76\angle{-36.9^\circ}\,\mathrm{A}$$

根据对称性可直接写出其余两相电流

$$\dot{I}_{BC}=\dot{I}_{AB}\angle{-120^\circ}=76\angle{-156.9^\circ}\,\mathrm{A}$$

$$\dot{I}_{CA}=\dot{I}_{AB}\angle{120^\circ}=76\angle{83.1^\circ}\,\mathrm{A}$$

各线电流为

$$\dot{I}_A=\sqrt{3}\dot{I}_{AB}\angle{-30^\circ}=\sqrt{3}\times76\angle{-66.9^\circ}\,\mathrm{A}=131.6\angle{-66.9^\circ}\,\mathrm{A}$$

$$\dot{I}_B=\dot{I}_A\angle{-120^\circ}=131.6\angle{-186.9^\circ}\,\mathrm{A}$$

$$\dot{I}_C=\dot{I}_A\angle{120^\circ}=131.6\angle{53.1^\circ}\,\mathrm{A}$$

电流与电压的相量图如图 3-13 所示。

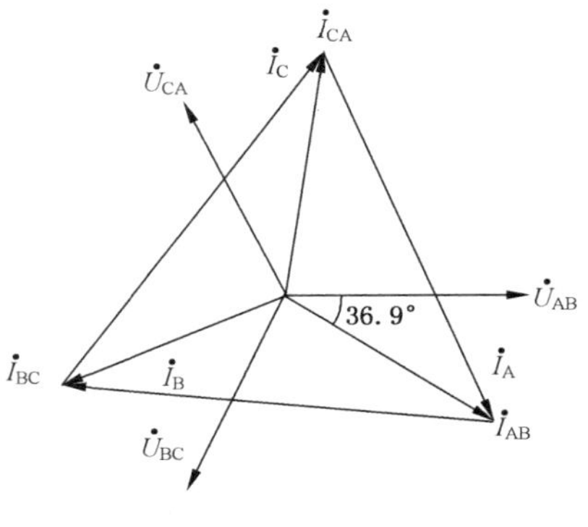

图 3-13　例 3-2 的相量图

3.3.3　不对称三相电路计算

在三相电路中，当各相负载阻抗不相等时，电路中的各相电流是不对称的，这种电路称为不对称三相电路。实际上三相负载的不对称是经常的。例如各相负载（如照明、电炉、单相电动机等）分配不均匀，电力系统发生故障（短路或断路等）都将出现不对称情况。通常三相电源的不对称程度很小，可近似地当作对称来处理。所以在工程实际中，要解决的是三相电源对称而负载不对称的三相电路计算问题。

不对称三相电路中的三相电流是不对称的，对于三相四线制电路，忽略各线上阻抗时，仍可归为一相计算。下面通过例题来说明三相负载不对称电路的分析计算。

例 3-3　电路如图 3-14 所示，若不对称 Y 形负载接于对称三相电源上，电源相电压为 220 V，A 相接一只 220 V、100 W 灯泡，B 相、C 相各接入一只 220 V、200 W 灯泡，中性线阻抗不计，求各相电流和中性线电流。

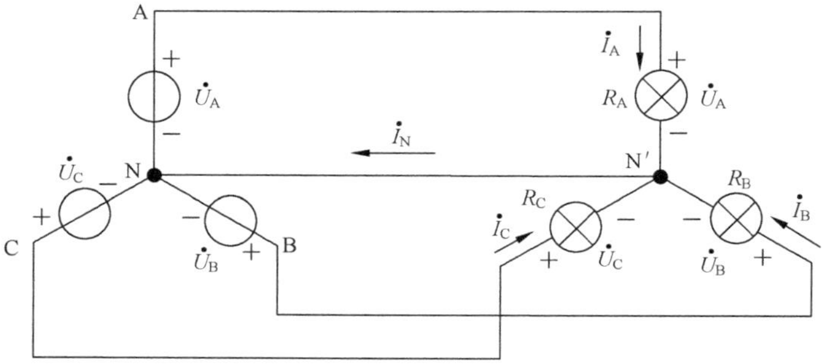

图 3-14　例 3-3 图

解　因中性线阻抗不计，所以 $\dot{U}_{N'N}=0$。各相电压对称，如图 3-7 所示，三相可以分别计算。

根据已知参数，三只灯泡的电阻分别为 $R_A=484\ \Omega$、$R_B=242\ \Omega$、$R_C=242\ \Omega$。

$$\dot{I}_A=\frac{\dot{U}_A}{R_A}=\frac{220\angle 0^\circ}{484}\text{A}=0.455\angle 0^\circ\ \text{A}$$

$$\dot{I}_B=\frac{\dot{U}_B}{R_B}=\frac{220\angle-120^\circ}{242}\text{A}=0.909\angle-120^\circ\ \text{A}$$

$$\dot{I}_C=\frac{\dot{U}_C}{R_C}=\frac{220\angle120^\circ}{242}\text{A}=0.909\angle120^\circ\ \text{A}$$

根据 KCL，中性线电流为

$$\begin{aligned}\dot{I}_N&=\dot{I}_A+\dot{I}_B+\dot{I}_C\\&=[0.455+(-0.455-\text{j}0.455\sqrt{3})+(-0.455+\text{j}0.455\sqrt{3})]\text{A}\\&=-0.455\ \text{A}=0.455\angle180^\circ\ \text{A}\end{aligned}$$

由此可知，即使三相负载不对称，由于有中性线，且中性线阻抗很小，各相负载两端电压仍然对称，但中性线电流不为零。

例 3-4　在例 3-3 中，(1) A 相短路时，(2) A 相短路而中性线又断开时(见图 3-15)，试求各相负载上的电压。

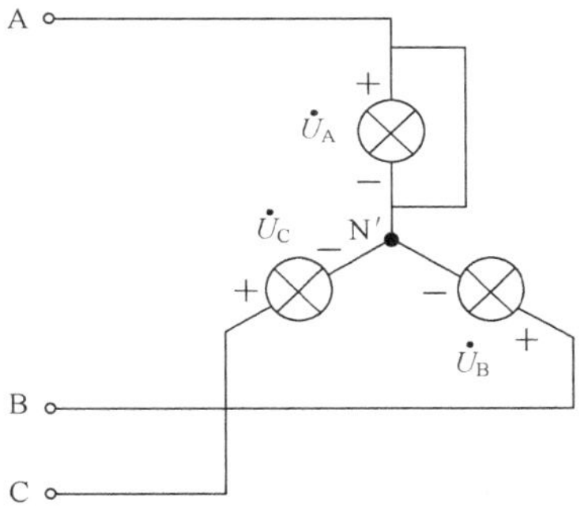

图 3-15　例 3-4 图

解　(1) A 相短路时，短路电流很大，将 A 相中的熔断器熔断，而 B 相和 C 相未受影响，其相电压仍为 220 V。

(2) A 相短路而中性线又断开时，负载中性点 N′即与 A 相相线相连，因此各相负载电压为

$$\dot{U}_A=0\qquad U_A=0\ \text{V}$$

$$\dot{U}_B=\dot{U}_{BA}\qquad U_B=380\ \text{V}$$

$$\dot{U}_C=\dot{U}_{CA}\qquad U_C=380\ \text{V}$$

在这种情况下，B 相与 C 相的电灯上所加的电压为线电压 380 V，超过电灯的额定电压(220 V)而烧损，这是不允许的。

例 3-5　在例 3-3 中，(1) A 相断开时，(2) A 相断开而中性线也断开时(见图 3-16)，试求各相负载上的电压。

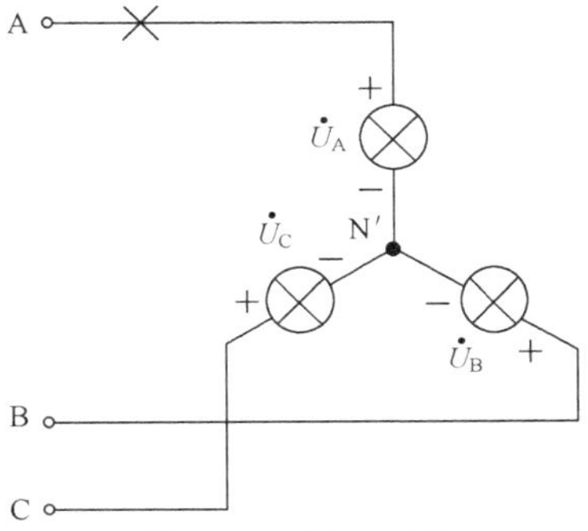

图 3-16　例 3-5 图

解　(1) A 相断开时，B 相和 C 相未受影响。

(2) A 相断开而中性线也断开时，电路已成为单相电路，即 B 相电灯和 C 相电灯串联，其端电压为电源线电压 380 V。根据

例 3-3 中的参数，可计算 $U_B = U_C = 190$ V，低于 220 V 额定电压。

当两相电灯电阻不相等时，两相电压如何分配，取决于两相电灯的电阻。若 B 相的电阻比 C 相的电阻小，则其相电压低于负载额定电压，而 C 相电压可能高于负载的额定电压。这都是不允许的。

例 3-6 如图 3-17 所示三相三线制电路，三相电源对称，不对称负载为星形联结，无中性线。已知：相电压 $\dot{U}_A = 220\angle 0^\circ$ V，电灯泡额定电压为 220 V，等效阻抗分别为 $Z_A = 10\ \Omega$、$Z_B = 12\ \Omega$、$Z_C = 15\ \Omega$。求中性点间电压 $\dot{U}_{N'N}$，并求各相负载电压和电流。

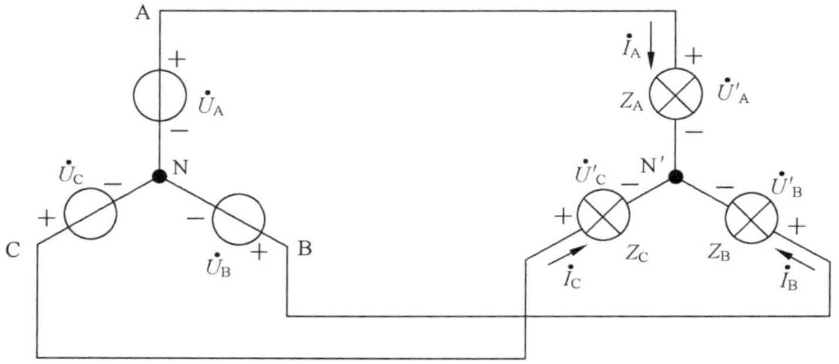

图 3-17 例 3-6 图

解 当不对称的负载为星形联结且无中性线时，可先用节点电压法求得负载中性点 N′和电源中性点 N 间的电压 $\dot{U}_{N'N}$，再求各相负载电压。

$$\dot{U}_{N'N} = \frac{\dfrac{\dot{U}_A}{Z_A} + \dfrac{\dot{U}_B}{Z_B} + \dfrac{\dot{U}_C}{Z_C}}{\dfrac{1}{Z_A} + \dfrac{1}{Z_B} + \dfrac{1}{Z_C}} = \frac{\dfrac{220\angle 0^\circ}{10} + \dfrac{220\angle -120^\circ}{12} + \dfrac{220\angle 120^\circ}{15}}{\dfrac{1}{10} + \dfrac{1}{12} + \dfrac{1}{15}}\ \text{V}$$

$$= \frac{380}{15}\angle -30^\circ\ \text{V} = 25.33\angle -30^\circ\ \text{V}$$

根据 KVL，各相负载相电压为

$$\dot{U}'_A = \dot{U}_A - \dot{U}_{N'N} = (220\angle 0^\circ - 25.33\angle -30^\circ)\ \text{V} = 198.43\angle 3.66^\circ\ \text{V}$$

$$\dot{U}'_B = \dot{U}_B - \dot{U}_{N'N} = (220\angle -120^\circ - 25.33\angle -30^\circ)\ \text{V} = 221.46\angle -126.58^\circ\ \text{V}$$

$$\dot{U}'_C = \dot{U}_C - \dot{U}_{N'N} = (220\angle 120^\circ - 25.33\angle -30^\circ)\ \text{V} = 242.28\angle 123^\circ\ \text{V}$$

各相负载电流为

$$\dot{I}_A = \frac{\dot{U}'_A}{Z_A} = \frac{198.43\angle 3.66^\circ}{10}\ \text{A} = 19.843\angle 3.66^\circ\ \text{A}$$

$$\dot{I}_B=\frac{\dot{U}'_B}{Z_B}=\frac{221.46\angle -126.58^\circ}{12}\text{A}=18.455\angle -126.58^\circ\text{A}$$

$$\dot{I}_C=\frac{\dot{U}'_C}{Z_C}=\frac{242.28\angle 123^\circ}{15}\text{A}=16.152\angle 123^\circ\text{A}$$

由此可知，由于三相负载不对称，$\dot{U}_{N'N}\neq 0$，三相负载的相电压 $\dot{U}'_A$、$\dot{U}'_B$、$\dot{U}'_C$ 不对称。若负载承受的电压偏离其额定电压太多，便不能正常工作，甚至造成损坏。

由以上分析可知，中性线可使星形联结的负载相电压对称。在低压电网中，三相负载一般不可能完全对称，所以均采用三相四线制（中性线阻抗 $Z_N\approx 0$，则 $\dot{U}_{N'N}\approx 0$）。这可使电路在不对称的情况下，各相负载的工作互不影响，保持独立性。

在工程上，中性线上不允许装设开关和熔断器，以避免前述无中性线三相不对称情况发生，引起事故。

［思考题］

1. 三相三线制电路中，$\dot{I}_A+\dot{I}_B+\dot{I}_C=0$ 总是成立，三相四线制电路中此等式也总是成立的吗？

2. 为什么中性线上不接开关，也不接入熔断器？

3.4 三相电路的功率

1. 有功功率 P

不论负载是星形联结还是三角形联结，根据能量平衡关系，三相负载所吸收的有功功率与三相电源所提供的有功功率相等，并等于各相有功功率之和，即

$$P=P_A+P_B+P_C=U_AI_A\cos\varphi_A+U_BI_B\cos\varphi_B+U_CI_C\cos\varphi_C \tag{3-18}$$

当负载对称时，每相的有功功率是相等的。在对称三相电路中，设

$$P_A=P_B=P_C=P_P$$

因此三相总功率为

$$P=3P_P=3U_PI_P\cos\varphi \tag{3-19}$$

式中，φ 角是负载相电压 $\dot{U}_P$ 与相电流 $\dot{I}_P$ 之间的相位差。

当对称负载是星形联结时，有

$$U_L=\sqrt{3}U_P,\ I_L=I_P$$

当对称负载是三角形联结时，有

$$U_L=U_P,\ I_L=\sqrt{3}I_P$$

可见，若用线电压和线电流计算，则得

$$P=\sqrt{3}U_{L}I_{L}\cos\varphi \tag{3-20}$$

应注意，式(3-20)中的 φ 角仍为负载相电压与相电流之间的相位差。

2. 无功功率 Q

三相电路的无功功率亦等于各相无功功率之和，即

$$Q=Q_{A}+Q_{B}+Q_{C}=U_{A}I_{A}\sin\varphi_{A}+U_{B}I_{B}\sin\varphi_{B}+U_{C}I_{C}\sin\varphi_{C} \tag{3-21}$$

在对称三相电路中，由于 $Q_{A}=Q_{B}=Q_{C}$，所以

$$Q=3U_{P}I_{P}\sin\varphi=\sqrt{3}U_{L}I_{L}\sin\varphi \tag{3-22}$$

3. 视在功率 S

三相电路视在功率

$$S=\sqrt{P^{2}+Q^{2}} \tag{3-23}$$

在对称三相电路中

$$S=3U_{P}I_{P}=\sqrt{3}U_{L}I_{L} \tag{3-24}$$

例 3-7 对称三相电源线电压 380 V，Y 形对称负载每相阻抗 $Z=(12+\mathrm{j}16)\Omega$，(1) 试求各相电流和线电流。(2) 如将负载改为△形对称接法，求各相电流和线电流。分别计算 Y 形、△形接法时的三相总有功功率。

解 (1) 由 Y 形接法可知，相电压为线电压的 $1/\sqrt{3}$。

$$U_{P}=\frac{1}{\sqrt{3}}\times 380\ \mathrm{V}=220\ \mathrm{V}$$

设 $\dot{U}_{A}=220\angle 0^{\circ}\mathrm{V}$

则对应的线电压为

$$\dot{U}_{AB}=380\angle 30^{\circ}\mathrm{V}$$

各相电流为

$$\dot{I}_{A}=\frac{\dot{U}_{A}}{Z}=\frac{220\angle 0^{\circ}}{12+\mathrm{j}16}\mathrm{A}=\frac{220\angle 0^{\circ}}{20\angle 53^{\circ}}\mathrm{A}=11\angle -53^{\circ}\mathrm{A}$$

根据对称关系可得

$$\dot{I}_{B}=11\angle -173^{\circ}\ \mathrm{A}$$

$$\dot{I}_{C}=11\angle 67^{\circ}\ \mathrm{A}$$

Y 形接法中，线电流等于相电流，三相功率为

$$P=\sqrt{3}U_{L}I_{L}\cos\varphi=(\sqrt{3}\times 380\times 11\times\cos 53^{\circ})\mathrm{W}=4.357\mathrm{kW}$$

(2) △形接法时，相电流为

$$\dot{I}_{AB}=\frac{\dot{U}_{AB}}{Z}=\frac{380\angle 30^\circ}{12+j16}A=\frac{380\angle 30^\circ}{20\angle 53^\circ}A=19\angle -23^\circ A$$

同理

$$\dot{I}_{BC}=19\angle -143^\circ\ A$$

$$\dot{I}_{CA}=19\angle 97^\circ\ A$$

线电流为

$$\dot{I}_A=\sqrt{3}\,\dot{I}_{AB}\angle -30^\circ=32.9\angle -53^\circ A$$

同理

$$\dot{I}_B=32.9\angle -173^\circ\ A$$

$$\dot{I}_C=32.9\angle 67^\circ\ A$$

△形接法中，线电压等于相电压，三相功率为

$$P=\sqrt{3}U_L I_L\cos\varphi=(\sqrt{3}\times 380\times 32.9\times\cos 53^\circ)W=13.03\ kW$$

由以上分析可知，将负载由 Y 形改成△形接法时，相电流增为$\sqrt{3}$倍，线电流增为 3 倍，功率增为 3 倍。

例 3-8　有一台三相电阻加热炉，功率因数等于 1，星形联结，另有一台三相交流电动机，功率因数等于 0.8，三角形联结，共同由线电压为 380 V 的三相电源供电，它们消耗的有功功率分别为 75 kW 和 36 kW，电路如图 3-18 所示。求电源线电流有效值。

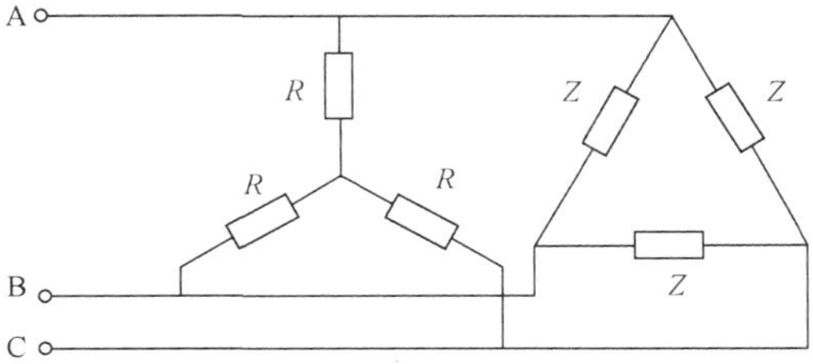

图 3-18　例 3-8 图

解　电热炉功率因数 $\cos\varphi_1=1$，$\varphi_1=0^\circ$，故无功功率 $Q_1=0$ kvar。

电动机功率因数 $\cos\varphi_2=0.8$，$\varphi_2=36.9^\circ$，故无功功率

$$Q_2=P_2\tan\varphi_2=(36\times\tan 36.9^\circ)kvar=27\ kvar$$

电源输出总有功功率、无功功率和视在功率为

$$P=P_1+P_2=(75+36)kW=111\ kW$$

$$Q=Q_1+Q_2=(0+27)kvar=27\ kvar$$

$$S=\sqrt{P^2+Q^2}=(\sqrt{111^2+27^2})kVA=114kVA$$

电源线电流有效值为

$$I_L=\frac{S}{\sqrt{3}U_L}=\frac{114\times10^3}{1.73\times380}\text{A}=173\ \text{A}$$

[思考题]

对称三相电路的功率计算公式中的 φ 是由什么决定的?

*3.5 安全用电

电能的广泛使用给人们的生产和生活带来了极大的方便。只有懂得安全用电常识,才能做到安全、合理用电,避免触电事故及火灾的发生,保障人身和设备的安全。

1. 电流对人体的作用

若不慎触及带电体,产生触电事故,会使人体受到各种不同的伤害。根据伤害性质可分为电击和电伤两种。

电击是指电流通过人体,使内部器官组织受到损伤。如果受害者不能迅速摆脱带电体,则最后会造成死亡事故。

电伤是指在电弧作用下或熔断丝熔断时,对人体外部的伤害,如烧伤、金属溅伤等。

根据大量触电事故资料的分析和实验证实,电击所引起的伤害程度与下列各种因素有关:

(1) 人体电阻的大小

人体的电阻愈大,通入的电流愈小,伤害程度也就愈轻。根据研究结果,当皮肤有完好的角质外层并且很干燥时,人体电阻大约为 $10^4\sim10^5$ Ω,当角质外层被破坏时,则降到 800～1 000 Ω。

(2) 电流通过时间的长短

电流通过人体的时间愈长,则伤害愈严重。

(3) 电流的大小

通过人体的电流在 0.05 A 以上时,人就有生命危险。一般来说,接触 36 V 以下的电压时,通过人体的电流不超过 0.05 A,故将 36 V 电压作为安全电压。如果在潮湿的场所,安全电压还要规定得低一些,通常是 24 V 和 12 V。

此外,电击后的伤害程度还与电流通过人体的路径以及与带电体接触的面积和压力等有关。

2. 触电方式

(1) 接触正常带电体

1) 电源中性点接地的单相触电,如图 3-19 所示。这时人体处于相电压之下，危险性较大。如果人体与地面的绝缘较好，危险性可以大大减小。

2）电源中性点不接地的单相触电，如图 3-20 所示。这种触电也有危险。乍看起来，似乎电源中性点不接地时，不能构成电流通过人体的回路。其实不然，要考虑到导线与地面间的绝缘可能不良（对地绝缘电阻为 R'），甚至有一相接地，在这种情况下人体中就有电流通过。在交流的情况下，导线与地面间存在的电容也可构成电流的通路。

3）两相触电最为危险，因为人体处于线电压之下，但这种情况不常见。

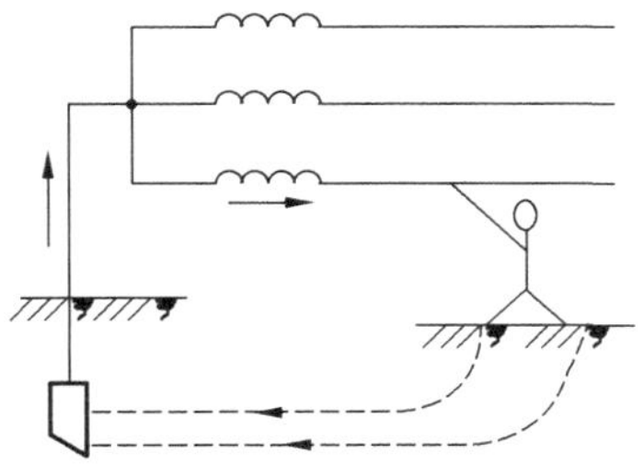

图 3-19　电源中性点接地的单相触电

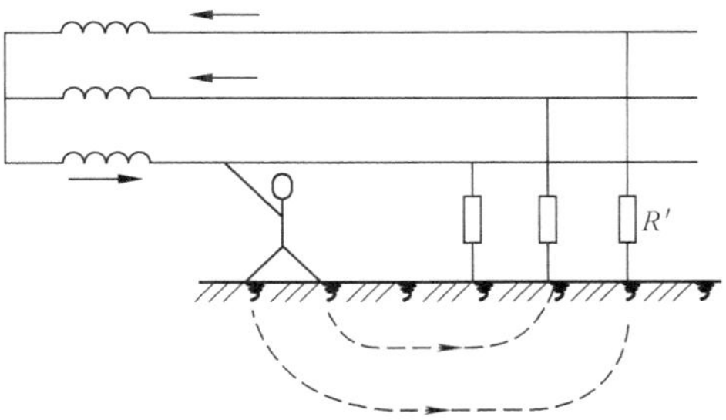

图 3-20　电源中性点不接地的单相触电

（2）接触正常不带电的金属体

触电的另一种情形是接触正常不带电的部分。譬如，电机的外壳本来是不带电的，由于绕组绝缘损坏而与外壳相接触，使它也带电。人手触及带电的电机（或其他电气设备）外壳，相当于单相触电。大多数触电事故属于这一种。为了防止这种触电事故，对电气设备常采用保护接地和保护接零（接中性线）的保护装置。

3. 接地和接零

为了人身安全和电力系统工作的需要，要求电气设备采取接地措施。按接地目的的不同，主要可分为工作接地、保护接地和保护接零三种。

（1）工作接地

电力系统由于运行和安全的需要，常将中性点接地（见图 3-21），这种接地方式称为工作接地。工作接地有下列目的：

1）降低触电电压。在中性点不接地的系统中，当一相接地而人体触及另外两相之一时，触电电压将为相电压的$\sqrt{3}$倍，即为线电压。而在中性点接地的系统中，在上述情况下，触电电压就降低到等于或接近相电压。

2）迅速切断故障设备。在中性点不接地的系统中，当一相接地时，接地电流很小（因为导线和地面间存在电容和绝缘电阻，也可构成电流的通路），不足以使保护装置动作而切断电源，接地故障不易被发现，将长时间持续下去，对人身不安全。而在中性点接地的系统中，一相接地后的接地电流较大（接近单相短路），保护装置迅速动作，断开故障点。

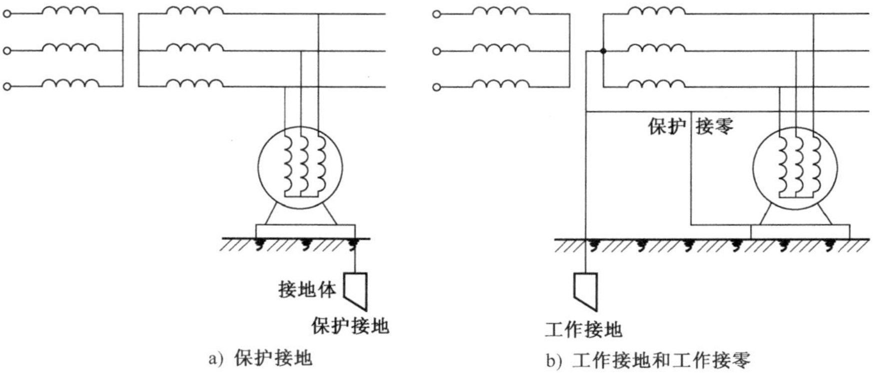

图 3-21 工作接地、保护接地和保护接零

3）降低电气设备对地的绝缘水平。在中性点不接地的系统中，一相接地时将使另外两相的对地电压升高到线电压。而在中性点接地的系统中，则接近于相电压，故可降低电气设备和输电线的绝缘水平，节省投资。

但是，中性点不接地也有好处。第一，一相接地往往是瞬时的，能自动消除，在中性点不接地的系统中，就不会跳闸而发生停电事故；第二，一相接地故障可以允许短时存在，这样，以便寻找故障和修复。

（2）保护接地

保护接地就是将电气设备的金属外壳（正常情况下是不带电的）接地，宜用于中性点不接地的低压系统中。

如图 3-22a 所示的是电动机的保护接地，可分两种情况来分析：

1）当电动机某一相绕组的绝缘损坏使外壳带电而外壳未接地的情况下，人体触及外壳，相当于单相触电。这时接地电流 I_e（经过故障点流入地中的电流）的大小决定于人体电阻 R_b 和绝缘电阻 R'，当系统的绝缘性能下降时，就有触电的危险。

2）当电动机某一相绕组的绝缘损坏使外壳带电而外壳接地的情况下，人体触及外壳时，由于人体的电阻 R_b 与接地电阻 R_0 并联，而通常 $R_b \gg R_0$，所以通过人体的电流很小，不会有危险。这就是保护接地保证人身安全的作用。

（3）保护接零

保护接零就是将电气设备的金属外壳接到零线（或称中性线）上，宜用于中性点接地的低压系统中。

如图 3-22b 所示的是电动机的保护接零。当电动机某一相绕组的绝缘损坏而与外壳相接时，就形成单相短路，迅速将这一相中的熔丝熔断，因而外壳便不再带电。即使在熔丝熔断前人体触及外壳时，也由于人体电阻远大于线路电阻，通过人体的电流也是极为微小的。

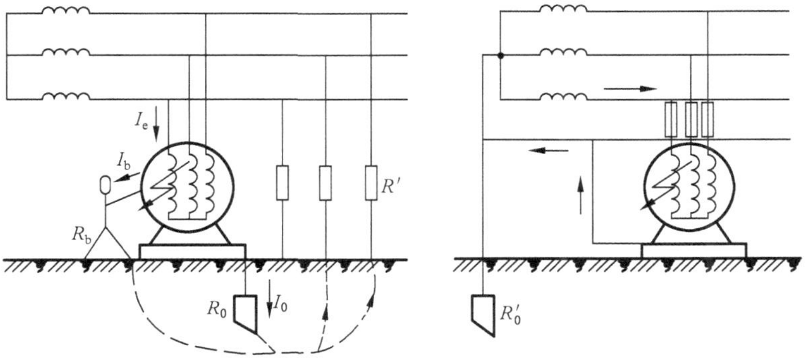

a) 保护接地　　b) 保护接零

图 3-22　电动机的保护

为什么在中性点接地的系统中不采用保护接地呢？因为采用保护接地时，当电气设备的绝缘损坏时，接地电流

$$I_e=\frac{U_p}{R_0+R'_0}$$

式中，U_p 为系统的相电压；R_0 和 R'_0 分别为保护接地和工作接地的接地电阻。如果系统电压为 380/220V，$R_0=R'_0=4\Omega$，则接地电流

$$I_e=\frac{220}{4+4}\text{A}=27.5\ \text{A}$$

为了保护装置能可靠地动作，接地电流不应小于继电保护装置动作电流的 1.5 倍或熔丝额定电流的 3 倍。因此 27.5A 的接地电流只能保证断开动作电流不超过 27.5/1.5A=18.3A 的继电保护装置或额定电流不超过 27.5/3A=9.2A 的熔丝。如果电气设备容量较大，就得不到保护，接地电流长期存在，外壳也将长期带电，其对地电压为

$$U_e=\frac{U_p}{R_0+R'_0}R_0$$

如果 $U_P=220\ \text{V}$，$R_0=R'_0=4\ \Omega$，则 $U_e=110\ \text{V}$。此电压对人体是不安全的。

(4) 保护接零与重复接地

在中性点接地系统中，除采用保护接零外，还要采用重复接地，就是将零线相隔一定距离，多处进行接地，如图 3-23 所示。这样，在图中当零线在×处断开而电动机一相碰壳时：

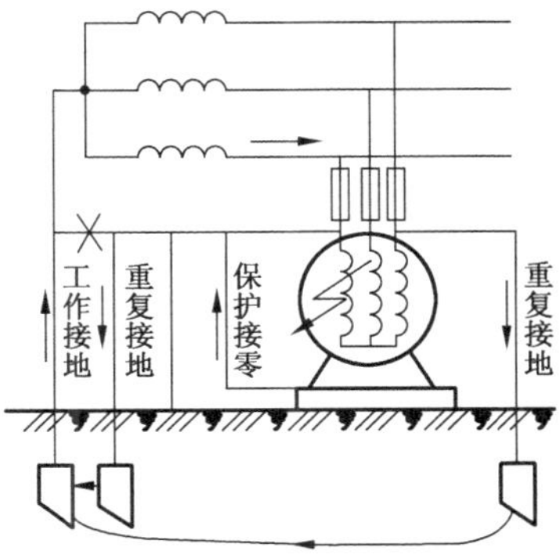

图 3-23　工作接地、保护接地和重复接地

1）如无重复接地，人体触及外壳，相当于单相触电，是有危险的（见图 3-21）。

2）如有重复接地，多处重复接地的接地电阻并联，使外壳对地电压大大降低，减小了危险程度。

为了确保安全，零干线必须连接牢固，开关和熔断器不允许装在零干线上。但引入住宅和办公场所的一根相线和一根零线上一般都装有双极开关，并都装有熔断器，以增加短路时熔断的机会。

（5）工作零线与保护接零

在三相四线制系统中，由于负载往往不对称，零线中有电流，因而零线对地电压不为零，距电源越远，电压越高，但一般在安全值以下，无危险性。为了确保设备外壳对地电压为零，专设保护零线，如图 3-24 所示。工作零线在进建筑物入口处要接地，进户后再另设一保护零线。这样就成为三相五线制。所有的接零设备都要通过三孔插座接到保护零线上。在正常工作时，工作零线中有电流，保护零线中不应有电流。

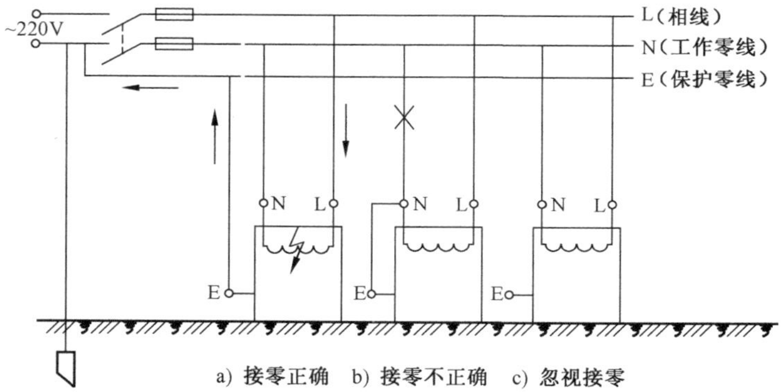

a）接零正确　b）接零不正确　c）忽视接零

图 3-24　工作零线与保护零线

图 3-24a 是正确连接。当绝缘损坏、外壳带电时，短路电流经过保护零线，将熔断器熔断，切断电源，消除触电事故。图 3-24b 的连接是不正确的，因为如果在×处断开，绝缘损坏后外壳便带电，将会发生触电事故。有的用户在使用日常电器（如手电钻、电冰箱、洗衣机、台式电扇等）时，忽视外壳的接零保护，插上单相电源就用，如图 3-24c 所示，这是十分不安全的。一旦绝缘损坏，外壳也就带电。

［思考题］

1. 有些家用电器用的是单相交流电，为什么电源插座是三孔的？试画出正确使用的电路图。

2. 为什么电灯开关一定要接在相线（火线）上而不接在中性线上？

习 题

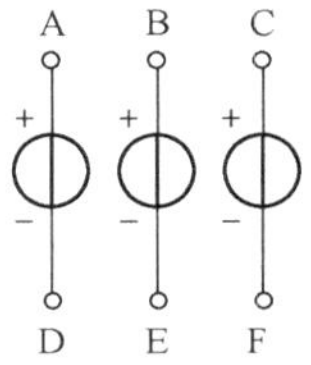

图 3-25 题 3-1 图

3-1 设三个理想电源如图 3-25 所示，它们的电压相量为 $\dot{U}_{AD}=U_m\angle 0°$，$\dot{U}_{BE}=U_m\angle 60°$，$\dot{U}_{CF}=U_m\angle -60°$，问这些电源如何连接以组成星形联结对称三相电源。

3-2 已知对称三相电源中，A 相电压的瞬时值时 $u_A=311\sin(314t+30°)$V，试写出其他各相电压的瞬时值表达式、相量表达式，并绘出相量图。

3-3 有一三相对称负载，其每相的电阻 $R=8\ \Omega$，感抗 $X_L=6\ \Omega$。如果将负载连成星形接于线电压 $U_L=380$V 的三相电源上，试求相电压、相电流及线电流相量。

3-4 已知星形联结的对称三相负载每相复阻抗为 $40\angle 25°\Omega$，对称三相电源的线电压为 380 V。求负载相电压，并画出电压、电流的相量图。若在此负载情况下，装有中性线，中性线的复阻抗为 $Z_N=(6+\mathrm{j}8)\ \Omega$，求此时的负载相电流又是多少？

3-5 某对称三相电路，负载作三角形联结，每相负载阻抗为 $9\angle 30°\Omega$，若将其接到线电压为 127 V 的三相电源上，求各负载相电流及线电流相量。

3-6 某住宅楼有 30 户居民，设计每户最大用电功率 2.4 kW，功率因数0.8，额定电压 220 V，采用三相电源供电，线电压 $U_L=380$ V。试将用户均匀分配组成对称三相负载，画出供电线路；计算线路总电流，每相负载阻抗、电阻及电抗，以及三相电源容量(视在功率)。

3-7 如图 3-26 所示的是三相四线制电路，电源线电压 $U_L=380$ V。三个电阻性负载连成星形，其电阻为 $R_A=11\Omega$，$R_B=R_C=22\ \Omega$。(1) 试求负载相电压、相电流及中性线电流，并作出它们的相量图；(2) 如无中性线，求负载相电压及中性点电压；(3) 如无中性线，当 A 相短路时求各相电压和电流，并作出它们的相量图；(4) 如无中性线，当 C 相断路时求另外两相的电压和电流；(5) 在(3)、(4)中如有中性线，则又如何？

3-8 在如图 3-27 所示电路中，$R_1=3.9\ \mathrm{k}\Omega$，$R_2=5.5\ \mathrm{k}\Omega$，$C_1=0.47\ \mu\mathrm{F}$，$C_2=1\ \mu\mathrm{F}$，电源对称，$\dot{U}_{AB}=380\angle 0°$V，$f=50$ Hz。试求电压 $\dot{U}_o$。

3-9 在线电压为 380 V 的三相电源上，接两组电阻性对称负载，如图 3-28 所示，试求线路电流 $\dot{I}$ 。

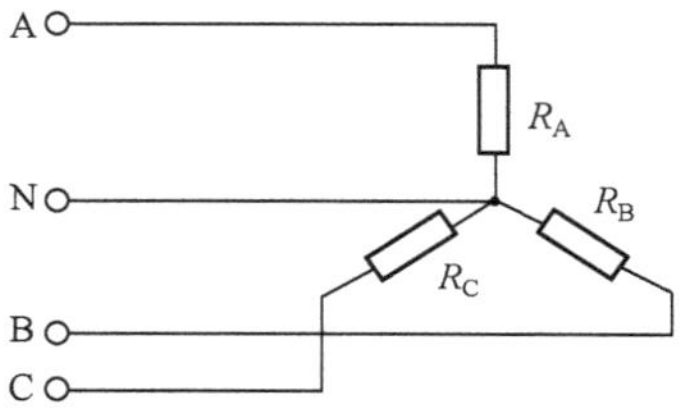

图 3-26　题 3-7 图

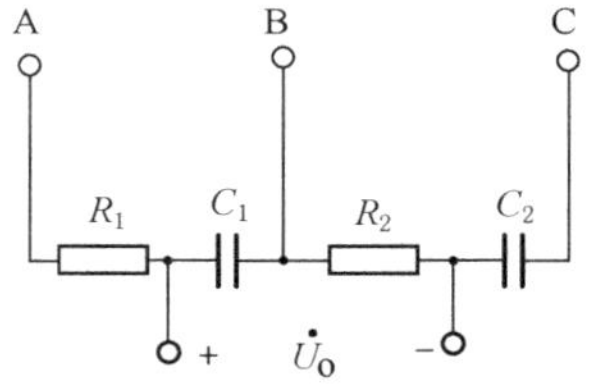

图 3-27　题 3-8 图

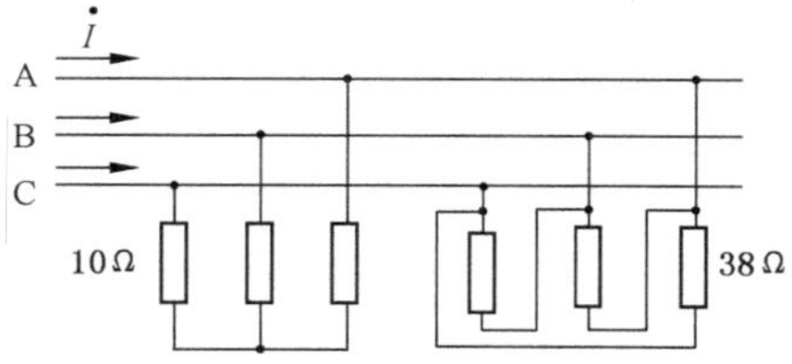

图 3-28　题 3-9 图

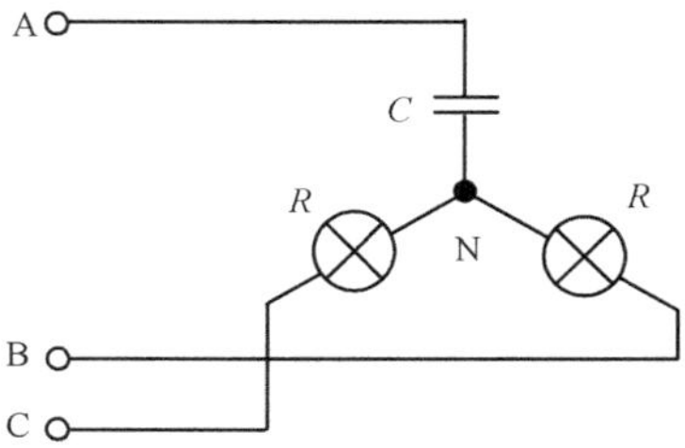

图 3-29　题 3-10 图

3-10　如图 3-29 所示电路是用来测定三相电源相序的仪器，称为相序指示仪。任意指定电源的一相为 A 相，把电容 C 接到 A 相上，两只相同的白炽灯(电阻为 R)分别接到另外两相上，若令 $\frac{1}{\omega C}=R$，试说明如何根据白炽灯的亮度来确定 B、C 相。

3-11　有一三相异步电动机，其绕组连成三角形，接在线电压 $U_L=380$ V 的电源上，从电源所取用的功率 $P=11.43$ kW，功率因数 $\cos\varphi=0.87$，试求电动机的相电流和线电流。

3-12　在如图 3-30 所示电路中，电源线电压 $U_L=380$ V，频率 $f=50$ Hz，对称电感性负载的功率 $P=10$ kW，功率因数 $\cos\varphi_1=0.5$。为了将线路功率因数提高到 $\cos\varphi=0.9$，试问在两图中每相并联的补偿电容器的电容值各为多少？采用哪种联结(三角形或星形)方式较好？(提示：每相电容 $C=\frac{P(\tan\varphi_1-\tan\varphi)}{3\omega U^2}$，式中 P 为三相功率，U 为每相电容上所加电压)

3-13　某三相对称负载阻抗 $Z_1=(10\sqrt{3}+\mathrm{j}10)\Omega$，和另一单相负载阻抗 $Z_2=(8-\mathrm{j}6)\Omega$ 接在三相四线制电源上，电路如图 3-31 所示。已知电源相电压为$U_p=220$ V。试求：(1) 说明 Z_1 是什么接法；(2) 求电流 $\dot{I}_{AB}$、$\dot{I}_{A1}$、$\dot{I}_{A2}$及 $\dot{I}_A$；(3) 求电源输出的总功率 P、Q、S，电路总等效功率因数 $\cos\varphi$；(4) 画相量图。

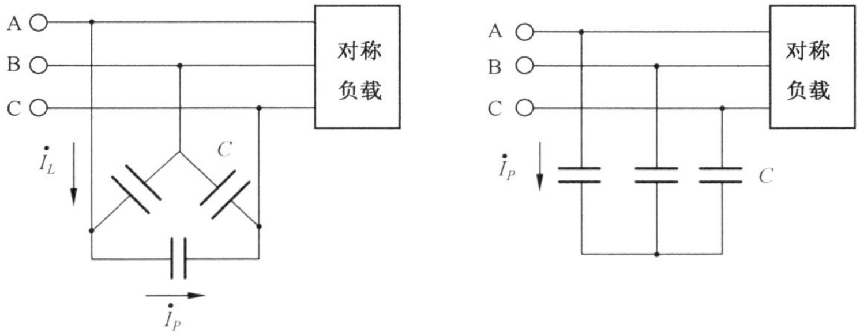

图 3-30　题 3-12 图

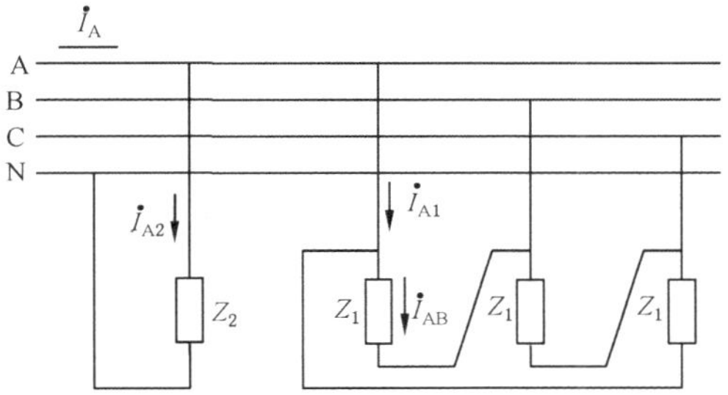

图 3-31　题 3-13 图

3-14　在如图 3-32 所示电路中，感性负载阻抗 $Z=(8+\mathrm{j}6)\Omega$，电源线电压 $U_L=380$ V。(1) 计算线电流 I_L、有功功率 P、无功功率 Q 和功率因数 $\cos\varphi_1$；(2) 若要将功率因数提高到 $\cos\varphi=0.98$，则可接通开关 Q，试求电容 C 及线路总电流 I'_L。(提示：可根据公式 $C=\dfrac{P}{3\omega U^2}(\tan\varphi_1-\tan\varphi)$，先求 C，再求 $I'_L=\dfrac{P}{\sqrt{3}U\cos\varphi}$)

3-15　如图 3-33 所示三相电路中，电源电压对称，负载为三角形联结。若已知各相负载中电流有效值均为 5A，求图中电流 $\dot{I}_B$ 的有效值。

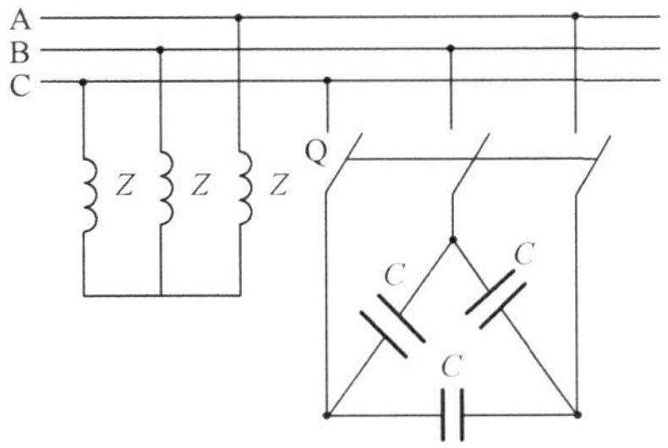

图 3-32　题 3-14 图

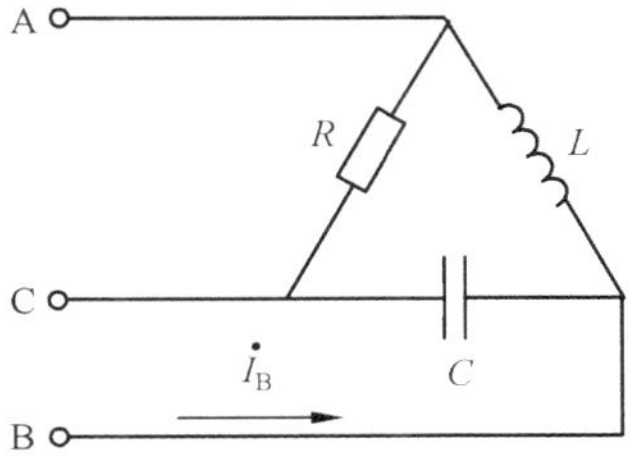

图 3-33　题 3-15 图

3-16　有一台星形联结的发电机，相电流为 1 380 A，线电压为 9 300 V，功率因数为 0.8，求此发电机提供的有功功率、无功功率与视在功率。

3-17 有一台三相电动机，定子绕组为星形联结，从配电盘电压表读出线电压为 380 V，线电流为 6.1A，已知它的总功率为 3.3 kW，试求电动机每相绕组的阻抗。

3-18 三相不对称负载以三角形连接到对称三相电源上，如图 3-34 所示。已知 $R=5\Omega$，$X_{L1}=10\Omega$，$X_{L2}=5\Omega$，$X_C=10\Omega$，电源线电压 $\dot{U}_{AB}=220\angle 0^\circ$ V，$\dot{U}_{BC}=220\angle -120^\circ$ V，$\dot{U}_{CA}=220\angle 120^\circ$ V，求负载相电流和线电流。

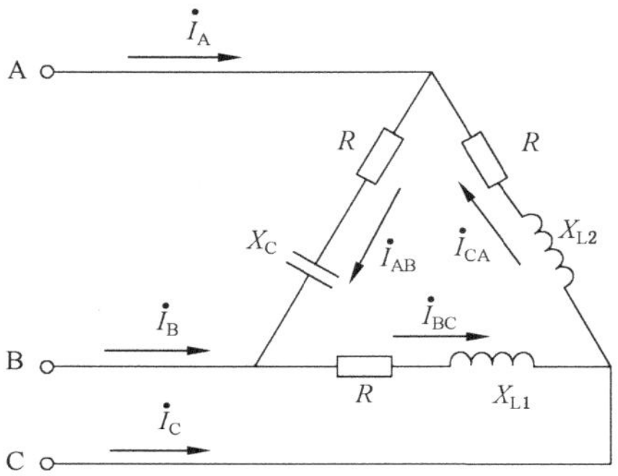

图 3-34　题 3-18 图

3-19 线电压为 380 V 的对称三相电源向两组对称负载供电。其中，一组是星形联结的电阻性负载，每相电阻为 10 Ω；另一组是感性负载，功率因数为 0.866，消耗功率为 5.69 kW，求电源的有功功率、无功功率、视在功率及输出电流有效值。

3-20 在图 3-35 中，对称负载连接成三角形，已知电源线电压 $U_L=220$ V，电流表读数 $I_L=17.3$A，三相功率 $P=4.5$ kW，试求：(1) 每相负载的电阻和感抗；(2) 当 AB 相负载断开时，图中各电流表的读数和总功率 P；(3) 当 A 线断开时，图中各电流表的读数和总功率 P。

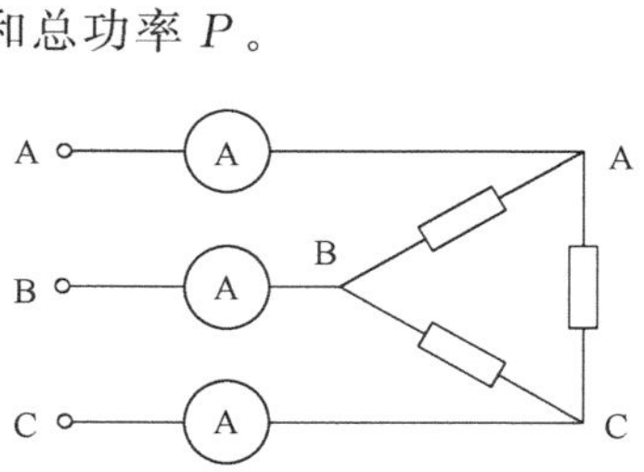

图 3-35　题 3-20 图

第 4 章　电动机械及继电接触器控制电路

本章提要　前面各章对电路的基本规律和分析方法作了详细的分析和论述。在生产中广泛使用的电机、变压器以及继电接触器自动控制电路中普遍存在着电与磁的相互作用和相互转换，不仅有电路的问题，同时还存在着磁路的问题。

本章主要讨论以下几个问题：

1. 磁路的基本概念及基本定律；

2. 变压器的工作原理及变压器的电压变换、电流变换和阻抗变换作用；

3. 三相异步电动机的工作原理、机械特性及其起动、调速和制动；

4. 常用的低压电器及继电接触器控制电路。

本章重点　变压器的变换电压、变换电流和变换阻抗的功能；三相异步电动机的转动原理、电磁转矩和机械特性；三相异步电动机的起动、调速和制动等工作特性。

本章难点　三相异步电动机的转动原理。

4.1　磁路基本概念与基本定律

4.1.1　磁路基本概念

1. 磁场和磁路的基本物理量

磁场可由电流产生，与电流在空间的分布和周围空间磁介质的性质密切相关。在工程中，常将载流导体制成的线圈绕在由磁性材料制成的闭合铁心上。由于磁性材料的磁导率比周围空气的磁导率大很多，磁场的磁力线大部分集中在铁心中，将这种由磁性材料组成的、能使磁力线集中通过的整体，称为磁路。可以用相对较小的电流，在限定的区域内产生较强的磁场。各种电气设备中，如各种型号的电机、变压器、继电器、电磁铁和电磁仪表等，都有由磁性材料制成的磁路。图 4-1 是变压器的磁路示意图。

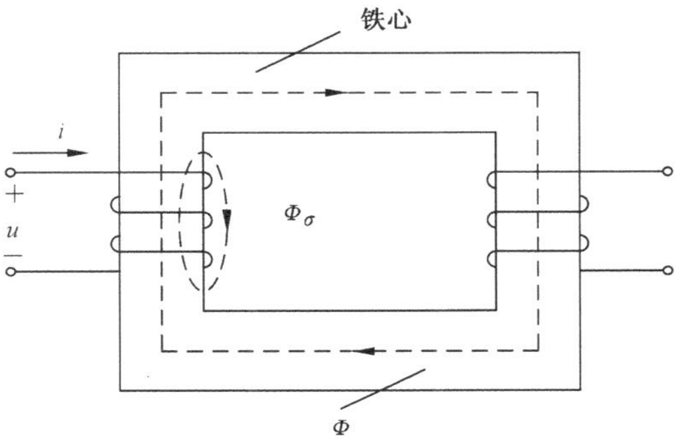

图 4-1　变压器的磁路

磁路的分析与计算实际上是电磁场的求解问题。电流产生磁场的空间分布情况可以用磁力线来描绘。磁通 Φ 是垂直穿过某一面积 S 的磁力线的总数。在国际单位制中，磁通的单位是 Wb(韦伯，简称韦)。

磁感应强度 $\boldsymbol{B}$ 是表示磁场中某点磁场强弱和方向的物理量，它是个矢量。其值可以用通过垂直于 $\boldsymbol{B}$ 矢量的单位面积的磁力线数来确定。其方向与电流的方向符合右手螺旋定则。

在均匀磁场中

$$\boldsymbol{B}=\frac{\Phi}{S} \quad 或 \quad \Phi=\boldsymbol{B}S \tag{4-1}$$

在国际单位制中，磁感应强度的单位为 Wb/m^2(韦/米^2)，称为特斯拉 T(简称特)。

磁场强度 $\boldsymbol{H}$ 是指考虑磁介质的作用后，磁场中某点的磁感应强度 $\boldsymbol{B}$ 与同一点的磁导率 μ 的比值，即

$$\boldsymbol{H}=\frac{\boldsymbol{B}}{\mu} \quad 或 \quad \boldsymbol{B}=\mu\boldsymbol{H} \tag{4-2}$$

在国际单位制中，磁场强度的单位为 A/m。

2. 磁性物质的高导磁性

自然界的物质按照磁导率的不同，大体可以分为两类：磁性物质和非磁性物质。非磁性物质或称非铁磁物质，其磁导率 μ 近似等于真空中的磁导率 μ_0($\mu_0=4\pi\times10^{-7}$ H/m)，如变压器油、空气、金属铜等物质。磁性物质或称铁磁物质，其磁导率 μ 远远大于真空中的磁导率 μ_0。例如铸钢的磁导率 μ 约为真空中磁导率 μ_0 的 1000 倍，硅钢片约为 6000～7000 倍。

工程上常用的铁磁材料主要是指铁、钴、镍及其合金，它们不仅具有高导磁性能，还具有磁饱和及磁滞的特点。铁磁材料的磁化特性常用磁化曲线，即 B-H 曲线的形式表示。各种磁性材料的磁化曲线通常是通过实验的方法获得的，在磁路计算上极为重要。

3. 磁性物质的磁饱和性

图 4-2 是铁磁材料的 B-H 曲线。由于 $B=\mu H$，再根据 B-H 曲线可知铁磁材料的 μ 不是常数，它是随外磁场变化的曲线，即 μ-H 曲线，如图 4-3 所示。由曲线可见，铁磁材料在磁化起始的 Oa 段和进入饱和后的 bc 段值均不大；但在 ab 段，特别是在 b 点附近，μ 达最大值，这种现象称为磁饱和现象。同时，铁磁材料中的磁感应强度较真空或空气中大得多，即表现出铁磁材料具有较高导磁性能的特点。

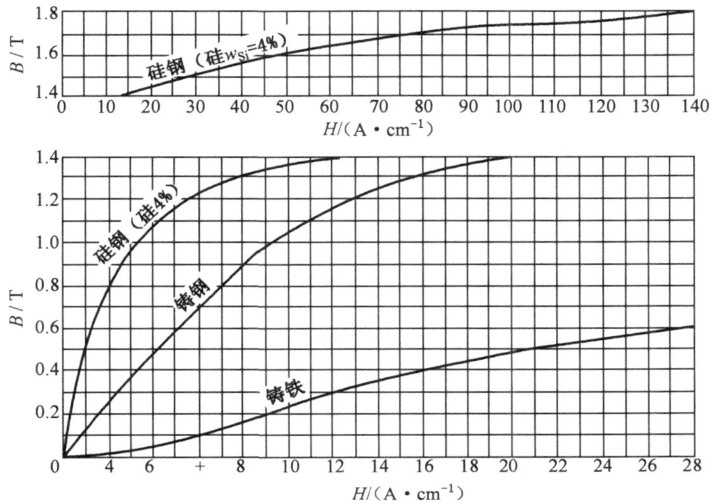

图 4-2　铁磁材料磁化曲线

4. 磁性物质的磁滞性

当铁心线圈中通有交变电流时，铁心受到交变的磁化，磁感应强度 B 随磁场强度 H 变化的关系如图 4-4 所示，由图可见，铁磁材料中磁感应强度 B 的变化总是落后于磁场强度 H 的变化，这种性质称为磁性物质的磁滞性。在铁心反复交变磁化的情况下，表示 B 与 H 变化关系的近似对称于原点的闭合曲线，称为磁滞回线。

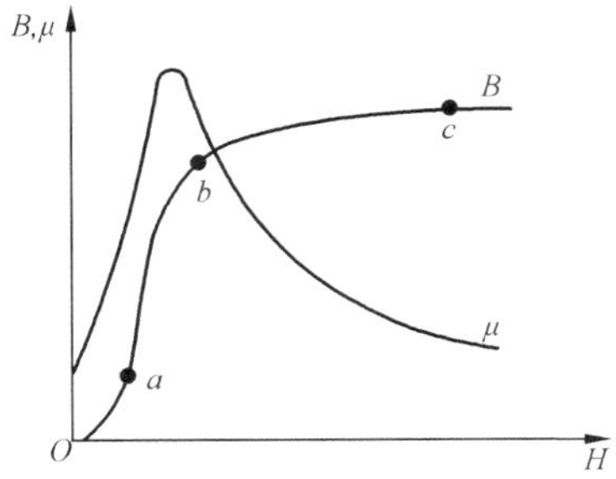

图 4-3　铁磁材料的曲线

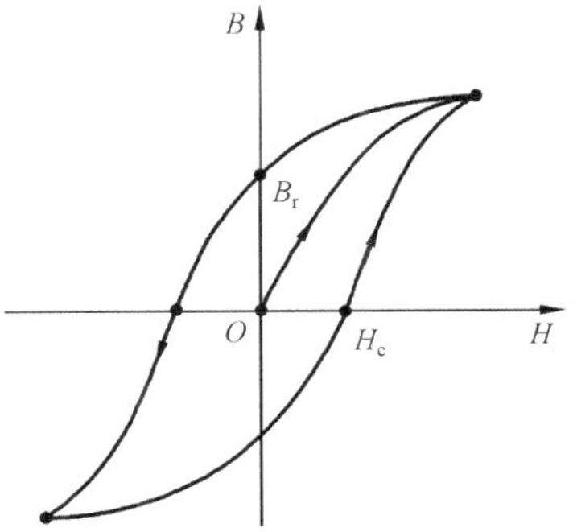

图 4-4　磁滞回线

当线圈中电流减小到零值时，铁心在磁化时所获得的磁性还未完全消失，这时铁心中所保留的磁感应强度称为剩磁感应强度，或简称剩磁 B_r。如果要使铁心的剩磁消失，通常改变线圈中励磁电流的方向来进行反向磁化。使 $B=0$ 的 H 值称为矫顽磁力 H_c。

铁磁材料按其磁滞回线形状不同，可分成两类：一类为软磁材料，这类材料的矫顽磁力较小，磁滞回线较窄，但它的磁导率较高，适用于交变磁场中，做成各种电机、电器的铁心，属于这类材料的有纯铁、铸铁、铸钢、硅钢、铁氧体及坡莫合金等。另一类为硬磁材料，这类材料的矫顽磁力较大，磁滞回线较宽，它们被磁化后，其剩磁不易消失，适宜做永久磁铁。属于这类材料的有钴钢、铁镍铝钴合金等。常用的几种磁性材料的最大相对磁导率、剩磁及矫顽磁力列在表 4-1 中。

表 4-1　常用磁性材料的最大相对磁导率、剩磁及矫顽磁力

材料名称	μ_r	B_r/T	H_c/(A·m^{-1})
铸铁	200～400	0.475～0.500	400～1 040
硅钢片	7 000～10 000	0.800～1.200	32～64
镍锌铁氧体	10～1 000		
锰锌铁氧体	300～5 000		
坡莫合金	20 000～200 000	1.100～1.400	4～24
钴钢		0.750～0.950	7 200～20 000
铁镍铝钴合金		1.100～1.350	47 000～52 000

4.1.2　磁路基本定律

1. 安培环路定律

对磁路进行分析与计算也要用到一些基本定律，磁路的基本定律是安培环路定律导出的。在磁场中，对 H 的任意闭合环路的线积分等于该闭合路径所界定面的电流的代数和，即

$$\oint H\,\mathrm{d}l = \sum I \tag{4-3}$$

式(4-3)称为安培环路定律。当电流的参考方向与环路的绕向符合右手螺旋定则时，该电流前取正号，反之，取负号。

2. 磁路的欧姆定律

以如图 4-5 所示的铁心线圈中无分支磁路为例，根据式(4-3)可得

$$NI = Hl = \frac{B}{\mu}l = \frac{\Phi}{\mu S}l$$

$$\text{或}\ \Phi = \frac{NI}{\dfrac{l}{\mu S}} = \frac{F}{R_m} \tag{4-4}$$

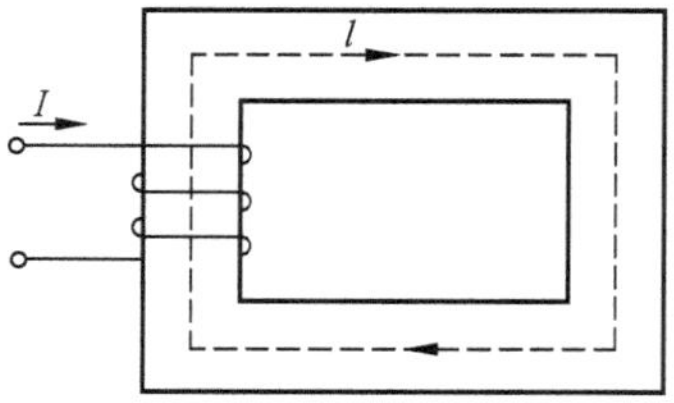

图 4-5　铁心线圈的主磁路

式中，F 为磁动势，即由此而产生磁通，$F=NI$；R_m 称为磁阻，是表示磁路对磁通具有阻碍作用的物理量；l 为磁路的平均长度；S 为磁路的截面积。

式(4-4)与电路的欧姆定律在形式上相似，所以称为磁路的欧姆定律。两者

对照如下：

表 4-2　磁路与电路计算的对应关系

磁路			电路		
名称	符号	单位	名称	符号	单位
磁通	Φ	Wb	电流	I	A
磁压	$\Phi R_m(Hl)$	A	电压	IR	V
磁动势	F	A	电动势	E	V
磁阻	$R_m=l/\mu S$	1/H	电阻	$R=l/rS$	Ω
磁感应强度	$B=\Phi/S$	T	电流密度	$J=I/S$	A/mm^2
基尔霍夫定律	$\sum\Phi=0$		基尔霍夫定律	$\sum I=0$	
	$\sum Hl=\sum F$			$\sum IR=E$	
欧姆定律	$\Phi=F/R_m$		欧姆定律	$\sum I=U/R$	

磁路和电路有很多相似之处，但磁路与电路之间有着本质的区别。一般来说，在处理电路时一般不涉及电场问题，而在处理磁路时离不开磁场的概念。例如在讨论电机时，常常要分析电机磁路的气隙中磁感应强度的分布情况；在电路中，电路开路时电流为零，但电动势依然存在，在磁路中有磁动势则必然伴有磁通，即使磁路中有空气隙存在，磁通也不为零。

4.1.3　铁心线圈

空气的磁导率很小，因此空心线圈是一种电感量不大的线性电感元件。在电气工程上为了获得较大的电感量，常在线圈中放入铁心，这种线圈称为铁心线圈。铁心线圈分为两种——直流铁心线圈和交流铁心线圈。直流铁心线圈通直流来励磁，交流铁心线圈通交流来励磁。直流铁心线圈励磁电流是直流，产生的磁通是恒定的，在线圈和铁心中不会感应出电动势来。

在一定电压 U 下，线圈中的电流 I 只和线圈本身的电阻 R 有关，功率损耗也只有 RI^2。而交流铁心线圈在电磁关系、电压电流关系及功率损耗等几个方面和直流铁心线圈是有所不同的。下面分析当铁心线圈中通有交变电流时，线圈中的电压平衡方程以及功率损耗等问题。

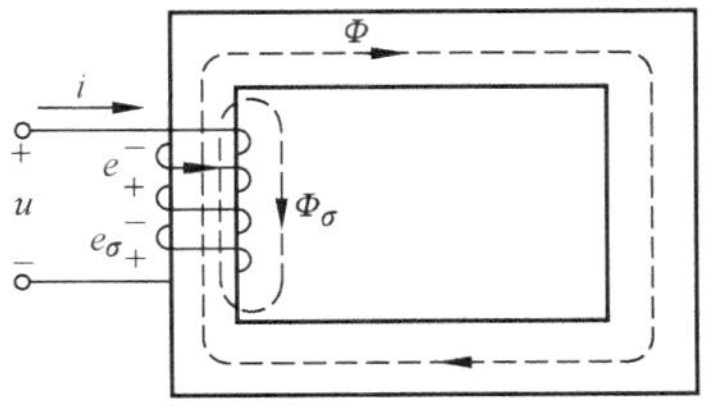

图 4-6　铁心线圈

1. 电压平衡方程式

图 4-6 所示的交流线圈具有铁心，线圈产生的交变磁通的绝大部分通过铁心而闭合，这部分磁通称为主磁通 Φ，在线圈中产生的感应电动

势为主磁感应电动势 e。此外，还有很少的一部分磁通主要经过空气或其他非铁磁材料而闭合，这部分磁通称为漏磁通 Φ_σ，产生漏磁电动势 e_σ。漏磁通 Φ_σ 所经过的路径主要是空气和其他非铁磁物质，其磁导率 μ_0 为常数，所以励磁电流 i 与 Φ_σ 之间可以认为呈线性关系，铁心线圈的漏磁电感为 $L_\sigma=\dfrac{N\Phi_\sigma}{i}=$常数。主磁通所通过的路径是铁磁物质，磁导率 μ 不是常数，所以 i 与 Φ 之间不存在线性关系。铁心线圈的主磁电感 L 不是一个常数，所以铁心线圈是非线性电感元件。

考虑铁心线圈电阻 R 上的压降后，铁心线圈交流电路（见图 4-6）中电压和电流之间的关系可以由基尔霍夫电压定律得出

$$u=-e-e_\sigma+Ri$$

或用相量表示为

$$\dot{U}=-\dot{E}-\dot{E}_\sigma+R\dot{I} \tag{4-5}$$

式（4-5）为铁心线圈电路的电压平衡方程式。漏磁感应电动势 $\dot{E}_\sigma=-\mathrm{j}X_\sigma\dot{I}$，其中 $X_\sigma=\omega L_\sigma$ 称为漏磁感抗，它是由漏磁通引起的。

主磁通在线圈中产生的主磁感应电动势可按下述方法计算：

设主磁通

$$\Phi=\Phi_\mathrm{m}\sin\omega t$$

则

$$\begin{aligned} e&=-N\frac{\mathrm{d}\Phi}{\mathrm{d}t}=-N\frac{\mathrm{d}(\Phi_\mathrm{m}\sin\omega t)}{\mathrm{d}t}=-N\omega\Phi_\mathrm{m}\cos\omega t\\ &=2\pi fN\Phi_\mathrm{m}\sin(\omega t-90^\circ)=E_\mathrm{m}\sin(\omega t-90^\circ) \end{aligned} \tag{4-6}$$

式中，$E_\mathrm{m}=2\pi fN\Phi_\mathrm{m}$ 是主磁电动势 e 的幅值，其有效值为

$$E=\frac{E_\mathrm{m}}{\sqrt{2}}=4.44fN\Phi_\mathrm{m} \tag{4-7}$$

因此式（4-6）可用相量形式表示为

$$\dot{E}=E\angle-90^\circ \tag{4-8}$$

通常由于线圈的电阻 R 和漏感 L_σ（或漏磁通 Φ_σ）较小，其电压降也较小，与主磁电动势比较起来，可以忽略不计。故式（4-5）可写为

$$\dot{U}\approx-\dot{E} \tag{4-9}$$

则

$$U\approx E=4.44fN\Phi_\mathrm{m} \tag{4-10}$$

由式（4-10）可知，当电源频率和线圈匝数一定时，Φ_m 近似与电源电压 U 成正比。当外加电压不变时，铁心内的主磁通的最大值几乎是不变的。上式是分析变压器和交流电机时的重要关系式。

2. 功率损耗

图 4-6 所示的交流铁心线圈中，当线圈接通交流电源后，在线圈中流过交变电流，铁心中就产生交变磁通。这时，铁心线圈电路除了产生由线圈电阻引起的功率损耗(简称铜损 ΔP_{Cu})外，处于交变磁化下的铁心中也有功率损耗，称为铁心损耗，简称铁损 ΔP_{Fe}。

铁心损耗由磁滞损耗和涡流损耗两部分组成。

铁磁材料反复磁化，磁滞现象引起的铁损称为磁滞损耗 ΔP_h。可以证明，在一个磁化循环过程中消耗的功率与磁滞回线面积成正比。磁滞损耗要引起铁心发热。为了减小磁滞损耗，应选用磁滞回线狭小的软磁材料制造铁心。硅钢就是变压器和电机中常用的铁心材料，其磁滞损耗较小。

交变磁通在铁心中除了产生磁滞现象外还产生涡流现象。因铁磁材料既是导磁材料又是导电材料，故铁心在交变磁通作用下会产生感应电动势，从而在垂直于磁通方向的铁心平面内产生旋涡状的感应电流，称为涡流。涡流在铁磁材料内所产生的能量损耗称为涡流损耗 ΔP_e。涡流损耗也要引起铁心发热。为了减小涡流损耗，可增大涡流通路的电阻。通常其铁心在顺磁场方向由彼此绝缘的薄钢片叠成(见图 4-7)，并选用电阻率较大的铁磁材料，如硅钢片。

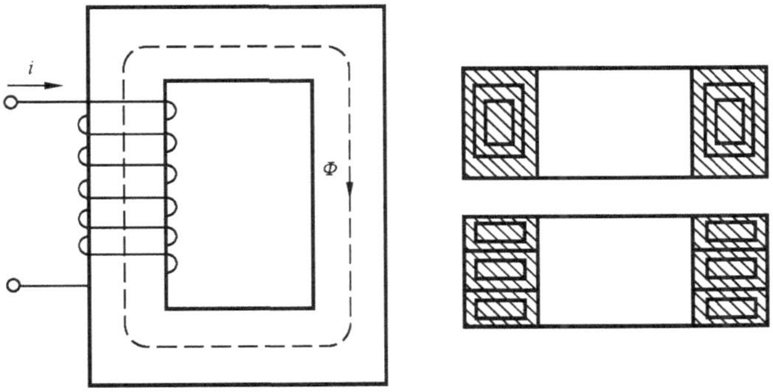

图 4-7　铁心中的涡流

由此可见，如图 4-6 所示交流铁心线圈电路中消耗的总有功功率是线圈的铜损和铁损的总和

$$P=UI\cos\varphi=\Delta P_{Cu}+\Delta P_{Fe}=\Delta P_{Cu}+\Delta P_h+\Delta P_e \tag{4-11}$$

例 4-1　一交流铁心线圈，加上 12 V 直流电压时，电流为 1A；加上 110 V 交流电压时，电流为 2A，消耗的功率为 88 W。求后一情况下线圈的铜损、铁损和功率因数。

解　由直流电压和电流求得线圈的电阻为

$$R=\frac{U}{I}=12\Omega$$

由交流电流求得铜损为

$$\Delta P_{Cu}=R^2I=12\times2^2\,\mathrm{W}=48\,\mathrm{W}$$

由有功功率和铜损求得铁损为

$$\Delta P_{Fe}=P-\Delta P_{Cu}=(88-48)\,\mathrm{W}=40\,\mathrm{W}$$

功率因数为

$$\cos\varphi=\frac{P}{UI}=\frac{88}{110\times2}=0.4$$

[**思考题**]

1. 磁路与电路有什么区别?

2. 空心线圈的电感是常数,而铁心线圈的电感不是常数,为什么?如果线圈的尺寸、形状和匝数相同,有铁心和没有铁心时,哪个电感大?铁心线圈的铁心在达到磁饱和与尚未达到磁饱和状态时,哪个电感大?

3. 如果铁心线圈中通过直流电流,是否有铁损?

4.2 变压器

变压器是一种静止的电气设备,具备变换电压、电流和阻抗的作用,因此,它的应用极为广泛。在电力系统中,变压器用来将某一电压幅值的交流电变为同频率的另一电压幅值的交流电。通常,电力系统采用高压输电以节省输电材料及减小线路的功率损耗。在发电厂先用变压器升高电压,当电能输送到目的地后,再用变压器降低电压,以适应用电设备的需要。这种完成输送电能的变压器统称为电力变压器。有些场合,由于电流太大,不能直接用电表测量,采用电流互感器将大电流变为小电流,然后再进行测量。像电流互感器之类用于各种测量装置的变压器,称为仪用变压器。在无线电和电子线路中,变压器除用来变换电压、电流之外,还常用来变换阻抗,实现阻抗匹配,如收音机中的输出变压器。此外,尚有自耦变压器、电压互感器及各种专用变压器(用于电焊、电炉及整流等)。变压器的种类很多,其基本构造和工作原理是相同的。

4.2.1 变压器的构造

变压器一般结构如图 4-8 所示,它由铁心和绕组(亦称线圈)构成。变压器常见的结构型式有两类:心式变压器和壳式变压器。如图 4-8a 所示,心式变压器的特点是绕组包围铁心,这种变压器用铁量较少,构造简单,绕组的安装和绝缘比较容易,因此多用于容量较大的变压器中。如图 4-8b 所示,壳式变压器的特点是铁心包围绕组,这种变压器用铜量较少,多用于小容量的变压器。

铁心是变压器的磁路部分,为了提高磁路的磁导率和降低铁心损耗,铁心通常用厚度为 0.2～0.5 mm 的硅钢片叠成。绕组是变压器的电路部分,它是由圆形或矩形截面的导线绕成一定形状的线圈。通常，电压高的绕组称为高压绕组，电压低的绕组称为低压绕组。低压绕组靠近铁心放置，而高压绕组则置于外层。

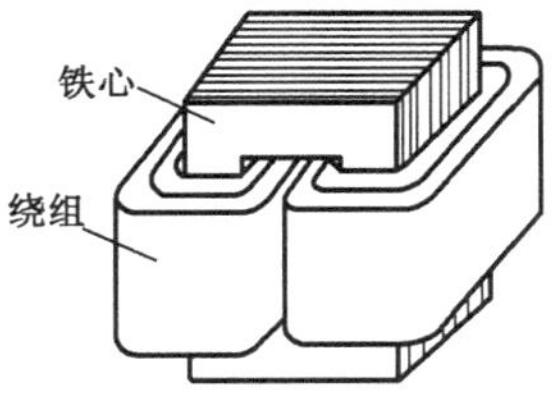

a) 心式变压器

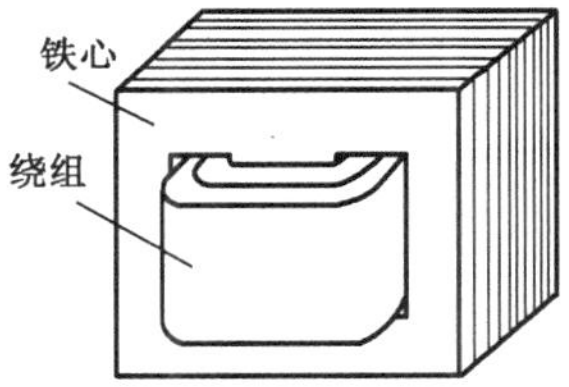

b) 壳式变压器

图 4-8　变压器的结构

变压器除了有完成电磁感应的基本部分——铁心和绕组之外，较大容量的还具有冷却设备、保护装置以及高压套管等几部分。大容量变压器通常都是三相变压器。

4.2.2　变压器的工作原理

如图 4-9 所示的是变压器的原理图。为了便于分析，我们将高压绕组和低压绕组分别画在两边。与电源相连的称为一次绕组(或原边绕组)，与负载相连的称为二次绕组(或副边绕组)。一次、二次绕组的匝数分别为 N_1 和 N_2。

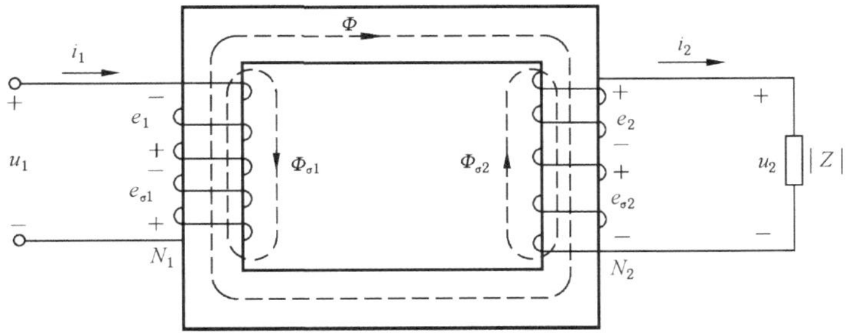

图 4-9　变压器的原理图

当一次绕组接上交流电压 u_1 时，一次绕组中便有电流 i_1 通过。一次绕组的磁动势 N_1i_1 产生的磁通绝大部分通过铁心而闭合，从而在二次绕组中感应出电动势。如果二次绕组接有负载，那么二次绕组中就有电流 i_2 通过。二次绕组的磁动势 N_2i_2 也产生磁通，其绝大部分也通过铁心而闭合。因此，铁心中的磁通是一个由一次、二次绕组的磁动势共同产生的合成磁通，它称为主磁通，用 Φ 表示。主磁通穿过一次绕组和二次绕组而在其中感应出的电动势分别为 e_1 和 e_2。此外，一次、二次绕组的磁动势还分别产生漏磁通 $\Phi_{\sigma1}$ 和 $\Phi_{\sigma2}$，漏磁通仅与各自绕组相交链，从而在各自的绕组中分别产生漏磁电动势 $e_{\sigma1}$ 和 $e_{\sigma2}$。

下面分别讨论变压器的电压变换、电流变换及阻抗变换。

1. 电压变换

根据基尔霍夫电压定律，对一次绕组电路可列出电压方程

$$u_1=-e_1-e_{\sigma1}+R_1i_1=-e_1+L_{\sigma1}\frac{\mathrm{d}i_1}{\mathrm{d}t}+R_1i_1 \tag{4-12}$$

通常原绕组上所加的是正弦电压 u_1，则在正弦电压作用的情况下，上式可用相量表示为

$$\dot{U}_1=-\dot{E}_1-\dot{E}_{\sigma1}+R_1\dot{I}_1=-\dot{E}_1+\mathrm{j}X_1\dot{I}_1+R_1\dot{I}_1 \tag{4-13}$$

式中，R_1 为一次绕组的电阻；$X_1=\omega L_{\sigma1}$ 为一次绕组的感抗，即漏磁感抗，是由漏磁通产生的。

由于原绕组的电阻 R_1 和感抗 X_1 较小，因而它们两端的电压降也较小，与主磁电动势 e_1 比较起来可以忽略不计，则有

$$\dot{U}_1\approx-\dot{E}_1 \tag{4-14}$$

感应电动势 e_1 的有效值为

$$E_1=4.44fN_1\Phi_{\mathrm{m}}\approx U_1 \tag{4-15}$$

同理，对二次绕组电路可列出电压方程

$$e_2=-e_{\sigma2}+R_2i_2+u_2=L_{\sigma2}\frac{\mathrm{d}i_2}{\mathrm{d}t}+R_2i_2+u_2 \tag{4-16}$$

式(4-16)可用相量表示为

$$\dot{E}_2=-\dot{E}_{\sigma2}+R_2\dot{I}_2+\dot{U}_2=\mathrm{j}X_2\dot{I}_2+R_2\dot{I}_2+\dot{U}_2 \tag{4-17}$$

式中，R_2 为二次绕组的电阻；$X_2=\omega L_{\sigma2}$ 为二次绕组的感抗；$\dot{U}_2$ 为二次绕组的端电压。

感应电动势 e_2 的有效值为

$$E_2=4.44fN_2\Phi_{\mathrm{m}} \tag{4-18}$$

在变压器空载时，由于 $I_2=0$，则

$$E_2=U_{20} \tag{4-19}$$

式中，U_{20} 是空载时二次绕组的端电压。

从式(4-15)、(4-18)和(4-19)可得出一次绕组的电压与二次绕组的电压之比

$$\frac{U_1}{U_{20}}\approx\frac{E_1}{E_2}=\frac{N_1}{N_2}=K \tag{4-20}$$

式中，K 称为变压器的变比，亦即一次、二次绕组的匝数比。

由上式可见，由于一次、二次绕组的匝效 N_1 和 N_2 不相等，故 E_1 和 E_2 的大小是不等的，因此输入电压 U_1 和输出电压 U_{20} 的大小也是不等的。当输入电压，即电源电压一定时，只要适当选取一次、二次绕组的匝数，就可将电源电压变为所需要的不同的输出电压值。

2. 电流变换

由式(4-15)可见，当电源电压 U_1 和频率 f 不变时，Φ_m 也近于常数，这说明，铁心中主磁通的最大值在变压器空载或有载时是基本恒定的，即铁心中的主磁通几乎与负载无关。因此，有载时产生主磁通的一次、二次绕组的合成磁动势 $N_1 i_1 + N_2 i_2$ 应该和空载时产生主磁通的一次绕组的磁动势 $N_1 i_0$ 近似相等，即

$$N_1 i_1 + N_2 i_2 \approx N_1 i_0 \tag{4-21}$$

上式用相量表示为

$$N_1 \dot{I}_1 + N_2 \dot{I}_2 \approx N_1 \dot{I}_0 \tag{4-22}$$

变压器的空载电流 i_0 是励磁电流，其值很小，常可忽略。于是式(4-22)可写成

$$N_1 \dot{I}_1 \approx -N_2 \dot{I}_2 \tag{4-23}$$

由上式可知，一次、二次绕组的电流关系为

$$\frac{\dot{I}_1}{\dot{I}_2} \approx -\frac{N_2}{N_1} = -\frac{1}{K} \tag{4-24}$$

其有效值之比为

$$\frac{I_1}{I_2} \approx \frac{N_2}{N_1} = \frac{1}{K} \tag{4-25}$$

式(4-25)表明变压器一次、二次绕组的电流之比近似等于它们的匝数比的倒数。这是变压器的另一个基本关系，它反映了变压器具有电流变换的功能。变压器一次、二次绕组之间虽无直接的电的联系，但它们之间存在磁的耦合，而使一次绕组电流随二次绕组电流变化。

变压器的额定电流 I_{1N} 和 I_{2N} 是指按规定工作方式(长时连续工作或短时工作或间歇工作)运行时一次、二次绕组允许通过的最大电流，它们是根据绝缘材料允许的温度确定的。二次绕组的额定电压与额定电流的乘积称为变压器的额定容量(视在功率)，即

$$S_N = U_{2N} I_{2N} \approx U_{1N} I_{1N} \tag{4-26}$$

变压器除能起变换电压和变换电流的作用外，它还有变换负载阻抗的作用，以实现阻抗匹配。

3. 阻抗变换

根据上述一次、二次绕组电压、电流的关系，可以得出

$$\frac{U_1}{I_1} = \frac{\dfrac{N_1}{N_2} U_2}{\dfrac{N_2}{N_1} I_2} = \left(\frac{N_1}{N_2}\right)^2 \frac{U_2}{I_2} = K^2 |Z_2|$$

令

$$|Z_1| = \frac{U_1}{I_1}$$

则 $$|Z_1| = K^2 |Z_2| \tag{4-27}$$

式中，Z_1 是一次绕组等效阻抗，或者称为变压器转移阻抗，即负载阻抗通过变压器转移到其输入端口的等效阻抗。

变压器的这种阻抗变换作用，常用于电子线路的功率放大级中，使负载（如扬声器）能获得较大的功率。

由式(4-17)可以看出，当电源电压 U_1 不变时，变压器负载后，二次绕组电压 U_2 将随二次绕组电流 I_2 的变化而有所变化。当电源电压 U_1 和负载功率因数 $\cos\varphi_2$ 为常数时，U_2 随 I_2 的变化关系如图 4-10 所示，$U_2 = f(I_2)$ 称为变压器的外特性曲线。对电阻性和电感性负载而言，电压 U_2 随电流 I_2 的增加而下降。

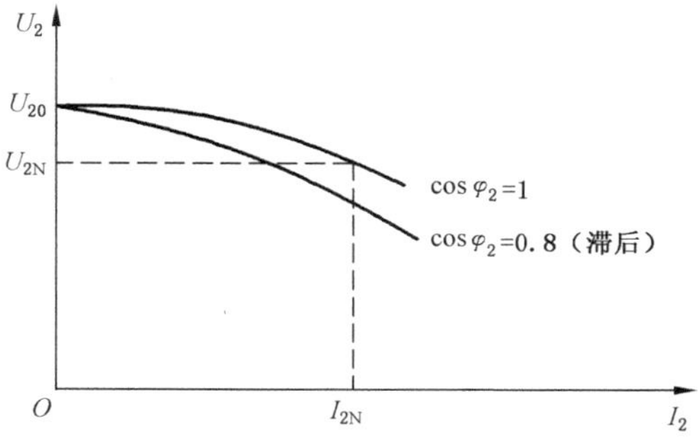

图 4-10　变压器的外特性

变压器从空载到额定负载，二次绕组电压变化程度与空载电压的比值，称为电压变化率，即

$$\Delta U(\%) = \frac{U_{20} - U_2}{U_{20}} \times 100\% \tag{4-28}$$

在一般变压器中，由于其电阻和漏磁感抗均甚小，电压变化率是不大的，一般在 5%以内。

例 4-2　在图 4-11 中，交流信号源的电压 $U_S = 120$ V，内阻 $R_0 = 800$ Ω，负载电阻 $R_L = 8$ Ω。(1) 当 R_L 折算到原边的等效电阻 $R'_L = R_0$ 时，求变压器的匝数比和信号源输出的功率；(2) 当将负载直接与信号源连接时，信号源输出多大的功率？

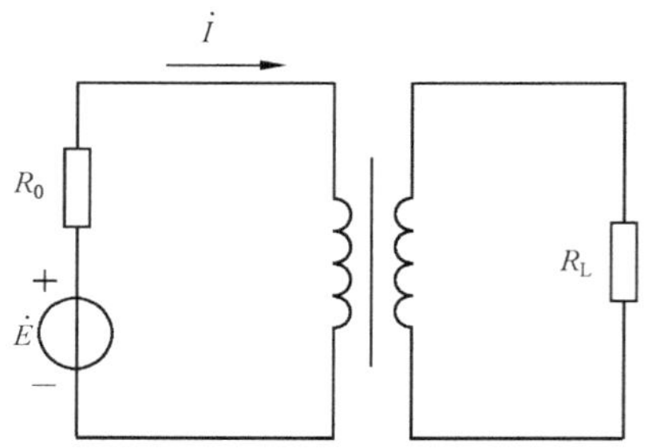

图 4-11　例 4-2 图

解　(1) 变压器的匝数比为

$$\frac{N_1}{N_2} = \sqrt{\frac{R'_L}{R_L}} = \sqrt{\frac{800}{8}} = 10$$

信号源的输出功率为

$$P=\left(\frac{U_S}{R_0+R_L'}\right)^2 R_L'=\left(\frac{120}{800+800}\right)^2\times 800=4.5\ \text{W}$$

（2）当将负载直接接在信号源上时

$$P=\left(\frac{120}{800+8}\right)^2\times 8=0.176\ \text{W}$$

4.2.3 变压器的损耗与效率

和交流铁心线圈一样，变压器在运行中存在两种功率损耗，即铁损 ΔP_{Fe} 和铜损 ΔP_{Cu}。

铁损是交变的主磁通在铁心中产生的磁滞损耗 ΔP_h 和涡流损耗 ΔP_e 之和，即 $\Delta P_{Fe}=\Delta P_h+\Delta P_e$。变压器在运行时，虽然它的负载经常在变化，但由于一次绕组电压的数值和频率都不变，主磁通基本不变，所以铁损也基本上保持不变，因此铁损又称为不变损耗。

铜损是一次、二次绕组电流流过其绕组时在绕组上产生的损耗之和，即 $\Delta P_{Cu}=\Delta P_{Cu1}+\Delta P_{Cu2}$，当负载变化时，铜损也发生变化，故铜损又称为可变损耗。

变压器的总损耗为

$$\Delta P=\Delta P_{Fe}+\Delta P_{Cu}$$

变压器的效率是指输出功率 P_2 与输入功率 P_1 之比，即

$$\eta=\frac{P_2}{P_1}=\frac{P_2}{P_2+\Delta P}\times 100\% \tag{4-29}$$

式中，$P_1=U_1I_1\cos\varphi_1$，$P_2=U_2I_2\cos\varphi_2$，其中 φ_1、φ_2 分别是一次绕组电压与电流、二次绕组电压与电流的相位差。

通常，变压器的损耗很小，故效率很高，小功率变压器效率约为 70%～85%，一般都在 85%左右，大型变压器效率可达 98%～99%。

例 4-3 一变压器容量为 10 kV·A，铁损为 280W，满载铜损为 340W。求下列情况下变压器的效率：(1) 在满载情况下向功率因数为 0.9(滞后)的负载供电；(2) 在 75%负载下向功率因数为 0.8(滞后)的负载供电。

解 （1）变压器输出功率

$$P_2=U_2I_2\cos\varphi_2=10\times 10^3\times 0.9=9\times 10^3\ \text{W}$$

效率为

$$\eta=\frac{P_2}{P_2+\Delta P}=\frac{9\times 10^3}{9\times 10^3+280+340}=0.936=93.6\%$$

（2）在 75%额定负载情况下

$$P_2=0.75U_2I_2\cos\varphi_2=0.75\times 10\times 10^3\times 0.8=6\times 10^3\ \text{W}$$

铜损为

$$0.75^2\times340\text{W}=191\text{W}$$

效率为

$$\eta=\frac{P_2}{P_2+\Delta P}=\frac{6\times10^3}{6\times10^3+191+280}=0.927=92.7\%$$

4.2.4 特殊变压器

1. 自耦变压器

自耦变压器只有一个线圈，其二次绕组是一次绕组的一部分，所以它的特点是一次、二次绕组之间不仅有磁的耦合，而且还有电的直接联系。

图 4-12a 是实验室中常用的一种可调式自耦变压器，又称调压器，其电路如图 4-12b 所示。若在一次绕组加上电压 U_1，则二次绕组电压为 U_2，且

$$\frac{U_1}{U_2}=\frac{N_1}{N_2}=K$$

使用时只要转动手柄，即可改变输出电压的大小。

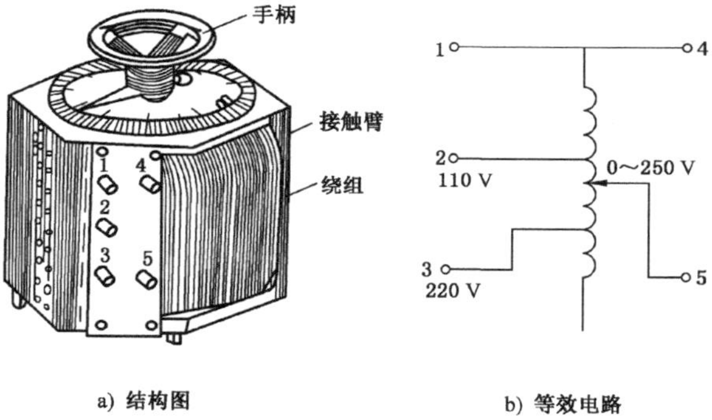

a) 结构图　　b) 等效电路

图 4-12　自耦变压器

2. 电压互感器

电压互感器一般是一个降压变压器。它的工作原理与普通变压器空载状态相似。有些电压互感器的二次绕组有几个抽头，在使用时可以按需要选用一种绕组匝数，与一次绕组组成不同匝数比。

电压互感器使用时，一次绕组并联接在被测电压的电路上，二次绕组接测量仪表，如图 4-13 所示，其中$U_2=\dfrac{U_1}{K}$，在互感器中 K 称为转换倍率。

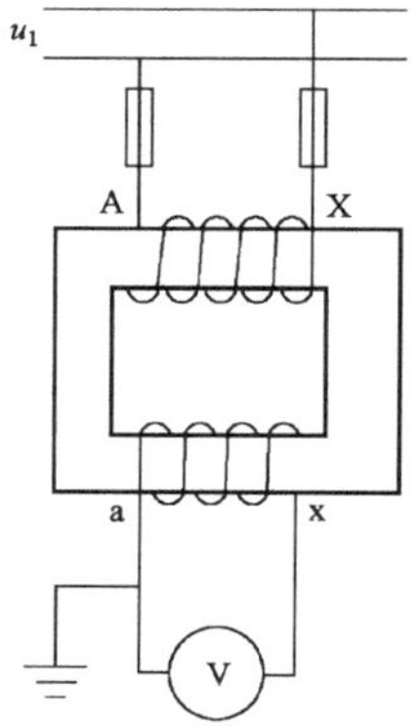

图 4-13　电压互感器的接线图

常用的电压互感器二次绕组的额定电压为 100 V。互感器的额定容量是二次绕组的输出容量，一般为 5 V·A、10

V·A、15 V·A。为了工作安全，电压互感器的铁心和二次绕组及外壳需接地，以防止当绕组间的绝缘损坏时二次绕组上有高压出现。同时，在运行中严禁二次绕组短路，否则将产生比额定电流大几百倍甚至几千倍的短路电流，烧坏互感器。在多变比的电压互感器中，每次只能选用一个一次绕组和一个二次绕组以组成一个电压比，其他线圈开路。

3. 电流互感器

电流互感器是一种将大电流变换为小电流的变压器，工作原理同普通变压器的负载情况相似。它主要用来扩大测量交流电流的量程。因为要测量交流电路的大电流时（如测量容量较大的电动机、工频炉、焊机等的电流时），通常电流表的量程是不够的。

电流互感器的接线图如图 4-14 所示。一次绕组的匝数很少（只有一匝或几匝），它串联在被测电路中。二次绕组的匝数较多，它与电流表或其他仪表及继电器的电流线圈相连接。

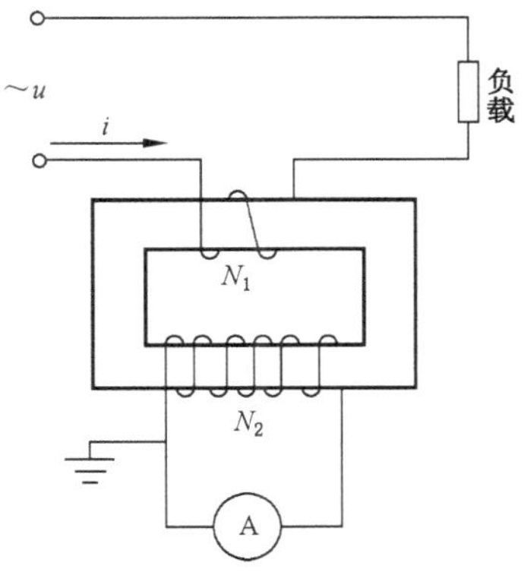

图 4-14　电流互感器

根据变压器原理，可得到 $I_2=\frac{1}{K_1}I_1$，其中 K_1 是电流互感器的变换系数。由此可见，利用电流互感器可将大电流变换为小电流。电流表的读数乘上变换系数 K_1 即为被测的大电流值 I_1。通常电流互感器二次绕组的额定电流都规定为 5 A。

为了工作安全，电流互感器的二次绕组、铁心和外壳应接大地；电流互感器在运行中严禁二次绕组开路。因为互感器不同于普通变压器，一次绕组电流不取决于二次绕组，而决定于被测电路。所以二次绕组开路时，一次绕组电流全部称为其励磁电流，铁心严重饱和，并且发热严重，同时在二次绕组上感应出高电压，可能击穿互感器的绝缘，引起事故。

钳形电流表，又称测流钳，是电流互感器的另一种形式。由图 4-15a 可看出，铁心如同一个钳子，用弹簧压紧。测量时将钳口分开，纳入被测导线，而后闭合。这时该导线就是一次绕组，二次绕组绕在铁心上并与电流表接通如图 4-15b 所示，从安培表读出待测导线的电流数值。

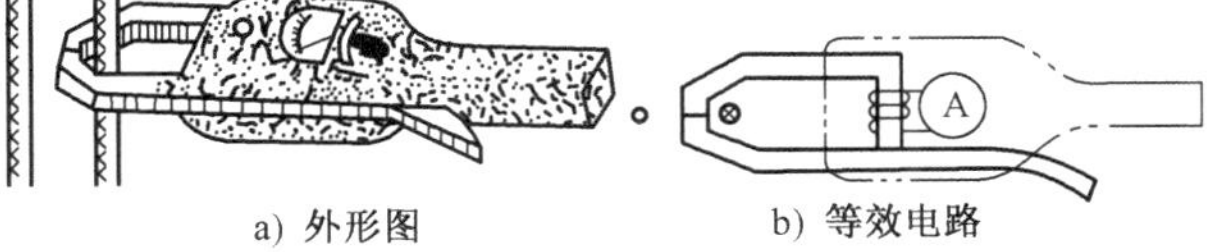

a) 外形图　　b) 等效电路

图 4-15　钳形电流表

[思考题]

1. 某变压器额定频率为 50 Hz,在 25 Hz 的交流电路中,能否正常工作?

2. 变压器的负载增加时,其一次绕组中电流怎样变化?铁心中主磁通怎样变化?输出电压是否一定要降低?

3. 单相变压器的一、二次绕组之间有磁的耦合关系,但无电的直接联系。一次绕组从电源吸收的电功率是通过什么途径传送到二次绕组的?二次绕组所接负载的大小又是如何反映到一次绕组的?

4. 若电源电压低于变压器的额定电压,变压器的输出功率应如何适当调整?若负载不变会引起什么后果?

4.3 三相异步电动机

电动机的作用是将电能转换为机械能。现代各种生产机械都广泛应用电动机来驱动。按电流种类的不同,电动机可分为交流电动机和直流电动机两大类。交流电动机又分为异步电动机和同步电动机,直流电动机按照励磁方式的不同分为他励、并励、串励和复励四种。本书中重点介绍生产中普遍使用的三相异步电动机。

异步电动机构造简单、运行可靠、维护方便、效率较高、价格低廉,所以异步电动机,特别是三相异步电动机,在工农业生产及日常生活中应用范围最广。异步电动机广泛用来驱动各种金属切削机床、起重机、锻压机、传送带、铸造机械、小功率通风机及水泵等。

异步电动机起动性能和调速性能较差,功率因数较低,因此,要求起动转矩大,或者要求调速范围大而且平滑调速的生产机械,如电气牵引机械、龙门刨床等,均采用直流电动机。同步电动机主要应用于功率较大、不需调速、长期工作的各种生产机械中,如压缩机、水泵、通风机等。单相异步电动机常用于功率不大的电动工具和某些家用电器中。除上述动力用电动机外,在自动控制系统和计算装置中还用到各种控制电机。本节主要讨论三相异步电动机。

4.3.1 三相异步电动机的构造

三相异步电动机分成两个基本部分:定子(固定部分)和转子(旋转部分)。三相异步电动机的构造如图 4-16 所示,电动机的定子是由机座和装在机座内的铁心以及安放在铁心槽内的三相定子绕组组成。机座是用铸铁或铸钢制成的,铁心由互相绝缘的硅钢片叠成。铁心的内圆周表面冲有槽(见图 4-17),对称三相绕组是用绝缘铜线或铝线先绕制成三组线圈,然后嵌放在槽中,再按一定规则联结而成。三相绕组可联结成星形,亦可联结成三角形。电动机机座两侧有端盖,中心装有轴承,用以支撑转子旋转。

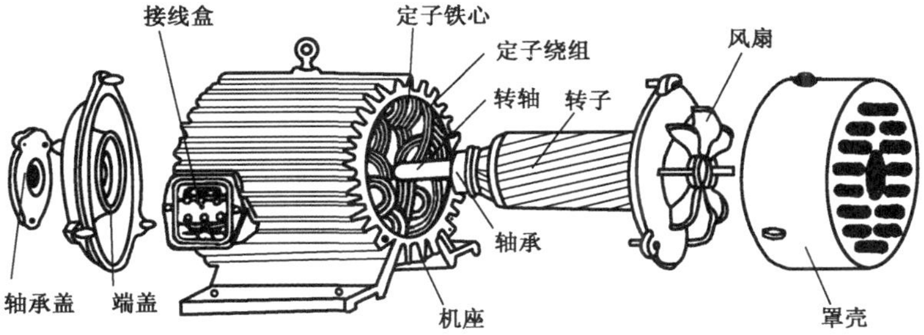

图 4-16　三相异步电动机的构造

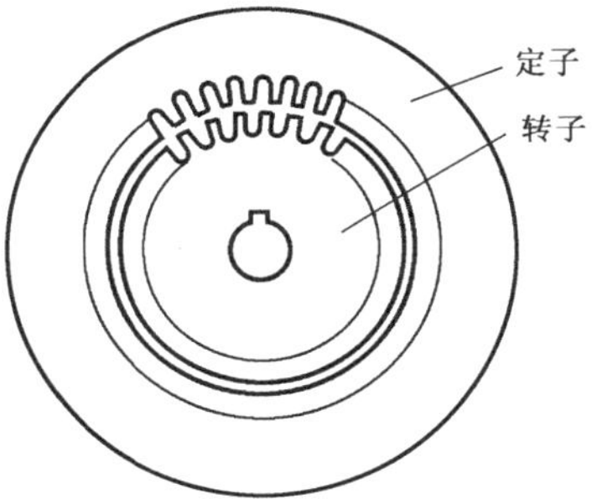

图 4-17　定子与转子的铁心

转子主要由转子铁心和转子绕组构成。转子铁心的外表有槽(见图 4-18),槽内安放转子绕组。转子铁心是圆柱状,也用硅钢片叠成,外表面冲有槽。铁心装在转轴上,轴上加机械负载。三相异步电动机的转子根据构造的不同分为两种:笼型和绕线型。

笼型转子的结构如图 4-18a 所示,在转子铁心的槽中放置铜条或铝条,两端用端环联结。或者在槽中浇铸铝液,铸成笼形,这样便可以用价格低廉的铝来代替铜,同时制造也快。因此,目前中小型笼型电动机的转子很多是铸铝的。笼型电动机由于构造简单、价格低廉、工作可靠、使用方便,成为生产上应用得最广泛的一种电动机。

绕线型转子的结构如图 4-18b 所示。绕线型绕组通常接成星形,三个末端连在一起,埋设在转子内。三个首端连接到三个铜制滑环上。滑环安装在转轴的一端,三个滑环之间,以及它们与转轴之间都是彼此绝缘的。滑环与固定在端盖上的电刷架内的电刷滑动接触。三相转子绕组的首端通过电刷、滑环结构与外部变阻器相连接,可以调节串入的电阻值。绕线型电机具有启动电流小、可以控制、启动转矩大等特性。

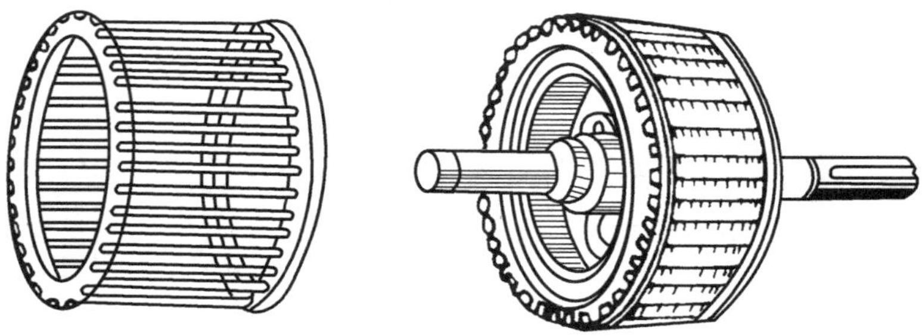

a）笼型转子

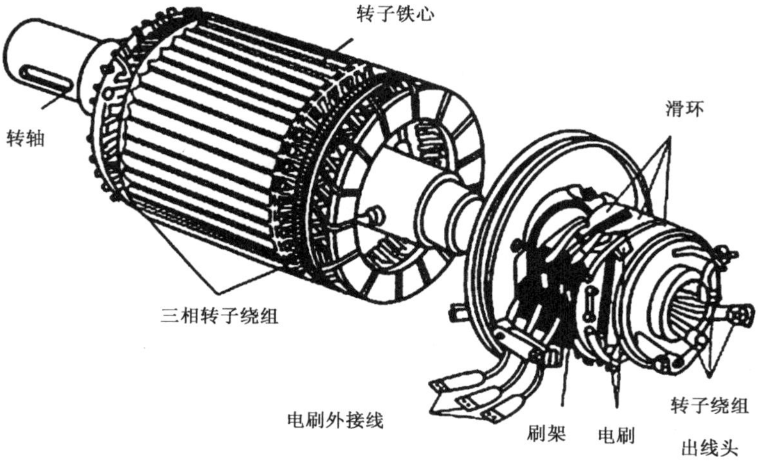

b）绕线型转子

图 4-18　转子

4.3.2　三相异步电动机的工作原理

1. *旋转磁场*

三相异步电动机的定子铁心中放有三相对称绕组 U_1U_2、V_1V_2 和 W_1W_2，定子三相绕组在空间彼此相隔 120°。设将定子三相绕组联结成星形，接在三相电源上，如图 4-19 所示，定子绕组中便有三相对称电流产生，即

$$\left.\begin{aligned} i_U &= I_m\sin\omega t \\ i_V &= I_m\sin(\omega t-120°) \\ i_W &= I_m\sin(\omega t+120°) \end{aligned}\right\} \tag{4-30}$$

其波形如图 4-20 所示。在一个周期内任选几个时刻，如，$\omega t=0°$、$\omega t=60°$及 $\omega t=90°$来分析定子磁场的变化。

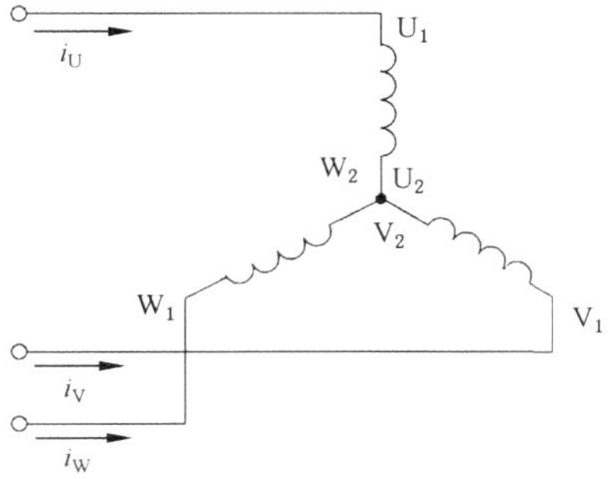

图 4-19　定子三相绕组的星形联结

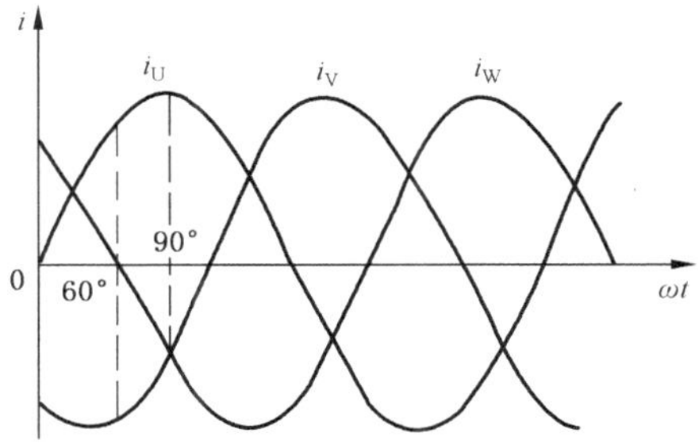

图 4-20　三相对称电流

设绕组始端到末端的方向为电流的参考方向。在 $\omega t=0°$的时刻，由式(4-30)及图 4-20 可知，定子绕组中的电流方向如图 4-21a 所示。这时 $i_U=0$；i_V 是负的，其方向与参考方向相反，即自 V_2 流入，V_1 流出；i_W 是正的，其方向与参考方向相同，即自 W_1 流入，W_2 流出。定子磁场的方向由右手螺旋定则确定。将每相电流所产生的磁场相加，便得出三相电流的合成磁场，合成磁场的方向标示在图 4-21a 中。

如图 4-21b 所示的是 $\omega t=60°$时定子绕组中电流的方向和三相电流的合成磁场的方向，这时的合成磁场已在空间转过了 60°。同理，在 $\omega t=90°$时的三相电流的合成磁场比 $\omega t=60°$时的合成磁场在空间又转过了 30°，如图 4-21c 所示。

由此可见，异步电动机的磁场是由对称三相电流产生的。当对称三相电流通入定子的对称三相绕组时，它们共同产生的合成磁场是随电流的交变在空间连续旋转的，称为旋转磁场。

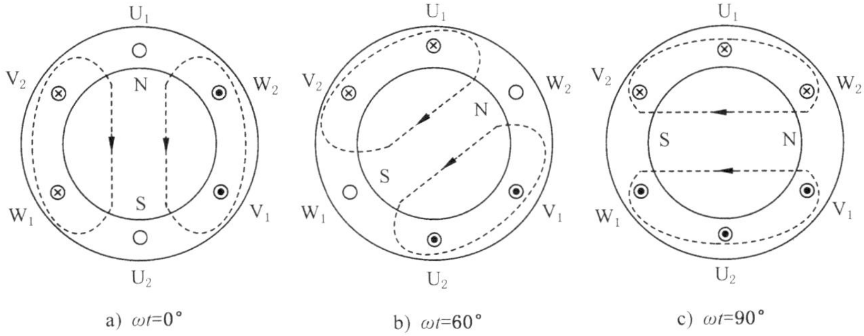

图 4-21　三相电流产生的旋转磁场(一对磁极)

三相异步电动机的极数就是旋转磁场的极数。旋转磁场的极数和三相绕组的安排有关。在上述图 4-21 的情况下，每相绕组只有一个线圈，绕组各始端在空间相差 120°空间角，则产生的旋转磁场具有一对极，即 $p=1$，p 称为磁极对数。

如将定子每相绕组改为由两个线圈串联，如图 4-22a，b 所示，绕组各始端在空间相差 60°空间角，在这样的三相绕组中通入三相电流后，如图 4-23 所示，产生的旋转磁场具有两对磁极，即 $p=2$。

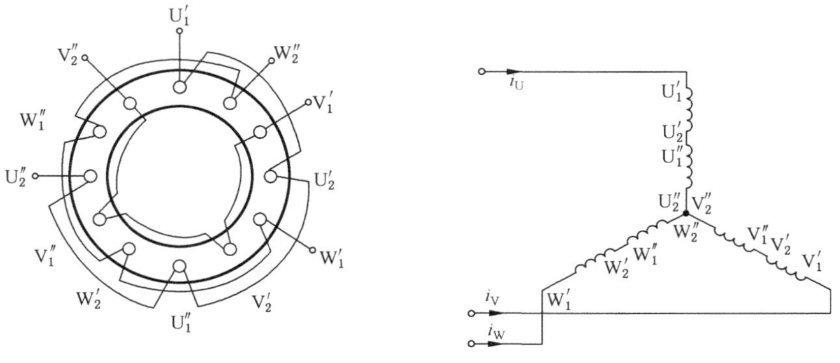

a）定子三相绕组图　　b）定子三相绕组的星形联结

图 4-22　产生四极旋转磁场的定子绕组

由图 4-21 及图 4-23 可见，当电流随时间交变时，合成磁场在空间旋转，旋转磁场的转速与磁场的极对数相关。在一对磁极，即 $p=1$ 时，电流变化一个周期，旋转磁场在空间转动一周。若电流的频率为 f_1，则旋转磁场的转速为 $n_0=60f_1$。此时，旋转磁场的转速 n_0 称为同步转速。

当旋转磁场有两对磁极，即 $p=2$ 时，电流变化一个周期，旋转磁场在空间只转过 180°，为一对磁极旋转磁场 $p=1$ 时的一半。此时，同步转速为 $n_0=\dfrac{60f_1}{2}$。同理可知，具有三对磁极 $p=3$ 的旋转磁场，当电流变化一个周期，磁场旋转 120°，因此旋转磁场的同步转速为 $n_0=\dfrac{60f_1}{3}$。

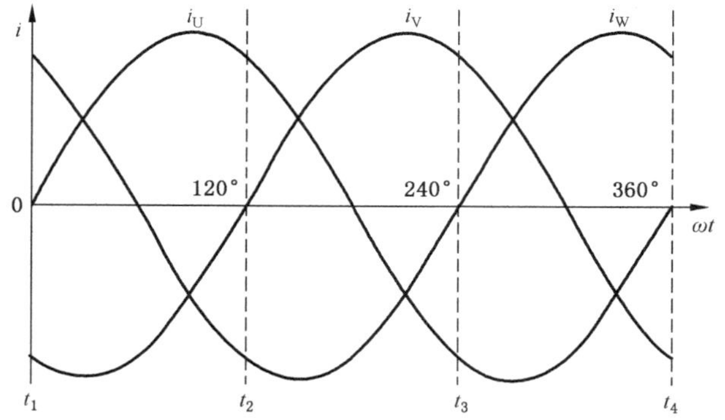

a）三相电流

图 4-23　三相电流产生的旋转磁场（两对磁极）

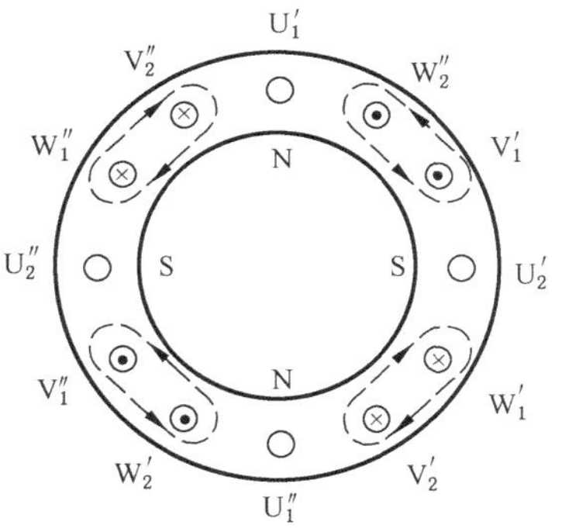

b) ωt=0°

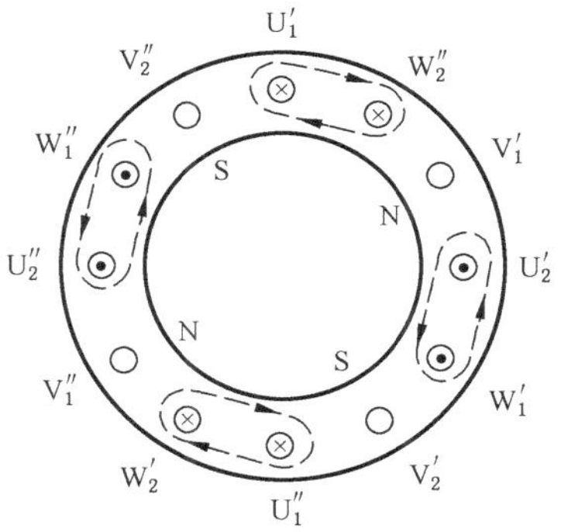

c) ωt=120°

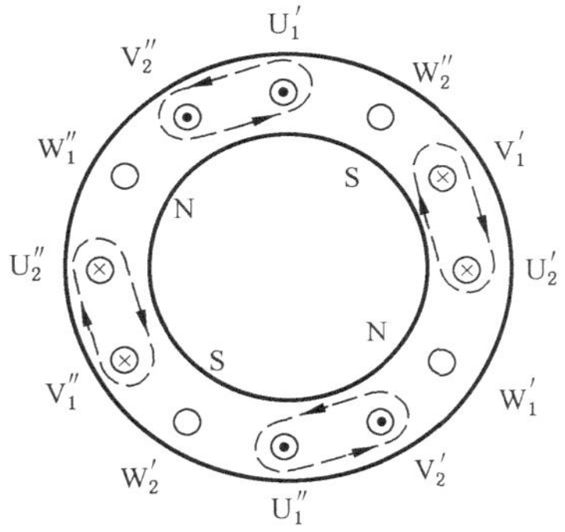

d) ωt=240°

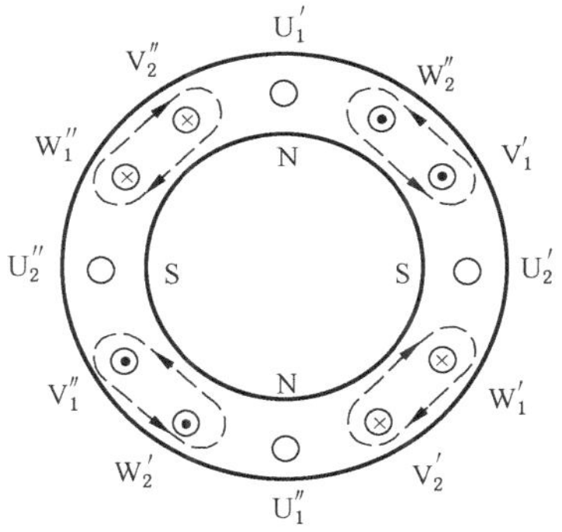

e) ωt=360°

续图 4-23

由此推知，当旋转磁场具有 p 对极时，磁场的同步转速为

$$n_0=\frac{60f_1}{p} \tag{4-31}$$

因此，旋转磁场的同步转速 n_0 决定于电流频率 f_1 和磁场的极对数 p，而后者又决定于三相绕组的分布情况。在我国，工频 $f_1=50$ Hz，于是由式(4-31)可得出对应于不同极对数 p 的旋转磁场同步转速 n_0，见表 4-3。

表 4-3　不同磁极对数的同步转速

p	1	2	3	4	5	6	7	8
n_0/(r · min^{-1})	3 000	1 500	1 000	750	600	500	428	375

观察图 4-21 中各瞬时磁场变化，可以看出旋转磁场是沿着 U→V→W 方向旋转的，即按顺时针方向旋转。如果将同三相电源联结的三根导线中的任意两根(例如 V 和 W)对调位置，则电动机三相绕组的 V 相与 W 相互换，磁场按逆时针方向旋转。由此可见，旋转磁场的转向是由三相电流的相序决定的。

2. 三相异步电动机的转动原理

图 4-24 是三相异步电动机转动原理示意图。如果在定子三相绕组中通入三相电流，则定子内部产生一个方向为顺时针、转速为 n_0 的旋转磁场。这时转子导体与旋转磁场之间存在着相对运动，因而在转子导体中产生感应电动势，可以用右手定则确定其感应电动势的方向。由于转子绕组是闭合的，于是，感应电动势在转子导体中产生感应电流。转子导体中的感应电流与旋转磁场相互作用产生电磁力 F，其方向用左手定则确定。电磁力 F 作用在转子上形成电磁转矩，使转子转动，由图 4-24 可见，转子顺旋转磁场的旋转方向转动。异步电动机的定子和转子之间只有磁的耦合而无电的联系，能量的传递依靠电磁感应作用，故这种异步电动机实际上就是感应电动机。

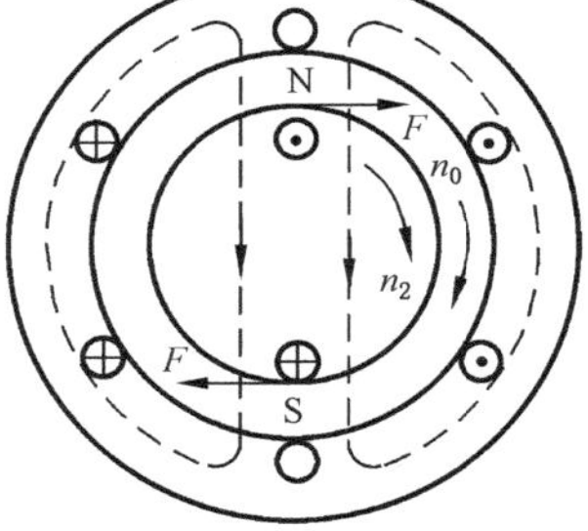

图 4-24　异步电动机转动原理示意图

由上面的分析还可以看出，异步电动机转子的转速 n 总是小于同步转速 n_0。如果两者相等 $n=n_0$，则转子与旋转磁场之间就不存在相对运动，转子导体中便不会产生感应电动势和电流，因而就不会产生电磁转矩驱使转子旋转，这就是将这种电动机取名为异步电动机的原因。

常用转差率 s 来表示转子转速 n 与同步转速 n_0 相差的程度，即

$$s=\frac{n_0-n}{n_0}\times 100\% \tag{4-32}$$

转差率是异步电动机的一个重要的物理量。当电动机起动瞬间，$n=0$，则 $s=1$，这时转差率最大。随着 n 的增大，s 不断减小，转子转速愈接近磁场转速，则转差率愈小。由于三相异步电动机的额定转速与同步转速相近，所以它的转差率很小。通常异步电动机在额定负载时的转差率约为 1%～9%。

例 4-4　有一台三相异步电动机，其额定转速 $n=1\ 460$ r/min。试求电动机在额定负载时的转差率。（电源频率 $f_1=50$ Hz）

解　由于异步电动机的额定转速接近而略小于同步转速，则同步转速应对应于磁极对数 $p=2$ 时的同步转速

$$n_0=\frac{60f_1}{p}=\frac{60\times 50}{2}=1\ 500 \text{ r/min}$$

因此，额定负载时的转差率为

$$s=\frac{n_0-n}{n_0}\times 100\%=\frac{1\ 500-1\ 460}{1\ 500}\times 100\%\approx 2.7\%$$

4.3.3　三相异步电动机的转矩和机械特性

1. 电路分析

异步电动机的定子绕组和转子绕组之间只有磁的耦合，而无电的联系，能量的传递依靠电磁感应作用，这与变压器一次、二次绕组之间的电磁关系相似。从电磁关系看，定子绕组相当于变压器的一次绕组，而转子绕组通常短接，相当于二次绕组。图 4-25 为异步电动机每相电路图。

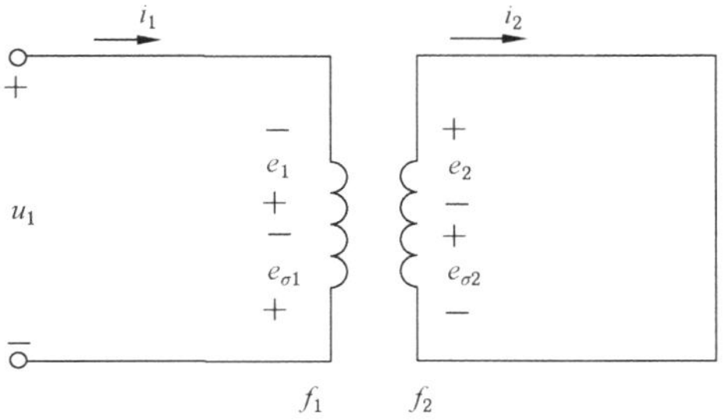

图 4-25　三相异步电动机的每相电路图

当定子绕组接上三相电源电压时，则有三相电流通过。定子三相电流产生旋转磁场，其磁通通过定子和转子铁心而闭合。这磁场不仅在转子每相绕组中要感应出电动势，并由此产生电流，而且在定子每相绕组中也要感应出电动势。此外，还有漏磁通在定子绕组和转子绕组中产生漏磁电动势。定子和转子每相绕组的匝数分别为 N_1 和 N_2。

变压器与三相异步电动机等效电路的区别体现在：

在变压器中，一次、二次绕组是相对静止的，所以它们的电流频率相同，就是电源频率。异步电动机中转子与定子是有相对运动的，所以转子电流的频率 f_2 随转子转速的不同而改变，即

$$f_2=\frac{p(n_0-n)}{60}=\frac{n_0-n}{n_0}\times\frac{pn_0}{60}=sf_1 \tag{4-33}$$

2. 电磁转矩

电动机的电磁转矩是由转子的载流导体与旋转磁场相互作用而产生的。转子载流导体所受的电磁力与旋转磁场主磁通 Φ_m 及转子电流 I_2 成正比。可见，电磁转矩 T 与主磁通 Φ_m、电流 I_2 成正比。

转子电路既有电阻还有漏电抗，所以转子电流 I_2 可以分解为有功分量 $I_2\cos\varphi_2$ 和无功分量 $I_2\sin\varphi_2$ 两部分。因为电磁转矩 T 决定着电动机输出机械功率（有功功率）的大小，所以只有电流的有功分量 $I_2\cos\varphi_2$ 才能产生电磁转矩。故异步电动机的电磁转矩为

$$T=K_T\Phi_m I_2\cos\varphi_2 \tag{4-34}$$

式中，K_T 是与电机结构有关的常数。

三相异步电动机电磁转矩还可以表示为

$$T=K\frac{sR_2U_1^{\ 2}}{R_2^2+(sX_{20})^2} \tag{4-35}$$

式中，K 是与电机结构有关的常数；R_2 是转子等效电阻；$X_{20}=2\pi f_1L_{\sigma2}$ 是转子静止时转子绕组的感抗。

由式(4-35)可见，转矩 T 与定子每相电压 U_1 的平方成正比，所以电源电压的波动对电动机转矩的影响很大。此外，转矩 T 还与转差率 s 及转子电阻 R_2 相关。

3. 机械特性

电动机的机械特性，就是指电动机的转速 n 与转矩 T 之间的关系，即 $n=f(T)$。在一定的电源电压 U_1 和转子电阻 R_2 之下，转矩与转差率的关系曲线 $T=f(s)$（见图 4-26），或转速与转矩的关系曲线 $n=f(T)$（见图 4-27），称为电动机的机械特性曲线。

研究机械特性的目的是分析电动机的运行性能。下面讨论几个重要的参数。

(1) 额定转矩 T_N

电动机在额定负载下稳定运行时的输出转矩称为额定转矩 T_N。电动机的额定转矩可以根据铭牌上的额定转速 n_N 和额定功率（输出机械功率）P_{2N}，应用下式求得

$$T_N=9\ 550\frac{P_{2N}}{n_N} \tag{4-36}$$

式中，P_{2N} 是电动机轴上输出的机械功率，单位为千瓦(kW)，额定转速 n_N 的单位为转/分(r/min)，则转矩的单位为牛·米(N·m)。

(2) 起动转矩 T_{st}

电动机转速 $n=0(s=1)$，即电动机刚起动时，电动机的转矩称为起动转矩 T_{st}。只要将 $s=1$ 代入式(4-35)，即可得起动转矩

$$T_{st}=K\frac{R_2U_1^2}{R_2^2+X_{20}^{\ 2}} \tag{4-37}$$

由上式可见，T_{st} 与 U_1 及 R_2 有关。当电源电压 U_1 降低时，起动转矩会减小（见图 4-28）。当转子电阻 R_2 适当增大时，起动转矩会增大（见图 4-29）。

只有当电动机起动转矩 T_{st} 大于负载转矩 T_L 时，电动机才能起动，而且起动转矩越大，起动越快。反之，电动机不能起动。

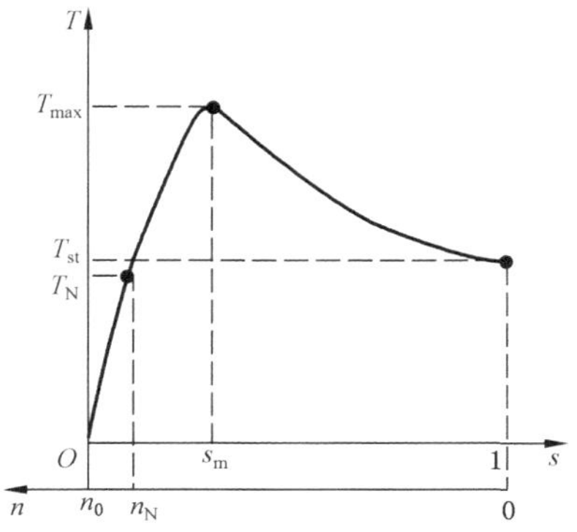

图 4-26 三相异步电动机的 $T=f(s)$ 曲线

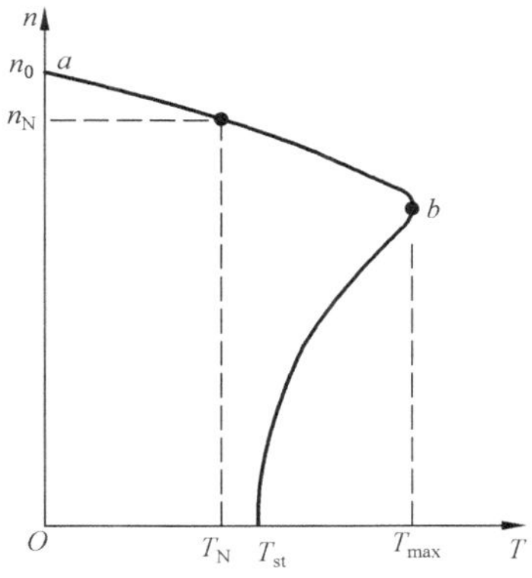

图 4-27 三相异步电动机的 $n=f(T)$ 曲线

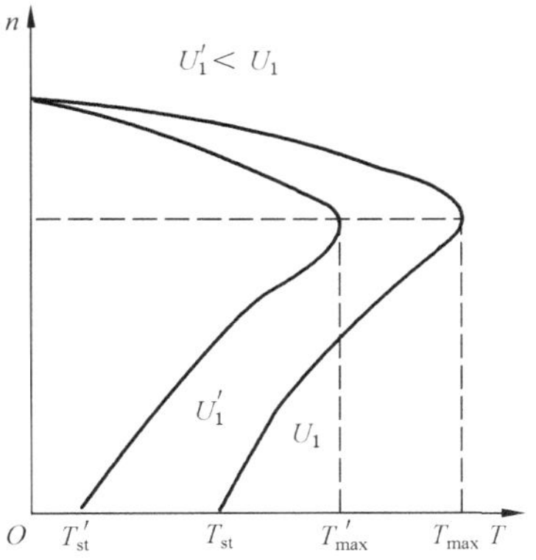

图 4-28 改变电源电压时的机械特性

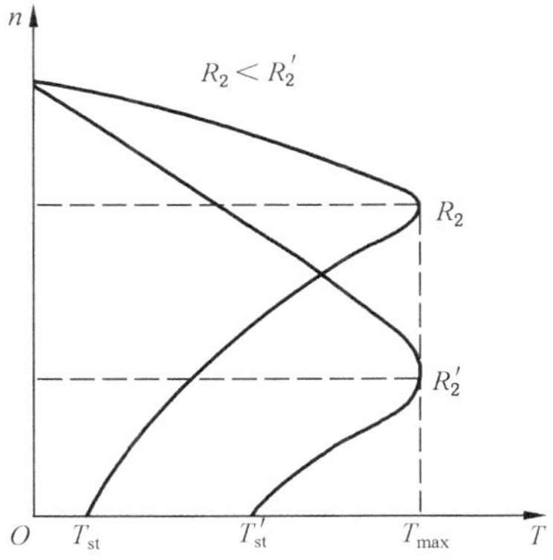

图 4-29 改变转子电阻时的机械特性

(3) 最大转矩 T_{max}

电动机转矩的最大值,称为最大转矩或临界转矩。这时,电动机的转速称为临界转速 n_c,对应最大转矩的转差率为临界转差率 s_m

$$s_m=\frac{R_2}{X_{20}} \tag{4-38}$$

再将 s_m 代入式(4-35),则得最大转矩

$$T_{max}=K\frac{U_1^2}{2X_{20}} \tag{4-39}$$

由式(4-38)、式(4-39)可见,T_{max} 与 U_1^2 成正比,而与转子电阻 R_2 无关;s_m 与 R_2 有关,R_2 愈大,s_m 也愈大。

上述关系表示在图 4-28 和图 4-29 中。

当负载转矩大于最大转矩时,电动机就要停车,发生所谓闷车现象。闷车后,电动机的电流立即增至额定值的 6～7 倍,将引起电动机严重过热,以致烧段。如果过载时间较短，电动机不至于立即过热，是容许的。电动机最大转矩与额定转矩的比值 λ 称为过载系数。一般三相异步电动机的过载系数为 1.8～2.2。

在选用电动机时，必须考虑可能出现的最大负载转矩，而后根据所选电动机的过载系数算出电动机的最大转矩，它必须大于最大负载转矩。否则，就要重选电动机。

通常三相异步电动机都工作在如图 4-27 所示特性曲线的 ab 段。当负载转矩增大（譬如车床切削时的吃刀量加大，起重机的起重量加大）时，在最初瞬间电动机的转矩 $T<T_c$，所以它的转速 n 开始下降。随着转速的下降，由图 4-27 可见，电动机的转矩增加。当转矩增加到 $T=T_c$ 时，电动机在新的稳定状态下运行，这时转速较前为低。但是 ab 段比较平坦，当负载在空载与额定值之间变化时，电动机的转速变化不大。这种特性称为硬的机械特性。三相异步电动机的这种硬特性非常适用于一般金属切削机床。

4.3.4 三相异步电动机的铭牌数据

要正确使用电动机，必须要看懂铭牌。今以 Y132M-4 型电动机为例，来说明铭牌上各个数据的意义。

三相异步电动机					
型号	Y132M-4	功　　率	7.5kW	频　　率	50 Hz
电压	380V	电　　流	15.4A	接　　法	△
转速	1 440r/min	绝缘等级	B	工作方式	连续
年　月		编号		××电机厂	

此外，三相异步电动机主要技术数据还包括功率因数和效率。

1.型号

为了适应不同用途和不同工作环境的需要，电动机制成不同的系列，每种系列用各种型号表示。

型号说明，例如

Y　132　M-4

三相异步电动机——Y

机座中心高(mm)——132

M-4——磁极数（4）

M——机座长度代号

(S——短机座；M——中机座，L——长机座)

异步电动机的产品名称代号及其汉字意义摘录于表 4-4 中。

表 4-4　异步电动机产品名称代号

产品名称	新代号	汉字意义	老代号
异步电动机	Y	异	J,JO
绕线式异步电动机	YR	异绕	JR,JRO
防爆型异步电动机	YB	异爆	JB,JBS
高起动转矩异步电动机	YQ	异起	JQ,JQO

小型 Y、Y-L 系列笼型异步电动机是取代 JO 系列的新产品，为封闭自扇冷式。Y 系列定子绕组为铜线，Y-L 系列为铝线。电动机功率是 0.55～90 kW。同样功率的电动机，Y 系列比 JO 系列体积小、质量轻、效率高。

2. 接法

这是指定子三相绕组的接法。一般笼型电动机的接线盒中有六根引出线，标有 U_1、V_1、W_1、U_2、V_2、W_2，其中：U_1、U_2 是第一相绕组的两端；V_1、V_2 是第二相绕组的两端；W_1、W_2 是第三相绕组的两端。

如果 U_1、V_1、W_1 分别为三相绕组的始端（头），则 U_2、V_2、W_2 是相应的末端（尾）。

这六个引出线端在接电源之前，相互间必须正确联结。联结方法有星形（Y）联结和三角形（△）联结两种（见图 4-30）。通常三相异步电动机自 3 kW 以下者，联结成星形；自 4 kW 以上者，联结成三角形。

3. 电压

铭牌上所标的电压值是指电动机在额定运行时定子绕组上应加的线电压值。一般规定电动机的电压不应高于或低于额定值的 5%。

当电压高于额定值时，磁通将增大（因 $U_1 \approx 4.44 f_1 N_1 \Phi_m$）。若所加电压较额定电压高出较多，将使励磁电流大大增加，电流大于额定电流，使绕组过热。同时，由于磁通的增大，铁损（与磁通平方成正比）也增大，使定子铁心过热。但常见的是电压低于额定值，这时转速下降，电流增加，如果在满载或接近满载的情况下，电流的增加将超过额定值，使绕组过热。还必须注意，在低于额定电压下运行时，和电压平方成正比的最大转矩 T_{max} 会显著地降低，这对电动机的运行是不利的。

三相异步电动机的额定电压有 380 V、3 000 V 及 6 000 V 等多种。

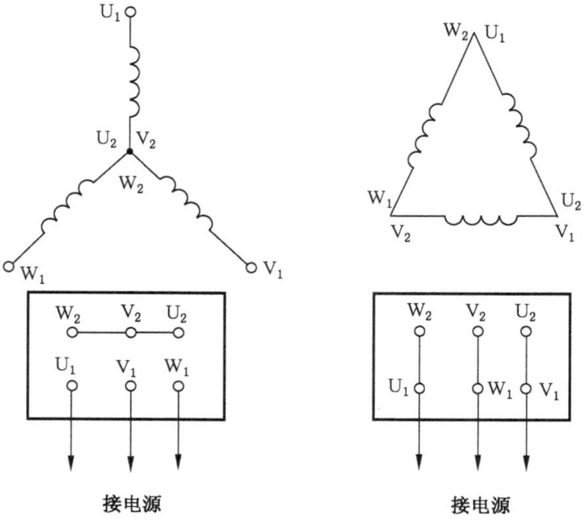

a) 星形联结　　b) 三角形联结

图 4-30　定子绕组的星形和三角形联结

4. 电流

铭牌上所标的电流值是指电动机在额定运行时定子绕组的线电流值。

当电动机空载时，转子转速接近于旋转磁场的转速，两者之间相对转速很小，所以转子电流近似为零，这时定子电流几乎全为建立旋转磁场的励磁电流。当输出功率增大时，转子电流和定子电流都随着相应增大，如图 4-31 中 $I_1=f(P_2)$ 曲线所示。

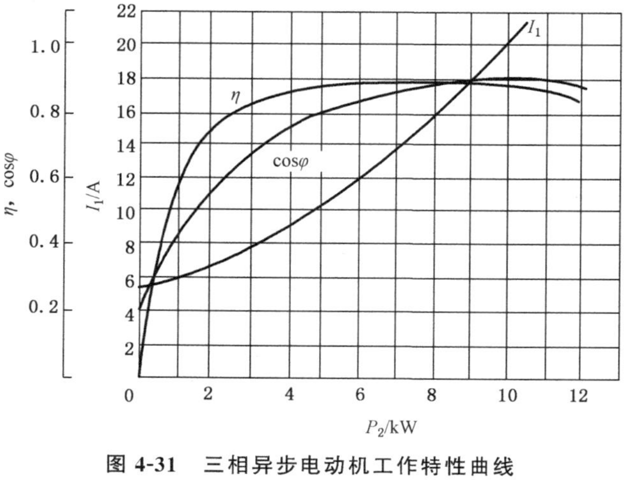

图 4-31　三相异步电动机工作特性曲线

5. 功率与效率

铭牌上所标的功率值是指电动机在额定运行时轴上输出的机械功率值。输出功率与输入功率不等，其差值等于电动机本身的损耗功率，包括铜损、铁损及机械损耗等。所谓效率 η 就是输出功率与输入功率的比值。

如以 Y132M-4 型电动机为例：

输入功率

$$P_1=\sqrt{3}U_lI_l\cos\varphi=\sqrt{3}\times380\times15.4\times0.85\ \text{kW}=8.6\ \text{kW}$$

输出功率

$$P_2=7.5\ \text{kW}$$

效率

$$\eta=\frac{P_2}{P_1}\times100\%=\frac{7.5}{8.6}\times100\%=87\%$$

一般笼型电动机在额定运行时的效率约为 72%～93%。$\eta=f(P_2)$曲线如图 4-31 所示，在额定功率的 75%左右时效率最高。

6. 功率因数

因为电动机是电感性负载，定子相电流滞后于相电压 φ 角，$\cos\varphi$ 就是电动机的功率因数。

三相异步电动机的功率因数较低，在额定负载时约为 0.7～0.9，而在轻载和空载时更低，空载时只有 0.2～0.3。因此，必须正确选择电动机的容量，防止“大马拉小车”，并力求缩短空载的时间。

$\cos\varphi=f(P_2)$曲线如图 4-31 所示。

7. 转速

由于生产机械对转速的要求不同，需要生产不同磁极数的异步电动机，因此有不同的转速等级。最常用的是四个极的($n_0=1\ 500$ r/min)。

8. 绝缘等级

绝缘等级是按电动机绕组所用的绝缘材料在使用时容许的极限温度来分级的。所谓极限温度，是指电机绝缘结构中最热点的最高容许温度。技术数据见表 4-5。

表 4-5　异步电动机产品名称代号绝缘等级及极限温度

绝缘等级	A	E	B	F	H
极限温度/℃	105	120	130	155	180

9. 工作方式

电动机的工作方式分为八类，用字母 S_1～S_8 分别表示。例如：

连续工作方式(S_1)；

短时工作方式(S_2)，分 10 min、30 min、60 min、90 min 四种；

断续周期性工作方式(S_3)，其周期由一个额定负载时间和一个停止时间组成，额定负载时间与整个周期之比称为负载持续率。标准持续率有 15%、25%、40%、60%几种，每个周期为 10 min。

例 4-5 有一 Y225M-4 型三相异步电动机，其额定数据如表 4-6 所示。试求：(1) 额定电流 I_N；(2) 额定转差率 s_N；(3) 额定转矩 T_N、最大转矩 T_{max}、起动转矩 T_{st}。

表 4-6 例 4-5 表

功率/kW	转速/(r·min⁻¹)	电压/V	效率/%	功率因数	I_{st}/I_N	T_{st}/T_N	T_{max}/T_N
45	1 480	380	92.3	0.88	7.0	1.9	2.2

解 (1) 4～100 kW 的电动机通常都是 380 V，三角形联结。

$$I_N=\frac{P_2}{\sqrt{3}\eta U\cos\varphi}=\frac{45\times10^3}{\sqrt{3}\times0.923\times380\times0.88}\text{A}=84.2\text{A}$$

(2) 由已知 $n=1\ 480$ r/min 可知，电动机是四极的，即 $p=2$，$n_0=1\ 500$ r/min。所以

$$s_N=\frac{n_0-n_N}{n_0}\times100\%=\frac{1\ 500-1\ 480}{1\ 500}\times100\%=1.3\%$$

(3)
$$T_N=9\ 550\frac{P_{2N}}{n}=9\ 550\times\frac{45}{1\ 480}\ \text{N}\cdot\text{m}=290.4\ \text{N}\cdot\text{m}$$

$$T_{max}=\left(\frac{T_{max}}{T_N}\right)T_N=2.2\times290.4\ \text{N}\cdot\text{m}=638.9\ \text{N}\cdot\text{m}$$

$$T_{st}=\left(\frac{T_{st}}{T_N}\right)T_N=1.9\times290.4\ \text{N}\cdot\text{m}=551.8\ \text{N}\cdot\text{m}$$

[**思考题**]

1. 三相异步电动机在一定负载下运行时，如电源电压降低，电动机的转矩、电流及转速有何变化？

2. 三相异步电动机在正常运行时，如果转子突然被卡住，试问这时电动机的电流有何变化？对电动机有何影响？

3. 三相异步电动机在额定状态附近运行，当(1)负载增大；(2)电压升高；(3)频率增大时，试分别说明其转速和电流作何变化？

4. 频率为 60 Hz 的三相异步电动机，若接在 50 Hz 的电源上使用，电动机的同步转速为多少？电动机会发生何种现象？

5. 为什么三相异步电动机不能在最大转矩 T_{max} 处或接近最大转矩处运行？

4.4 三相异步电动机的起动、调速与制动

为了更好、更高效地使用电动机，除根据生产机械的负载特性选择合适的电动机外，还要考虑到三相异步电动机的起动、调速与制动，这些问题往往影响到生产机械的工作效率和产品质量，具有重要的实际意义。

4.4.1 三相异步电动机的起动

电动机从接上电源开始运转起，一直加速到稳定运转状态的过程称为起动过程。由于电动机总是与生产机械连接在一起组成电力拖动机组，所以电动机应满足以下两项要求：

(1) 起动时，起动转矩要足够大。只有足够大的起动转矩，才能使机组起动，并缩短起动时间。如果起动转矩过小，就不能在满载下起动，应设法提高。但有时起动转矩如果过大，会使传动机构(譬如齿轮)受到冲击而损坏，所以又应设法减小。

(2) 起动时，起动电流不能太大。过大的起动电流虽不至引起电动机的过热，但将使供电线路产生较大的电压降，从而影响接在同一电网上的其他用电设备的正常工作。

当异步电动机接上电源的一瞬间，由于 $n=0$，$s=1$，因而转子电路中的感应电动势和电流都很大。转子电流的增大将引起定子电流的增大。如果不采取任何措施，笼型异步电动机的起动电流约为额定电流的 5～7 倍。起动电流虽大，但由于转速较低时，功率因数很低，所以起动转矩却不很大，只有额定转矩的 1～2 倍。

由上述可知，异步电动机起动时的主要缺点是起动电流较大。为了减小起动电流(有时也为了提高或减小起动转矩)，必须采用适当的起动方法。

笼型电动机的起动有直接起动、减压起动和软起动器起动三种。

1. 直接起动

直接起动就是利用闸刀开关或接触器将电动机直接接到具有额定电压的电源上。这种起动方法虽然简单，但如上所述，由于起动电流较大，将使线路电压下降，影响负载正常工作。对于不经常起动的异步电动机，当其容量不超过电源容量的 30%时允许直接起动；对于频繁起动的异步电动机，其容量不超过电源容量的 20%时允许直接起动。如果动力和照明共用一台变压器，则要求电动机直接起动时所产生的电压降不应超过 5%。20～30 kW 以下的异步电动机一般都是采用直接起动的。

2. 减压起动

如果电动机直接起动时所引起的线路电压降较大，必须采用减压起动，就是

在起动时降低加在电动机定子绕组上的电压，以减小起动电流。减压起动虽然可以减小起动电流，但同时也减小了起动转矩，这是减压起动的不足之处，因此减压起动仅适用于空载或轻载情况下起动。常用的减压起动方法有星-三角换接起动和自耦变压器减压起动。

（1）星-三角换接起动

星-三角换接起动只适用于定子绕组在正常工作时是三角形接法的电动机，在起动时可将它联结成星形，等到转速接近额定值时再换接成三角形。这样在起动时就将定子每相绕组上的电压降到正常工作电压的 $1/\sqrt{3}$，达到减压起动的目的，起动线路如图 4-32 所示。

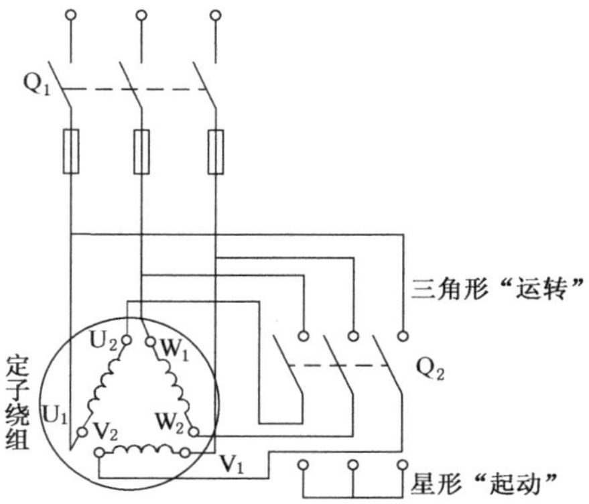

图 4-32　星—三角换接起动线路图

起动时，将换接开关 Q_2 投向“起动”位置，然后将电源开关 Q_1 闭合。这时，定子绕组为星形联结，定子绕组电压（相电压）与电源电压（线电压）的关系为

$$U_p = U_1/\sqrt{3}$$

即每相绕组上的起动电压只有额定电压的 $1/\sqrt{3}$，则定子绕组电流 I_Y（线电流）为

$$I_{1Y} = I_{pY} = \frac{U_p}{|Z|} = \frac{U_1/\sqrt{3}}{|Z|} \tag{4-40}$$

待转速上升到接近额定转速时，再将 Q_2 投向“运行”位置，定子绕组为三角形联结，定子绕组电压（相电压）与电源电压（线电压）相等，即每相绕组上的电压为额定电压，则定子绕组电流为 $I_\triangle$（线电流）为：

$$I_{1\triangle} = \sqrt{3} I_{p\triangle} = \frac{\sqrt{3}U_p}{|Z|} = \frac{\sqrt{3}U_1}{|Z|} \tag{4-41}$$

比较式(4-40)和式(4-41)，可得

$$\frac{I_{1Y}}{I_{1\Delta}} = \frac{1}{3} \tag{4-42}$$

可知，减压起动时定子绕组电流为直接起动时的$\frac{1}{3}$。

由于转矩和电压的平方成正比，所以起动转矩也减小到直接起动时的$\left(\frac{1}{\sqrt{3}}\right)^2 = \frac{1}{3}$。因此，此方法只适用于空载和轻载时起动。

（2）自耦变压器起动

对于容量较大的或正常运行时接成星形而不能采用星-三角起动的笼型异步电动机，常采用自耦变压器起动。这种减压起动是利用三相固定抽头式自耦变压器，将电动机在起动过程中的端电压降低。自耦变压器一般每相备有三个抽头，抽头的电压分别为额定电压的 80%、60%及 40%，根据对起动转矩的要求而选用。此种方法的接线如图 4-33 所示。起动时，先将 Q_2 投向“起动”位置，此时，电动机在降低了的电压下起动。待电动机接近额定转速时，再将 Q_2 投向“运行”位置，将全部电压（额定电压）加到定子绕组上，同时使自耦变压器脱离电源，起动过程结束。用这种方法起动，电网供给的起动电流将是直接起动时的 $1/K^2$（K 为自耦变压器电压比），起动转矩也将为直接起动时的 $1/K^2$。

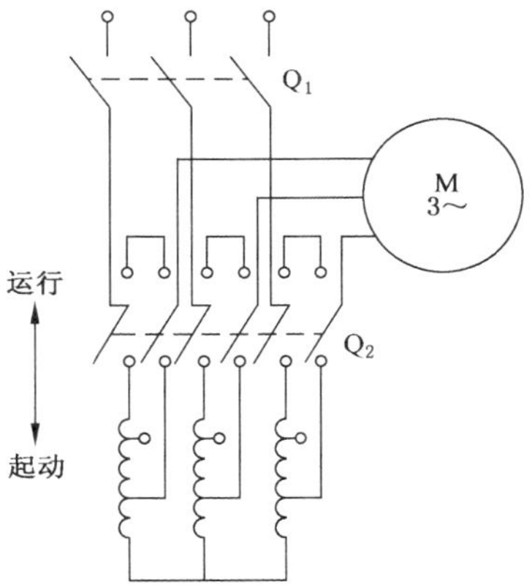

图 4-33　自耦变压器减压起动线路图

例 4-6　在例 4-5 中，(1) 如果负载转矩为 510.2 N·m，试问在 $U=U_N$ 和 $U'=0.9U_N$ 两种情况下电动机能否起动？(2) 采用星-三角换接起动时，求起动电流和起动力矩。又当负载转矩为额定转矩的 80% 和 50% 时，电动机能否起动？

解　(1) 在 $U=U_N$ 时，$T_{st}=551.8\ \text{N}\cdot\text{m}>510.2\ \text{N}\cdot\text{m}$，所以能够起动。

在 $U'=0.9U_N$ 时，$T'_{st}=0.9^2\times551.8\ \text{N}\cdot\text{m}=447\ \text{N}\cdot\text{m}<510.2\ \text{N}\cdot\text{m}$，所以不能起动。

(2)
$$I_{st\Delta}=7I_N=7\times84.2\ \text{A}=589.4\ \text{A}$$

$$I_{stY}=\frac{1}{3}I_{st\triangle}=\frac{1}{3}\times589.4\ \text{A}=196.5\ \text{A}$$

$$I_{stY}=\frac{1}{3}I_{st\triangle}=\frac{1}{3}\times551.8\ \text{A}=183.9\ \text{A}$$

在 80%额定转矩时

$$\frac{T_{stY}}{T'_L}=\frac{T_{stY}}{T_N\times80\%}=\frac{183.9}{290.4\times80\%}=\frac{183.9}{232.3}<1\text{，不能起动；}$$

在 50%额定转矩时

$$\frac{T_{stY}}{T''_L}=\frac{T_{stY}}{T_N\times50\%}=\frac{183.9}{290.4\times50\%}=\frac{183.9}{145.2}>1\text{，可以起动。}$$

3. 软起动器起动

当采用减压起动时，虽然限制了异步电动机起动电流的大小，但在减压起动过程完成后的分档投切和加全压的瞬间，仍将产生数倍于额定电流的尖峰电流（即二次冲击电流），会对配电系统造成冲击，同时产生破坏性的动态转矩引起电机的机械震动，对转子、中间齿轮等机械设备非常有害，并使起动过程延长。采用软起动器可以有效地解决该问题。

软起动器可以在整个起动过程中使电动机电压逐渐升高，很好地控制起动电流，达到电动机平稳起动的目的，通常有限压起动和限流起动两种起动模式。软起动器可根据电动机负载的特性来调节起动过程中的各种参数，如限压值、限流值、起动时间等。软起动器与电动机的接线图如图 4-34 所示。

软起动器还具有软停车、智能控制和过电流、过电压、缺相等多种保护功能，适合所有的空载、轻载异步电动机使用。

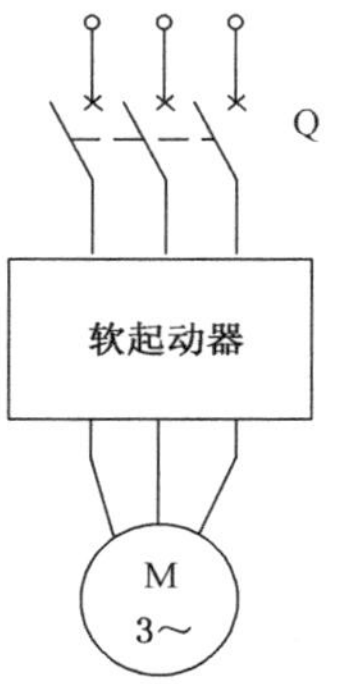

图 4-34 软起动器起动

4.4.2 三相异步电动机的调速

电动机的调速就是根据生产机械的需要，在同一负载转矩下调节其转速，以满足生产过程的要求。例如车床的主电动机随着工件与刀具不同、材料不同、加工工艺不同，需要有不同的转速，以保证工件的加工质量。如果采用电气调速，则可以简化机械变速机构。

电动机转速公式为

$$n=(1-s)n_0=(1-s)\frac{60f_1}{p} \tag{4-43}$$

式(4-43)表明，改变转速有三种方法：改变电源频率 f_1、极对数 p 和转差率 s。前二者常用于笼型电动机调速，后者适用于绕线式电动机调速。

1. 变频调速

近年来变频调速技术发展很快，目前主要采用如图 4-35 所示的变频调速装置，它主要由整流器和逆变器两大部分组成。整流器先将频率 f 为 50 Hz 的三相交流电变换为直流电，再由逆变器变换为频率 f_1 可调、电压有效值 U_1 也可调的三相交流电，供给三相笼型电动机。由此可得到电动机的无级调速，并具有硬的机械特性。频率调节范围一般为 0.5～320 Hz。

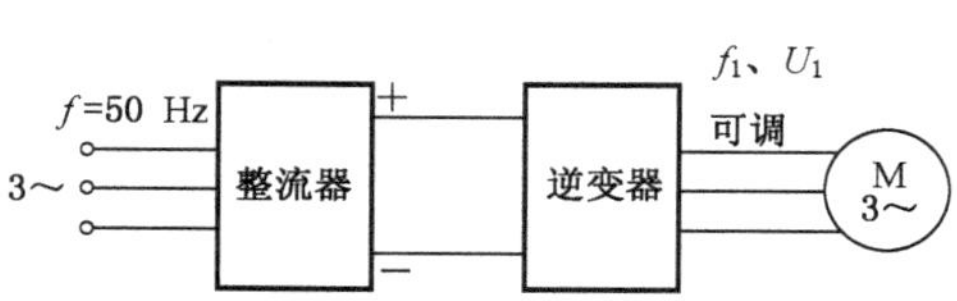

图 4-35 变频调速

2. 变极调速

由式 $n_0=\dfrac{60f_1}{p}$ 可知，如果极对数 p 减小一半，则旋转磁场的转速 n_0 便提高一倍，转子转速 n 差不多也提高一倍，因此改变 p 可以得到不同的转速。极对数同定子绕组的接法有关。

如图 4-36 所示的是定子绕组的两种接法。将 A 相绕组分成两个绕组：线圈 $U_1'U_2'$ 和 $U_1''U_2''$。图 4-36a 中是两个线圈串连，得出 $p=2$。图 4-36b 中是两个线圈反并联（头尾相联），得出 $p=1$。在换极时，一个线圈中的电流方向不变，而另一个线圈中的电流必须改变方向。

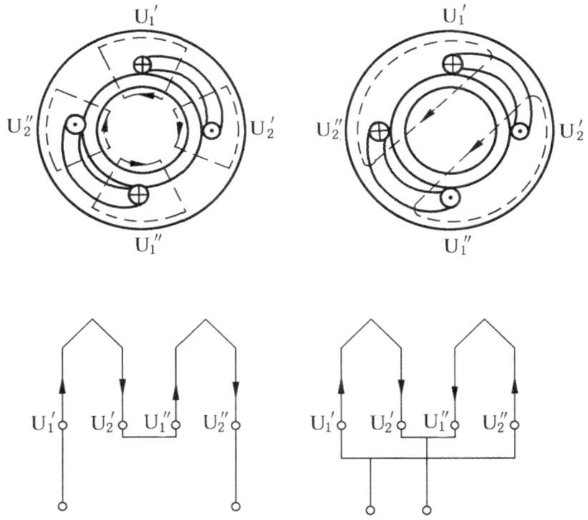

a) $p=2$　　b) $p=1$

图 4-36　变极调速

双速电动机在机床上用得较多，像某些镗床、磨床、铣床上都有。这种电动机的调速是有级的。

3. 变转差率调速

在绕线式电动机的转子电路中接入一个调速电阻，接线如图 4-37 所示。改变电阻的大小，可以得到平滑调速。例如增大调速电阻时，转差率 s 增大，而转速 n 下降。这种调速方法设备简单，但电能损耗较大。在起重设备中这种调速方法较为多见。

4.4.3　三相异步电动机的制动

当生产机械需要停车时，如果仅仅切断电动机的电源让其自由停车，则由于电动机本身及生产机械的惯性往往需要较长的时间。为了缩短停车时间，提高生产率，必须对电动机进行制动，迫使其立即停车。对电动机制动，就是要求它的转矩与转子的转动方向相反。这时的转矩称为制动转矩。

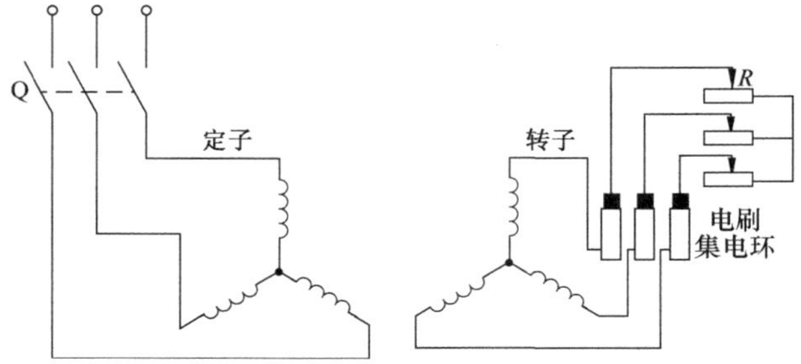

图 4-37　变转差率调速

异步电动机的制动方法有:能耗制动、反接制动和再生制动(又称发电反馈制动)。

1. 能耗制动

能耗制动就是在切断三相电源的同时,接通直流电源(见图 4-38),使直流电流通入定子绕组,直流电流产生的磁场是静止的,而转子由于惯性继续在原方向转动。根据右手定则和左手定则不难确定,这时的转子电流与静止磁场相互作用产生的转矩的方向与电动机转动的方向相反,称为制动转矩。在制动转矩作用下,电动机迅速停止旋转,随即切断直流电源。制动转矩的大小与直流电流的大小有关。直流电流的大小一般为电动机额定电流的 0.5～1 倍。因为这种方法是用消耗转子的动能(转换为电能)来进行制动的,所以称为能耗制动。能耗制动具有制动准确、平稳、能量消耗小等优点。能耗制动需要直流电源,制动力较弱,特别是在低速时尤为突出,适用于要求制动准确、平稳的场合,如磨床、龙门刨床及组合机床的主轴定位等。

2. 反接制动

如果异步电动机在运转中将它的任意两相电源接线对调(将 Q 投向制动位置),如图 4-39 所示,则电动机处于反接制动状态。两相电源接线对调后旋转磁场改变方向,这时电磁转矩的方向与转子原旋转方向相反,显然这个转矩是制动转矩。当转速降至接近于零时,须利用某种控制电器将电源自动切断,否则电动机将反转。

由于在反接制动时旋转磁场与转子间的转速差 n_0-n 很大,所以在制动过程中转子电流很大,因而定子电流也很大。为了限制电流,对功率较大的电动机进行制动时必须在定子电路(笼型)或转子电路(绕线式)中接入电阻。

反接制动时,旋转磁场的相对速度很大,定子电流也很大,因此制动效果显著。但在制动过程中有冲击,对传动部件不利,能量消耗较大,制动的准确度较差,故用于不太经常起、制动的设备,如铣床、镗床、中型车床主轴的制动。

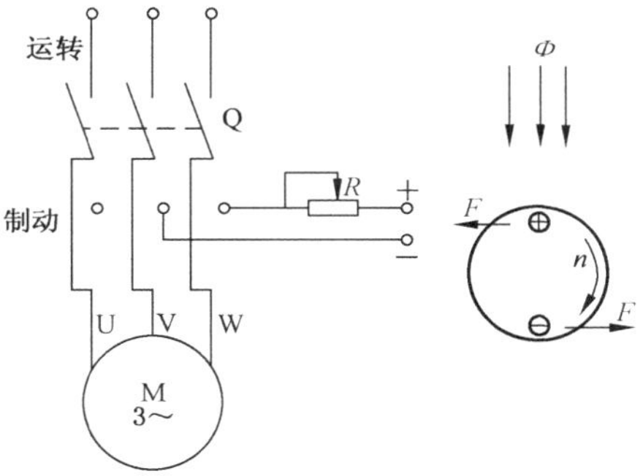

图 4-38　能耗制动

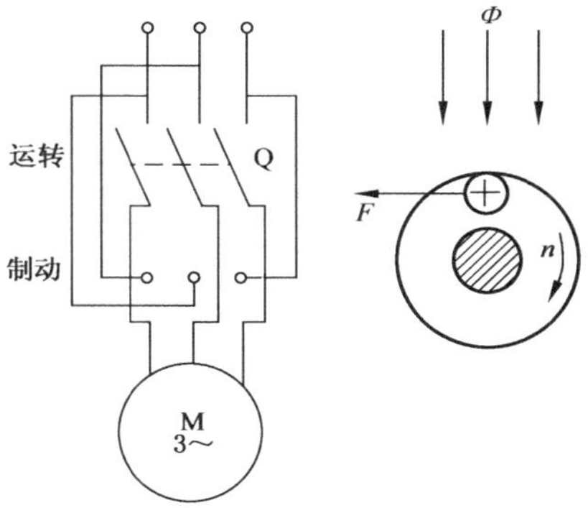

图 4-39　反接制动

3. 发电反馈制动

当转子的转速 n 超过旋转磁场的转速 n_0 时，转矩也是制动的(见图 4-40)。当起重机快速下放重物时，就会发生这种情况。这时重物拖动转子，使其转速 $n>n_0$，重物受到制动而等速下降。实际上这时电动机已转入发电机运行，将重物的位能转换为电能而反馈到电网里去。所以称为发电反馈制动。

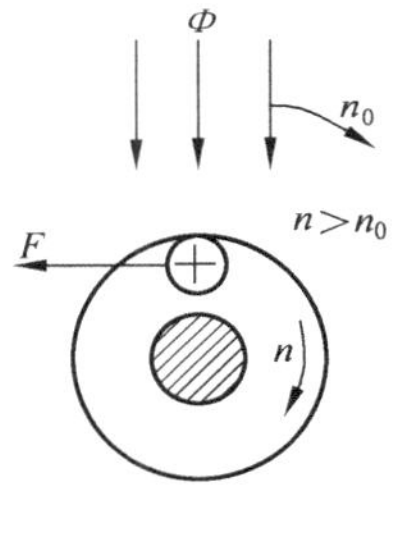

图 4-40　发电反馈制动原理图

另外，将多速电动机从高速调到低速的过程中，也自然发生这种制动。因为刚将极对数 p 加倍时，磁场转速立即减半，但由于惯性，转子转速只能逐渐下降，因此就出现 $n>n_0$ 的情况。

[思考题]

1. 三相异步电动机在满载和空载下起动时，起动电流和起动转矩是否一样？

2. 如图 4-39 所示，在三相异步电动机进行反接制动时，开关 Q 已经投向制动位置，如果没有及时将电动机的电源断开，会发生什么现象？

4.5　常用低压电器

电器对电能的生产、输送、分配与应用起着控制、调节、检测和保护的作用，在电力输配电系统和电力拖动自动控制系统中应用极为广泛。随着电子技术、自动控制技术和计算机应用技术的迅猛发展，一些电器元件可能被电子电路所取代。但是由于电器元件本身也朝着新的领域扩展，例如：电器元件性能的提高；新型电器元件的产生；机、电、仪一体化电器元件的实现；电器元件应用范围的扩展等，而且有些电器元件有其特殊性，因此电器元件是不可能完全被取代的，以继电器、接触器等工业电器为基础的电器控制技术仍具有相当重要的地位。

4.5.1 电器元件的分类

电器元件的品种规格繁多，功能及用途也很广泛，为了系统地掌握，必须加以分类。

1. 按工作电压等级分类

(1) 高压电器　用于交流电压 1 200 V、直流电压 1 500 V 及以上电路中的电器，例如高压断路器、高压隔离开关、高压熔断器等。

(2) 低压电器　用于交流 50 Hz(或 60 Hz)、额定电压 1 200 V 以下及直流额定电压 1 500 V 以下的电路内起通断、保护、控制或调节作用的电器，例如接触器、继电器等。

2. 按动作原理分类

(1) 手动电器　通过人的操作发出动作指令的电器，例如刀开关、按钮等。

(2) 自动电器　产生电磁吸力而自动完成动作指令的电器，例如接触器、继电器、电磁阀等。

3. 按用途分类

(1) 控制电器　用于各种控制电路和控制系统的电器，例如接触器、继电器、电动机起动器等。

(2) 配电电器　用于电能的输送和分配的电器，例如高压断路器、低压断路器等。

(3) 主令电器　用于自动控制系统中发送动作指令的电器，例如按钮、转换开关等。

(4) 保护电器　用于保护电路及用电设备的电器，例如熔断器、热继电器等。

(5) 执行电器　用于完成某种动作或传送功能的电器，例如电磁铁、电磁离合器等。

4.5.2 常用低压电器

1. 开关

用来接通或断开电路的电器叫开关，开关有刀开关、按钮开关、行程开关和组合开关等，这些都是一般常用的，如图 4-41 所示。小容量简易设备多用刀开关(见图 4-41a)。如图 4-41b 所示组合开关也叫转换开关，常用作接通和断开电源，还可以直接起动和停止小容量笼型电动机或使电动机正反转，也可以切换各种自动控制电路。如图 4-41c 所示按钮开关的作用是接通或断开控制电路，从而控制电动机或其他电器设备的运行。图 4-41d 示出了按钮开关的结构图。将按钮帽按下时，下面一对常开静触点被动触点接通，使某一控制电路接通，而上面一对原来闭合的常闭静触点则被断开，可用来断开另一控制电路。松开按钮时在弹簧的作用下它将自动恢复到原来位置，即自动复位，常闭触点闭合，常开触点仍旧断开。按钮开关的种类很多，就触点来说，有具有一对常开和一对常闭的，也有具有两对常开或两对常闭的，也有同时具有两对常开和两对常闭的。行程开关也称位置开关，主要用于检测工作机械的位置，发出命令以控制其运动方向或行程长短。行程开关按结构分为机械结构的接触式有触点行程开关和电器结构的非接触式接近开关。接触式行程开关靠移动物体碰撞行程开关的操动头而使行程开关的常开触点接通和常闭触点分断，从而实现对电路的控制作用。

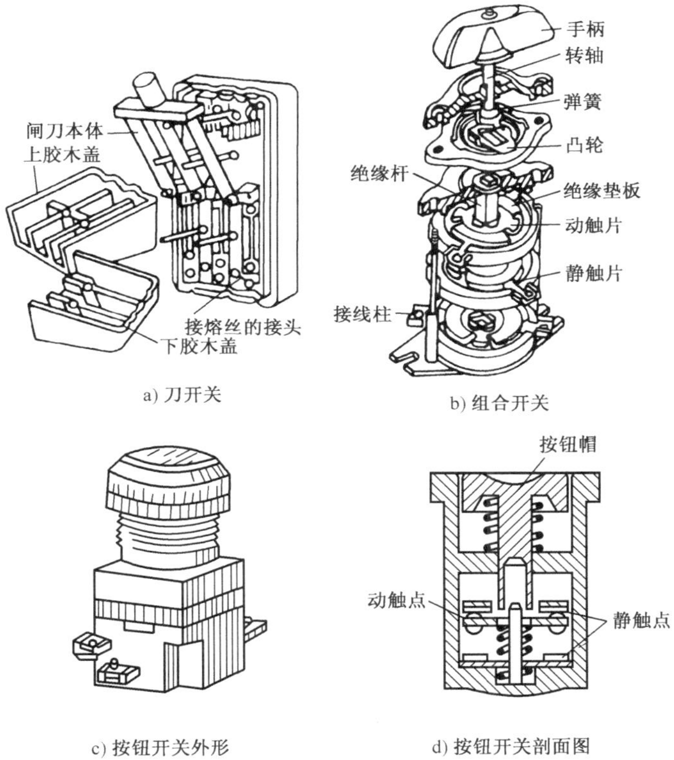

图 4-41 开关

2. 交流接触器

交流接触器用来接通或断开电动机或其他电器设备的主电路，是继电接触控制线路中的主要元件之一。交流接触器是利用电磁吸力来工作的，主要由电磁铁和触点两部分组成，图 4-42 是交流接触器的结构图。当线圈不通电时，衔铁在弹簧的作用下处于最上边位置，也就是使接触器处于释放状态。这时，它的所有常开触点断开。

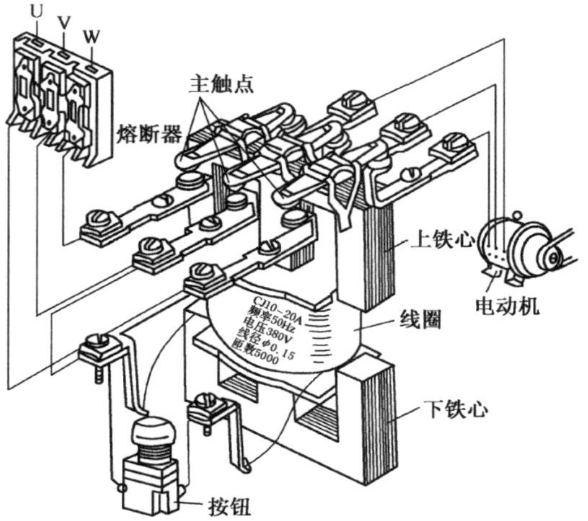

图 4-42　交流接触器的结构图

当线圈接上额定电压时，衔铁被吸合，这时接触器处于动作状态，它的所有常开触点闭合，常闭触点断开。当线圈再次断电时，衔铁在弹簧的作用下恢复释放状态。由此可见，只要将接触器的常开触点接到电动机的主电路中去，利用接触器线圈的通电、断电就可以起动或停止电动机。

根据用途不同，接触器的触点有主触点和辅助触点之分。主触点能通过较大电流，接在电动机的主电路中，较大容量的主触点通常都有灭弧装置。辅助触点只能通过较小的电流，只接在控制电路中。一般主触点都是常开的，有三对或四对，辅助触点有常开的也有常闭的，它的数目多少不等，最多的有六对，即三对常开触点和三对常闭触点。

在选用接触器时，应注意线圈的额定电压、触点的额定电流以及触点的数量。

3. 中间继电器

如果要用一个按钮同时控制几个电动机电路时，则要用另一种电器——中间继电器，如图 4-43 所示。这种电器和接触器的构造相似，但它有一排触点，这些触点是为了控制电路中的较小电流而设置的。

图 4-43 是带有四对常开触点和两对常闭触点的多触点中间继电器的示意图，当电流通过线圈时，该中间继电器能同时接通四条电路和断开两条电路。在选用中间继电器时，主要考虑电压等级和触点（常开和常闭）数量。

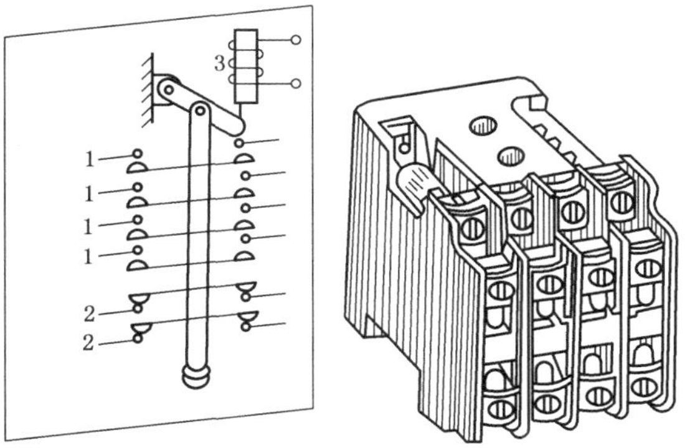

图 4-43　中间继电器

4. 热继电器

热继电器是依靠电流的热效应而动作的。它的原理图如图 4-44 所示。热元件是一段电阻不大的电阻丝，接在电动机的主电路中。电动机正常运行时，常闭触点闭合。当电动机过载后，其电流超过额定电流，发热元件因流过过大的电流而发热，双金属片受热，由于下层金属的膨胀系数大于上层的，因而双金属片向上弯曲。这时，扣板在弹簧的作用下将常闭触点断开，利用这个触点，去切断接触器线圈电路，从而断开电动机的主电路，实现了保护作用。要使热继电器的常闭触点复位。必须按下复位按钮，这种触点称为保持触点。

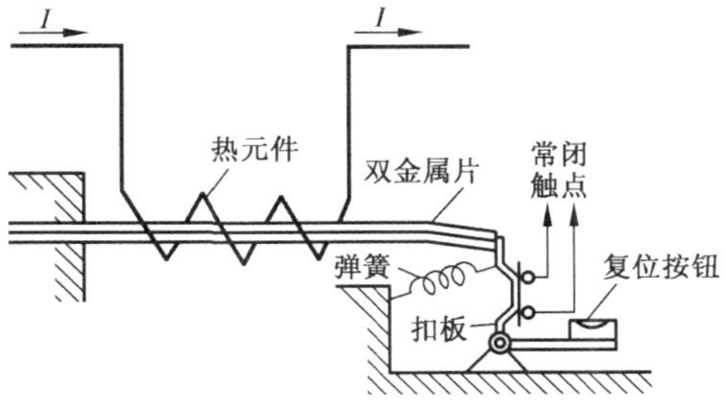

图 4-44　热继电器

双金属片温度上升到使其向上弯曲，需要一定时间，故热继电器不能作短路保护，因为发生短路时必须立即切断电路。但用它对电动机作长期过载保护却非常合适。在电动机起动时或短时过载时，热继电器不会动作，这就避免了电动机不必要的停车。

热继电器的主要技术数据是整定电流。当通过热元件的电流达到整定电流的 1.2 倍时，热继电器在 20 min 内动作。通常按照使整定电流与电动机额定电流一致的原则选用热继电器。

5. 时间继电器

当继电器感应元件接受外界信号后，经过设定的延时时间才使执行部分动作的继电器称为时间继电器。时间继电器按延时的方式可分为通电延时型、断电延时型和带瞬动触点的通电（或断电）延时型继电器等，相应的时间继电器触点分为常开延时闭合触点、常闭延时断开触点、常开延时断开触点和常闭延时闭合触点四类。

时间继电器按工作原理可分为空气阻尼式、电动式和电子式等。

6. 熔断器

熔断器是最简便而有效的短路保护电器。它的主要部件是熔体。熔体是用电阻率较高的易熔合金制成的，例如铅锡合金丝和青铅合金丝等，也可用截面很小的铜丝制成。线路在正常工作情况下，熔断器不应熔断。在发生短路或严重过载时，熔断器应立即熔断。

熔断器的结构型式很多，常见的有插入式、管式和螺旋式三种，如图 4-45 所示。

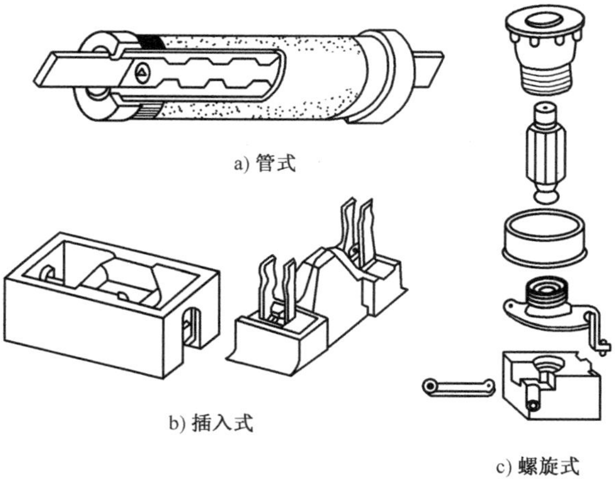

图 4-45　熔断器

对于照明线路，应使熔体的额定电流等于或稍大于电路的实际工作电流，即

$$I_N \geqslant I \tag{4-44}$$

对于一台电动机，则按下式估算：

$$I_N \geqslant \frac{I_{st}}{a} \tag{4-45}$$

式中，I_{st}为电动机起动电流；a 为熔断器的短时发热过载系数，a 可取 1.6～25，电动机不经常起动时，a 取上限，经常起动时，a 取下限。

对于几台电动机合用的熔断器熔体，则既要保证最大容量电动机的起动，又要保证所有电动机的正常运行，故熔体额定电流按下式计算：

$$I_N \geqslant \frac{I_{stmax} + I}{2.5} \tag{4-46}$$

式中，I_{stmax} 为最大容量电动机的起动电流；I 为除最大容量电动机之外所有电动机额定电流之和。

4.5.3 电气图常用的图形符号及文字符号

部分常用电器的图形符号及基本文字符号如表 4-7 所示，实际使用时如果需要更详细的资料，可以查阅国家标准。

表 4-7 电气图常用图形符号与文字符号

名称		图形符号	文字符号
三极电源开关		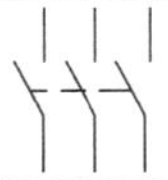	QK
低压断路器		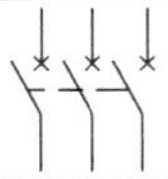	QF
行程开关	常开触点		ST
行程开关	常闭触点		ST
行程开关	复合触点	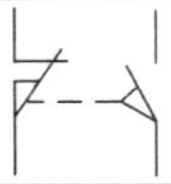	ST
熔断器			FU
按钮	常开触点		SB
按钮	常闭触点		SB
按钮	复合触点		SB

名称		图形符号	文字符号
接触器	线圈	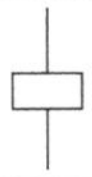	KM
接触器	主触点		KM
接触器	常开辅助触点		KM
接触器	常闭辅助触点		KM
速度继电器	常开触点	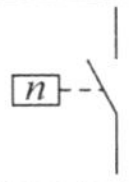	KV
速度继电器	常闭触点	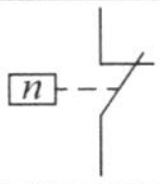	KV
时间继电器	线圈	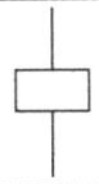	KT
时间继电器	常开延时闭合触点		KT
时间继电器	常闭延时断开触点		KT

名称		图形符号	文字符号
时间继电器	常闭延时闭合触点		KT
时间继电器	常开延时断开触点		KT
热继电器	热元件	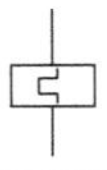	KR
热继电器	常闭触点	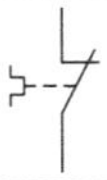	KR
继电器	中间继电器线圈	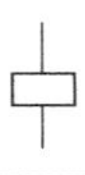	KA
继电器	电压继电器线圈	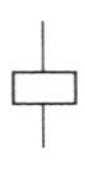	KU
继电器	电流继电器线圈	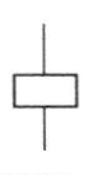	KI
继电器	常开触点		相应继电器符号
继电器	常闭触电		相应继电器符号

续表 4-7

名称	图形符号	文字符号	名称	图形符号	文字符号	名称	图形符号	文字符号
转换开关	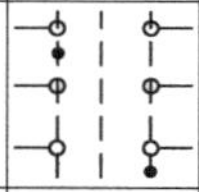	SA	信号灯		HL	三相异步电动机		M
电磁铁	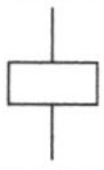	YA	直流电动机		M	变压器		T

4.6 三相异步电动机继电接触器控制电路

4.6.1 起动、停止控制电路

笼型三相异步电动机的起动、停止控制电路是应用最广泛的，也是最基本的控制电路，主要有直接起动和降压起动两种方式。

1. 直接起动控制电路

一些控制要求不高的简单机械，如小型台钻、砂轮机、冷却泵等常采用开关直接控制电动机起动和停止，如图 4-46a 所示。图中熔断器 FU 用作电路的短路保护，开关 Q 可选刀开关、铁壳开关等。它适用于不频繁起动的小容量电动机，不能远距离控制和自动控制。如 Q 选为具有电动机保护用断路器则可实现电动机的过载保护并可不用熔断器 FU。

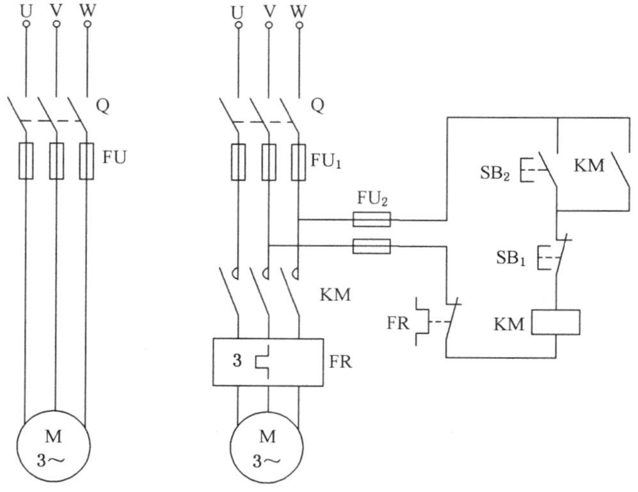

a) 开关直接控制电路　　b) 接触器控制电路

图 4-46　三相笼型异步电动机直接起动、停止控制电路

图 4-46b 是采用接触器的电动机直接起动、停止控制电路。其中 Q 仅作分断电源用,电动机的起停由接触器 KM 控制。电路的工作原理是:合开关 Q,按下起动按钮 SB_2,接触器 KM 的线圈得电,其主触点闭合使电动机通电起动;与此同时并联在 SB_2 两端的自锁触点 KM 也闭合给自身的线圈送电,使得即使松开 SB_2 后接触器 KM 的线圈仍能继续得电以保证电动机工作。

要使电动机停止,按下停止按钮 SB_1,接触器 KM 线圈断电,其主触点断开使电动机停止工作,辅助触点断开解除自锁。

控制电路中的热继电器 FR 实现电动机的过载保护。熔断器 FU_1、FU_2 分别实现主电路与控制电路的短路保护,如果电动机容量小,可省去 FU_2。自锁电路在发生失电压或欠电压时起到保护作用,即当意外断电或电源电压跌落太大时接触器释放,因自锁解除,当电源电压恢复正常后电动机不会自动投入工作,防止意外事故发生。

2. 星-三角变换降压起动控制电路

较大容量的笼型异步电动机一般都采用降压起动的方式起动,具体实现的方案有:定子串电阻或电抗器降压起动、星-三角变换降压起动、自耦变压器降压起动、延边三角形降压起动等。

图 4-47a 是星-三角变换降压起动电器控制电路的主电路,其主导思想是:让全压工作时为三角形联结的电动机在起动时将其定子绕组接成星形以降低电动机的绕组相电压,进而限制起动电流,当反映起动过程结束的定时器发出指令时再将电动机的定子绕组改接成三角形联结实现全压工作。图 4-47b 是一种控制电路。

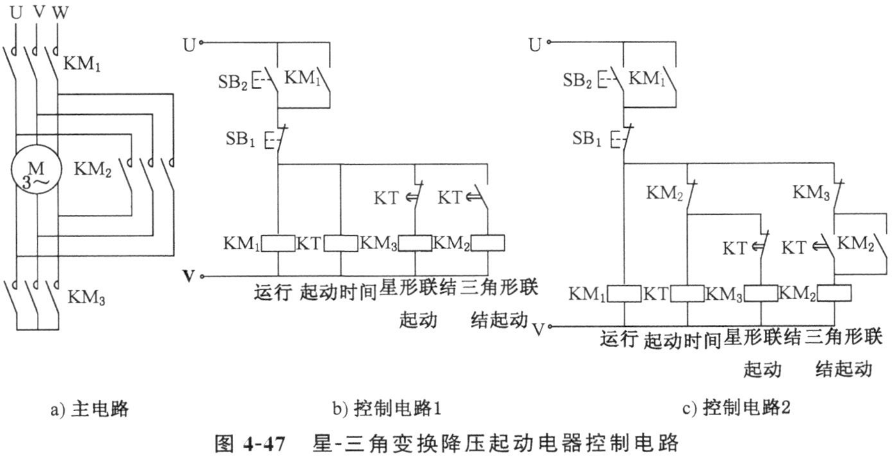

a) 主电路　　b) 控制电路1　　c) 控制电路2

图 4-47　星-三角变换降压起动电器控制电路

容易看出,主电路中存在着一种隐患:如 KM_2 与 KM_3 的主触点同时闭合,则会造成电源短路,控制电路必须能够避免这种情况发生。图 4-47b 的控制电路似乎已经做到了这一点(时间继电器 KT 的延时动断触点和延时动合触点不会

使 KM_3 和 KM_2 的线圈同时得电)，其实不然。由于接触器的吸合时间和释放时间的离散性使得电路的工作状态存在不确定性。若将 KM_3 的动断辅助触点串联在 KM_2 的线圈控制电路中，则只有当 KM_3 的衔铁及触点释放完毕(动断辅助触点接通)后才允许 KM_2 得电，上述问题就可得到解决。对 KM_3 的线圈采用类似的方法，保证电路工作可靠。另外，在起动完成后时间继电器 KT 已无得电的必要，但图 4-47b 中 KT 在工作期间一直得电，浪费能源。改进后的控制电路如图 4-47c 所示。

4.6.2 正、反转控制电路

许多生产机械都有可逆运行的要求，由电动机的正反转来实现生产机械的可逆运行是很方便的。为满足大多数机床的主轴或进给运动的可逆运行要求，只需使拖动电动机可以两个方向运行就可以了。只要将电动机定子三相绕组所接电源任意两相对调，改变电动机的定子电源相序，就可改变电动机的转动方向。

如果用 KM_1 和 KM_2 分别完成电动机的正反向控制，那么由正转与反转起动电路组合起来就成了正反转控制电路。

1. 电动机正反转控制电路

从图 4-48 中的主电路部分可知，若 KM_1 和 KM_2 分别闭合，则电动机的定子绕组所接两相电源对调，结果电动机转向不同。关键要看控制电路部分如何工作。

图 4-48a 由相互独立的正转和反转起动控制电路组成，也就是说两者之间没有约束关系，可以分别工作。按下 SB_2，正转接触器 KM_1 得电工作；按下 SB_3，反转接触器 KM_2 得电工作；先后或同时按下 SB_2、SB_3，则 KM_1 与 KM_2 同时工作，但这时观察一下主电路可看出：两相电源供电电路被同时闭合的 KM_1 与 KM_2 的主触点短路，这是不能允许的。因此不能采用这种不能安全、可靠工作的控制电路。

图 4-48b 将接触器的动断辅助触点相互串联在对方的控制回路中，就使两者之间产生了制约关系：一方工作时切断另一方的控制回路，使另一方的起动按钮失去作用。接触器通过动断辅助触点形成的这种互相制约关系称为“联锁”或“互锁”。正转、反转接触器通过互锁避免了同时接通造成主电路短路的可能性。

在生产机械的控制电路中，这种联锁关系应用极为广泛。凡是有相反动作，如机床的工作台上下、左右移动；机床主轴电动机必须在液压泵电动机工作后才能起动；主轴电动机起动后工作台才能移动，等等，都需要类似的联锁控制。

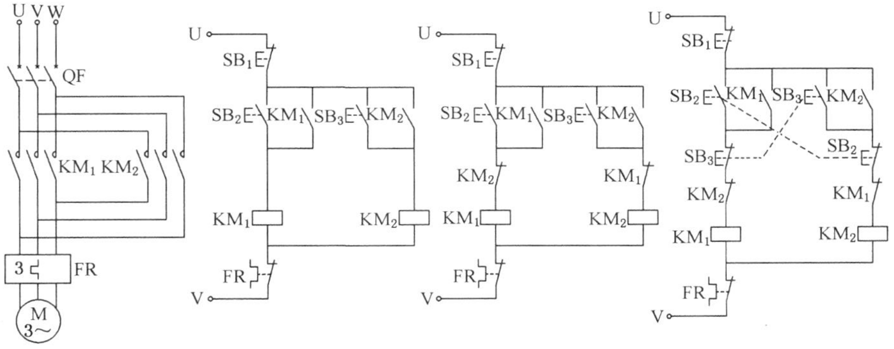

a) 控制电路1　　b) 控制电路2　　c) 控制电路3

图 4-48　三相异步电动机正反转控制电路

在图 4-48b 中，正、反转切换的过程中间要经过“停”，显然操作不方便。图 4-48c 利用复合按钮 SB_2、SB_3 就可直接实现由正转变成反转，反之亦然。

显然，采用复合按钮也可起到联锁作用。这是由于按下 SB_2 时，KM_2 线圈回路被切断，只有 KM_1 可得电动作。同理可分析 SB_3 的作用。

在图 4-48c 中如取消两接触器间的互锁触点，只用按钮进行联锁，是不可靠的。在实际工作中可能出现这种情况，由于负载短路或大电流的长期作用接触器的主触点被强烈的电弧“烧焊”在一起，或者接触器的动作机构失灵，使衔铁卡住总是处在吸合状态，这都可能使主触点不能断开，这时如果另一接触器线圈通电动作，其主触点正常闭合就会造成电源短路事故。采用接触器动断辅助触点进行互锁，不论什么原因，只要一个接触器的触点（主触点与辅助触点在机械上保证动作一致）是吸合状态，它的互锁动断触点（此时处于断开状态）就必然将另一接触器线圈电路切断，这就能避免事故的发生。所以，采用复合按钮后，接触器辅助动断触点的互锁仍是必不可少的。

2. 正反转自动循环电路

图 4-49 是机床工作台往返循环的控制电路。实质上是用行程开关来自动控制电动机正反转的。组合机床、龙门刨床、铣床的工作台常用这种电路实现往返循环。

ST_1、ST_2、ST_3、ST_4 为行程开关，按要求安装在固定的位置上。其实这是按一定的行程用撞块压行程开关，代替了人工按钮。

按下正向起动按钮 SB_2，接触器 KM_1 得电动作并自锁，电动机正转使工作台前进。当运行到 ST_2 位置时，撞块压下 ST_2，ST_2 动断触点使 KM_1 断电，但 ST_2 的动合触点使 KM_2 得电动作并自锁，电动机反转使工作台后退。当工作台运动到右端点撞块压下 ST_1 时，使 KM_2 断电，KM_1 又得电动作，电动机又正转使工作台前进，这样可一直循环下去。

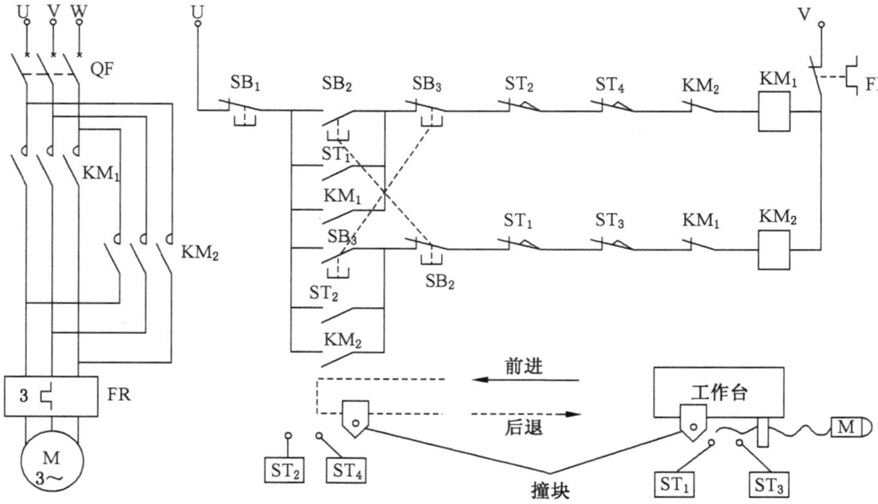

图 4-49 机床工作台往返循环的控制电路

SB_1 为停止按钮。SB_2 与 SB_3 为不同方向的复合起动按钮。之所以用复合按钮，是为了满足改变工作台方向时，不按停止按钮可直接操作。行程开关 ST_3 与 ST_4 安装在极限位置，当由于某种故障，工作台到达 ST_1（或 ST_2）位置，未能切断 KM_1（或 KM_2）时，工作台将继续移动到极限位置，压下 ST_3（或 ST_4），此时最终将控制回路断开，使电动机停止，避免工作台由于越出允许位置所导致的事故。因此 ST_3、ST_4 起限位保护作用。

4.6.3 电动机制动控制电路

许多生产机械，如万能铣床、卧式镗床、起重机械等，都要求能迅速停车或准确定位。这就要求对电动机进行制动，强迫其迅速停车。制动停车的方式有两大类：机械制动和电气制动。机械制动采用机械抱闸、液压或气压制动；电气制动有反接制动、能耗制动、发电反馈制动等，其实质是使电动机产生一个与转子原来的转动方向相反的制动转矩。

1. 能耗制动控制电路

能耗制动是在三相笼型异步电动机切断三相电源的同时，给定子绕组接通直流电源，在转速为零时再将其切除。这种制动方法，实质上是将转子原来储存的机械能转变为电能，在制动的过程中这些电能又被消耗在转子回路的电阻上，所以称作能耗制动。

图 4-50 中用变压器 TC 和整流器 VR 为制动提供直流电源，KM_2 为制动用接触器。主电路相同，但实现控制的策略可能有多种。图 4-50a 采用手动控制：要停车时按下 SB_1 按钮，到制动结束时放开。电路简单，但操作不便。图 4-50b

中使用了时间继电器 KT，根据电动机带负载后制动过程所用时间的长短设定 KT 的定时值，就可实现制动过程的自动控制。

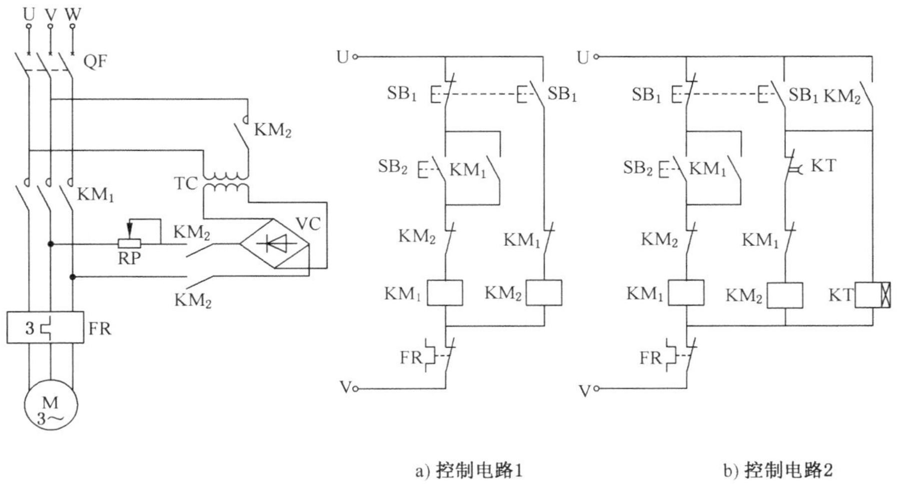

图 4-50　能耗制动控制电路

能耗制动的特点是制动作用的强弱与通入直流电流的大小和电动机的转速有关，在同样的转速下电流越大制动作用越强，电流一定时转速越高制动力矩越大。一般取直流电流为电动机空载电流的 3～4 倍，过大会使定子过热。可调节整流器输出端的可变电阻器 RP，得到合适的制动电流。

2. 反接制动控制电路

反接制动实质上是改变电动机定子绕组中的三相电源相序，产生与转子转动方向相反的转矩，因而起制动作用。

反接制动过程为：停车时，首先切换三相电源，当电动机的转速下降接近零时，及时断开电动机的反接电源。因为在电动机的转速下降到零时如不及时切除反接电源，则电动机就要从零速反向起动运行了。因此，需要根据电动机的转速进行反接制动的控制，此时要用速度继电器做检测元件（用时间继电器间接反映制动过程很难准确停车，因负载转矩等的变化将影响减速过程的时间长短）。

图 4-51a、b 都为反接制动的控制电路。图 4-51a 的电路存在这样一个问题：在停车期间，如为调整工件需用手转动机床主轴时，速度继电器的转子也将随着转动，一旦达到速度继电器的动作值，其动合触点就将闭合，接触器 KM_2 得电动作，电动机接通电源发生制动作用，不利于调整工作。电路图 4-51b 解决了这个问题。控制电路中停止按钮使用了复合按钮 SB_1，并在其动合触点上并联了 KM_2 的自锁触点。这样当用手转动电动机轴时，虽然 KV 的动合触点闭合，但只要不按停止按钮 SB_1，KM_2 就不会得电，电动机也就不会反接于电源；只有按

SB_1 时 KM_2 才能得电，制动电路才能接通。

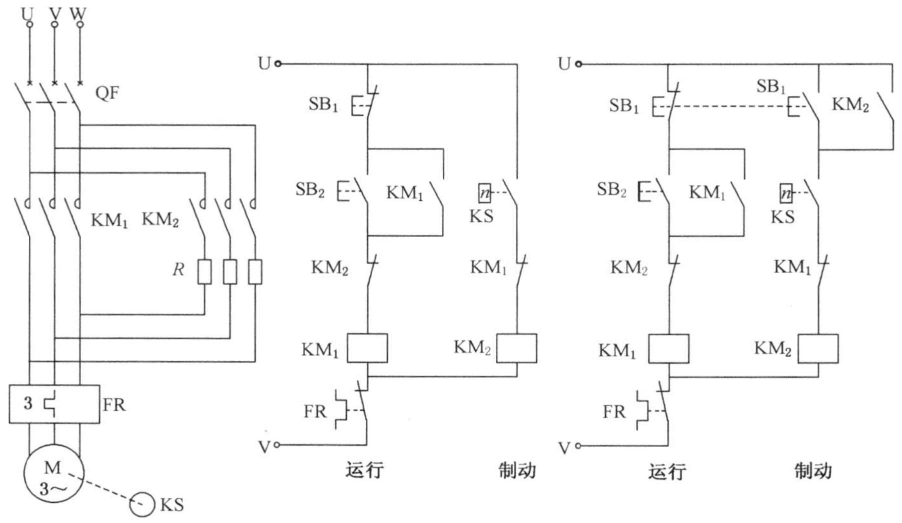

a) 控制电路1　　b) 控制电路2

图 4-51　反接制动的控制电路

习　题

4-1　为了求出铁心线圈的铁损，先将它接在直流电源上，测得线圈的电阻为 1.75 Ω；然后接在交流电源上，测得电压 $U=120$ V，功率 $P=70$ W，电流 $I=2$ A。试求铁损和线圈的功率因数。

4-2　将一铁心线圈接入电压为 100 V、频率为 50 Hz 的交流电源上，其电流 $I_1=5$ A，$\cos\varphi_1=0.7$。若将此线圈的铁心抽出，再接入上述电源，则此线圈中的电流 $I_2=10$ A，$\cos\varphi_2=0.05$。试求：此线圈具有铁心时的铜损和铁损。

4-3　将 220 V 的交流电压加在变压器的一次绕组上，在其二次绕组上接一个标有“6 V，3.6 W”的小灯泡，它可以正常发光，试求：(1)变压器的一次、二次绕组的匝数比；(2)变压器一次绕组的电流。

4-4　有一单相照明变压器，容量为 10kV·A，电压为 3300/220 V。今欲在副绕组接上 60 W、220 V 的白炽灯，如果要变压器在额定情况下运行，这种电灯可接多少个？并求原、副绕组的额定电流。

4-5　某 50 kVA，6000/230 V 的单相变压器，求：(1)变压器的变比；(2)高压绕组和低压绕组的额定电流；(3)当变压器在满载情况下向功率因数为 0.85 的负载供电时，测得二次绕组端电压为 220 V，试求它输出的有功功率、视在功率和无功功率。

4-6　某收音机的输出变压器，一次绕组的匝数为 230，二次绕组的匝数为 80，原配接 8 Ω 的扬声器，现改用 4 Ω 的扬声器。问二次绕组的匝数应改为多少？

4-7　变压器的二次绕组电压为 20 V，在接有电阻性负载时，测得二次电流为 5.5 A，变压器的输入功率为 132 W，试求变压器的效率和损耗的功率。

4-8　在图 4-52 中，输出变压器的二次绕组有中间抽头，以便接 8 Ω 或 3.5 Ω 的扬声器，两者都能达到阻抗匹配。试求二次绕组两部分的匝数之比。

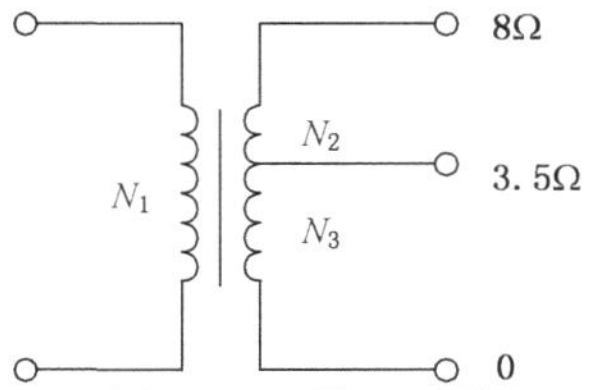

图 4-52　题 4-8 图

4-9　某四极三相异步电动机的额定功率为 30 kW，额定电压为 380 V，三角形接法，频率为 50 Hz。在额定负载下运行时，其转差率为 2%，效率为 90%，线电流为 57.5 A，试求：(1) 转子旋转磁场对转子的转速；(2) 额定转矩；(3) 电动机的功率因数。

4-10　已知 Y132S-4 型三相异步电动机的额定技术数据如表 4-8 所示：

表 4-8　题 4-10 表

功率	转速	电压	效率	功率因数	I_{st}/I_N	T_{st}/T_N	T_{max}/T_N
5.5 kW	1 440(r · min^{-1})	380 V	85.5%	0.84	7	2.2	2.2

电源频率为 50 Hz。试求额定状态下的转差率 s_N、电流 I_N 和转矩 T_N，以及起动电流 I_{st}、起动转矩 T_{Nst}、最大转矩 T_{max}。

4-11　Y180L-4 型电动机的额定功率为 22 kW，额定转速为1 470 r/min，额定频率为 50 Hz，最大电磁转矩为 314.6 N · m。试求电动机的过载系数？

4-12　某 4.5 kW 三相异步电动机的额定电压为 380 V，额定转速为 950 r/min，过载系数为 1.6。求：(1) T_N、T_{max}；(2) 当电压下降至 300 V 时，能否带额定负载运行？

4-13　三相异步电动机额定数据如下：$P_N=10$ kW，$n_N=1\ 460$ r/min，电压 220/380 V，$\eta_N=0.868$，$\cos\varphi=0.88$，$T_{st}/T_N=1.5$，$I_{st}/I_N=6.5$。试求：(1) 额定电流；(2) 用星-三角换接起动时的起动电流。

4-14　Y160L-4 型三相异步电动机的额定频率为 30 kW，额定电压为 380 V，△形接法，额定频率为 50 Hz，额定转速为 1 470 r/min，效率为 90%，线电流为 57.5A，$I_{st}/I_N=7$，$T_{st}/T_N=1.2$，如果采用自耦变压器减压起动，而且电动机的起动转矩为额定转矩的 85%，试求：(1) 自耦变压器的电压比；(2) 电动机的起动电流和线路上的起动电流各为多少？

4-15 某三相笼型异步电动机，已知，$P_N=300$ kW，$U_N=380$ V，$I_N=527$ A，定子采用Y形接法，$n_N=1\ 475$ r/min，$I_{st}/I_N=6.7$，$T_{st}/T_N=1.5$，$T_{max}/T_N=2.5$，车间变电站允许的最大冲击电流为1 800 A，生产机械要求的起动转矩不小于1 000 N·m，试选择适当的起动方法。

4-16 今要求三台笼型电动机M_1、M_2、M_3按照一定顺序起动，即M_1起动后M_2才可起动，M_2起动后M_3才可起动。试绘出控制线路。

4-17 试设计一电动机的多处(三处)控制其起停的控制电路(多处控制在大型生产机械中很常用)。

4-18 一台生产机械往往装有多台电动机，这些电动机又要求按一定的顺序起停。试设计两台电动机M_1与M_2按下列顺序起停的控制电路。

(1) M_1起动后M_2才能起动；M_1、M_2同时停止。

(2) M_1起动后M_2才能起动；M_1停止时M_2也停止，M_2停止时M_1可以不停止。

(3) M_1先起动，后停止；M_2后起动，先停止。

4-19 试设计某机床主轴电动机的控制线路。要求：(1)能正反转；(2)正反转都能反接制动；(3)能点动；(4)能在两处起停。

4-20 图4-53中a和b分别是两台异步电动机起停控制线路图，这两张图画得是否正确？为什么？

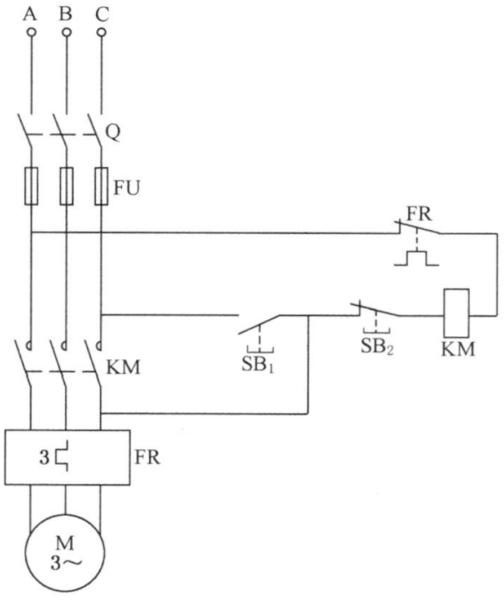

a) 控制电路1

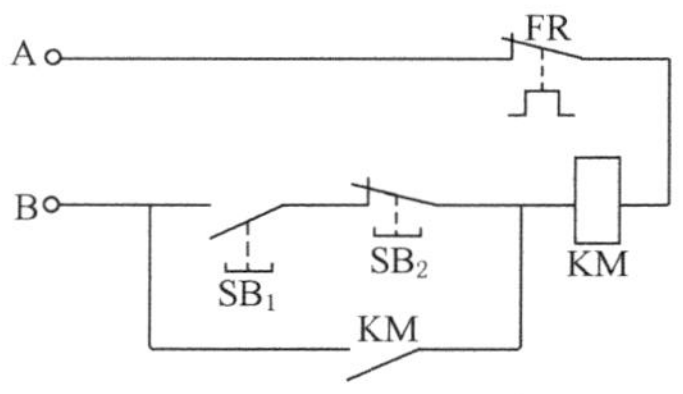

b) 控制电路2

图4-53 题4-20图

第 5 章　半导体器件及基本放大电路

本章提要　半导体二极管和晶体管是常用的半导体器件，它们的基本结构、工作原理、特性曲线是分析电子电路的基础。PN 结是构成各种半导体器件的基础。晶体管的主要用途之一是利用其电流放大作用组成各种放大电路。本章重点讨论以下几个问题：

1. 半导体的导电特性；PN 结的形成及其导电特性；
2. 半导体二极管的工作原理、特性曲线及其在直流稳压电源中的应用；
3. 晶体管的工作原理及其特性曲线、主要参数；
4. 基本放大电路的组成及电路分析。

本章重点　半导体器件的应用。

本章难点　共射极放大电路的分析及应用。

5.1　半导体二极管

5.1.1　半导体的导电特性

1. 半导体的特点

多数现代电子器件是由性能介于导体和绝缘体之间的半导体材料制造而成的。

半导体被用来制造电子元器件，主要因为它的导电能力在外界某种因素作用下可以发生显著的变化。这些变化主要表现如下：

(1) 半导体的电导率可以因加入杂质而发生显著的变化。例如在纯硅中掺入百万分之一的硼(杂质，称掺杂) 后，导电能力会增加数十万倍。各种半导体器件的制作，正是利用了掺杂来改变和控制半导体的电导率。

(2) 温度的变化也会使半导体的导电能力发生显著的变化，如钴、锰、镍等的氧化物，在环境温度升高时，导电能力要增强很多，称为热敏效应。但热敏效应也会使半导体器件的热稳定性下降。

(3) 光照不仅可以改变半导体的电导率，而且可以产生电动势，这就是半导体的光电效应。利用光电效应可以制成光电晶体管、光电耦合器和光电池等。

2. 本征半导体

没有杂质且晶体结构完整的半导体，称为本征半导体，即纯净半导体。

(1) 硅和锗晶体的共价键结构

由原子理论得知，当原子的最外层有 8 个电子时才处于稳定状态。硅和锗都是四价元素，每个原子只有 4 个最外层电子，称为价电子，因此在组成单晶时，每个原子都要从四周相邻原子取得四个价电子，以组成稳定状态。这样，每两个原子共用一对价电子，形成共有电子对，这种结构称为共价键结构。图 5-1 为共价键结构示意图。

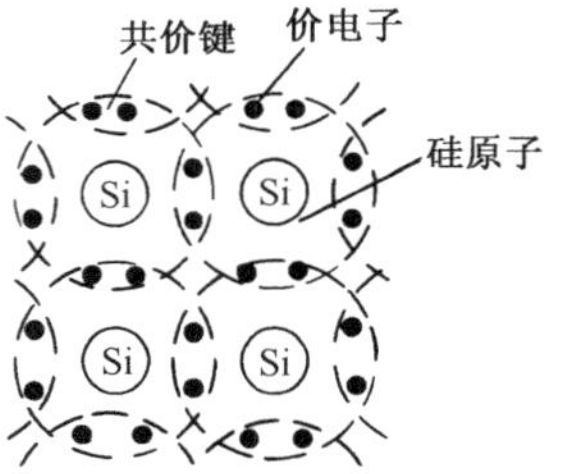

图 5-1　单晶硅中的共价键结构

(2) 半导体中的两种载流子——自由电子和空穴

共价键内的两个电子称为束缚电子。在温度为绝对零度和无外界其他因素激发时，价电子全部束缚在共价键内，原子处于稳定状态。但当有外部激发，如温度逐渐升高或在一定强度的光照下，价电子获得了足够的能量，挣脱共价键的束缚而成为自由电子。同时，在原来的共价键位置上留下相当于带有一个电子电量的正电荷的空位，称之为空穴。这种现象，叫作本征激发。在本征激发中，带负电的自由电子和带正电的空穴总是成对出现的，所以称之为自由电子—空穴对，如图 5-2所示。空穴又很容易被附近从另一共价键挣脱出来的电子填充，于是电子与空穴又成对消失，叫作复合。本征激发和复合总是同时存在、同时进行的，在温度一定的情况下，本征激发和复合达到动态平衡，在整块半导体内，自由电子和空穴的数目保持一定。温度愈高，载流子数目愈多，导电性能也就愈好。可见，温度对半导体器件性能的影响很大。

若为本征半导体加电场，则有空穴的原子会吸引相邻原子中的价电子，填补这个空穴。同时，在失去了一个价电子的相邻原子的共价键中又出现了一个新的空穴，它也可以由相邻原子中的价电子来递补，而在该原子中又会出现一个空穴，如图 5-2 所示。如此继续下去，就好像空穴在运动。而空穴运动的方向与价电子运动的方向相反，因此空穴运动相当于正电荷的运动。

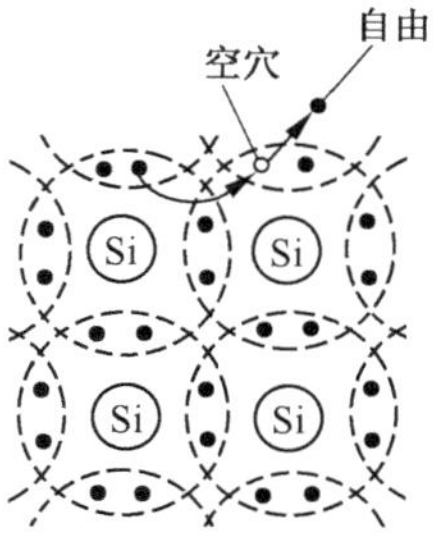

图 5-2　半导体中的自由电子和空穴

自由电子和空穴都是载运电流的粒子，统称为载流子。因此，当半导体两端加上外电压时，半导体中将出现两部分电流：一是自由电子做定向运动所形成的电子电流；二是仍被原子核束缚的价电子（注意，不是自由电子）递补空穴所形成的空穴电流。在半导体中，同时存在着电子导电和空穴导电，这是半导体导电方式的最大特点，也是半导体和金属导体在导电原理上的本质差别。以后将自由电子移动形成的导电现象简称电子导电，而将价电子填补空穴形成电流的导电现象称为空穴导电。

3. 杂质半导体

掺入杂质的半导体称作杂质半导体。根据掺入杂质性质的不同，可分为电子型（N 型）半导体和空穴型（P 型）半导体。

（1）N 型半导体

在本征半导体中掺入少量的五价元素，使每一个五价元素取代一个四价元素在晶体中的位置，可以形成 N 型半导体。如在硅或锗的晶体中掺入磷（或其他五价元素）。磷原子的最外层有五个价电子。由于掺入硅晶体的磷原子数比硅原子数少得多，因此整个晶体结构基本上不变。磷原子参加共价键结构只需四个价电子，多余的第五个价电子很容易挣脱磷原子核的束缚而成为自由电子，如图 5-3 所示。于是半导体中的自由电子数目大量增加，自由电子导电成为这种半导体的主要导电方式，故称为电子型半导体或 N 型半导体。在 N 型半导体中，自由电子是多数载流子，简称多子；空穴是少数载流子，简称少子。

（2）P 型半导体

在本征半导体中掺入少量三价元素，可以形成 P 型半导体，常用于掺杂的三价元素有硼、铝和铟。如图 5-4 所示为在锗晶体中掺入硼元素的结构示意图。

每个硼原子只有三个价电子，故在构成共价键时，会因缺少一个电子而产生一个空位。邻近锗原子的价电子，在接受较小能量的条件下，就可以过来填补这个空位，而在该相邻原子中便出现一个空穴（见图 5-4）。

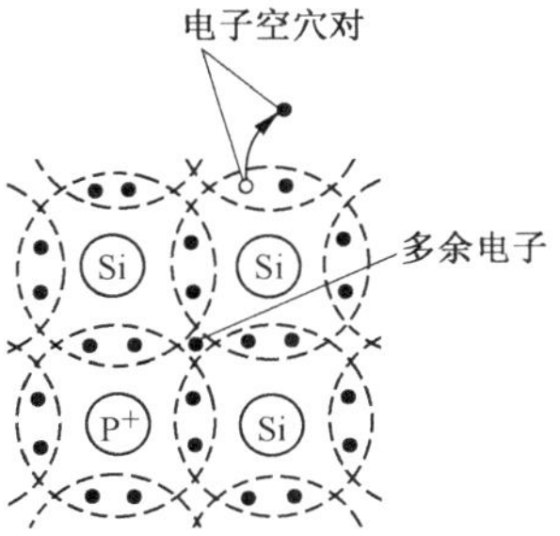

图 5-3　N 型半导体结构示意图

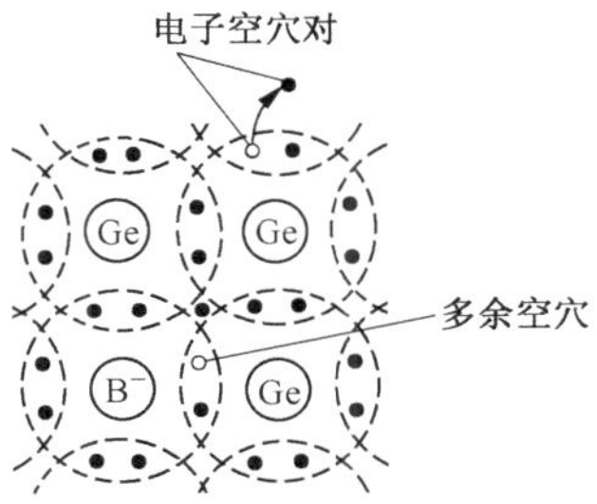

图 5-4　P 型半导体结构示意图

每一个硼原子都能提供一个空穴，于是在这种杂质半导体中就形成了大量空穴。这种以空穴导电作为主要导电方式的半导体称为空穴半导体或 P 型半导体，其中空穴是多数载流子，自由电子是少数载流子。

应注意，不论是 N 型半导体还是 P 型半导体，虽然都有一种载流子占多数，但是整个晶体仍然是不带电的。

5.1.2　PN 结及其导电特性

1. PN 结的形成

通过一定工艺，把一块晶体的两部分分别掺杂成 P 型和 N 型半导体。由于

P 型半导体(P 区)中的空穴浓度高于 N 型半导体(N 区),而 N 区的自由电子的浓度高于 P 区,这样在交界面的两侧,出现了载流子的“浓度差”。在这种浓度差的作用下,P 区的多数载流子空穴、N 区的多数载流子自由电子要分别向对侧扩散,如图 5-5a 所示。

扩散的结果破坏了 P 区和 N 区原来的电中性,由 N 区扩散到 P 区的自由电子与空穴复合,使得自由电子和空穴同时消失,留下不能移动的带负电的离子;而从 P 区扩散到 N 区的空穴与自由电子复合,留下带正电的离子。于是在交界面的两侧分别形成不能移动的带负、正电荷的区域,称为空间电荷区,如图 5-5b 所示。这个空间电荷区就是 PN 结。显然,空间电荷区的正、负离子是不能移动的。随着交界面两侧正负电荷区的出现,便形成一个电场,称为内建电场(或称内电场),它所产生的电位差 U_0(称为势垒电位差或接触电位差)使 N 区的电位高于 P 区电位(一般小于 1 V)。

内电场将阻碍双方的多数载流子的互相扩散,而加速了双方少数载流子的移动,即推动了 P 区内少数载流子(自由电子)越过 PN 结进入 N 区;同时推动 N 区内少数载流子(空穴)越过 PN 结进入 P 区(见图 5-5b)。这种少数载流子在电场力作用下的定向运动称为漂移。

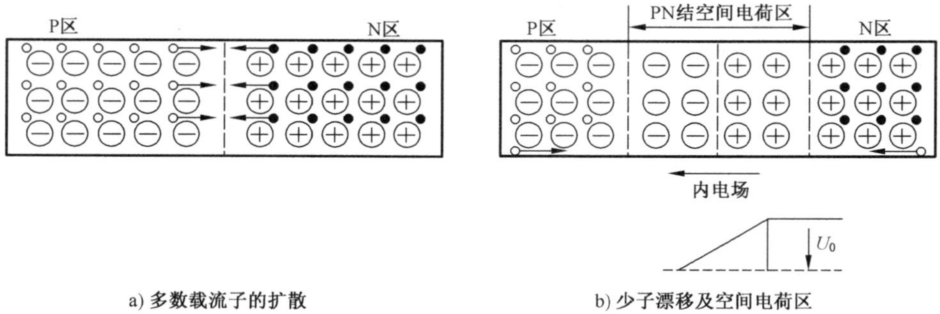

a) 多数载流子的扩散　　b) 少子漂移及空间电荷区

图 5-5　PN 结的形成

在开始形成空间电荷区时,多数载流子的扩散运动占优势,随着空间电荷区逐渐加宽,内电场逐渐增强,于是在一定条件下(如温度恒定),多数载流子的扩散运动逐步减弱,而少数载流子的漂移则逐渐加强。最终,扩散与漂移运动达到动态平衡,此时 PN 结处于相对稳定状态,空间电荷区的宽度基本稳定下来,其厚度一般为十几微米。在这个区域内,由于多数载流子已扩散到对方区域,且因复合而消耗掉,内部载流子数目极少,所以这个区域也称为耗尽层,又称阻挡层。

因为多数载流子的扩散电流与少数载流子漂移电流在动态平衡时,大小相等、方向相反,相互抵消,外部宏观不显示电流现象。即没有外加电场或其他激发因素作用时,PN 结没有电流通过。如图 5-6 所示为无外加电压的 PN 结。

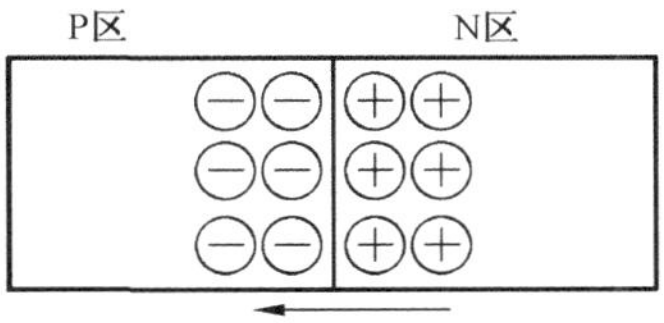

图 5-6　无外加电压的 PN 结

2. PN 结的单向导电特性

（1）外加反向电压

电源的正极接 N 区，负极接 P 区，PN 结为反向偏置，如图 5-7a 所示。这时外加电场方向与 PN 结的内建电场方向相同，见图 5-7a 中箭头的方向，使空间电荷区增加，PN 结变宽，多数载流子的扩散运动被进一步阻碍，扩散电流明显减弱，几乎趋于零，而有利于少数载流子的漂移。但由于少数载流子的浓度只决定于温度，当外加反向电压不是过大，温度又不变时，少数载流子的浓度基本不变，因此漂移电流基本不变，其大小与反向电压基本无关，方向由 N 区流入 P 区，常称为反向饱和电流，用 I_{SR} 表示，其值较小。PN 结在反向偏置时，电阻率极大，电流很小，呈现不导通状态，通常称为 PN 结反向截止。反偏电压几乎全部降落在 PN 结上。

（2）外加正向电压

电源的正极接 P 区，负极接 N 区，PN 结为正向偏置，如图 5-7b 所示。这时外电场方向与 PN 结的内建电场方向相反，PN 结空间电荷区变窄，有利于多数载流子扩散，于是多数载流子的扩散电流大增，远远超过少数载流子的漂移电流。通过 PN 结的电流主要是扩散电流 I_F，该电流随着外加正向电压的增加而显著增加，电流方向由 P 区流向 N 区。此时，PN 结电阻率很小，称作 PN 结正向导通。

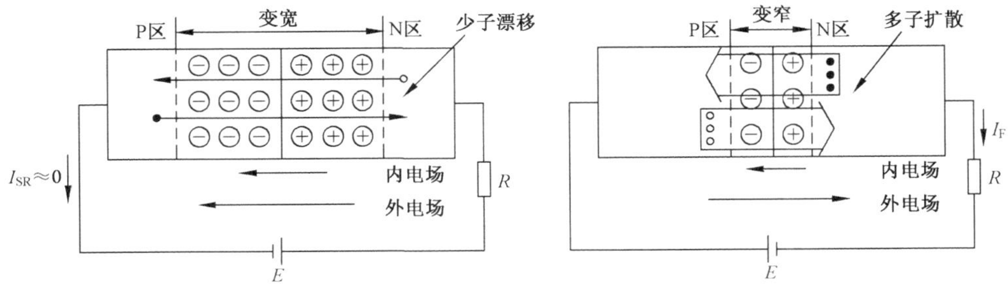

a) 外加反向电压　　b) 外加正向电压

图 5-7　外加电压的 PN 结

由上述分析可知，PN 结正向偏置则导通，流过较大的正向电流；PN 结反向偏置则截止，反向电流很小，这就是 PN 结的单向导电特性。

PN 结是构成各种半导体元件的核心，是现代电子技术的基础。

5.1.3 半导体二极管

将 PN 结加上相应的电极引线和管壳封装，就成为半导体二极管（简称二极管）。二极管通常有点接触型和面接触型两种，如图 5-8a、b 所示，接在 P 区的引出线称阳极 A，接在 N 区的引出线称阴极 K。二极管文字符号为 VD，图形符号如图 5-8c 所示。箭头方向表示正向电流方向。

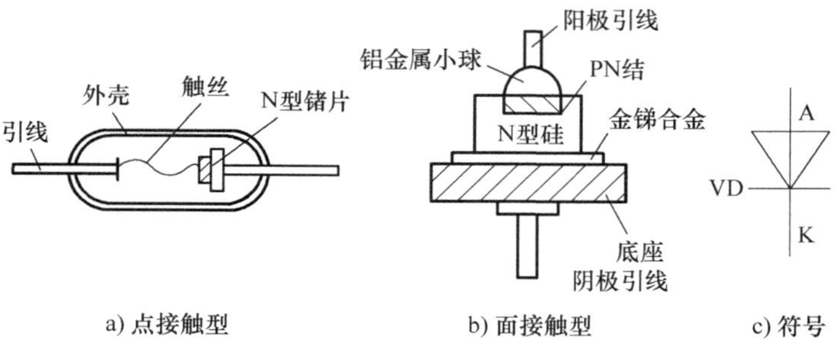

图 5-8　二极管的结构及图形符号

1. 二极管的伏安特性

二极管的电流 i 与其管压降 u 的关系（$i=f(u)$）曲线，称为二极管的伏安特性曲线，可用实验方法测得，或用图示仪测之。在直角坐标系中横坐标轴表示二极管管压降 u(V)，纵坐标轴表示其电流 i(mA/μA)，如图 5-9 所示。图 5-9a 为硅二极管 2CP10 的伏安特性，图 5-9b 为锗二极管 2AF15 的伏安特性。

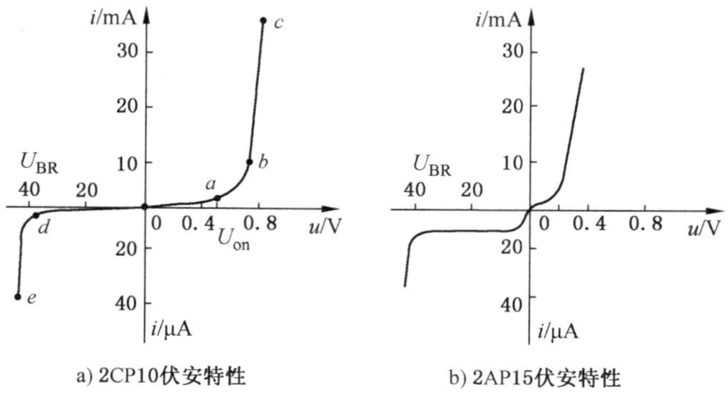

图 5-9　二极管的伏安特性

从伏安特性曲线上可得出如下特征：

（1）正向特性

二极管正向偏置，曲线位于第一象限。它又可分为两段：从坐标原点 o 到 a

点为第一段，二极管外加正向电压较小，外部电场不足以克服内电场对多数载流子扩散运动造成的阻力，此时正向电流很小，呈现电阻较大。这段区域称为“死区”。对应 a 点的门坎电压 U_{on} 称为“死区电压”，其数值大小随二极管的结构、材料不同而异，并受环境温度影响。一般来说，硅二极管“死区电压”约为 0.5 V，锗二极管约为 0.1 V。

正向电压超过门坎电压 U_{on} 后，随着正向电压的增加，内电场大大削弱，有利于多子的扩散，电流基本满足伏安方程式(5-1)，按指数规律迅速增长。

$$i=I_{SR}[\exp(u/U_T)-1] \tag{5-1}$$

式中，U_T 为温度电压当量，在常温情况下，$U_T=26$ mV；I_{SR} 为反向饱和电流(nA)；i 为流过二极管的电流(mA)；u 为加在二极管两端的电压(V)。

二极管承受正向电压时，通常 $u\gg 26$ mV，有 $\exp(u/U_T)\gg 1$，则

$$i\approx I_{SR}\exp(u/U_T) \tag{5-2}$$

这就是二极管电流随正向电压按指数上升的规律，对应于曲线中的 ab 段，称为非线性区；当加在二极管两端的电压进一步增加时，多子的扩散进一步增强，正向电流增大，几乎呈线性规律上升，如曲线的 bc 段，称为线性区。在线性区，二极管的正向电压在小范围内变化时，其电流变化很大，呈现出很小的正向电阻，或者说二极管工作在该区域时，其端电压几乎不变。通常硅管压降变化为 0.6～0.8 V；锗管为 0.2～0.3 V。当环境温度变化时，在室温附近，温度每升高 1 ℃，二极管的正向压降减小 2～2.5 mV。由于二极管正向导通电阻极小，所以在使用时必须外加限流电阻，以免增加正向电压 u 时，电流急剧增大而烧坏二极管。

(2) 反向特性

二极管反向偏置，曲线位于第三象限。此时，漂移运动起主要作用，当反向电压在一定范围内变化时，反向电流几乎不变，称为反向饱和电流，即曲线的 od 段。

在式(5-1)中，u 为负值，若 $|u|\gg 26$ mV，有 $\exp(u/U_T)\approx 0$，则

$$i\approx -I_{SR} \tag{5-3}$$

式(5-3)中 I_{SR} 即为反向饱和电流值，负号表明二极管的电流为反方向。典型值硅管约为纳安(nA 即 10^{-9} A)量级；锗管为微安(μA 即 10^{-6} A)量级。随着温度升高，反向饱和电流明显增加。

当反向电压超过一定数值后(如 d 点电压 U_{BR})，反向电流急剧增大，这时二极管被反向击穿，对应的电压称为反向击穿电压。

反向击穿有电击穿和热击穿。电击穿是可逆的，只要反向电压降低后，二极管仍可恢复正常。但是，电击穿时如果没有适当的限流措施，就会因电流大、电

压高，使二极管过热造成永久性损坏，叫作热击穿。电击穿往往为人们利用（如稳压管），而热击穿必须避免。因此，在使用二极管时，应避免反向电压超过击穿电压，防止损坏二极管。

2. 二极管的主要参数

二极管的特性可以用相应的参数来说明，主要参数有：

（1）最大整流电流 I_{FM}，指管子长期工作时，允许通过的最大正向平均电流。当电流超过允许值时，将由于 PN 结的过热（热击穿），而使管子损坏。

（2）反向电流 I_{SR}，又称为反向饱和电流，指在一定环境温度条件下，二极管承受反向工作电压又没有反向击穿时，其反向电流的值。它的值愈小，表明二极管的单向导电特性愈好。温度对反向电流影响较大，经验值是，温度每升高 10 ℃，反向电流约增大一倍。使用时应加以注意。

（3）反向工作峰值电压 U_{RM}，指管子运行时允许承受的最大反向电压。通常取反向击穿电压 U_{BR} 的 1/2 至 2/3。

3. 理想二极管

由图 5-9 二极管的伏安特性曲线可见，由于二极管正向导通时电压变化很小，而反向截止时，电流很小，对于所分析的电路来说，将它们忽略时，产生的误差很小。故通常可用理想二极管的特性代替二极管的伏安特性，如图 5-10 所示。所谓理想二极管可表示为：正偏时，$i>0$，$u=0$，相当于短路；反偏时，$u<0$，$i=0$，相当于开路。

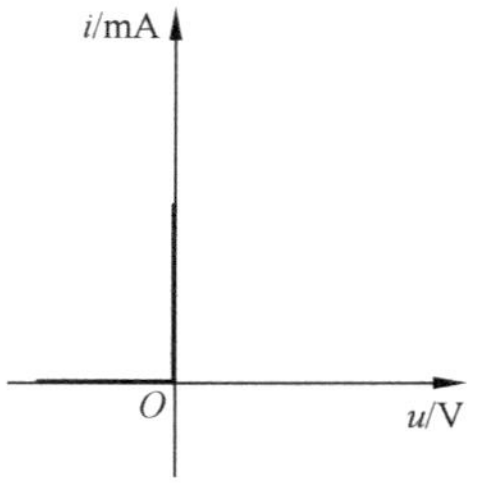

图 5-10　理想二极管的特性曲线

4. 二极管应用举例

二极管的应用范围很广，主要是利用它的单向导电特性。可用来进行整流、限幅、检波、钳位、元件保护及在数字电路中作为开关元件等。

（1）整流电路。利用半导体的单向导电性，可以将大小和方向都变化的正弦交流电变成单向脉动的直流电，称为整流，完成整流功能的电路称为整流电路。常用的有单相桥式、单相半波、单相全波等整流电路（具体内容将在 5.2 中详细介绍）。

（2）限幅电路。在电子电路中，为了降低信号的幅度以满足电路工作的需要，或为了保护某些器件不受大的信号电压作用而损坏，利用二极管来限制信号的幅度，称为限幅。

例 5-1　在如图 5-11a 所示电路中，二极管为理想二极管。设输入电压为 $u_i=10\sin\omega t$，$E=5$ V。试画出输出电压 u_o 的波形。

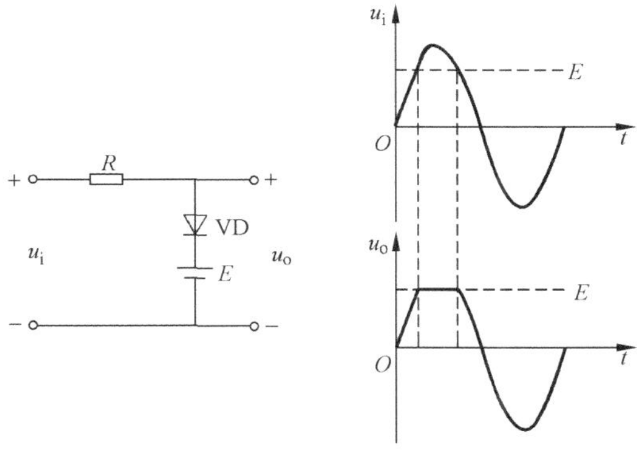

a) 电路图　　　　b) 波形图

图 5-11　例 5-1 图

解　当 $u_i>E$ 时，二极管 VD 处于正向偏置而导通，相当于短路，输出电压 $u_o=E=5$ V；当 $u_i<E$ 时，二极管处于反向偏置而截止，相当于开路，输出电压等于输入电压：$u_o=u_i$。输出电压波形如图 5-11b 所示。由图可见，输出波形被限制在 E 值以下。

利用这个简单的限幅电路，可以将输入电压的幅度加以限制，限幅电路又称为削波电路。将电路稍加变化，还可以得到双向限幅等各种不同的限幅应用。

(3) 检波电路。检波电路的构成和工作原理与整流电路相似(整流电路也可作为检波电路)，即可提取输入信号中的某一部分，如单相半波整流电路，提取了波形中为正的部分。

例 5-2　图 5-12a 中的 R 和 C 构成一微分电路。当输入电压 u_i 如图 5-12b 中所示时，试画出输出电压 u_o 的波形。设 $u_C(0)=0$。

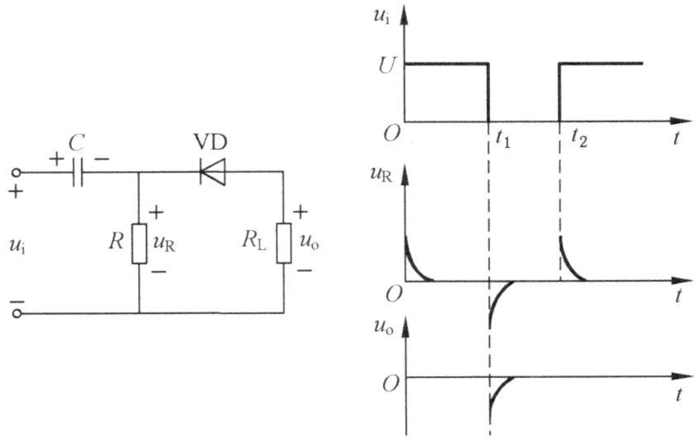

a) 电路图　　　　b) 波形图

图 5-12　例 5-2 图

解　在 $t=0$ 瞬间，输入电压由 0 跃变为 U，而电容电压不能跃变，故 u_R 跃变

为 U。随后电容很快被充电至 U，极性如图中所示，u_R 也随之下降到 0，即 U_R 为一正尖脉冲，二极管截止，这时 u_o 为 0。

在 t_1 瞬间，u_i 由 U 下降到 0，电容电压不能跃变，它经 R 和 R_L 分两路放电，二极管 V 导通，u_R 和 u_o 均为负尖脉冲。在 t_2 瞬间，u_i 由 0 上升到 U，只经过 R 对电容充电，u_R 为一正尖脉冲；这时二极管截止，u_o 为 0。输出电压 u_o 的波形如图 5-12b 所示。

在这里，二极管起检波作用，除去正尖脉冲。

(4) 开关电路。利用二极管的单向导电性以接通或断开电路，这在数字电路中得到广泛应用。分析这种电路时，应当掌握一条基本原则，即判断电路中的二极管处于导通状态还是截止状态，可先将二极管断开，然后观察（或计算）阳、阴极之间是正向电压还是反向电压，若是前者则二极管导通，否则截止。

例 5-3 在图 5-13 中，输入端 A 的电位 $V_A=+3\ V$，B 的电位 $V_B=0\ V$，VD_1、VD_2 为理想二极管。求输出端 Y 的电位 V_Y。电阻 R 接负电源 $-12\ V$。

解 因为 A 端电位比 B 端电位高，所以 VD_1 优先导通，其导通电阻为 0，相当于短路，即开关闭合，则 $V_Y=3\ V$。VD_1 导通后，VD_2 上加的是反向电压，因而截止，其电阻无穷大，相当于开路，即开关断开。

在这里，还可以认为 VD_1 起钳位作用，将 Y 端的电位钳制在 3 V；VD_2 起隔离作用，将输入端 B 和输出端 Y 隔离开来。

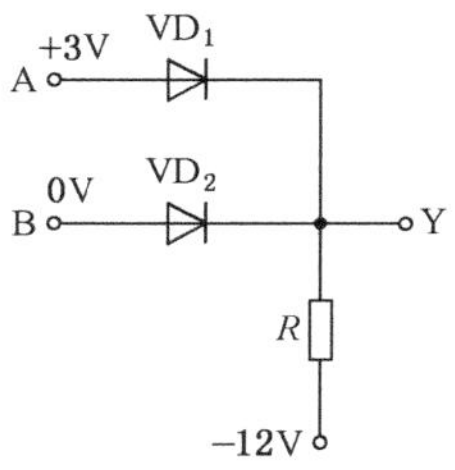

图 5-13 例 5-3 图

5.1.4 特殊二极管

1. 稳压二极管

稳压二极管简称稳压管，是一种特殊的面接触型半导体硅二极管。由于它在电路中与适当数值的电阻配合后能起稳定电压的作用，故称为稳压管。

图 5-14a 是稳压管的图形符号，其伏安特性曲线与普通二极管类似，如图 5-14b 所示。正向偏置时，其特性与普通二极管相同。二者的差异是稳压管的反向特性曲线比较陡，稳压管工作于反向击穿区。从反向特性曲线上可以看出，反向电压在一定范围内变化时，反向电流很小。当反向电压增高到击穿电压时，稳压管反向击穿，反向电流突然剧增。此后，电流虽然在很大范围内变化，但稳压管两端的电压变化很小。利用这一特性，稳压管在电路中能起稳定电压的作用。

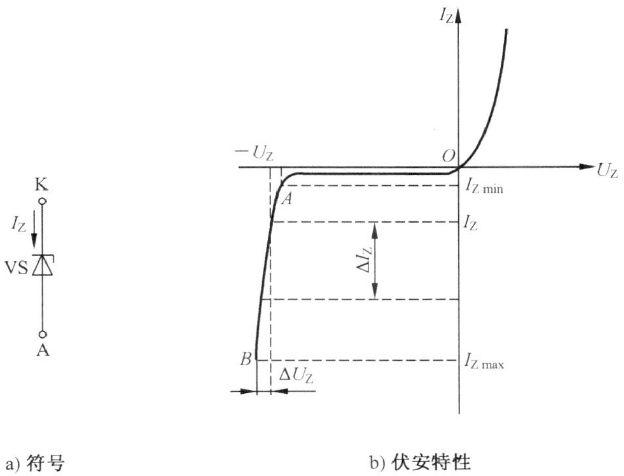

图 5-14　稳压管的伏安特性曲线及符号

由于稳压管工作在反向击穿状态。因此，外接电源电压的极性应保证稳压管反偏，且其大小应不低于反向击穿电压。此外，稳压管的电流变化范围有一定的限制。如果电流太小则稳压效果较差，例如，若稳压管电流 I_Z 小于图中 A 点的电流 I_{Zmin} 时，管子将失去稳压作用而处于反向截止；如果电流太大超过图中 B 点的电流 I_{Zmax} 时，稳压管将发生热击穿而烧坏。因此，稳压管电流的变化应控制在 $I_{Zmin} \sim I_{Zmax}$ 范围内。稳压管的反向击穿是可逆的，当去掉反向电压之后，稳压管又恢复正常。

稳压管主要用来构成稳压电路，如图 5-15 所示。U_i 是不稳定的可变直流电压，需要得到稳定的电压 U_o，在二者之间加稳压电路。它由限流电阻 R 和稳压管 VS 构成，限流电阻 R 的大小要保证稳压管电流 I_Z 在 $I_{Zmin} \sim I_{Zmax}$ 之间，R_L 是负载电阻。

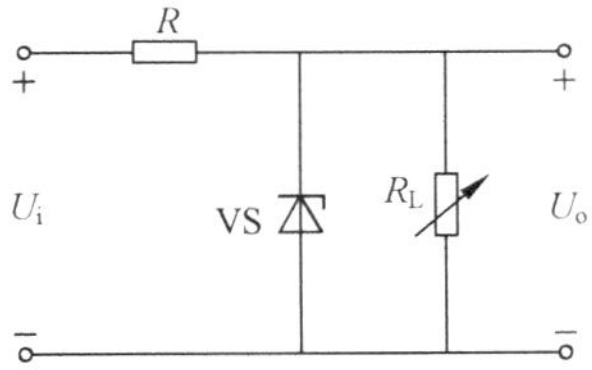

图 5-15　稳压管稳压电路

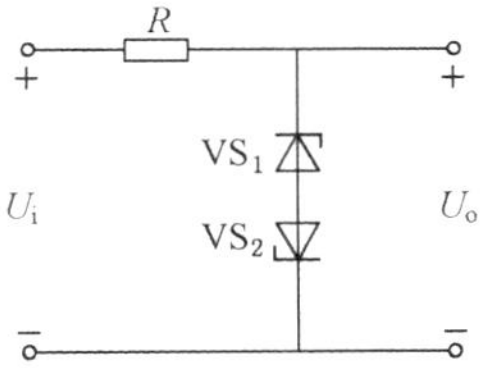

图 5-16　例 5-4 图

例 5-4　在图 5-16 中，已知稳压管的 $U_Z = 6.3$ V，当 $U_i = \pm 20$ V，$R = 1$ kΩ 时，求 U_o。已知稳压管的正向压降 $U_D = 0.7$ V。

解　当 $U_i = +20$ V 时，VS_1 反向击穿，其稳压值 $U_{Z1} = 6.3$ V，VS_2 正向导通，$U_{D2} = 0.7$ V，则 $U_o = +7$ V；同理 $U_i = -20$ V 时，$U_o = -7$ V。

2. 发光二极管

发光二极管(简称为LED)通常用元素周期表中Ⅲ、Ⅴ族元素的化合物,如砷化镓、磷化镓等制成。当这种二极管有电流流过时就发光,这是由于电子与空穴直接复合而放出能量的结果。图5-17表示发光二极管的符号。发光二极管有红、黄、绿、白等各种颜色,常用来作为显示器件,除单个使用外,也常做成七段式或矩阵式器件,工作电流一般为几毫安至十几毫安之间。

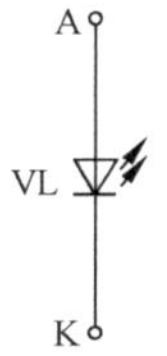

图5-17　发光二极管的符号

[思考题]

1. N型半导体中的多数载流子是电子,P型半导体中的多数载流子是空穴,能否说N型半导体带负电,P型半导体带正电?为什么?

2. PN结的最主要导电特性是什么?PN结正向偏置和反向偏置是什么含义?

3. 稳压管稳压电路中(见图5-15),若稳压管接反了,会产生什么后果?

4. 稳压管稳压电路中,若限流电阻$R=0$,是否可以?会产生什么后果?

5.2　直流稳压电路

整流、滤波、稳压表示将交流电变换为直流电的过程。图5-18是直流稳压电路的原理框图,一般由四部分组成。各部分的功能如下:

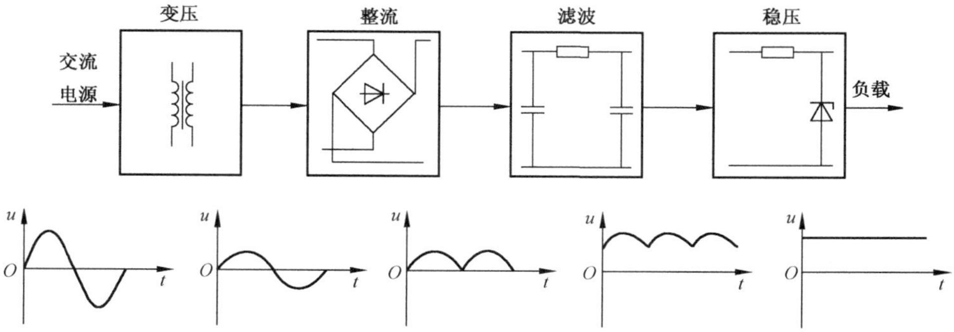

图5-18　直流稳压电源原理框图

电源变压器:将高幅值的交流电源电压变换为较低幅值的、符合整流电路需要的交流电压。

整流电路:利用具有单向导电性的整流元件(半导体二极管或晶闸管),将交流电压变换为单向脉动的直流电压。

滤波电路：滤去单向脉动电压中的交流成分，减小脉动程度，供给负载平滑的直流电压。

稳压电路：在交流电源电压波动或负载变化时，使直流输出电压稳定。

电路中各部分波形如图 5-18 所示。

5.2.1　整流电路

1. 单相桥式整流电路

单相桥式整流电路如图 5-19a 所示，它由单相电源变压器 T、四只二极管 $VD_1 \sim VD_4$ 及负载电阻 R_L 组成。四只二极管接成电桥的形式，故称桥式整流电路。图 5-19b 为其表示符号。

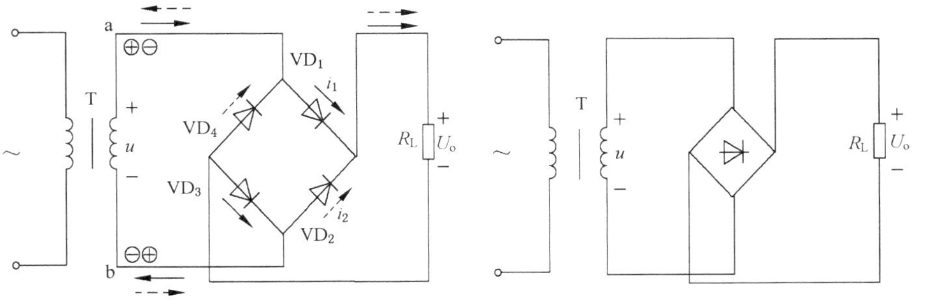

a) 原理图　　b) 简化图

图 5-19　单相桥式整流电路

图 5-19a 中，设电源变压器二次侧电压

$$u=\sqrt{2}U\sin\omega t$$

波形如图 5-20a 所示。在 u 的正半周时，其极性为上正下负，即 a 点电位高于 b 点，二极管 VD_1、VD_3 因承受正向电压而导通，VD_2 和 VD_4 承受反向电压而截止，电流 i_1 的通路是 a→VD_1→R_L→VD_3→b→a，如图 5-19a 中的实线箭头所示，这时负载电阻 R_L 上得到一个半波电压，如图 5-20b 中的 0～π 段所示。

在电压 u 的负半周时，其极性为上负下正，即 b 点电位高于 a 点，因此 VD_1 和 VD_3 截止，VD_2 和 VD_4 导通，电流 i_2 的通路是 b→VD_2→R_L→VD_4→a→b，如图 5-19a 中虚线箭头所示。同样在负载电阻上得到一个与 0～π 段相同的半波电压，如图 5-20b 的 π～2π 段。

因此，当电源电压 u 变化一周时，在负载电阻 R_L 上的电压 u_o 和电流 i_o 是单方向全波脉动波形（见图 5-20b）。

图 5-20b 的波形用傅里叶级数分解为

$$u_o=\frac{\sqrt{2}U}{\pi}\left(2-\frac{4}{3}\cos 2\omega t-\frac{4}{15}\cos 4\omega t-\cdots\right) \tag{5-4}$$

u_o的大小用平均值表示，即式(5-4)中的恒定分量

$$U_o=\frac{2\sqrt{2}U}{\pi}=0.9U \tag{5-5}$$

流过负载电阻的电流 i_o 的平均值 I_o 为

$$I_o=\frac{U_o}{R_L}=0.9\frac{U}{R_L} \tag{5-6}$$

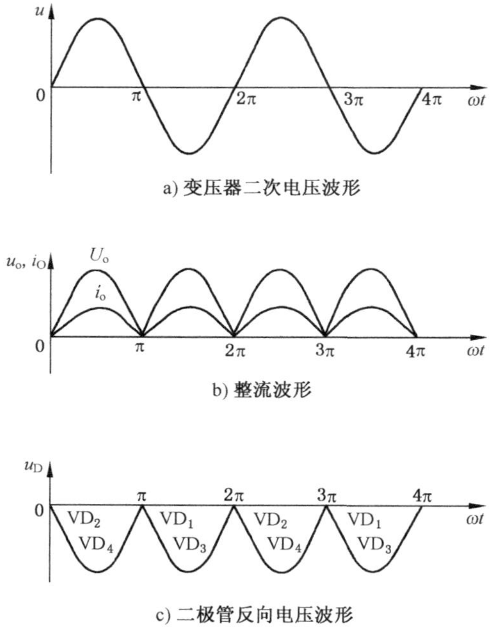

图 5-20　单相桥式整流电路电压电流波形

在单相桥式整流电路中，每两只二极管串联导电半个周期，负载电阻中一个周期内均有电流流过，所以每只二极管中流过的电流平均值 I_{DF} 是负载电流 I_o 的一半，即

$$I_{DF}=\frac{1}{2}I_o=0.45\frac{U}{R_L} \tag{5-7}$$

在变压器二次侧电压 u 的正半周时，VD_1、VD_3 导通，相当于短路，VD_2、VD_4 的阴极接于 a 点，而阳极接于 b 点，所以 VD_2、VD_4 所承受的最高反向电压就是 u 的幅值 $\sqrt{2}U$。同理，在 u 的负半周时，VD_1、VD_3 所承受的最高反向电压也是 $\sqrt{2}U$，如图 5-20c 所示。所以单相桥式整流电路二极管承受的最高反向电压 U_{DRM} 为

$$U_{DRM}=\sqrt{2}U \tag{5-8}$$

变压器二次侧电流 i 仍为交流电流，其有效值 I 与整流电流平均值的关系为

$$I=\frac{U}{R_L}=\frac{U_o}{0.9R_L}=1.11I_o。 \tag{5-9}$$

例 5-5　单相桥式整流电路如图 5-19 所示，已知交流电网电压为 220 V，负载电阻 $R_L=50\ \Omega$，负载电压 $U_o=100$ V，试求变压器的变比和容量，并选择二极管。

解　变压器二次侧电压的有效值为

$$U=\frac{U_o}{0.9}=\frac{100}{0.9}\text{V}=111\text{ V}$$

考虑到变压器二次侧绕组及二极管上的压降，变压器二次侧电压一般应高出 5%～10%，即

$$111\times1.1\text{ V}\approx122\text{ V}$$

变压器电压比　$$K=\frac{220}{122}\approx1.8$$

整流电流平均值　$$I_o=\frac{U_o}{R_L}=\frac{100}{50}\text{A}=2\text{ A}$$

变压器二次侧电流有效值

$$I=1.11I_o=(1.11\times2)\text{A}=2.22\text{ A}$$

变压器容量　$S=UI=(122\times2.22)\text{VA}=270.8\text{ VA}$

每只二极管承受的最高反向电压

$$U_{DRM}=\sqrt{2}U=(\sqrt{2}\times122)\text{V}=172\text{ V}$$

流过每只二极管的平均电流值

$$I_{DF}=\frac{1}{2}I_o=\left(\frac{1}{2}\times2\right)\text{A}=1\text{ A}$$

为使整流电路工作安全，在选择二极管时，二极管的最大整流电流 I_{FM} 应大于二极管中实际流过的电流平均值 I_{DF}，二极管的反向工作峰值电压 U_{RM} 应比二极管在电路中承受的最高反向电压 U_{DRM} 大一倍左右。

查手册，二极管选用 2CZ12D(3 A，300 V)，或者 2CZl2E(3 A，400 V)。

2. 单相半波及全波整流电路

如图 5-21a 所示为单相半波整流电路，假设二极管为理想模型，u_i 为正弦交流电。如图 5-21b 所示，当 u_i 为正半周时，二极管导通，电流由上至下流过负载电阻 R_L，因为二极管采用理想模型，正向导通电压为 0，所以在 R_L 上获得的电压波形和输入一致，$U_o=u_i$；当 u_i 为负半周时，二极管反向截止，表现为无穷大电阻，流过 R_L 中的电流为 0。利用二极管的单向导电性，将交流电转化为单向脉动的直流电，这种方法简单、经济，在日常生活及电子电路中经常采用。

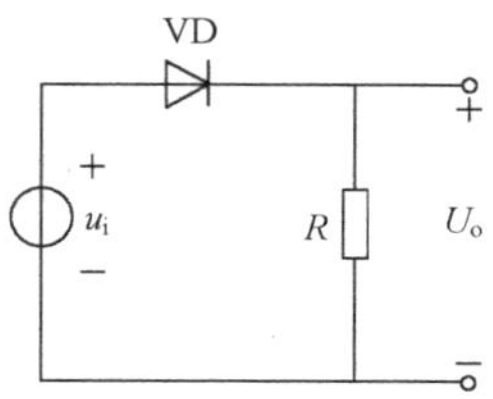

a) 半波整流电路

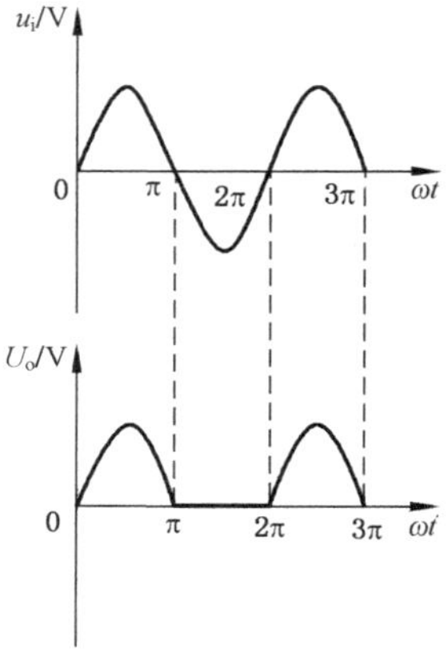

b) 输入/输出电压波形

图 5-21 单相半波整流电路

例 5-6 单相全波整流电路如图 5-22a 所示。分析其工作原理，当输入为图 5-22b 所示的正弦交流电压时，画出输出电压的波形。

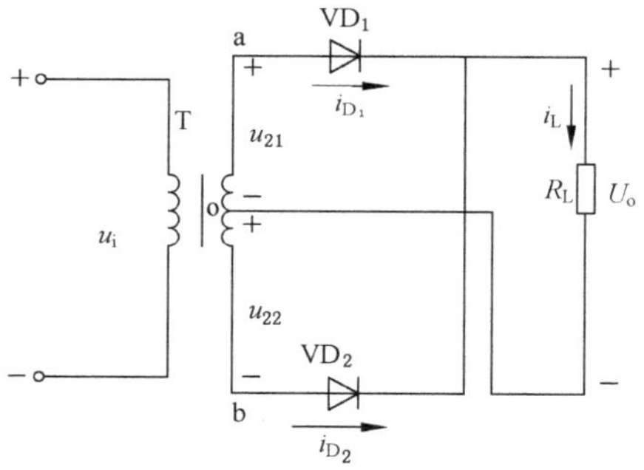

a) 原理图

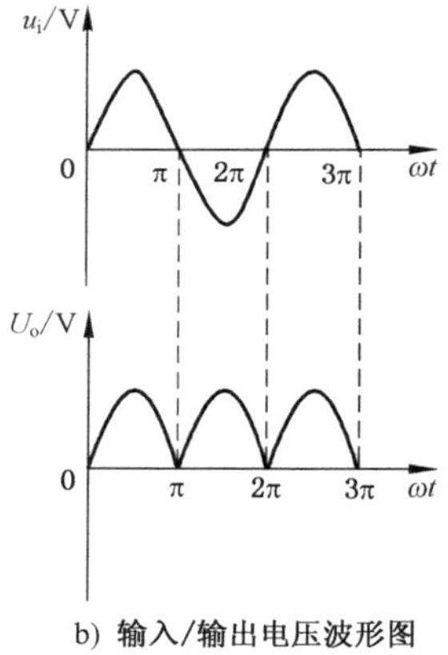

b) 输入/输出电压波形图

图 5-22 例 5-6 图

解 单相全波整流电路是由两个单相半波整流电路组成的，变压器的二次绕组的中心抽头将 u_2 分成两个大小相等的 u_{21} 和 u_{22}。

在正弦交流电源的正半周(a 点正，b 点负)，VD_1 正向导通，VD_2 反向截止，电流通路为：a→VD_1→R_L→o→a，负载上得到半波整流电压和电流，如图 5-22b 所示。

同理，在电源的负半周(b 点正，a 点负)，VD_2 导通，VD_1 截止。电流通路为：b→VD_2→R_L→o→b，负载 R_L 上得到与前半个周期方向相同的半波电压和电流，如图 5-22b 所示。

这样，在负载电阻 R_L 上得到如图 5-22b 所示的全波整流电压波形。

例 5-7　电路如图 5-23 所示。设变压器和各二极管是理想的。$U_{21}=U_{22}=U_2=15\ \text{V}$。

(1) 判断这是哪一种整流电路；

(2) 标出 U_{o1}、U_{o2} 相对于"地"的实际极性；

(3) 求 U_{o1}、U_{o2} 的值。

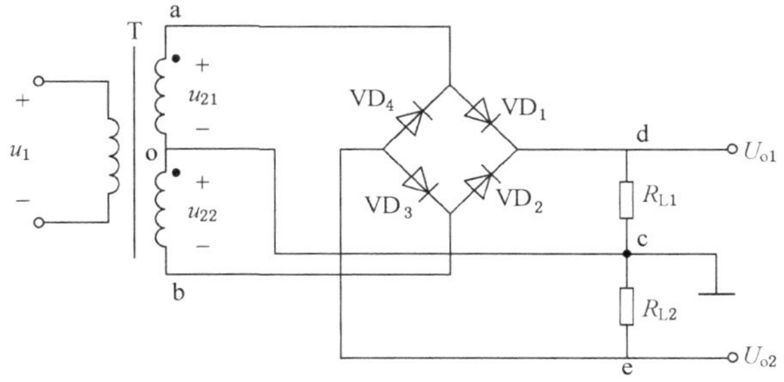

图 5-23　例 5-7 图

解　(1)虽然该电路有四只桥式接法的二极管，但变压器绕组带抽头，且电路有两路输出，输出电压分别为 U_{o1}、U_{o2}。所以该电路实际上是共用变压器副边绕组的两个全波整流电路，整流元件分别为 VD_1 和 VD_2、VD_3 和 VD_4。当电压正半周，即 a 点为"+"b 点为"−"时，二极管 VD_1 和 VD_3 导通，电流通路为：a→VD_1→R_{L1}→c→o→a 和 c→R_{L2}→VD_3→b→o→c；当电压负半周，即 b 点为"+"a 点为"−"时，二极管 VD_2 和 VD_4 导通，电流通路为：b→VD_2→R_{L1}→c→o→b 和 c→R_{L2}→VD_4→a→o→c。

(2) U_{o1} 相对于"地"为正，U_{o2} 相对于"地"为负。

(3) $U_{o1}=0.9U_2=0.9\times15\ \text{V}=13.5\ \text{V}$

$U_{o2}=-0.9U_2=-0.9\times15\ \text{V}=-13.5\ \text{V}$

5.2.2　滤波电路

整流电路输出的电压都是单方向脉动电压，其中含有直流和交流分量，这样的直流电压作为电镀、蓄电池充电的电源还是允许的，但作为大多数电子设备的电源，将会产生不良影响，甚至不能正常工作。所以需要在整流电路之后，加接滤波电路，尽量减小输出电压中的交流分量，使之接近于理想的直流电压。下面介绍两种常用的滤波电路。

1. 电容滤波电路

图 5-24 是电容滤波电路，它是在单相桥式整流电路的输出端和负载电阻 R_L 之间并联电容 C 而构成。电容滤波器是根据电容器的端电压在电路状态改变时不能跃变的原理制成的。

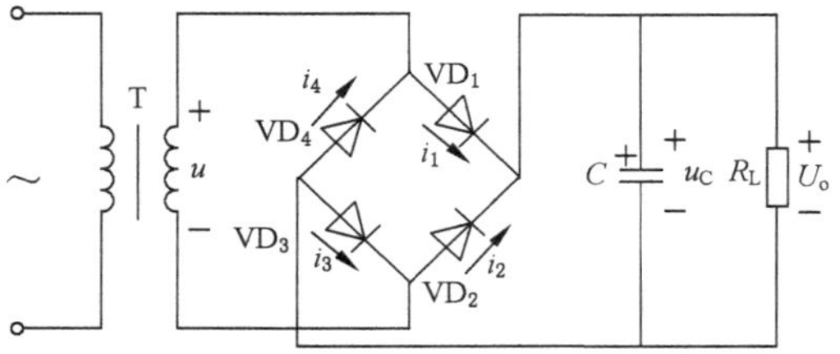

图 5-24　电容滤波电路

整流电路未接电容时输出电压 u_o 的波形重新画在图 5-25b 中。

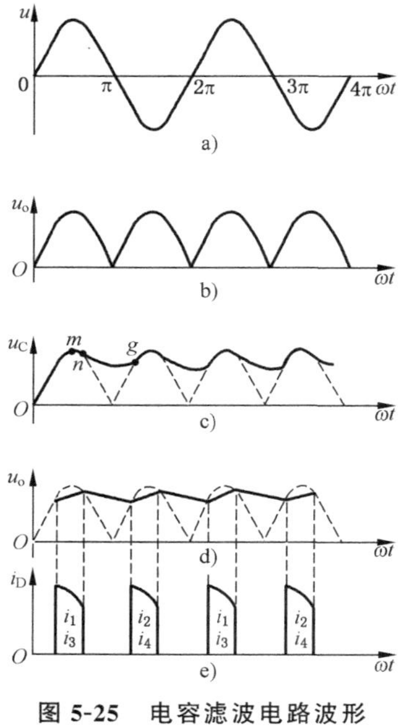

图 5-25　电容滤波电路波形

设变压器二次侧电压 $u=\sqrt{2}U\sin\omega t$，在 u 的正半周期间由零上升时，二极管 VD_1、VD_3 导通，加有电容器 C 后，电源一方面经 VD_1、VD_3 向负载电阻供电，另一方面对电容器 C 充电，若忽略变压器二次侧绕组及二极管正向电压降，电容充电时间常数很小，可近似认为电容充电电压 u_C 与正弦电压 u 一致，如图 5-25c 中的 om 段波形所示，电源电压 u 在 m 点达到最大值，u_C 也达到最大值。过了 m 点以后，开始时 u 按正弦规律下降的速率不大，u_C 仍与 u 近似相同，随 u 的减小而减小，如图 5-25c 中的 mn 段所示。在过 n 点以后 u 按正弦规律下降的速率大于 u_C 按指数规律衰减的速率，这时 $u<u_C$，二极管 VD_1、VD_3 因承受反向电压而截止，电容 C 向负载电阻 R_L 放电，由于电容放电时间常数 R_LC 一般较大，电容电压 u_C 按指数规律衰减较慢，如图 5-25c 中 ng 段。在 g 点后，u 的负半周使

VD_2、VD_4 导通，$u>u_C$，电容 C 停止放电又被充电，以后重复上述过程。

电容电压 u_C 的波形就是输出电压 u_o 的波形，如图 5-25c 所示。考虑整流电路内阻的影响后，输出电压 u_o 的实际波形如图 5-25d 所示。可见整流电路加电容滤波后，输出电压的脉动大为减小，负载电阻两端的电压比较平滑。

电容滤波电路输出电压的平均值 U_o 的大小与电容 C 和负载电阻 R_L 的大小，即电容放电的时间常数 R_LC 有关。空载（$R_L=\infty$）忽略二极管正向压降的情况下，$U_o=\sqrt{2}U$。随着负载的增加（R_L 减小，输出电流平均值 I_o 增大），电容放电时间常数 R_LC 减小，按指数规律放电加快，输出电压平均值 U_o 减小。当输出电流很大（R_L 很小）时，输出电压平均值 U_o 与单相桥式整流无电容滤波电路输出电压平均值（$U_o=0.9U$）接近相等。整流电路的输出电压 U_o 与输出电流 I_o（即负载电流）的变化关系曲线称为整流电路的外特性曲线，如图 5-26 所示。与无电容滤波时比较，有电容滤波时输出电压 U_o 受负载电阻变化的影响较大，即外特性差，也就是电容滤波电路带负载的能力较差。

电容滤波电路输出电压平均值 U_o 可能是 $0.9\sim\sqrt{2}U$ 之间的不同数值，一般按下面的经验公式进行计算：

单相半波　　$U_o=U$　　(5-10)

单相全波　　$U_o=1.2U$　　(5-11)

输出电压 u_o 的脉动程度与电容放电时间常数 R_LC 的大小关系，如图 5-27 所示。

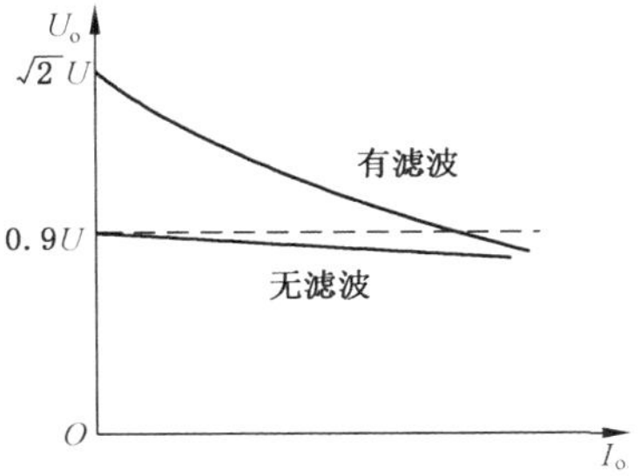

图 5-26　整流电路的外特性

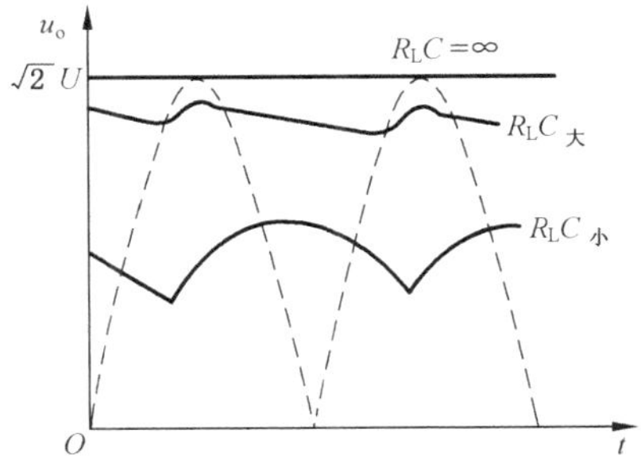

图 5-27　R_LC 对 u_o 的影响

R_LC 大一些，脉动就小些，为了减小脉动程度，得到比较平直的输出电压，一般要求 $R_L\geqslant(10\sim15)/(\omega C)$，即

$$R_LC\geqslant(3\sim5)\frac{T}{2} \tag{5-12}$$

式中，T 为交流电源电压的周期。

滤波电容的数值一般在几十微法到几千微法，视负载电流的大小而定，其耐压应大于输出电压的最大值，通常都采用极性电容器。

此外，在电容滤波电路中，只有当 $u>u_C$ 时，二极管才能导通，故二极管的导通时间缩短，在一个周期导通角小于 180°。但在一个周期内电容器的充电电荷等于放电电荷，即通过电容器的电流平均值为零，二极管导通期间其电流 i 的平均值近似等于负载电流平均值 I_o，因此 i_D 的峰值必然较大，产生冲击电流，容易损坏二极管。二极管电流的波形如图 5-25e 所示。因此，在选择二极管时，电流应选大一些，留有充分余量。在实际应用中，如果整流电路的内阻很小，滤波电容又很大，可在整流电路中串联一只阻值为(0.02～0.05)R_L 的限流电阻，以限制接通瞬间的冲击电流。

电容滤波电路简单，输出电压平均值 U_o 较高，脉动较小；但是外特性较差，且有较大的冲击电流。因此，电容滤波电路一般适用于要求输出电压较高、负载电流较小并且变化也较小的场合。

例 5-8 有一单相桥式整流电容滤波电路（见图 5-24），交流电源频率 $f=50$ HZ，负载电阻 $R_L=100\ \Omega$，输出电压平均值 $U_o=30$ V。试确定变压器二次侧电压有效值 U，并选择整流二极管及滤波电容。

解 根据式(5-11) $U_o=1.2U$

变压器副边电压有效值

$$U=\frac{U_o}{1.2}=\frac{30}{1.2}\text{V}=25\ \text{V}$$

输出电流平均值

$$I_o=\frac{U_o}{R_L}=\frac{30}{100}\text{A}=0.3\ \text{A}$$

流过二极管电流平均值

$$I_{DF}=\frac{1}{2}I_o=\frac{1}{2}\times 0.3\ \text{A}=0.15\ \text{A}$$

二极管承受最高反向电压

$$U_{DRM}=\sqrt{2}U=\sqrt{2}\times 25\ \text{V}=35\ \text{V}$$

选用四只 2CP21 二极管($I_{DM}=300$ mA，$U_{RM}=100$ V)

根据式(5-12)

$$R_LC\geqslant(3\sim5)\frac{T}{2}$$

$$T=\frac{1}{f}=\frac{1}{50}\text{s}=0.02\ \text{s}$$

取

$$R_LC=5\times\frac{T}{2}$$

所以
$$C=\frac{5\times\frac{T}{2}}{R_L}=500\ \mu F$$
选容量 500 μF、耐压 50 V 的极性电容。

例 5-9　单相桥式整流电容滤波电路如图 5-28 所示。已知变压器二次侧电压 $u_2=25\sin\omega t$ V，$f=50$ Hz，$R_LC\geqslant(3\sim5)T/2$。

(1) 估算输出电压 U_o，标出电容器 C 上的电压极性；

(2) 当负载开路时，对 U_o 有什么影响？

(3) 当滤波电容开路时，对 U_o 有什么影响？

(4) 二极管 VD_1 若发生开路或短路，对 U_o 有什么影响？

(5) 若 $VD_1\sim VD_4$ 中有一个二极管正、负极接反，将产生什么后果？

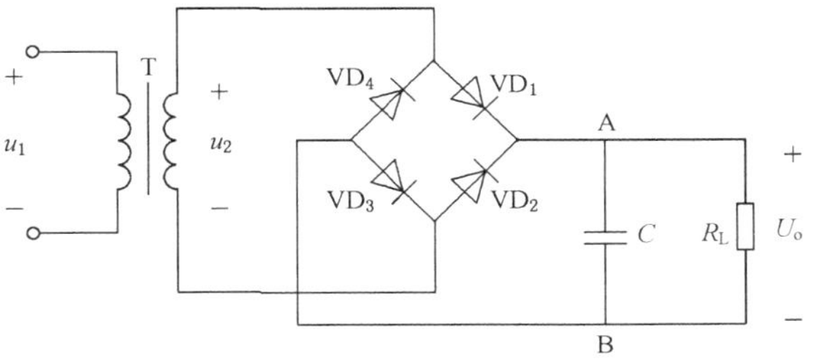

图 5-28　例 5-9 图

解　(1) $U_o=1.2U_2=1.2\times25/\sqrt{2}\ V=21.2\ V$

电容器上电压极性是上端为"正"、下端为"负"，若选用有极性的电解电容或钽电容作滤波电容 C 时，"正极"应接在该电路的 A 点。

(2) 当 $R_L\to\infty$ 时，输出电压等于 u_2 的峰值，即
$$U_o=U_{2m}=25\ V$$

(3) 滤波电容 C 开路时，电路为一桥式整流电路，输出电压为单向脉动电压，其平均值　　$U_o=0.9U_2=0.9\times25/\sqrt{2}\ V=15.9\ V$

(4) 二极管 VD_1 开路时，电路为半波整流、电容滤波电路，虽然 R_L、C 及 U_2 均未改变，但只有在交流电压的半个周期内有二极管导通，而不是原电路在正、负半周均有二极管导通。这样，VD_1 开路后，在交流电压的一个周期中，C 充电时间缩短，放电时间增加，使输出电压平均值减小。

二极管 VD_1 短路后，在 u_2 的负半周，VD_2 导通，且经短路的 VD_1 直接并接在变压器二次侧绕组两端，会导致 VD_2 或变压器烧坏。

(5) 若在 $VD_1\sim VD_4$ 四个二极管中有一个极性接反，也会出现上述情况发生。

2. *RC*Π 形滤波电路

如果要求输出电压的脉动更小，可以在原电容滤波电路的后面再串联一个 *RC* 滤波电路，如图 5-29 所示，这样便构成 Π 型 *RC* 滤波电路。滤波效果比电容滤波电路更好。电阻对于交、直流电流都具有降压作用，但是当它和电容配合之后，就使脉动电压的交流分量较多地降落在电阻两端（这是因为电容 C_2 的交流阻抗很小），而较少地降落在负载电阻之上，从而起到了滤波作用。R 愈大，C_2 愈大，滤波效果愈好。但是 R 太大，使直流压降增加，因此这种滤波电路主要适用于负载电流较小且要求输出电压脉动很小的场合。

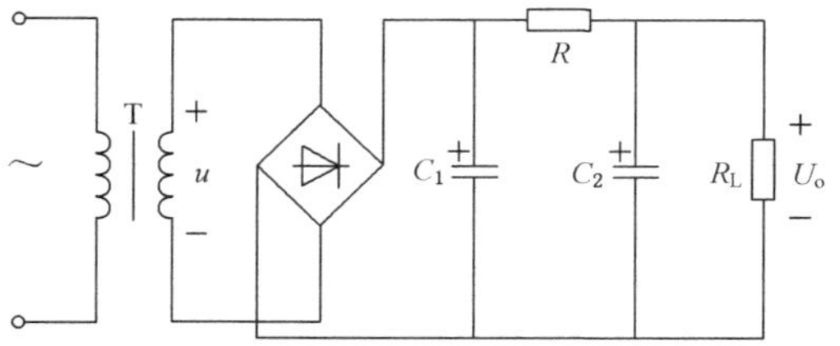

图 5-29 *RC*Π 形滤波电路

5.2.3 直流稳压电路

经整流和滤波后的输出电压，虽然脉动的交流成分很小，但是会随交流电压的波动和负载的变化而变化。由于电源变压器的二次侧绕组、整流电路、滤波电路都具有一定的阻抗，负载电流变化时，阻抗上的压降也改变，故直流输出电压也随之改变。电压的不稳定会引起测量和计算的误差，使控制装置的工作不稳定，甚至根本无法工作。特别是一些精密测量仪器、计算机等自动控制设备都要求由很稳定的直流电源供电。

1. 稳压二极管稳压电路

最简单的直流稳压电源是采用稳压二极管来稳定电压的。图 5-30 是一种稳压二极管稳压电路，经过桥式整流电路整流和电容滤波器滤波得到直流电压 U_o，再经过限流电阻 R 和稳压二极管 VS 组成的稳压电路接到负载电阻 R_L 上。这样，负载上得到的就是一个比较稳定的电压。

引起电压不稳定的原因是交流电源电压的波动和负载电流的变化。假设 I_L 不变，当交流电源电压增加而使整流输出电压 U_o 增加时，负载电压 U_L 也要增加。U_L 即为稳压二极管两端的电压。当负载电压 U_L 稍有增加时，稳压二极管的电流 I_Z 就显著增加，因此电阻 R 上的压降增加，以抵偿 U_o 的增加，从而使负载电压 U_L 保持近似不变。当交流电源电压减小时，稳压过程相反。

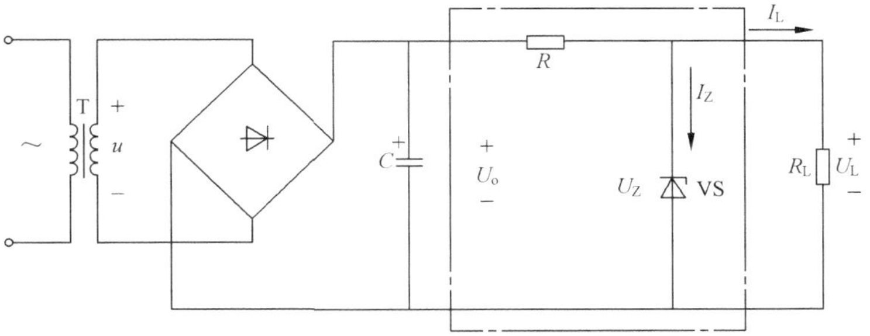

图 5-30　稳压二极管稳压电路

假设电压 u 不变，当负载电流增大时，电阻 R 上的压降增大，负载电压 U_L 因而下降。只要 U_L 下降一点，稳压二极管电流就显著减小，通过电阻 R 的电流和电阻上的压降保持近似不变，因此负载电压 U_L 也就近似稳定不变。当负载电流减小时，稳压过程相反。

选择稳压二极管时，一般取

$$U_Z = U_L$$

$$I_{ZM} = (1.5 \sim 3) I_{FM}$$

$$U_o = (2 \sim 3) U_L$$

2. 串联型集成稳压电路

稳压二极管稳压电路虽然简单，但受稳压管最大稳定电流的限制，输出电流不能太大，而且输出电压不可调，稳定性也不够理想。目前应用比较广泛的直流稳压电源多采用集成稳压器来稳定电压。

集成稳压器根据用途可分为固定输出式和可调输出式。本节主要介绍 W78××系列三端固定式集成稳压电路的原理及应用。

(1) W78××系列集成稳压器简介

W78××系列三端固定式集成稳压器的外形，如图 5-31 所示。它只有输入端 1、输出端 2 和公共端 3 三个引出端，故称为三端稳压器。

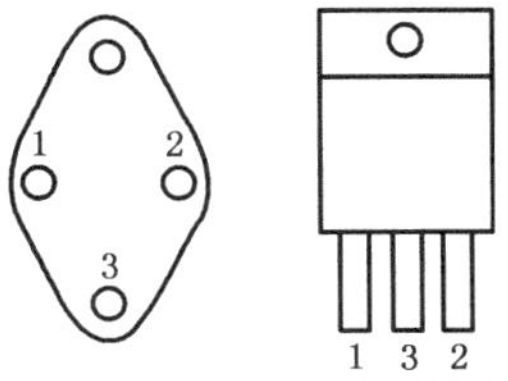

a) 金属封装　b) 塑料封装

图 5-31　W78××系列三集成稳压器

W78××系列集成稳压器输出固定的正电压，有 5 V、8 V、12 V、15 V、18 V、24 V 等多种，例如 W7815 的输出电压为 15 V。使用时三端稳压器接在整流滤波电路之后，最高输入电压为 35 V，为了具有良好的稳压效果，最小输入、输出电压差为 2～3 V。

此外，还有 W79××系列三端集成稳压器，其组成部分、工作原理及外形与 W78××系列基本相同，只是输出固定负电压。其管脚功能为：输入端 3、输出端 2、公共端 1。

（2）W78××系列集成稳压器的应用电路

1）输出固定电压的稳压电路

图 5-32a 是 W78××系列集成稳压器输出固定电压的稳压电路。输入电压接在 1、3 端，2、3 端输出固定的、稳定的直流电压。输入端的 C_0 用以抵消输入端较长接线的电感效应，防止产生自激振荡，接线不长时可以不用，C_0 一般在 0.1～1 μF之间。输出端的电容 C_L 用来改善暂态响应，使瞬时增减负载电流时不致引起输出电压有较大的波动，削弱电路的高频噪声。C_L 可用 1 μF。根据负载的需要选择不同型号的集成稳压器，如需要 12 V 直流电压时，可选用型号 W7812 稳压器。

图 5-32b 为由 W79××系列集成稳压器组成的输出固定负电压的稳压电路，其工作原理及电路的组成与 W78××系列基本相同。

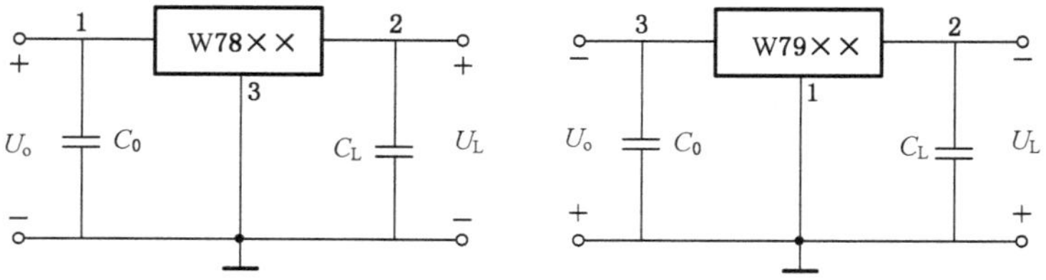

a) W7800系列输出固定正电压　　b) W7900系列输出固定负电压

图 5-32　输出固定电压的稳压电路

2）提高输出电压电路

如图 5-33 所示电路能使输出电压高于固定电压，图中的 $U_{××}$ 为 W78××稳压器的固定输出电压数值，显然

$$U_L = U_{××} + U_z \tag{5-13}$$

3）输出可调电压的稳压电路

图 5-34 是由三端固定集成稳压器构成的输出电压可以调节的稳压电路。图中的运算放大器起电压跟随作用，采用单电源运算放大器，其电源就是稳压电路的输入电压。当电位器 R_P 滑动端处于最下端时，$U_{23} = \dfrac{R_1 + R_P}{R_1 + R_2 + R_P} U_L$，而滑动端处于最上端时，$U_{23} = \dfrac{R_1}{R_1 + R_2 + R_P} U_L$。

因此稳压电路输出电压的范围是

$$\frac{R_1+R_2+R_P}{R_1+R_P}U_{23}<U_L<\frac{R_1+R_2+R_P}{R_1}U_{23} \tag{5-14}$$

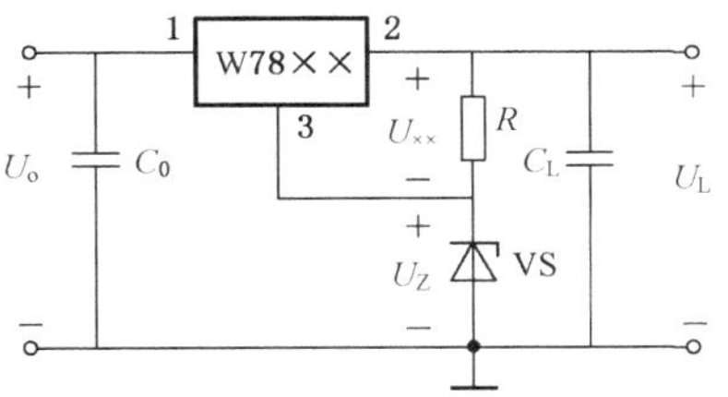

图 5-33　提高输出电压电路

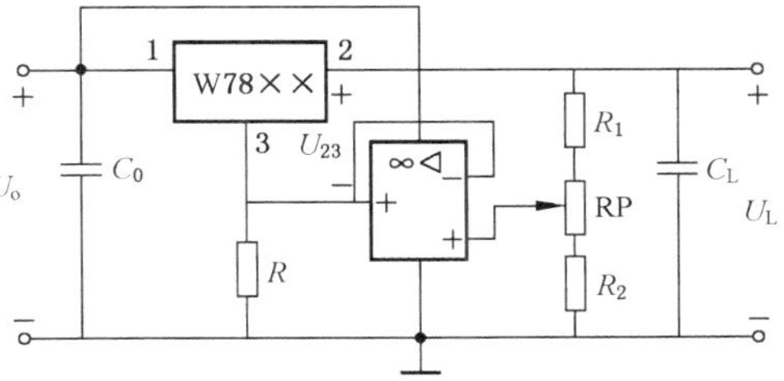

图 5-34　输出可调电压的稳压电路

4）输出正、负电压的稳压电路

在电子电路中，常需要同时输出正、负电压的双向直流电源。由集成稳压器组成的正、负双向输出电路形式很多，图 5-35 是由 W78××系列和 W79××系列集成稳压器组成的同时输出正、负电压的稳压电路。

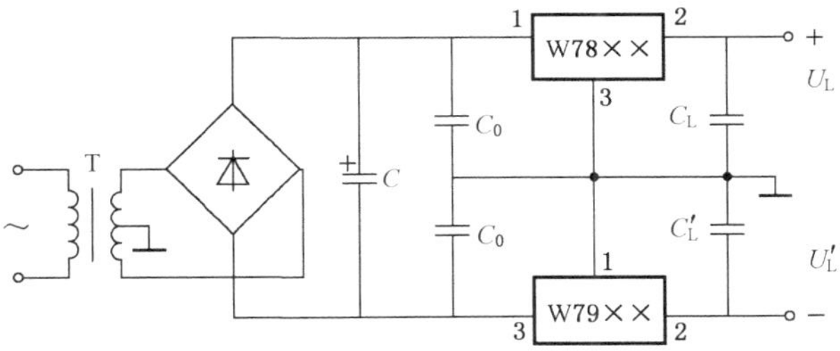

图 5-35　输出正、负电压的稳压

［思考题］

1. 如图 5-19a 所示的单相桥式整流电路中，如果：(1) VD_3 接反，(2) 因过电压 VD_3 被击穿短路，(3) VD_3 断开，试分别说明上述三种情况下其后果如何？(4)若将四个二极管都反接，又将如何？

2. 单相桥式整流电容滤波电路中（见图 5-24），(1) 如果 C 断路，负载直流电压有无变化？(2)如果 C 短路，后果如何？(3)如果 R_L 断路，整流滤波电路的输出直流电压有无变化？

5.3　晶体管

晶体管（也称晶体三极管，简称三极管）是一种双极型半导体器件，所谓双极型器件是其内部参与导电的有两种极性的载流子——带负电的自由电子和带正电的空穴。它的电流放大作用和开关作用促使电子技术飞跃发展。

5.3.1 基本结构

双极型晶体管(BJT),是将不同掺杂类型(P 型和 N 型)和不同掺杂浓度的半导体材料,交叉配置在同一块晶片上制作而成的一种三层两个 PN 结的半导体器件。它有两种基本结构,NPN 型和 PNP 型,其结构示意图及相应的电路符号如图 5-36 所示。NPN 和 PNP 型晶体管的工作原理相同,只是在使用时电源极性连接不同而已。

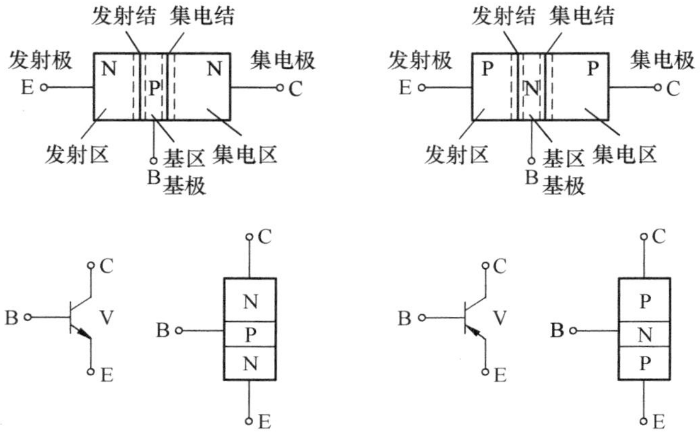

a) NPN型晶体管　　b) PNP型晶体管

图 5-36　晶体管的结构示意图和表示符号

由图 5-36 可见,三层半导体分别称为发射区、基区和集电区,发射区和基区间的 PN 结称为发射结;集电区和基区间的 PN 结称为集电结;由发射区、基区和集电区引出的电极分别为发射极 E 或 e、基极 B 或 b、集电极 C 或 c。在制造工艺上,三层半导体材料的几何尺寸和掺杂浓度有很大的差异。基区厚度最薄(一般约 1 μm 至几微米),且掺杂浓度很低,因而多数载流子较少;发射区掺杂浓度最高,多数载流子浓度也大;而集电区的厚度最大,掺杂浓度低于发射区而高于基区。由于目前硅晶体管应用较多,下面就以 NPN 型硅晶体管为例进行讨论。

5.3.2 电流放大原理

晶体管必须满足一定的偏置条件,才能有电流放大作用。图 5-37 电路是以 NPN 型硅晶体管接成共射形式(基极回路和集电极回路以发射极作为公共端)的示意图。

晶体管的外部偏置条件是:电压源 V_{BB}通过电阻 R_B 给发射结提供正向电压,使发射结正向偏置;而电压源 V_{CC}通过电阻 R_C 加到集电极,使集电结处于反向偏置($V_{CC}>V_{BB}$)。在这种外部条件下,晶体管内的载流子在外电场作用下产生定向运动,形成图中箭头方向所示的基极电流 I_B,集电极电流 I_C 和发射极电流 I_E。

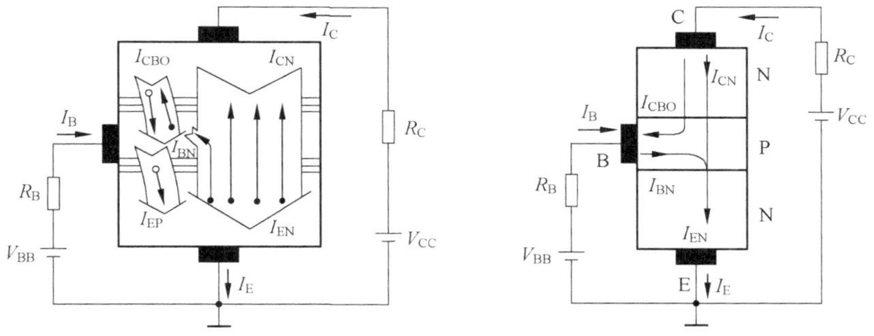

a) 载流子的运动　　　　b) 电流的分配

图 5-37　NPN 晶体管共射电路示意图

图 5-37b 所示各极电流为

$$\left.\begin{aligned} I_B &= I_{BN} - I_{CBO} \\ I_C &= I_{CN} + I_{CBO} \\ I_E &= I_{EN} + I_{CEO} \end{aligned}\right\} \tag{5-15}$$

式中，I_{BN}、I_{CN}、I_{EN}为多数载流子形成的各极电流的主要部分，I_{CBO}和 I_{CEO}为少数载流子反向漂移形成的电流，其数值很小。I_{CBO}称为集电结的反向饱和电流，I_{CEO}为穿透电流。

基极电流 I_B、集电极电流 I_C 及发射极电流 I_E 之间的关系为

$$I_E = I_{BN} + I_{CN} = (I_B + I_{CBO}) + (I_C - I_{CBO}) = I_B + I_C \tag{5-16}$$

由于基区很薄，杂质浓度极低，故 I_{BN}所占比例很小，用 $\bar{\beta}$ 表示这个比例关系，即

$$\bar{\beta} = \frac{I_{CN}}{I_{BN}} = \frac{I_C - I_{CBO}}{I_B + I_{CBO}} \approx \frac{I_C}{I_B} \tag{5-17}$$

则
$$I_C = \bar{\beta} I_B + (1+\bar{\beta}) I_{CBO} = \bar{\beta} I_B + I_{CEO}$$

式中
$$I_{CEO} = (1+\bar{\beta}) I_{CBO} \tag{5-18}$$

如果将基极电流 I_B 作为输入电流，集电极电流 I_C 作为输出电流，则 $\bar{\beta}$ 表示了晶体管的电流放大作用，称为电流放大系数。

对于 PNP 型晶体管，外部电压源极性相反，注入载流子为空穴，实际电流方向相反，分析方法相似。

5.3.3　晶体管的伏安特性曲线

为了较为全面地反映晶体管的特性，可以用它的外部各电极电流和极间电压之间的关系曲线来表示。这种曲线称为晶体管的伏安特性曲线。从使用者的角度来看，了解晶体管的外部特性比了解它的内部载流子分配规律显得更为重

要,因为在分析晶体管电路时,只需知道其外部特性而不涉及其内部结构。

晶体管有 3 个电极,可以组成两个回路,如图 5-38 所示为共射极电路。晶体管的特性曲线可通过晶体管图示仪测得,或通过实验测绘。

1. 输入伏安特性曲线

当集电极与发射极间的电压 u_{CE} 为某一常数值时,晶体管的基极电流 i_B 与基极-发射极间电压 u_{BE} 的关系特性曲线,称为输入特性曲线。

不同型号的晶体管或同型号晶体管参数有分散性,输入特性曲线不同,但基本形状相似。如图 5-39 所示为 NPN 型三极管 3DG6 的输入特性曲线。

$$i_B = f(u_{BE})|_{U_{CE}} \tag{5-19}$$

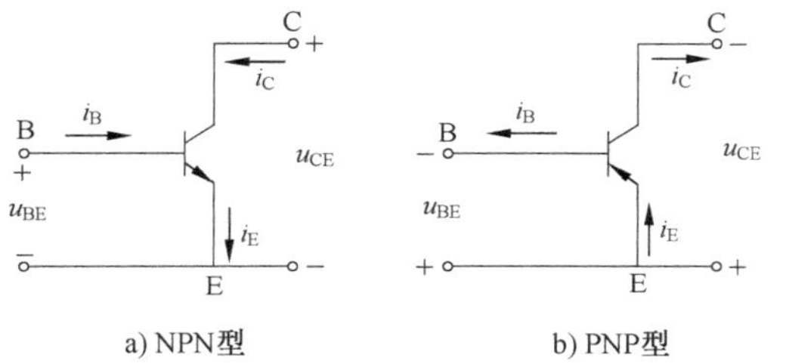

图 5-38　NPN 和 PNP 晶体管两端口电路

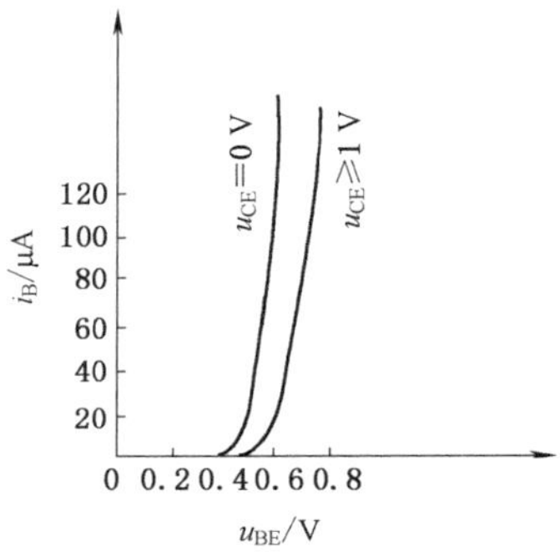

图 5-39 NPN 型晶体管 3DG6 的输入特性曲线

从输入特性曲线上可以看到:

(1) 晶体管的输入特性与二极管的正向特性相似。但由于存在集电极与发射极间电压的影响,输入特性曲线往往不是一条。当 $u_{CE}=0$ V 时,相当于 C、E 极短路,此时发射结与集电结并联,因此 $u_{CE}=0$ V 的输入特性与二极管伏安特性相似。随着 u_{CE} 的增大,曲线逐渐右移,$u_{CE}\geqslant 1$ V 后的输入特性曲线基本上是重合的。所以,通常只画出 $u_{CE}=1$ V 的一条输入特性曲线。

(2) 由图 5-39 可见,和二极管的伏安特性一样,晶体管输入特性也有一段死区。只有在发射结外加电压大于死区电压时,晶体管才会出现基极电流 i_B。硅管的死区电压约为 0.5 V,锗管的死区电压约为 0.1 V。

晶体管工作在线性区时,u_{BE} 的变化范围很小,NPN 型硅管的发射结电压 $u_{BE}=0.6\sim0.7$ V,PNP 型锗管的 $u_{BE}=0.2\sim0.3$ V。为便于应用,本书规定,计算时硅管取 $u_{BE}=0.7$ V,锗管取 $u_{BE}=0.3$ V。

2. 输出特性曲线

输出特性曲线是指当基极电流 i_B 为常数时,晶体管的集电极电流 i_C 与集-射极电压 u_{CE} 之间的关系曲线,即

$$i_C = f(u_{CE})|_{i_B} \tag{5-20}$$

在不同的 i_B 下，可得出不同的曲线，所以晶体管的输出特性曲线是一簇曲线，如图 5-40 所示。

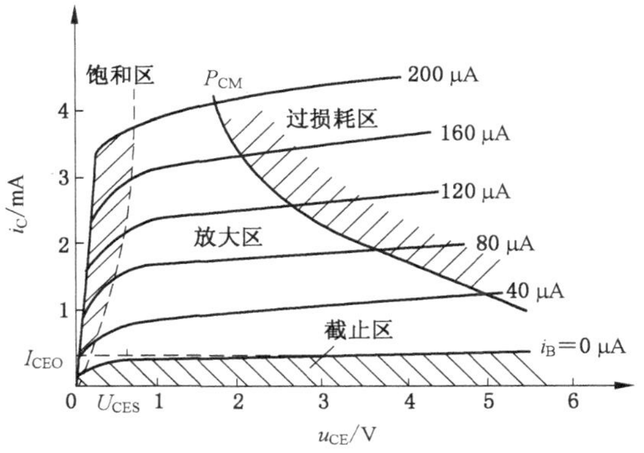

图 5-40　3DG6 的输出特性曲线

当 i_B 增大时，相应的 i_C 也按比例增大，曲线上移。

通常将晶体管的输出特性曲线分为三个工作区（见图 5-40）：

（1）放大区。输出特性曲线的接近于水平的部分是放大区。晶体管工作于放大状态的外部偏置条件是发射结正偏，集电结反偏，对 NPN 型晶体管而言，应使 $u_{BE}>0$，$u_{BC}<0$。在放大区，$i_C=\beta i_B$，与 u_{CE} 的关系不大，具有恒流特性。由于 i_C 和 i_B 成正比的关系，故放大区也称为线性区。晶体管工作于放大区的外部特征为：电流放大——$i_C=\beta i_B$；电流控制——i_B 控制 i_C；恒流特性——曲线平坦。

可见，晶体管是电流控制型器件（基极电流控制集电极电流）。

（2）截止区。$i_B=0$ 的曲线以下的区域称为截止区。晶体管工作于截止状态的外部偏置条件是发射结零偏或反偏，集电结反偏。对 NPN 型硅管而言，当 $u_{BE}<0.5$ V时，即已开始截止，但是为了截止可靠，常使 $u_{BE}\leqslant 0$ V。晶体管截止时的外部特征为：$i_B=0$，$i_C=I_{CEO}\approx 0$，$u_{CE}\approx V_{CC}$，此时 C、E 极之间的电流极小，相当于开关的断开状态。

（3）饱和区。当 $u_{CE}<u_{BE}$ 时，集电结处于正向偏置，晶体管工作于饱和状态，即晶体管工作于饱和状态的外部偏置条件是发射结和集电结均正偏。对于 NPN 型晶体管来说，$u_{BE}>0$，$u_{BC}>0$。在饱和区，不同 i_B 值的各条特性曲线几乎重叠在一起，i_C 随 u_{CE} 的增加几乎是直线上升的。也就是说，三极管的集电极电流 i_C 基本上不随基极电流 i_B 线性变化。此时三极管失去了放大作用，不能再用放大区的 $i_C=\beta i_B$ 来描述两者间的关系。晶体管饱和时的外部特征为：$u_{CE}=U_{CES}$（饱和管压降），对于硅管 $U_{CES}=0.3$ V，锗管 $U_{CES}=0.1$ V；$i_B>i_C/\beta$。此时 C、E 极之间的电阻很小，相当于开关的导通状态。

三极管用做开关时，工作在截止与饱和两个状态。一般是通过控制三极管的基极电压 U_B 来控制三极管的导通与断开。

5.3.4 主要参数

晶体管的参数可用来表征其性能的优劣和适用范围，也是设计电路、选用晶体管的主要依据。

1. 电流放大系数 $\bar{\beta}$，β

直流电流放大系数 $\bar{\beta}$：当晶体管接成共射极电路时，在静态（无交流输入信号）时集电极电流 I_C（输出电流）与基极电流 I_B（输入电流）的比值称为直流电流放大系数：

$$\bar{\beta}=\frac{I_C}{I_B} \tag{5-21}$$

交流电流放大系数 β：当晶体管工作在动态（有交流输入信号）时，基极电流的变化量为 Δi_B，引起集电极电流的变化量为 Δi_C。Δi_C 与 Δi_B 的比值称为交流电流放大系数：

$$\beta=\frac{\Delta i_C}{\Delta i_B} \tag{5-22}$$

交流电流放大系数 β 在手册中常用 h_{fe} 来表示。在数值上直流电流放大系数 $\bar{\beta}$ 与交流电流放大系数 β 相差不大，因此在应用时一般不予区分，均用 β 表示。

电流放大系数是衡量晶体管电流放大能力的重要指标，在具体的放大电路中，根据不同的性能指标，对晶体管的 β 值往往有不同的要求。一般来说，在工程应用中 β 值太大则稳定性差；β 值太小则电流放大能力不满足要求，通常认为 β 在 40～100 是较合适的。

2. 反向电流

晶体管的极间反向电流是反映其质量的指标，极间反向电流越小，晶体管质量越高。因反向电流直接影响电子线路工作的稳定性和高温下的工作性能。所以在工程应用中需要考虑以下两个反向电流：

（1）集电极-基极间反向饱和电流 I_{CBO}，是指在发射极开路（$i_E=0$）时，集电区和基区的少数载流子，在集电结反偏电压作用下漂移而形成的反向电流。它与二极管中的反向饱和电流 I_{SR} 在本质上是相同的。I_{CBO} 的值很小，在室温下，小功率硅管约几微安，锗管约为几十微安。但其受温度影响很大，是晶体管工作不稳定的主要因素。

（2）集电极-发射极间穿透电流 I_{CEO}，是指基极开路（$i_B=0$）时，集电极与发射极之间的反向电流，用 I_{CEO} 表示，受温度影响更严重，因而对晶体管的工作影响更大。

3. 集电极最大允许耗散功率 P_{CM}

由于集电极电流流过集电结时会消耗功率而产生热量，使晶体管的结温升高，从而会引起管子参数变化。当晶体管因受热引起的参数变化不超过允许值时，集电极所消耗的最大功率，称为集电极最大允许耗散功率 P_{CM}。

P_{CM} 主要受结温的限制，因此它与环境温度有关，环境温度低，散热条件好时，其允许的最大集电极功耗可得到较大的提高。

通常锗管允许结温 70～90 ℃，硅管约为 150 ℃。

根据晶体管的 P_{CM} 值，由

$$P_{CM}=I_C U_{CE}$$

可在晶体管的输出特性曲线上作出 P_{CM} 曲线，如图 5-40 所示，P_{CM} 曲线以下区域为安全工作区。对于大功率晶体管，在使用中必须加装散热片，以防过热而烧毁。

5.3.5　晶体管电极的判别

目前，数字式万用表均设有专用的测试晶体管 β 的接口，只要将晶体管的三个电极插入相应测试孔中，即可测得 β 值，同时可判定三个电极。

例 5-10　某电路中的晶体管型号已经模糊不清，试通过测得的三个电极的电位（见图 5-41，$V_1=12$ V，$V_2=11.7$ V，$V_3=6$ V），判断该晶体管是 PNP 型还是 NPN 型？是硅管还是锗管？并指出三个电极。

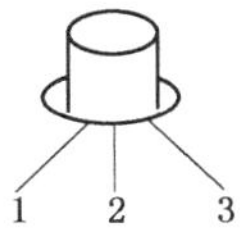

图 5-41　例 5-10 图

解　首先找到两个电位相差 0.7 V 或 0.3 V 的两个电极，它们分别是基极和发射极；如果相差 0.7 V 为硅管，相差 0.3 V 为锗管。第三个电极即为集电极；如果集电极电位最高，则为 NPN 型，其基极电位高于发射极电位。若集电极电位最低，则为 PNP 型，其基极电位低于发射极电位。

该题中，管脚 1 和 2 之间相差 0.3 V，可知该管为锗管，管脚 3 为集电极，由于其电压最低，故该管为 PNP 型；管脚 1 电位最高，为发射极，管脚 2 为基极。

［思考题］

1. 晶体管具有电流放大作用，其外部条件是什么？

2. 为什么晶体管基区掺杂浓度小而且做得很薄？

3. 将一 PNP 型晶体管接成共发射极电路，要使它具有电流放大作用，V_{CC} 和 V_{BB} 的正、负极应如何连接，为什么？画出电路。

5.4　基本放大电路

在电子技术中，“放大”的本质首先是能量的控制和转换，即用能量比较小的输入信号来控制另一个能源，使输出端的负载得到能量较大的信号。因此，放大的基本特征是功率放大，即负载上获得比输入信号大得多的电压（电压放大）或电流（电流放大），有时兼而有之。

放大的前提是不失真，只有在不失真的前提下，放大才有意义。晶体管是放大电路的核心元件，只有它工作在合适的区域（如放大区），才能使得输出量和输入量始终保持线性关系，即输出信号与输入信号相似。

放大电路的组态，即以晶体管的不同连接方式所组成的放大电路，分为共射极放大电路、共集电极放大电路和共基极放大电路三种，如图 5-42 所示为三种放大电路的连接方式。

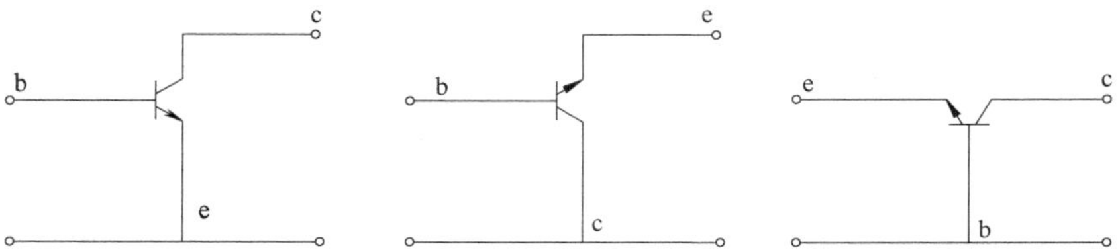

a) 共射极连接方式　　b) 共集电极连接方式　　c) 共基极连接方式

图 5-42　放大电路的三种组态

5.4.1　共射极放大电路

共射极放大电路是以晶体管的发射极作为输入回路和输出回路的公共端构成的单级放大电路。

1. 电路的组成及各元件的作用

如图 5-43 所示为共射极交流放大电路，也称为分压式射极偏置电路或稳定静态工作点的共射极典型放大电路。输入端接交流信号源（通常可用一个恒压源 u_s 与电阻 R_s 串联的电压源等效表示），输入电压为 u_i；输出端接负载电阻 R_L，输出电压为 u_o。电路中各个元件分别起如下作用：

晶体管 V：晶体管是放大电路中的电流放大元件，利用它的基极电流对集电极电流的控制作用，在集电极获得受输入信号控制、被放大了的电流。

集电极电源 V_{CC}：直流电源 V_{CC} 除为放大电路提供能量外，还保证集电结处于反向偏置、发射结处于正向偏置，使晶体管工作在放大状态。V_{CC} 一般为几伏到几十伏。

集电极直流负载电阻 R_C：集电极直流负载电阻简称集电极电阻，主要是将集电极电流的变化变换为电压的变化，以实现电压放大。R_C 的阻值一般为几千欧到几十千欧。

基极电阻 R_{B1} 和 R_{B2}：它们的作用是为基极提供合适的静态基极电流 I_B，以使放大电路获得合适的静态工作点。另一方面，通过 R_{B1} 和 R_{B2} 的分压，使晶体管基极电位固定不变，达到稳定静态工作点的目的。R_{B1}、R_{B2}的阻值一般为几十千欧到几百千欧。

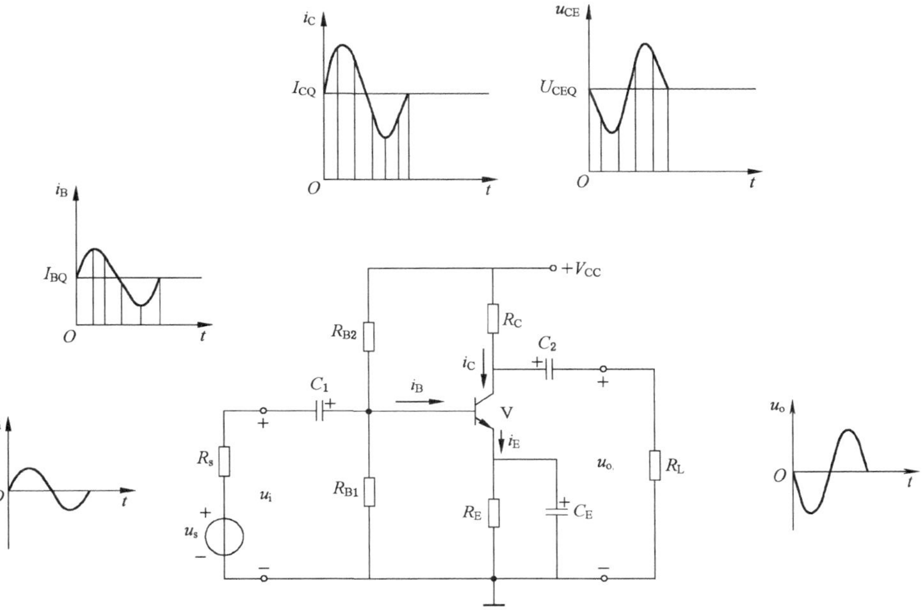

图 5-43　共发射极放大电路

发射极偏置电阻 R_E：又称为电流负反馈电阻。将输出信号通过此电阻反送回输入端，减小净输入信号的大小。它主要起稳定静态工作点的作用。

耦合电容 C_1 和 C_2：它们起到隔直流的作用，用来隔断放大电路与信号源之间(C_1)、放大电路与负载之间(C_2)的直流通路，使三者之间无直流联系，互不影响。另一方面又起到交流耦合作用，保证交流信号顺利通过放大电路，沟通信号源、放大电路和负载三者之间的交流通路。通常要求耦合电容的容抗很小，在动态分析中可以忽略不计，即对交流信号可视为短路。因此电容值一般取得较大，为几十微法到几百微法，常采用的是有极性电容器，连接时要注意其极性。

射极旁路电容 C_E：为消除 R_E 对交流信号的影响，通常加旁路电容 C_E。要求它的容抗很小，对交流信号相当于短路。

2. 放大电路的静态分析

当放大电路没有输入电压，即 $u_i=0$ 时，电路中的电压、电流都是由直流电源 V_{CC} 提供的不变的直流量，称电路为静止状态，简称“静态”。晶体管的各极电流及极间电压用晶体管的 I_{BQ}、I_{CQ}、U_{BEQ}、U_{CEQ} 表示，称为放大电路的“静态工作点”。在近似估算中，常认为 U_{BEQ} 为已知量，对于硅管，取 $|U_{BEQ}|=0.7$ V，锗管取为 $|U_{BEQ}|=0.3$ V。

静态分析的目的就是要求出在静态时晶体管各极电流和极间电压 I_{BQ}、I_{CQ}、U_{CEQ}，从而判断晶体管是否工作在放大区。

(1) 静态工作点的计算

对直流量来说，耦合电容、旁路电容 C_1、C_2、C_E 相当于开路，且令 $u_i=0$，则对应图 5-43 的直流通路如图 5-44 所示。

由图 5-44，基极采用分压式偏置，在参数选择上，使分压电阻 R_{B1}、R_{B2} 中的电流近似相等且远大于 I_B(R_{B1} 和 R_{B2} 相当于串联)，$I_1 \approx I_2 \geqslant I_B$，则可保持静态时基极电位 V_B 固定不变，即

$$V_B=\frac{R_{B1}}{R_{B1}+R_{B2}}V_{CC} \qquad (5\text{-}23)$$

当 $V_B \gg U_{BEQ}$ 时有

$$I_{EQ}=\frac{V_B-U_{BEQ}}{R_E}\approx\frac{V_B}{R_E} \qquad (5\text{-}24)$$

$$I_{CQ}\approx I_{EQ} \qquad (5\text{-}25)$$

$$I_{BQ}=\frac{I_{CQ}}{\beta} \qquad (5\text{-}26)$$

由集电极回路可得

$$U_{CEQ}=V_{CC}-I_{CQ}(R_C+R_E) \qquad (5\text{-}27)$$

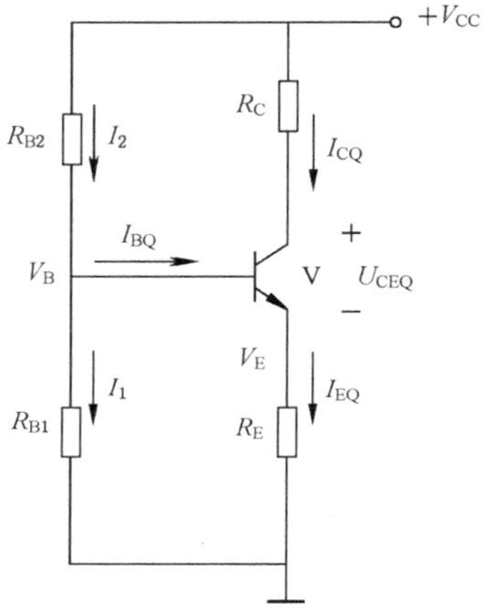

图 5-44　图 5-43 的直流通路

例 5-11　在图 5-43 中，已知 $V_{CC}=12$ V，$R_s=600\ \Omega$，$R_C=3$ kΩ，$R_{B1}=20$ kΩ，$R_{B2}=47$ kΩ，$R_E=1.5$ kΩ，$R_L=6$ kΩ，$\beta=80$，$U_{BEQ}=0.7$ V，求静态工作点值 I_{BQ}，I_{CQ}，U_{CEQ}。讨论晶体管是否工作在放大区？如晶体管换成 $\beta=200$，工作点是否发生变化？

解　放大电路的直流通路如图 5-44 所示。由式(5-23)～式(5-26)得

$$V_B=\frac{R_{B1}}{R_{B1}+R_{B2}}V_{CC}=\frac{20}{20+47}\times 12\ \text{V}=3.58\ \text{V}$$

$$I_{EQ}=\frac{V_B-U_{BEQ}}{R_E}=\frac{3.58-0.7}{1.5\times 10^3}\text{A}=1.92\ \text{mA}\approx I_{CQ}$$

$$I_{BQ}=\frac{I_{CQ}}{\beta}=\frac{1.92}{80}\text{mA}=0.024\ \text{mA}=24\ \mu\text{A}$$

$$U_{CEQ}=V_{CC}-I_{CQ}(R_C+R_E)=[12-1.92\times(3+1.5)]\text{V}=3.36\ \text{V}$$

因为 $0.3<U_{CEQ}<V_{CC}$，保证了晶体管的发射结正偏、集电结反偏，故晶体管静态时处于放大区。

如果 β 改为 200，由上述计算可见，I_{CQ} 不变，只有 I_{BQ} 减小，晶体管的静态工作点基本不变。

(2) 静态工作点的作用

静态工作点设置得是否合适，直接关系到放大电路的工作状态。由图 5-43 的各点波形可见，如果静态工作点设置得过低，则叠加在其上的交流波形就要进入截止区，使输出波形与输入波形不相似，发生了失真。这种由于静态工作点选得过低使交流波形进入截止区而发生的失真，称为截止失真。对于 NPN 型晶体管的单级放大电路，截止失真的波形如图 5-45 所示。

如果静态工作点选得过高，同样会发生失真。这时的失真波形如图 5-46 所示。这是由于交流波形进入饱和区而发生的失真，称为饱和失真。

截止失真和饱和失真都是由于晶体管的非线性特性引起的，故都属于非线性失真。

对于放大电路的基本要求，一是不失真地传递信号，二是能够放大。如果输出波形严重失真，放大就毫无意义了。只有在信号的整个周期内，晶体管始终工作在放大状态，输出信号才不会产生失真。因此，有必要设置合适的静态工作点，以保证放大电路不产生失真。

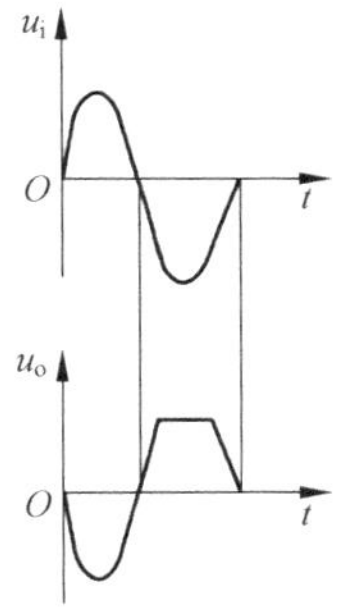

图 5-45　截止失真

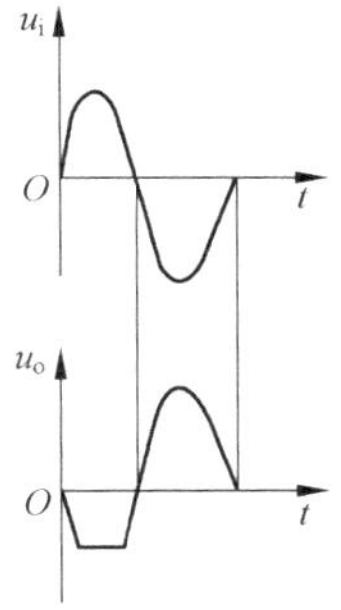

图 5-46　饱和失真

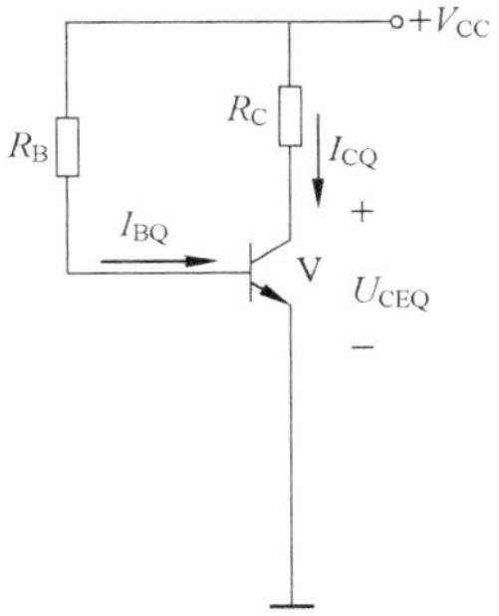

图 5-47　例 5-12 图

例 5-12　某放大电路的直流通路如图 5-47 所示，$V_{CC}=12$ V，$U_{BE}=0.7$ V，$R_C=1.5$ kΩ，$\beta=40$，$R_B=50$ kΩ。求静态工作点，并判断晶体管的工作状态。

解
$$I_{BQ}=\frac{V_{CC}-U_{BEQ}}{R_B}=\frac{12-0.7}{50\times10^3}=0.226\ \text{mA}$$
$$I_{CQ}=\beta I_{BQ}=40\times0.226=9.04\ \text{mA}$$
$$U_{CEQ}=V_{CC}-I_{CQ}R_C=12-9.04\times1.5=-1.56\ \text{V}$$

U_{CEQ}为负值，说明晶体管已处于饱和状态。一般来说当$U_{CEQ}\leqslant0.3$ V 时晶体管即处于饱和状态，此时$U_{CEQ}\approx0$，$I_C=\dfrac{V_{CC}}{R_C}=\dfrac{12}{1.5}=8$ mA。

例 5-13　某放大电路的直流通路如图 5-48 所示，判断晶体管的工作状态。

解　图 5-48 中，晶体管为 NPN 型，基极所接电源电压为"−5 V"，使得发射结反偏，则晶体管工作在截止状态。

(3) 静态工作点的稳定

由上述分析可知，静态工作点的设置，直接关系到放大电路能否正常工作（放大信号），因此静态工作点的稳定就显得十分重要。

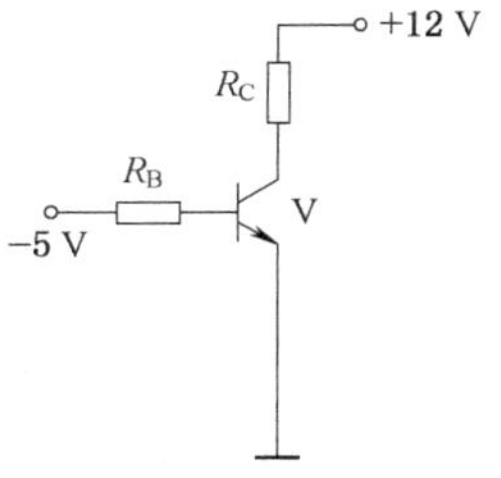

图 5-48　例 5-13 图

由晶体管的工作原理知，当环境温度发生变化（－30～＋50 ℃）时，晶体管的参数（I_{CBQ}，U_{BE}，β）要发生变化，或者更换参数不同的晶体管时，都会使放大电路的静态工作点发生变化，使晶体管偏离放大区而产生非线性失真。在如图 5-44所示的分压式射极偏置电路中，由于在选择电路参数时，使 $I_1 \approx I_2 \gg I_B$，且 V_E（发射极电位）正比于 I_C，$V_E \approx I_C R_E$，则由于环境温度升高可有如下的静态工作点的稳定过程：

温度升高

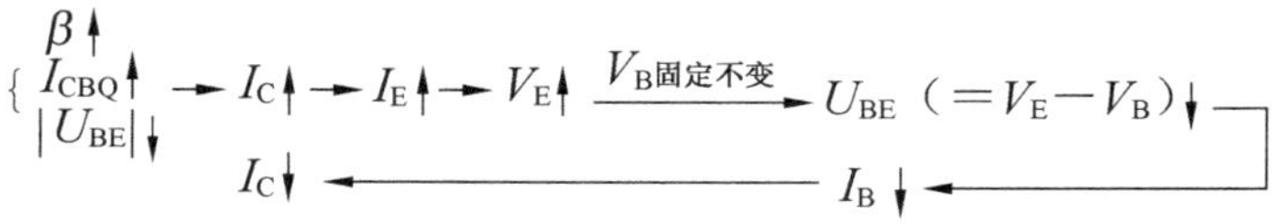

当晶体管的参数因外界因素的影响（例如温度的升降，或者更换晶体管）发生变化时，引起 I_C 增加，随之 V_E 也增加，而基极电位 V_B 固定不变，则 U_{BE}减小，使 I_B 减小，结果 I_C 也减小，如果电路参数选得合适，可使 I_C 基本不变，达到稳定 I_C 的目的。很明显，R_E 愈大，I_C 的变化引起 V_E 的变化也大，稳定静态工作点的效果就愈好。但是，R_E 也不能取得过大，因为电源 V_{CC} 选定以后，R_E 愈大，U_{CEO}会愈小，限制了晶体管的动态工作范围。一般选取

$$V_B = (5\sim10)U_{BE}$$

具体地

$$V_B = (3\sim7)\text{V}（硅晶体管）$$

$$V_B = (1\sim3)\text{V}（锗晶体管）$$

静态时流过 R_{B1}、R_{B2} 的电流 $I_1 \approx I_2$，一般取值

$$I_1 = (5\sim10)I_B（硅晶体管）$$

$$I_1 = (10\sim20)I_B（锗晶体管）$$

由例 5-11 可见，若将晶体管的 β 值由原来的 80 改为 200，只有 I_B 发生变化，静态工作点基本不变（I_C 和 U_{CE}），即静态工作点是稳定的。

3. 放大电路的动态分析

当放大电路输入端加输入电压 u_i（如 $u_i = \sqrt{2}U_i\ \sin(2\pi ft)$）时，电路中的电压、电流随之变动的状态，称为“动态”。由于耦合电容、旁路电容 C_1、C_2、C_E 取值较大，其容抗很小，可视为短路。输入信号 u_i 没有衰减地加到晶体管的发射结上，因此发射结实际电压为静态值 U_{BEQ}叠加上交流电压 u_i，即 $u_{BE} = U_{BEQ} + u_i$，引

起基极电流相应变化，$i_B = I_{BQ} + i_b$，又使集电极电流随之变化，$i_C = I_{CQ} + i_c$。集电极电压 $u_{CE} = U_{CEQ} + u_{ce} = V_{CC} - i_C R_C - I_{CQ} R_E$（设 $R_L = \infty$），当 i_C 增大时，u_{CE} 减小，即 u_{CE} 的变化与 i_C 相反，所以经过耦合电容 C_2 传送到输出端的输出电压 u_o 与 u_i 相位相反。只要电路参数选取适当，u_o 的幅值将比 u_i 的幅值大得多，达到放大的目的。对应的各极电流、极间电压波形也示于图 5-43 中。

表 5-1 列出了放大电路中常用的各种符号及其意义。

表 5-1 放大电路中电压、电流的符号

名称	静态值（直流分量）	动态量（交流分量）			总电压或总电流
		瞬时值	有效值	有效值相量	瞬时值
基极电流	I_B	i_b	I_b	$\dot{I}_b$	$i_B = i_b + I_B$
集电极电流	I_C	i_c	I_c	$\dot{I}_c$	$i_C = i_c + I_C$
发射极电流	I_E	i_e	I_e	$\dot{I}_e$	$i_E = i_e + I_E$
集-射极电压	U_{CE}	u_{ce}	U_{ce}	$\dot{U}_{ce}$	$u_{CE} = u_{ce} + U_{CE}$
基-射极电压	U_{BE}	u_{be}	U_{be}	$\dot{U}_{be}$	$u_{BE} = u_{be} + U_{BE}$

动态分析是在静态值确定后分析信号的传输情况，考虑的只是电流和电压的交流分量（信号分量）。微变等效电路法是动态分析的基本方法。

放大电路的微变等效电路，就是把非线性元件晶体管线性化，使放大电路等效为一个线性电路。这样，就可像处理线性电路那样来处理晶体管放大电路。线性化的条件，就是晶体管在小信号（微变量）情况下工作。由晶体管的特性曲线可见，在静态工作点 Q 附近的小范围内，曲线近似为直线段，如果晶体管工作在小信号情况下，则可用直线段近似地代替晶体管的特性曲线，这样，可将晶体管看成线性元件。

（1）晶体管的微变等效电路

将晶体管线性化，就是用一个等效电路（也称为线性模型）来代替。下面从共发射极接法晶体管的输入特性和输出特性两方面来讨论线性化方法。

图 5-49a 是晶体管的输入特性曲线，当输入信号很小时，在静态工作点 Q 附近的工作段可认为是直线。当 U_{CE} 为常数时，Δu_{BE} 与 Δi_B 之比为

$$r_{be} = \left.\frac{\Delta u_{BE}}{\Delta i_B}\right|_{U_{CE}} = \left.\frac{u_{be}}{i_b}\right|_{U_{CE}} \text{①} \qquad (5\text{-}28)$$

称为晶体管的动态输入电阻，表示晶体管的输入特性。在小信号的情况下，r_{be} 是一常数，由它确定 u_{be} 和 i_b 之间的关系。因此，晶体管的输入回路可用 r_{be} 等效代替，如图 5-50b 所示。

① 若是小信号微变量，可用电压和电流的交流分量来代替，即 $u_{be} = \Delta u_{BE}$，$i_b = \Delta i_B$，$u_{ce} = \Delta u_{CE}$，$i_c = \Delta i_C$。

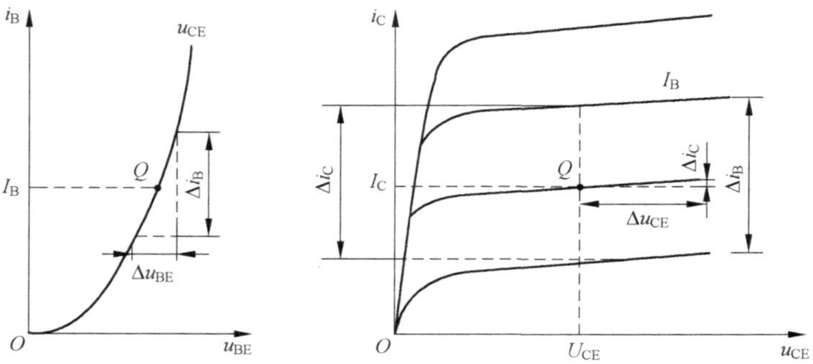

a) 由输入特性曲线求r_{be}　　b) 由输出特性曲线求β和r_{ce}

图 5-49　由晶体管的特性曲线求 r_{be}、β 和 r_{ce}

低频小功率晶体管的输入电阻常用下式估算

$$r_{be}=r_{bb'}+(1+\beta)\frac{26(\mathrm{mV})}{I_{EQ}(\mathrm{mA})} \tag{5-29}$$

式中，I_{EQ}是发射极电流的静态值；$r_{bb'}$为基区体电阻，常取 100～300 Ω；r_{be}一般为几百欧到几千欧，是对交流而言的一个动态电阻，在手册中常用 h_{ie}表示。

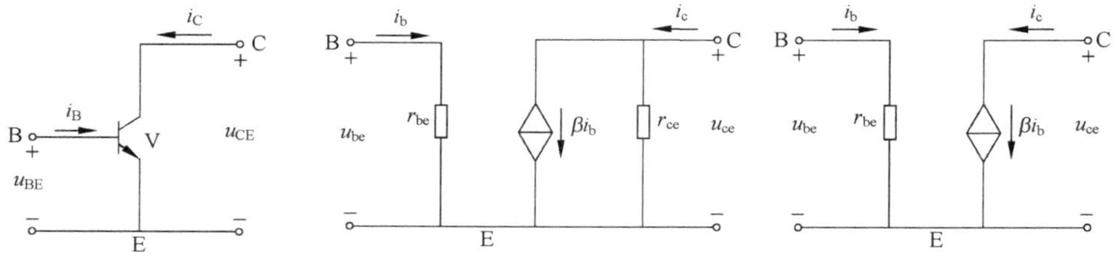

a) 晶体管　　b) 等效电路　　c) 简化的等效电路

图 5-50　晶体管及其微变等效电路

图 5-49b 是晶体管的输出特性曲线，在线性工作区 i_C 近似为一恒定值，曲线近似平行于横轴的直线，几乎与 u_{CE}值无关。Δi_C 与 Δi_B 之比为

$$\beta=\frac{\Delta i_C}{\Delta i_B}\bigg|_{U_{CE}}=\frac{i_c}{i_b}\bigg|_{U_{CE}} \tag{5-30}$$

即晶体管的电流放大系数，在小信号的条件下为常数，由 β 确定 i_c 受 i_b 控制的关系。因此，晶体管的输出回路可用一等效恒流源 $i_c=\beta i_b$ 代替，以表示晶体管的电流控制作用。

当 $i_b=0$ 时，βi_b 也为零，所以它不是一个独立电源，而是受输入电流 i_b 控制的受控电源。β 取值一般在 20～200 之间，在手册中常用 h_{fe}表示。

此外，在图 5-49b 中还可见到，晶体管的输出特性曲线不完全与横轴平行，当 i_B为常数时，Δu_{CE}与 Δi_C之比为

$$r_{ce}=\frac{\Delta u_{CE}}{\Delta i_C}\bigg|_{I_B}=\frac{u_{ce}}{i_c}\bigg|_{I_B} \tag{5-31}$$

称为晶体管的输出电阻。在小信号的条件下，r_{ce} 也是一个常数。如果把晶体管的输出电路看作电流源，r_{ce} 就是电流源的内阻，故在等效电路中与恒流源 βi_b 并联，如图 5-50b 所示。由于 r_{ce} 的阻值很高(曲线越平坦，r_{ce} 越大)，约为几十千欧到几百千欧，所以在微变等效电路中常将其忽略不计，而用简化的晶体管线性化模型表示，如图 5-50c 所示。

(2) 放大电路的微变等效电路分析法

放大电路的微变等效电路可用来分析放大电路的动态工作情况，也就是求电路的动态参数——电压放大倍数、输入电阻、输出电阻等。因此可通过放大电路的交流通路得到其微变等效电路。

由前面分析可知，耦合电容对于交流量的容抗很小，在中频段可忽略不计，即电容对于交流量相当于短路。另外一般直流电源的内阻很小，可忽略不计，所以对交流量来说，直流电源也可视为短路。这样可得对应图 5-43 共射放大电路的交流通路如图 5-51a 所示。用晶体管的微变等效电路代替晶体管，就得到放大电路的微变等效电路，如图 5-51b 所示。

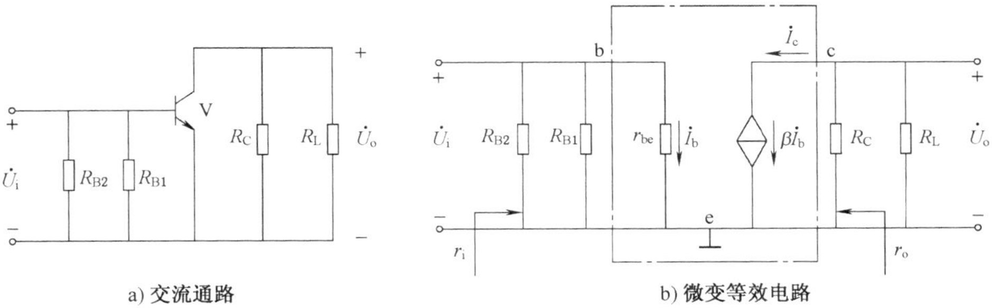

图 5-51　图 5-43 放大电路的交流通路和微变等效电路

1) 电压放大倍数 $\dot{A}_u$

电压放大倍数 $\dot{A}_u$ 是指输出电压的变化量和输入电压的变化量之比。当输入正弦电压时，可用输出电压和输入电压的正弦相量来表示

$$\dot{A}_u=\frac{\dot{U}_o}{\dot{U}_i} \tag{5-32}$$

放大倍数是衡量放大电路放大电信号能力的重要指标。

由图 5-51b 知

$$\dot{U}_i=\dot{I}_b r_{be},\dot{U}_o=-\dot{I}_c R'_L=-\beta\dot{I}_b R'_L \tag{5-33}$$

故

$$\dot{A}_u=-\frac{\beta R'_L}{r_{be}} \tag{5-34}$$

式中,“－”号表示输出电压与输入电压相位相反,与图 5-43 波形的相位情况是一致的。这说明共射极单管放大电路具有倒相的作用;$R'_L = R_C // R_L$ 为等效负载电阻。当外接负载开路,即 $R_L = \infty$时

$$\dot{A}_u = \dot{A}_{u0} = -\frac{\beta R_C}{r_{be}} \tag{5-35}$$

为空载电压放大倍数,比有载时大。可见 R_L 越小,电压放大倍数越低。

值得注意的是,电压放大倍数只能在不失真的前提下求得。

2) 放大电路的输入电阻 r_i

输入电阻 r_i 是指从放大电路输入端看进去的等效电阻,其定义为外加正弦电压与相应的输入电流之比,即

$$r_i = \frac{\dot{U}_i}{\dot{I}_i} \tag{5-36}$$

放大电路的输入电阻 r_i 是衡量放大电路性能的指标之一。r_i 的大小表示放大电路从信号源索取电流的大小。r_i 越大,放大电路从信号源索取的电流越小,放大电路所得到的输入电压 U_i 越接近信号源电压 U_S;亦即,信号源内阻上压降越小,信号电压损失越小。为减轻信号源的负担,一般希望放大电路向信号源索取的电流越小越好,即希望放大电路的输入电阻 r_i 越大越好,从放大倍数的角度说,同样希望 r_i 越大越好。

由图 5-51b 输入回路可得

$$r_i = \frac{\dot{U}_i}{\dot{I}_i} = \frac{\dot{U}_i}{\dfrac{\dot{U}_i}{R_B} + \dfrac{\dot{U}_i}{r_{be}}} = \frac{1}{\dfrac{1}{R_B} + \dfrac{1}{r_{be}}} = R_B // r_{be} \tag{5-37}$$

式中,$R_B = R_{B1} // R_{B2}$。实际上 R_B 的阻值比 r_{be}大得多,因此这种放大电路的输入电阻基本上等于晶体管的输入电阻 r_{be},阻值较低。

放大电路的输出电压 $\dot{U}_o$ 与信号源电压 $\dot{U}_S$ 之比常称为源电压放大倍数 $\dot{A}_{uS}$。

$$\dot{A}_{uS} = \frac{\dot{U}_o}{\dot{U}_S} = \frac{\dot{U}_o \dot{U}_i}{\dot{U}_i \dot{U}_S} = \frac{\dot{U}_i}{\dot{U}_S}\dot{A}_u = \frac{r_i}{R_S + r_i}\dot{A}_u \tag{5-38}$$

可见,若 r_i 小,则源电压放大倍数 $\dot{A}_{us}$ 比电压放大倍数 $\dot{A}_u$减小很多,即信号源的利用率低。

3) 放大电路的输出电阻 r_o

输出电阻 r_o 是指信号源短路($\dot{U}_S = 0$)、内阻(R_S)保留和输出端开路($R_L = \infty$)的条件下,输出电压的变化量与输出电流的变化量的比值(用有效值相量表

示)。用来表示放大电路带负载的能力,也是衡量放大电路性能的指标之一。

求输出电阻的等效电路如图 5-52 所示。当 $\dot{U}_S=0$,$\dot{I}_b=0$ 时,$\beta\dot{I}_b=0$,在原放大电路的输出端外加一恒压源 $\dot{U}_o$,其输出电流为 $\dot{I}_o$,则有

$$r_o=\frac{\dot{U}_o}{\dot{I}_o}\bigg|_{\substack{R_L=\infty\\ U_S=0}}\approx R_C \tag{5-39}$$

R_C 一般为几千欧,因此共发射极放大电路的输出电阻较高。

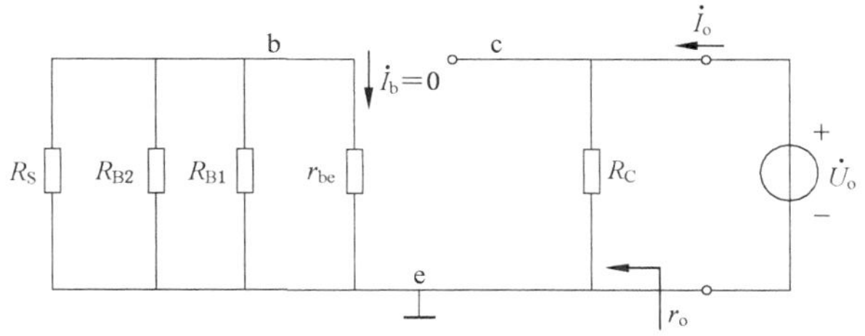

图 5-52　求输出电阻的等效电路

当放大电路外接负载电阻 R_L 后,负载两端实际得到的电压为

$$\dot{U}_o=\frac{R_L}{r_o+R_L}\dot{U}'_o \tag{5-40}$$

如果放大电路的输出电阻较大(相当于信号源的内阻较大),当负载变化时,输出电压的变化也较大,也就是放大电路带负载的能力较差,通常希望放大电路的 r_o 越小越好。r_o 越小,说明放大电路带负载能力越强,即在负载变化时,输出电压基本保持不变。

例 5-14　(1) 求图 5-43 电路的 $\dot{A}_u$,r_i,r_o,$\dot{A}_{uS}$;

(2) 如果去掉射极旁路电容 C_E,再计算 $\dot{A}_u$,r_i,r_o,$\dot{A}_{uS}$。

解　(1) 根据放大电路的微变等效电路(见图 5-51b)有

$$r_{be}=300\ \Omega+(1+\beta)\frac{26}{I_{EQ}}=[300+(1+80)\times\frac{26}{1.92}]\Omega=1.4\ k\Omega$$

$$R'_L=R_C/\!/R_L=(3/\!/6)k\Omega=2\ k\Omega$$

$$\dot{A}_u=-\frac{\beta R'_L}{r_{be}}=-\frac{80\times2}{1.4}=-114$$

$$r_i=R_{B1}/\!/R_{B2}/\!/r_{be}=(20/\!/47/\!/1.4)k\Omega=1.3\ k\Omega$$

$$\dot{A}_{us}=\frac{r_i}{R_s+r_i}\dot{A}_u=\frac{1.3}{0.6+1.3}\times(-114)=-78$$

$$r_o\approx R_C=3\ k\Omega$$

(2) 如果去掉旁路电容 C_E 后,放大电路和微变等效电路如图 5-53 所示。显

然对静态工作点无任何影响，而其动态特性会发生变化。

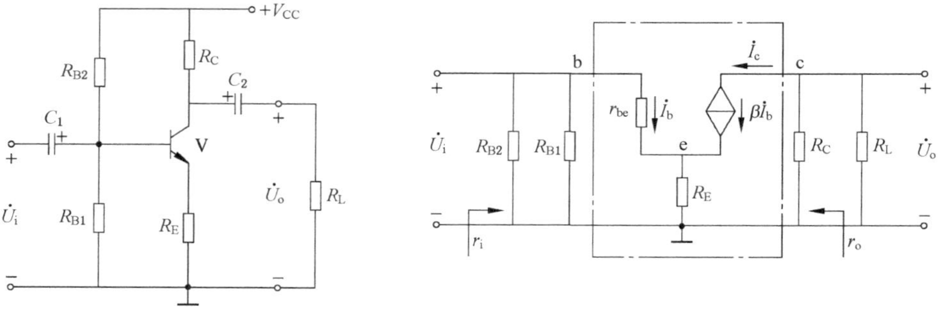

a) 电路图　　b) 微变等效电路

图 5-53　例 5-14 图

$$\dot{U}_i=\dot{I}_b r_{be}+\dot{I}_e R_E=\dot{I}_b[r_{be}+(1+\beta)R_E]$$

$$\dot{U}_o=-\beta\dot{I}_b(R_C /\!/ R_L)$$

$$\dot{A}_u=\frac{\dot{U}_o}{\dot{U}_i}=-\frac{\beta(R_C /\!/ R_L)}{r_{be}+(1+\beta)R_E}$$

$$=-\frac{80\times 2}{1.4+81\times 1.5}=-1.3$$

$$r_i=R_{B1} /\!/ R_{B2} /\!/ [r_{be}+(1+\beta)R_E]$$

$$=20 /\!/ 47 /\!/ (1.4+81\times 1.5)\text{k}\Omega=12.6\ \text{k}\Omega$$

$$r_o\approx R_C=3\ \text{k}\Omega$$

结果表明，R_E 会使放大倍数下降，但却使输入电阻显著增加，克服了有 C_E 时 r_i 小的缺点，且 R_S 对 $\dot{A}_{uS}$ 的影响也减小了（$\dot{A}_{uS}\approx\dot{A}_u$）。因此，为了提高放大电路的输入电阻又不至于使放大倍数下降太多，常用 C_E 将大部分电阻旁路，而保留一个小阻值电阻不被旁路（见图 5-72b）。

5.4.2　共集电极放大电路

1. 共集电极放大电路的组成

共集电极放大电路如图 5-54a 所示。图中各元件的功能与共射放大电路相同。由图 5-58b 的交流通路可见，输入信号 $\dot{U}_i$ 加在基极-集电极之间；输出信号 $\dot{U}_o$ 从发射极-集电极之间取出，即集电极是输入回路和输出回路的公共端。由于输出信号是从发射极取出的，故又称为“射极输出器”。

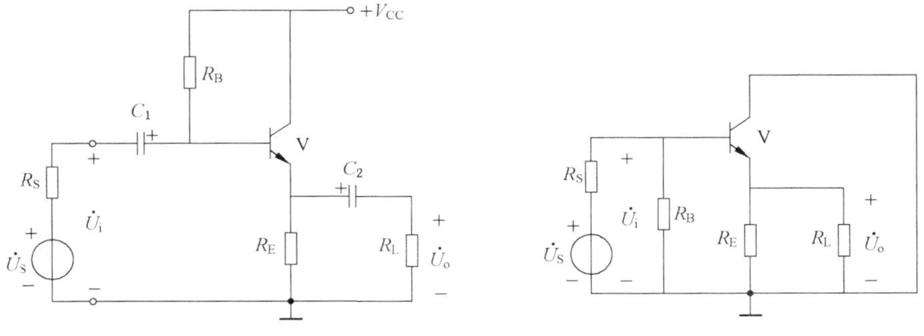

a) 共集电极电路　　　　b) 交流通路

图 5-54　共集电极电路及其交流通路

2. 共集电极放大电路分析

与共射放大电路分析过程相似，共集电极放大电路分析分为静态分析和动态分析。

(1) 静态分析

静态分析的主要任务就是计算静态工作点，首先画出对应图 5-54a 的直流通路，如图 5-55 所示，由直流通路可得

$$\left.\begin{aligned} I_{BQ} &= \frac{V_{CC}-U_{BE}}{R_B+(1+\beta)R_E} \\ I_{CQ} &= \beta I_{BQ} \approx I_{EQ} \\ U_{CEQ} &= V_{CC}-I_{EQ}R_E \end{aligned}\right\} \tag{5-41}$$

(2) 动态分析与计算

在如图 5-54b 所示交流通路中，用晶体管的微变等效模型代替晶体管，即得放大电路的微变等效电路，如图 5-56 所示。

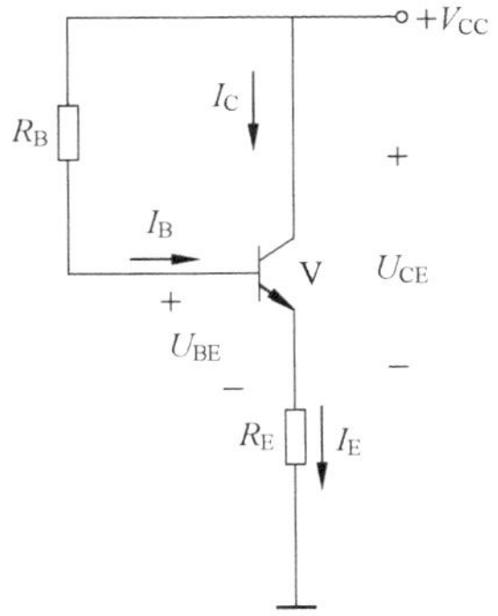

图 5-55　共集电极电路的直流通路

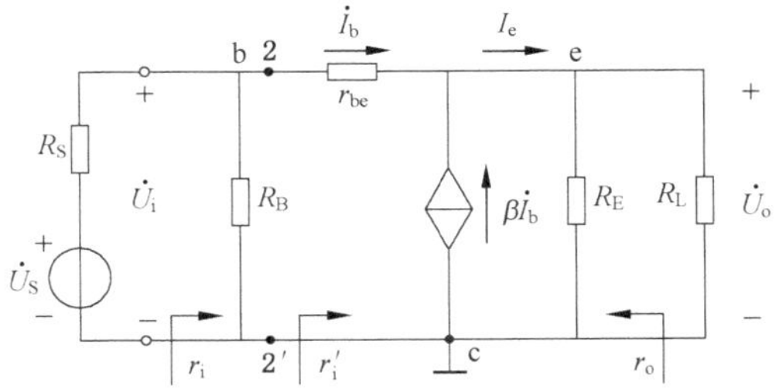

图 5-56　共集电极电路的微变等效电路

1) 电压放大倍数 $\dot{A}_u$。由图 5-56 可得

$$\dot{U}_i = \dot{I}_b r_{be} + \dot{I}_e (R_E /\!/ R_L) = \dot{I}_b [r_{be} + (1+\beta)(R_E /\!/ R_L)]$$

$$\dot{U}_o=\dot{I}_e(R_E/\!/R_L)=(1+\beta)\dot{I}_b(R_E/\!/R_L)$$

$$\dot{A}_u=\frac{\dot{U}_o}{\dot{U}_i}=\frac{(1+\beta)R'_L}{r_{be}+(1+\beta)R'_L} \tag{5-42}$$

式中，$R'_L=R_E/\!/R_L$。

同理有

$$\dot{A}_{uS}=\frac{\dot{U}_o}{\dot{U}_S}=\frac{r_i}{R_S+r_i}=\dot{A}_u \tag{5-43}$$

由式(5-42)可见，$0<\dot{A}_u\leqslant 1$，表明输出电压 $\dot{U}_o$ 与输入电压 $\dot{U}_i$ 同相位，且大小近似相等，电路没有电压放大能力。通常将这种输出电压跟随输入电压变化的电路叫作“跟随器”。

2）输入电阻 r_i。由微变等效电路（见图 5-56）的 2-2′端看进去的等效电阻为

$$r'_i=\frac{\dot{U}_i}{\dot{I}_b}=\frac{\dot{I}_b r_{be}+(1+\beta)\dot{I}_b(R_E/\!/R_L)}{\dot{I}_b}=r_{be}+(1+\beta)(R_E/\!/R_L)$$

因此，输入电阻为

$$r_i=R_B/\!/r'_i=R_B/\!/[r_{be}+(1+\beta)R'_L] \tag{5-44}$$

3）输出电阻 r_o。根据输出电阻的定义和求解方法，可得如图 5-57 所示的等效电路。先求从 1-1′端看进去的等效电阻 r'_o。

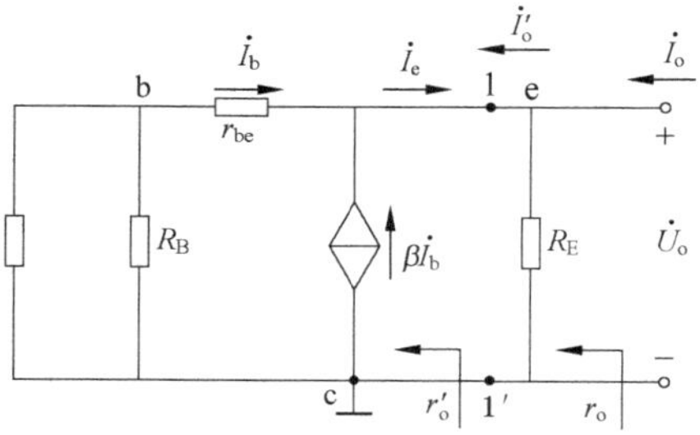

图 5-57 求 r_o 的等效电路

$$\dot{I}'_o=-\dot{I}_e=-(1+\beta)\dot{I}_b$$

$$\dot{I}_b=-\frac{\dot{U}_o}{r_{be}+(R_S/\!/R_B)}$$

则

$$r'_o=\frac{\dot{U}_o}{\dot{I}'_o}=\frac{r_{be}+(R_S/\!/R_B)}{1+\beta}$$

所以，输出电阻为

$$r_o=R_E/\!/r'_o=R_E/\!/\frac{r_{be}+(R_S/\!/R_B)}{1+\beta} \tag{5-45}$$

(3) 共集电极放大电路的特点

1) 电压放大倍数 $\dot{A}_u \leqslant 1$,表示输出电压 $\dot{U}_o$ 与输入电压 $\dot{U}_i$ 同相位,并且值近似相等,即输出电压跟随输入电压变化。

2) 输入电阻 r_i 很大,同时与负载电阻 R_L 有关。

3) 输出电阻 r_o 很小,与信号源内阻 R_S 有关。

4) 虽然其没有电压放大作用,却有电流放大能力。其电流放大倍数为

$$\dot{A}_i = \frac{\dot{I}_o}{\dot{I}_i} = (1+\beta)\frac{R_E}{R_E + R_L}$$

故该放大电路具有功率放大能力。

例 5-15　在图 5-54 电路中,已知 $V_{CC}=12\ \mathrm{V}$,$R_B=300\ \mathrm{k\Omega}$,$R_E=5\ \mathrm{k\Omega}$,$R_L=0.5\ \mathrm{k\Omega}$,$R_S=1\ \mathrm{k\Omega}$,$\beta=80$,$C_1$,$C_2$ 容抗可略去,试计算:

(1) 静态工作点;

(2) 输入电阻 r_i,输出电阻 r_o;

(3) 电压放大倍数 $\dot{A}_u$;

(4) 如果信号源电压 $\dot{U}_S=2\ \mathrm{V}$,求输出电压 $\dot{U}_o$。

解　(1)静态工作点

由式(5-40)得

$$I_{BQ} = \frac{V_{CC} - U_{BE}}{R_B + (1+\beta)R_E} = \left[\frac{12-0.7}{300+(1+80)\times 5}\right]\mathrm{mA} = 0.016\ \mathrm{mA}$$

$$I_{EQ} = (1+\beta)I_{BQ} = [(1+80)\times 0.016]\mathrm{mA} = 1.3\ \mathrm{mA} \approx I_{CQ}$$

$$U_{CEQ} = V_{CC} - I_{EQ}R_E = (12 - 1.3\times 5)\mathrm{V} = 5.5\ \mathrm{V}$$

(2) 输入电阻 r_i 和输出电阻 r_o

$$r_{be} = \left[300 + (1+\beta)\frac{26}{I_{EQ}}\right]\Omega = \left[300 + (1+80)\frac{26}{1.3}\right]\Omega = 1.92\ \mathrm{k\Omega}$$

由式(5-43)得

$$\begin{aligned} r_i &= R_B /\!/ [r_{be} + (1+\beta)(R_E /\!/ R_L)] \\ &= 300\ \mathrm{k\Omega} /\!/ [1.92 + (1+80)\times(5 /\!/ 0.5)]\mathrm{k\Omega} = 34.3\ \mathrm{k\Omega} \end{aligned}$$

由式(5-44)得

$$r_o = R_E /\!/ \frac{r_{be} + (R_S /\!/ R_B)}{1+\beta} = \left[5 /\!/ \frac{1.92 + (1 /\!/ 300)}{1+80}\right]\mathrm{k\Omega} = 0.036\ \mathrm{k\Omega}$$

(3) 电压放大倍数 $\dot{A}_u$

由式(5-41)有

$$\dot{A}_u = \frac{(1+\beta)(R_E /\!/ R_L)}{r_{be} + (1+\beta)(R_E /\!/ R_L)} = \frac{(1+80)\times(5 /\!/ 0.5)}{1.92 + (1+80)(5 /\!/ 0.5)} = 0.950$$

当考虑 R_s 时

$$\dot{A}_{us} = \frac{r_i}{R_S + r_i}\dot{A}_u = \frac{34.3}{1+34.3}\times 0.950 = 0.923$$

同理，当空载 $R_L=\infty$时，可得

$$\dot{A}_{u0}=0.995, \dot{A}_{uS0}=0.989$$

结果表明：当负载 $R_L=\infty \to R_L=0.5\ \text{k}\Omega$ 变化较大时，$\dot{A}_{u0}=0.995 \to \dot{A}_u=0.950$变化较小，放大倍数比较稳定。有无 R_S 时，$\dot{A}_{uS}=0.923 \to \dot{A}_u=0.950$ 变化也较小，这是该电路的输入电阻很大，接受信号能力强的反映。

（4）输出电压 $\dot{U}_o$。

$$\dot{U}_o=\dot{U}_S\dot{A}_{uS}=(2\times0.923)\text{V}=1.85\ \text{V}$$

结果表明输出电压 $\dot{U}_o$ 跟随输入电压 $\dot{U}_S$。

［**思考题**］

共集电极放大电路放大倍数接近于 1，并不能起放大作用，其优点是什么？应用在什么场合？

习　　题

5-1　把一个 PN 结接成如图 5-58 所示的电路，试说明图中 3 种情况下电流表的读数有什么不同？为什么？

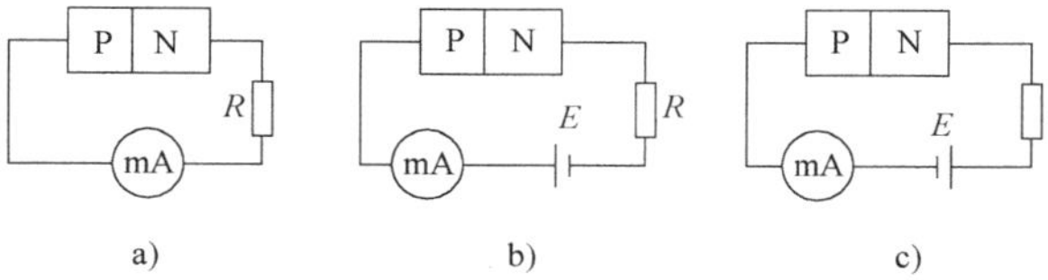

图 5-58　题 5-1 图

5-2　在如图 5-59 所示的各电路图中，$E=5\ \text{V}$，$u_i=10\ \sin\omega t\ \text{V}$，二极管的正向压降可忽略不计，试分别画出输出电压 $\dot{U}_o$ 的波形。

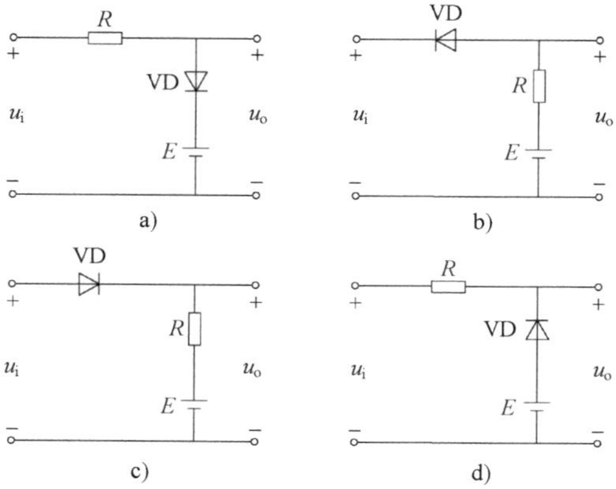

图 5-59　题 5-2 图

5-3　在如图 5-60 所示各电路中，二极管为理想二极管，判断各图二极管的工作状态，并求 U_o。

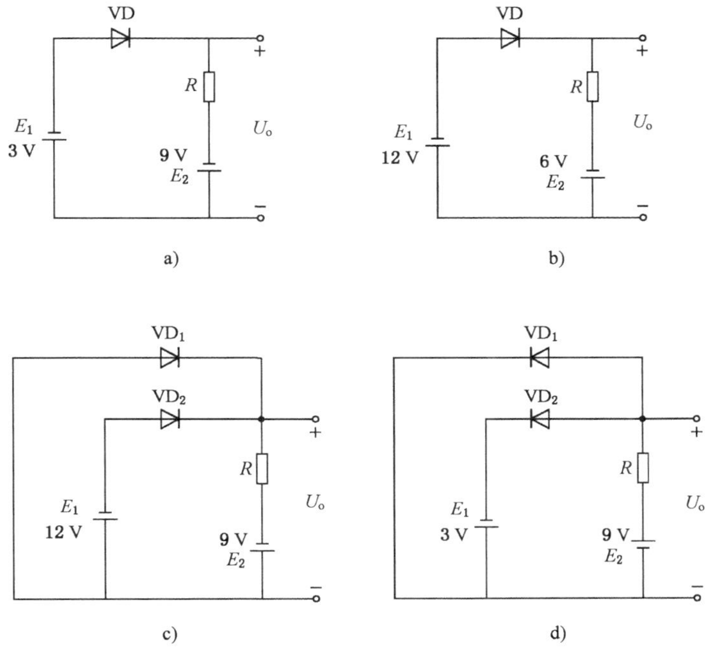

图 5-60　题 5-3 图

5-4　在图 5-61 中，设稳压管 VS_1 和 VS_2 的稳压值分别为 5 V 和 10 V，求各电路的输出电压。

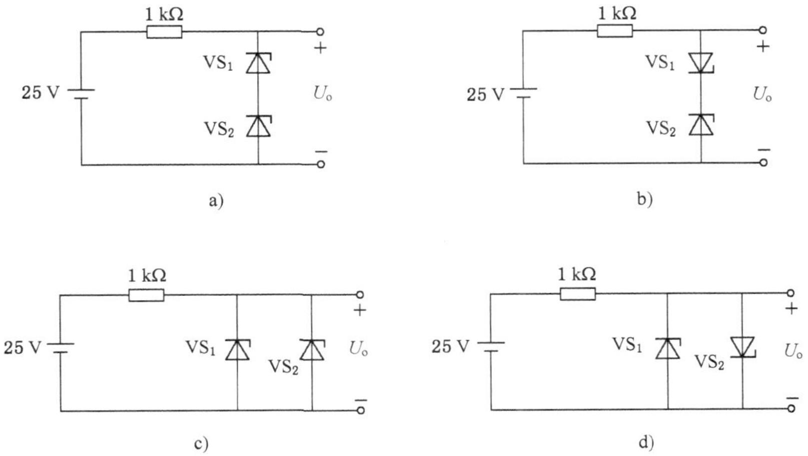

图 5-61　题 5-4 图

5-5 在图 5-62 所示电路中，$E=10\ \mathrm{V}$，$u_s=30\ \sin\omega t\ \mathrm{V}$。试用波形图表示二极管上的电压 u_D。

5-6 在如图 5-63 所示电路中 $E=20\ \mathrm{V}$，$R_1=900\ \Omega$，$R_2=1.1\ \mathrm{k}\Omega$，稳压管的稳定电压 $U_Z=10\ \mathrm{V}$，最大稳定电流 $I_{ZM}=8\ \mathrm{mA}$。试求稳压管中通过的电流 I_Z，是否超过 I_{ZM}？如果超过怎么办？

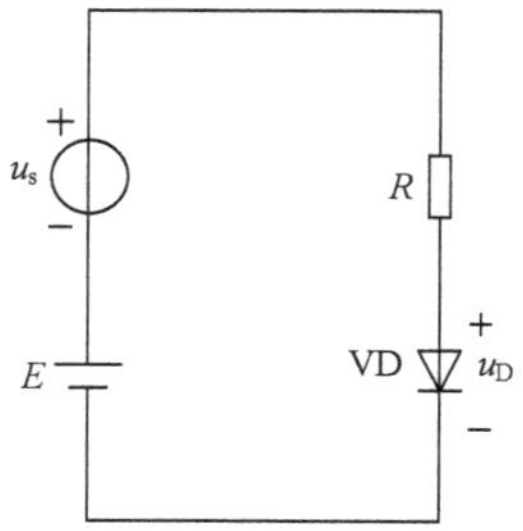

图 5-62　题 5-5 图

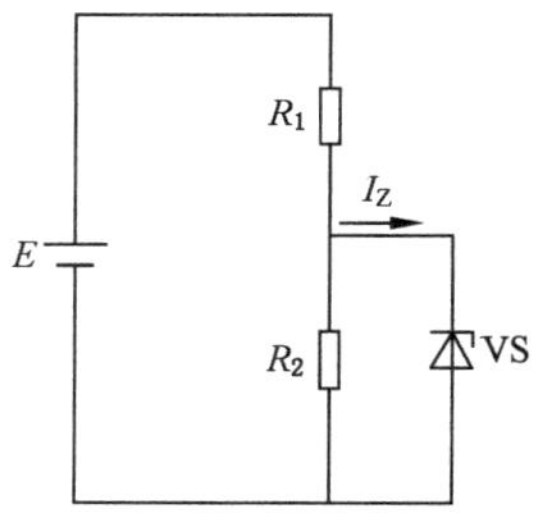

图 5-63　题 5-6 图

5-7 在图 5-64 中，试求下列几种情况下输出端 Y 的电位 V_Y 及各元件（R、VD_A、VD_B）中通过的电流：(1) $V_A=V_B=0\ \mathrm{V}$；(2) $V_A=+3\ \mathrm{V}$，$V_B=0\ \mathrm{V}$；(3) $V_A=V_B=+3\ \mathrm{V}$。二极管的正向压降可忽略不计。

5-8 在图 5-65 中，试求下列几种情况下输出端电位 V_Y 及各元件中通过的电流：(1) $V_A=+10\ \mathrm{V}$，$V_B=0\ \mathrm{V}$；(2) $V_A=V_B=+5\ \mathrm{V}$。设二极管的正向电阻为零，反向电阻为无穷大。

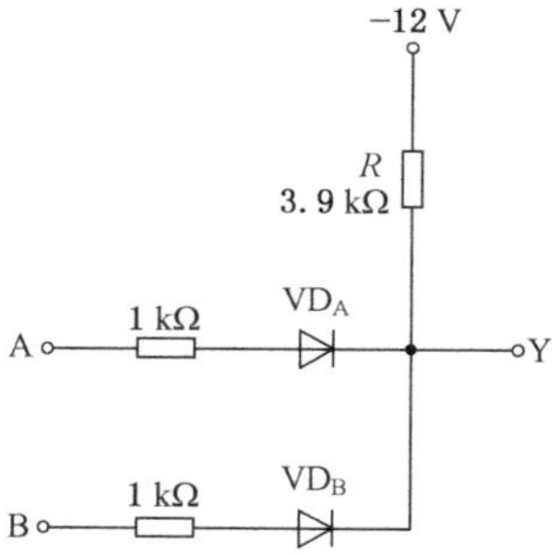

图 5-64　题 5-7 图

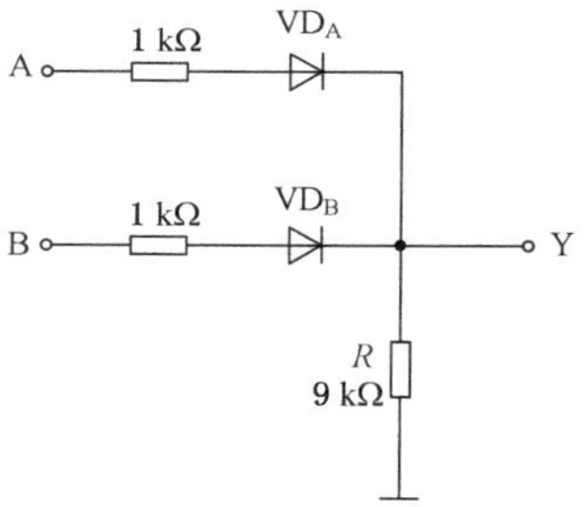

图 5-65　题 5-8 图

5-9 测得工作在放大电路中的几个晶体管的三个电极对地电位为 V_1、V_2、V_3，对应数值分别为：

(1) $V_1=3.5\ \mathrm{V}$，$V_2=2.8\ \mathrm{V}$，$V_3=12\ \mathrm{V}$；

(2) $V_1=3\ \mathrm{V}$，$V_2=2.8\ \mathrm{V}$，$V_3=6\ \mathrm{V}$；

(3) $V_1=6\ \mathrm{V}$，$V_2=11.3\ \mathrm{V}$，$V_3=12\ \mathrm{V}$；

(4) $V_1=6\ \mathrm{V}$，$V_2=11.8\ \mathrm{V}$，$V_3=12\ \mathrm{V}$。

判断它们是 PNP 型还是 NPN 型？是硅管还是锗管？同时确定三个电极 e，b，c。

5-10　图 5-66 为变压器二次侧绕组有中心抽头的单相整流电路，二次侧电压有效值为 U，试分析：

（1）标出负载电阻 R_L 上电压 U_o 和滤波电容 C 的极性；

（2）分别画出无滤波电容和有滤波电容两种情况下 U_o 的波形。整流电压平均值 U_o 与变压器二次侧电压有效值 U 的数值关系如何？

（3）有无滤波电容两种情况下，二极管上所承受的最高反向电压 U_{DRM} 各为多大？

（4）如果二极管 VD_2 虚焊、极性接反、过载损坏造成短路，电路会出现什么问题？

（5）如果变压器二次侧中心抽头虚焊、输出端短路两种情况下电路又会出现什么问题？

5-11　在如图 5-67 所示电路中，已知 $R_{L1}=5\ k\Omega$，$R_{L2}=0.3\ k\Omega$，其他参数已标在图中。试求：

（1）VD_1、VD_2、VD_3 各组成何种整流电路？

（2）计算 U_{o1}、U_{o2}，及流过三只二极管电流的平均值各是多大？

（3）选择三只二极管的型号。

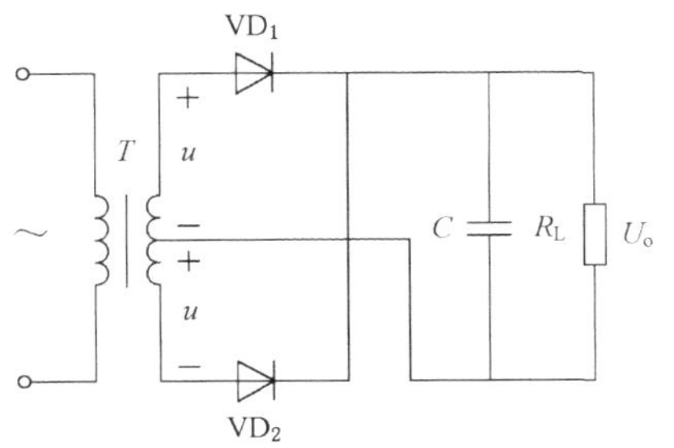

图 5-66　题 5-10 图

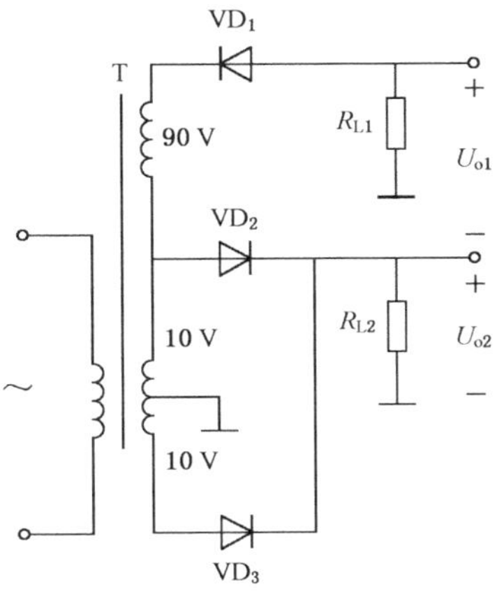

图 5-67　题 5-11 图

5-12　在如图 5-19a 所示的单相桥式整流电路中，已知变压器二次侧电压有效值 $U=100\ V$，$R_L=1\ k\Omega$，试求 U_o、I_o，并选择整流二极管型号。

5-13　在图 5-24 中，滤波电容 $C=100\ \mu F$，交流电源频率 $f=50\ Hz$，$R_L=1\ k\Omega$，要求输出电压平均值 $U_o=10\ V$，问：

(1) 变压器二次侧电压 U 是多少?

(2) 该电路工作过程中,若 R_L 增大,U_o 是增大还是减小?二极管的导通角是增大还是减小?

5-14 整流滤波电路如图 5-68 所示,二极管是理想元件,电容 $C=500\ \mu F$,负载电阻 $R_L=5\ k\Omega$,开关 S_1 闭合、S_2 断开时,直流电压表(V)的读数为 141.4 V,求:

(1) 开关 S_1 闭合、S_2 断开时,直流电流表(A)的读数;

(2) 开关 S_1 断开、S_2 闭合时,直流电流表(A)的读数(设电流表内阻为零,电压表内阻为无穷大);

(3) 两个开关均闭合时,直流电流表(A)的读数。

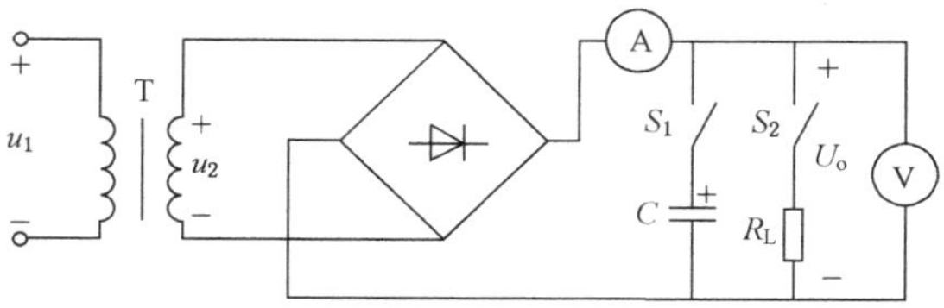

图 5-68 题 5-14 图

5-15 电路各元件如图 5-69 所示,合理连线,构成 5 V 直流电源。W7805 三端集成稳压器 11 为输入端,12 为输出端,13 为公共端。

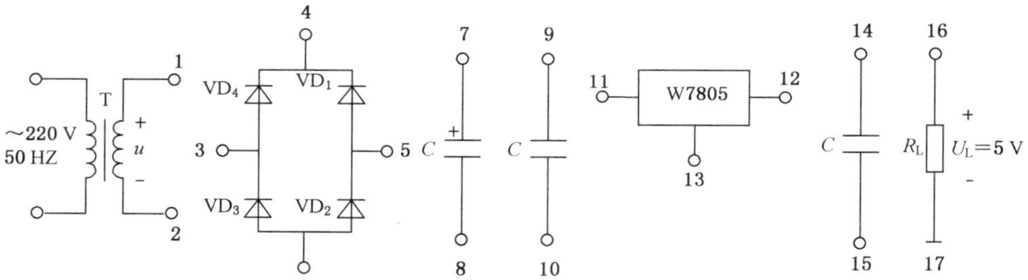

图 5-69 题 5-15 图

5-16 设计一直流稳压电源,其输入为 220 V/50 Hz 交流电源,输出电压 U_o 为 15 V,最大输出电流为 500 mA,采用单相桥式整流电路(带电容滤波)和三端集成稳压器(输入输出电压差为 5 V)。

(1) 画出电路图;

(2) 确定电源变压器的变比;

(3) 选择整流二极管、滤波电容和三端集成稳压器。

5-17 电路如图 5-70 所示,设 $\beta=40$,试确定各电路的静态工作点,指出晶体管工作于什么状态。

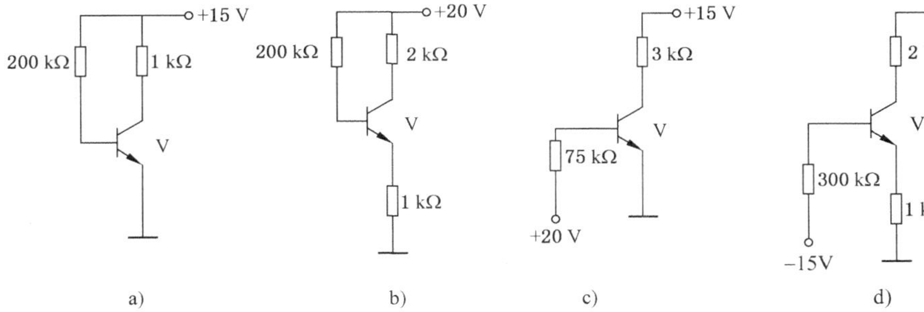

图 5-70　题 5-17 图

5-18　在如图 5-71a 所示电路中，输入正弦信号、输出波形分别如图 5-71b、c、d 所示，则波形 u_{o1} 和 u_{o2} 各产生了何种失真？怎样才能消除失真？

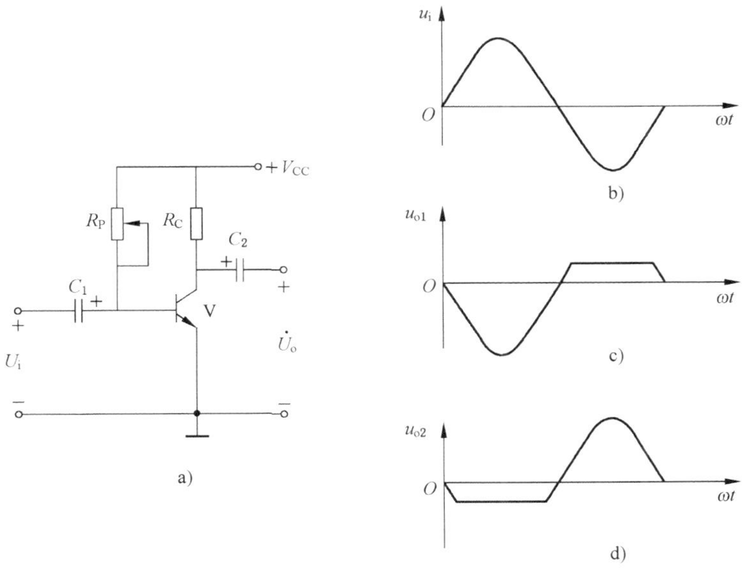

图 5-71　题 5-18 图

5-19　在图 5-72a 所示电路中，已知晶体管的 $U_{BE}=0.7\ \text{V}$，$\beta=50$，$r_{bb'}=100\ \Omega$。

(1) 计算静态工作点 Q；

(2) 计算动态参数 A_u，A_{uS}，r_i，r_o；

(3) 若将图 5-72a 中晶体管射极电路改为如图 5-72b 所示，则(2)中参数哪些会发生变化？并计算之。

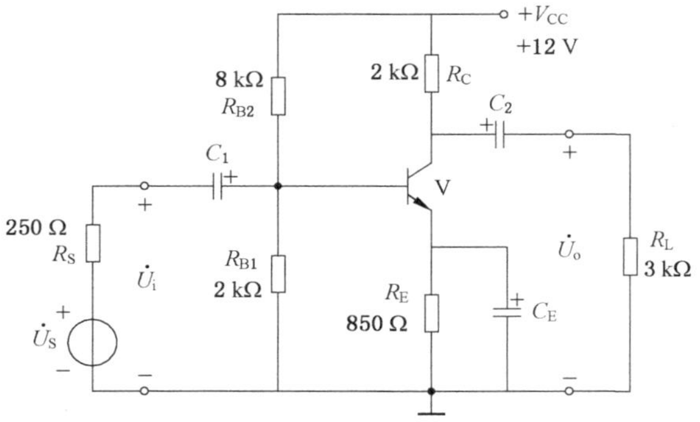

a)

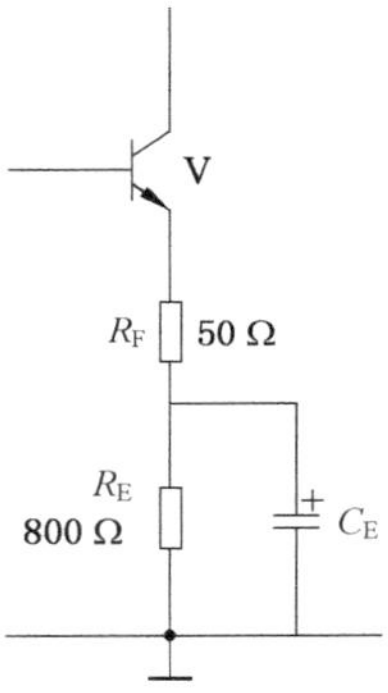

b)

图 5-72　题 5-19 图

5-20　放大电路如图 5-73 所示，已知晶体管的 $\beta=60$，输入电阻 $r_{be}=1.8\ \text{k}\Omega$，$U_S=15\ \text{mV}$，其他参数如图中所示。求：

（1）放大电路的输入电阻 r_i、输出电阻 r_o 和电压放大倍数 $\dot{A}_u$；

（2）信号源内阻 $R_S=0$，分别计算放大电路带负载和不带负载时的输出电压 U_o、U_{o0}；

（3）设 $R_S=0.85\ \text{k}\Omega$，求带负载时的输出电压 U_o。

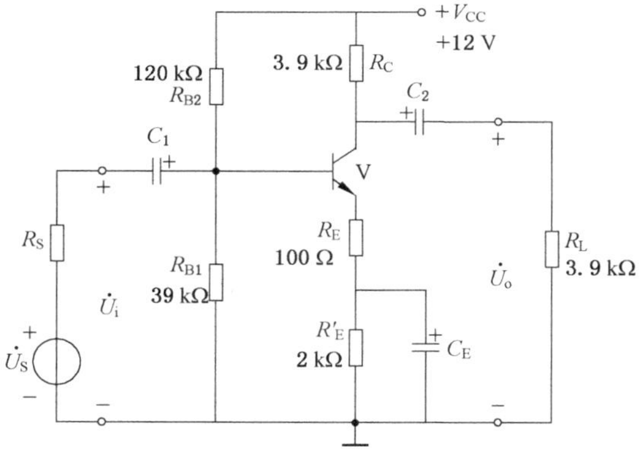

图 5-73　题 5-20 图

5-21　画出如图 5-74 所示放大电路的直流通路和微变等效电路。

（1）计算电压放大倍数 $\dot{A}_u$；

（2）求输入电阻 r_i、输出电阻 r_o。

5-22　共集电极放大电路如图 5-75 所示，已知 $V_{CC}=12\ \text{V}$，$R_B=220\ \text{k}\Omega$，$R_E=2.7\ \text{k}\Omega$，$R_L=2\ \text{k}\Omega$，$\beta=80$，$r_{be}=1.5\ \text{k}\Omega$，$U_S=200\ \text{mV}$，$R_S=500\ \Omega$。

（1）画出直流通路并求静态工作点（I_{BQ}、I_{CQ}、U_{CEQ}）；

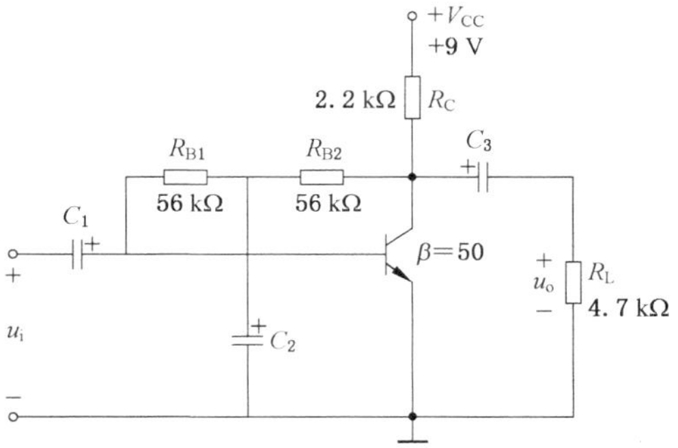

图 5-74　题 5-21 图

（2）画出放大电路的微变等效电路；

（3）计算电压放大倍数 $\dot{A}_u$，输入电阻 r_i，输出电阻 r_o 和源电压放大倍数 $\dot{A}_{uS}$。

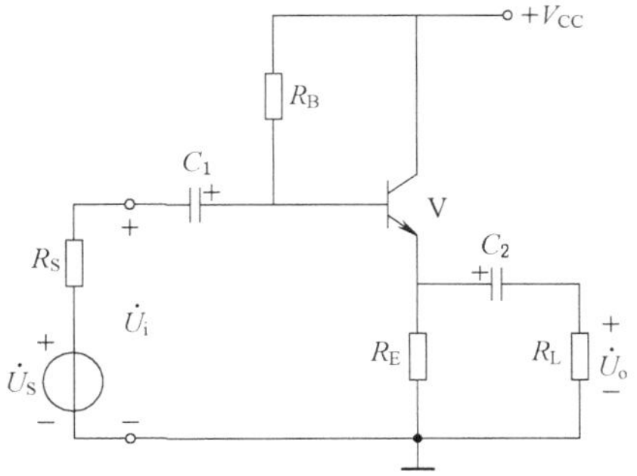

图 5-75　题 5-22 图

5-23　放大电路如图 5-76 所示，已知晶体管的 $r'_{bb}=200\ \Omega$，$\beta=100$。试求：

（1）电路的静态工作点；

（2）两种输出情况下，放大电路的输入电阻 r_i；

（3）两种输出情况下的电压放大倍数 $\dot{A}_{u1}$ 和 $\dot{A}_{u2}$；

（4）两种输出情况下的输出电阻 r_{o1} 和 r_{o2}。

5-24　放大电路如图 5-77 所示，已知 $U_{BE}=0.6$ V，$\beta=40$。求：

（1）静态工作点（I_{BQ}、I_{CQ}、U_{CEQ}）；

（2）电压放大倍数 $\dot{A}_u$；

（3）输入电阻 r_i，输出电阻 r_o。

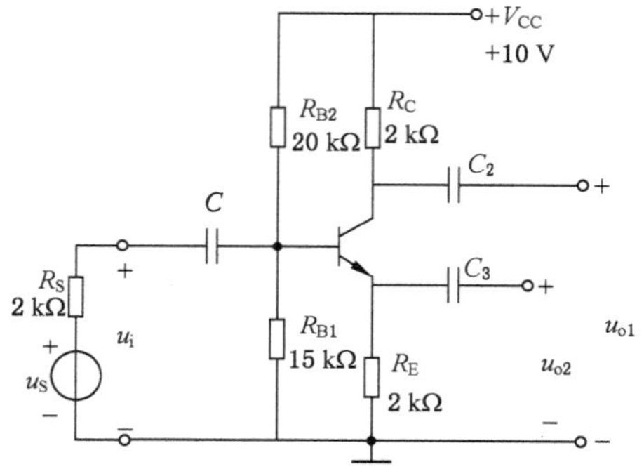

图 5-76　题 5-23 图

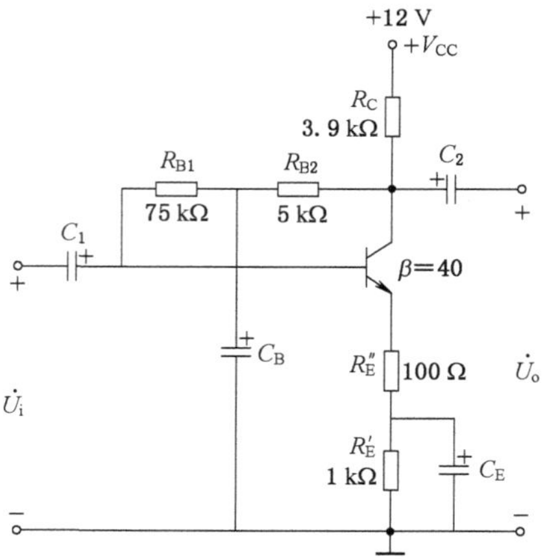

图 5-77　题 5-24 图

第6章　集成运算放大器

本章提要　近年来，集成电路正逐渐取代分立元件电路。本章主要讨论以下几个问题：

1. 集成运放的组成及主要参数；

2. 理想集成运放两种工作方式的主要特点和分析方法；

3. 集成运放在信号运算、信号处理方面的应用。

本章重点　集成运放两种工作状态的特点和分析方法；分析各种集成运放组成的运算电路的工作情况及输入输出关系。

本章难点　理解理想集成运放"虚短""虚断"的含义。

6.1　集成运算放大器概述

随着半导体制造工艺水平的提高，以前由分立元件组成的电子电路(即由单个元器件连接起来的电子电路)，现在能将整个电路中的元器件及相互之间的连接同时制造在一块硅基片(半导体芯片)上，构成一特定功能的电子电路，称为集成电路。相对于分立元件电路，集成电路具有体积更小、重量更轻、功耗更低、可靠性更高的特点，因此性能更加优越。

集成电路有多种分类方式。按集成度不同，可分为小规模、中规模、大规模、超大规模集成电路；按功能不同，可分为数字集成电路和模拟集成电路。模拟集成电路种类繁多，有集成运算放大器、集成功率放大器、集成模-数和数-模转换器、集成稳压电源等。其中，集成运算放大器(简称集成运放)是应用极为广泛的一种，本章所介绍的即是集成运算放大器及其基本应用。

6.1.1　集成运放的符号及参数

集成运算放大器实际上是一种具有高开环放大倍数、高输入电阻、低输出电阻，并具有深度负反馈的多级直接耦合放大电路。早期主要应用于模拟电子计算机中作为基本运算单元，进行加、减、乘、除、微分、积分等数学运算，并由此得名。目前其应用已远远超出了模拟信号的数学运算范畴。由于集成运放在电路性能方面具有众多优点，因此被广泛应用于测试技术、自动控制系统、信号处理等领域。

1. 集成运放的符号及引脚

图 6-1a、b 为集成运放的国标符号。图中▷表示信号的传输方向，A_{uo}表示开环电压放大倍数。集成运放有两个输入端和一个输出端，同相输入端标以

“+”号，反相输入端标以“−”号。同相输入端、反相输入端和输出端对地的电压（即各端的电位）分别用 u_+、u_- 和 u_o 表示，图中的“+”“−”号表示了输出电压与输入电压的相位关系。集成运放在正常工作时，存在三种基本输入方式：同相端输入、反相端输入、双端同时输入，当两输入端都有信号输入时，称为差分输入方式。不论采用何种输入方式，集成运放放大的都是两个输入信号的差。

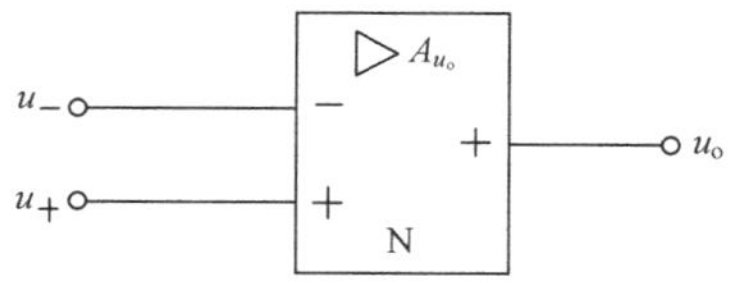

a) 集成运放的国标符号

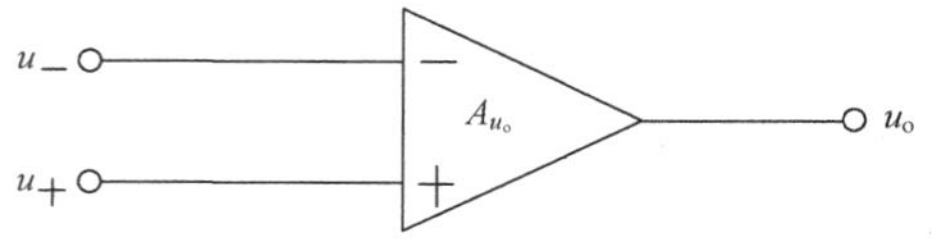

b) 集成运放的其他符号

图 6-1　集成运算放大器符号

通用集成运放 μA741（对应国产型号 F007）的性能好，价格便宜，是目前使用最为普遍的集成运放之一。它的封装形式有圆壳封装、贴片式封装和双列直插式封装几种。双列直插式封装结构引脚的顺序一般是从缺口或标记下边的引脚按逆时针方向记数，依次为 1、2、…、n，如图 6-2 所示。集成运放的引脚多，实际应用中需要按照不同的封装形式，根据产品手册中的引脚接线图，确定集成运放的引脚排列位置。图 6-3 为集成运放 μA741 外部引脚接线图。

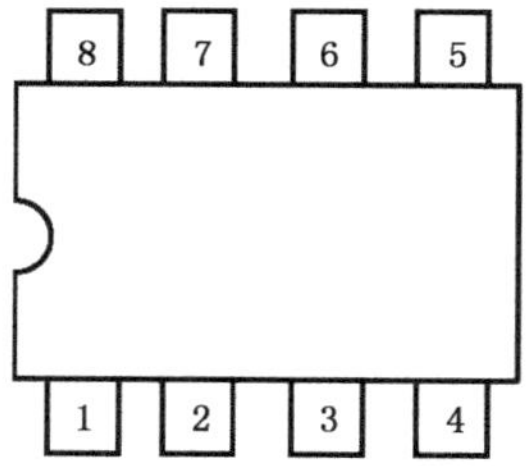

图 6-2　集成运放 μA741 外部引线排列图

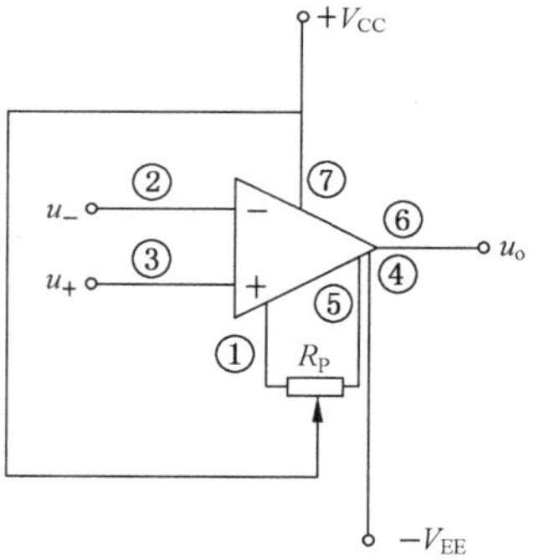

图 6-3　集成运放的外部接线

μA741 的 8 个引脚中有 7 个与外电路相连，第 8 引脚为空脚。各引脚的功能如下：

②为反相输入端，电压用 u_- 表示，该端加入输入信号时，输出信号与输入信号反相。

③为同相输入端，电压用 u_+ 表示，该端加入输入信号后，输出信号与输入信号同相。

⑥为输出端，信号由此端与地之间输出。

⑦为正电源端，一般接 9～15 V 稳压电源的正极(负极接地)。

④为负电源端，一般接 9～15 V 稳压电源的负极(正极接地)。

①、⑤为外接调零电位器 R_P 的两个接线端。

由于在使用集成运放时，一般只需知道各个引脚的功能、常用的接线方式，以及集成运放的主要参数，而不必了解其内部电路的结构。不同型号的集成运放各引脚的含义不尽相同，使用时可查阅产品说明书。

2. 集成运放的主要参数

要正确、合理地选择和使用集成运放，就要了解表征其性能的一些参数的意义和大小范围。集成运放的主要参数及其意义如下：

(1) 开环电压放大倍数(开环电压增益)A_{uo}

在输出端开路，无外接电路时，输出电压变化量与输入电压变化量的比值定义为开环电压放大倍数，通常用分贝表示：$A_{uo}=20\lg\left|\frac{\Delta u_o}{\Delta u_i}\right|$。

A_{uo} 决定了运放的运算精度，A_{uo} 越高，所构成的运算电路越稳定，运算精度也越高。典型的集成运放的 $A_{uo}\approx 10^5$，相当于 100 dB，较高质量的集成运放的 A_{uo} 可达 10^7 以上，即 140 dB 以上。

(2) 开环输入电阻 r_{id}

开环输入电阻是指集成运放加入差分信号时的开环等效输入电阻，用 r_{id} 表示。r_{id} 表征了输入级从信号源取用电流的大小，其值越大越好。一般 r_{id} 为 MΩ 级，目前较高的可达 10^{12} Ω，由此也可知引入集成运放的输入级电流一般都很小，仅为 nA 级。

(3) 开环输出电阻 r_o

开环输出电阻是指没有外接反馈电路时，输出级的输出电阻。r_o 表征了集成运放带负载的能力，其阻值越小越好，一般在 600 Ω 以下。

集成运放具有开环电压放大倍数高、输入电阻高、输出电阻低、零点漂移小、可靠性高、体积小等主要特点，它已经成为一种通用器件，广泛应用于各个技术领域中。在具体应用中选用集成运放的时候，要根据它的参数说明，确定合适的型号。

由集成运放的参数可知，欲使集成运放工作在最佳状态，应选择开环电压放大倍数、开环差模输入电阻尽量大些，而开环输出电阻尽量小些。在分析实际集成运放的各种应用电路时，常常将这些参数理想化。理想集成运放的主要条件为：

开环电压放大倍数 $A_{uo}=\infty$；

开环输入电阻 $r_{id}=\infty$；

开环输出电阻 $r_o=0$；

实际上完全理想的元件是不存在的，但随着集成运放制造工艺水平的不断提高，实际集成运放的上述主要性能指标越来越接近理想化条件，而且根据理想运放的条件对实际问题进行分析、计算，所引起的误差在工程上是允许的。因此，一般对集成运放电路的分析都是根据它的理想化条件进行的。运用理想运放的概念，将有助于把握电路的本质、简化电路的分析过程。

理想集成运放的图形符号如图 6-4 所示，它有两个输入端和一个输出端，同相输入端标以"＋"号，反相输入端标以"－"号。同相输入端、反相输入端和输出端对地的电压（即各端的电位）分别用 u_+、u_- 和 u_o 表示。图中的∞表示理想的开环电压放大倍数。

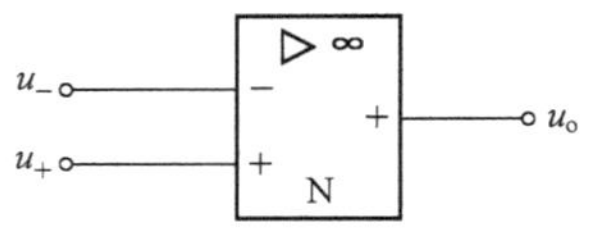

图 6-4　理想集成运放符号

6.1.2　集成运放的电压传输特性

1. 电压传输特性

电压传输特性表示了输出电压随输入电压变化的规律，即输出电压与输入电压之间关系 $u_o=f(u_i)$ 的特性曲线。如图 6-5 所示，图中虚线表示了实际的电压传输特性，表明当输入电压在较小的范围内变化时，输出电压与输入电压之间呈线性关系。

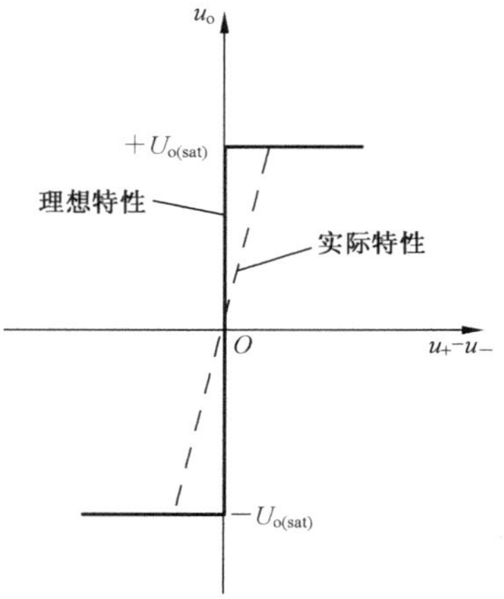

图 6-5　集成运放的电压传输特性

由于半导体元件的非线性特性和较大的开环电压放大倍数 A_{uo}，当 $|u_+-u_-|$ 进一步增大时，输出电压不再线性增加，出现了饱和。因此，集成运放的电压传输特性有两个工作区——线性工作区和非线性工作区（亦称饱和区）。对于理想的集成运放，由于 $A_{uo}=\infty$，输入电压稍有变化，输出电压即已进入饱和状态，图 6-5 中实线表示了理想的电压传输特性。实际集成运放的 A_{uo} 很大，故实际特性很接近理想特性，线性区范围较小。若无特殊说明，本书后续分析中，对集成运放均认为是理想的。

2. 理想集成运放的分析依据

工作在线性区和非线性区时，集成运放所表现出的特点及分析的方法是不一样的。

(1) 集成运放线性工作的特点

当集成运放工作在线性区时，输出电压 u_o 和输入电压的差分形式 $|(u_+-u_-)$

呈线性放大关系，即

$$u_{\mathrm{o}}=A_{u\mathrm{o}}\left|(u_{+}-u_{-})\right|=A_{u\mathrm{o}}u_{\mathrm{i}} \tag{6-1}$$

由于集成运放的开环电压放大倍数 $A_{u\mathrm{o}}$ 很高，理想时 $A_{u\mathrm{o}}$ 为∞，因此，集成运放的线性区范围非常窄，输入电压即使在小范围内波动，也会使输出在正、负饱和值之间来回翻转，也就是开环集成运放在线性区的抗干扰能力较弱。因此，要使集成运放工作在线性区，通常要引入深度电压负反馈。

如果集成运放工作在线性区，分析由它组成的电路时，有两条重要而普遍适用的结论：

1）“虚短”——集成运放两个输入端的电压近似相等，即 $u_{+}\approx u_{-}$。

由于集成运放的开环放大倍数 $A_{u\mathrm{o}}$ 很高（理想时 $A_{u\mathrm{o}}$ 为∞），而输出电压 u_{o} 是一个有限值，由式(6-1)知

$$\left|u_{+}-u_{-}\right|\approx\frac{u_{\mathrm{o}}}{A_{u\mathrm{o}}} \tag{6-2}$$

则 $u_{-}\approx u_{-}$。

上式说明，集成运放同相输入端和反相输入端近似等电位，因此，两个输入端之间好像是短路，但又不是真正的短路，故这种现象称为“虚短”。理想集成运放工作在线性区时，“虚短”现象总是存在的，而且 $A_{u\mathrm{o}}$ 的值越大，将两输入端视为“短路”所带来的误差也越小。

如果集成运放反相端有信号输入，同相输入端接“地”时，即 $u_{+}=0$，由“虚短”现象可知，反相输入端的电位接近“地”电位，即反相输入端是一个不接“地”的“地”电位，通常称为“虚地”。

2）“虚断”——流进集成运放两个输入端的电流近似等于零，即 $i_{+}=i_{-}\approx 0$。

由于集成运放开环输入电阻很高（理想时 $r_{\mathrm{id}}=\infty$），输入回路相当于断路，故从两个输入端流入的电流可以忽略不计，如同这两端被断开一样，但实际并不是真的断开，这种现象称为“虚断”。理想的集成运放无论工作在线性区还是非线性区，“虚断”现象总是存在的。

集成运放工作在线性区时，“虚短”和“虚断”是分析各种集成运放电路的重要依据，它简化了集成运放电路的分析和计算过程，因此须牢牢掌握。

（2）集成运放非线性工作（饱和状态）的特点

由于集成运放的 $A_{u\mathrm{o}}$ 值通常很高，所以线性放大区的范围很小。如果运放的工作信号超出了线性放大区的范围，则输出电压不再满足式(6-1)。当集成运放处于开环或正反馈时，只要在输入端输入很小的电压变化量，输出电压即达到饱和，集成运放的工作状态进入到非线性工作区。

1）集成运放工作在非线性区的输出电压 u_{o} 只有两种可能的状态：

当 $u_{+}>u_{-}$ 时，$u_{\mathrm{o}}=+U_{\mathrm{o(sat)}}$；

当 $u_+ < u_-$ 时，$u_o = -U_{o(sat)}$；

工作在非线性区的集成运放，由于开环电压放大倍数 A_{uo} 很高，即使输入毫伏级以下的信号，也足以使输出电压达到饱和，其饱和值为 $+U_{o(sat)}$ 或 $-U_{o(sat)}$，接近正电源电压值或负电源电压值。

2）集成运放两个输入端电压 u_- 与 u_+ 不一定相等，即"虚短"的结论不一定成立。

3）集成运放输入电流仍等于零。尽管两个输入端电压不等，但因为理想运放的 $r_{id} = \infty$，因此仍可认为此时的输入电流等于零，即"虚断"现象仍然存在。

总之，为了保证集成运放工作在线性区，一般情况下，须在电路中引入深度负反馈，以减小直接加在集成运放两个输入端的净输入电压。当集成运放处于开环或正反馈时，一般工作在非线性区。在分析集成运放的应用电路时，应首先判断其中集成运放的工作状态，然后依据线性区和非线性区的特点去分析具体电路的工作原理及输入输出的关系。

［**思考题**］

集成运放什么情况工作在线性区，什么情况工作在非线性区？各有什么特点？分析方法有何不同？

6.2 模拟信号运算电路

当集成运放与外部电阻、电容、半导体元器件等一起构成闭环的信号传输电路时，能够实现对各种模拟信号的比例、加法、减法、微分与积分、对数与反对数等运算，这类电路就称为模拟信号的运算电路。在模拟信号的运算电路中，通常引入深度电压负反馈，使集成运放工作在线性区，因此集成运放具有"虚短"和"虚断"的特点。同时由于输入电压与输出电压之间的关系只取决于外部电路的连接，而与集成运放本身的参数没有直接的联系，因此可方便地组成各种运算电路。

6.2.1 比例运算电路

比例运算电路是最基本的运算电路，在此基础上，进行适当的演变就可以得到其他电路，如求和电路、积分和微分电路等。

1. 反相比例运算电路

如图 6-6 所示为反相比例运算电路，它是反相输入运算电路中最基本的形式。输入电压 u_i 经输入电阻 R_1 引入反相输入端，而同相输入端通过电阻 R_P 接"地"，电阻 R_f 跨接在输出端和输入端之间，形成深度电压负反馈，使

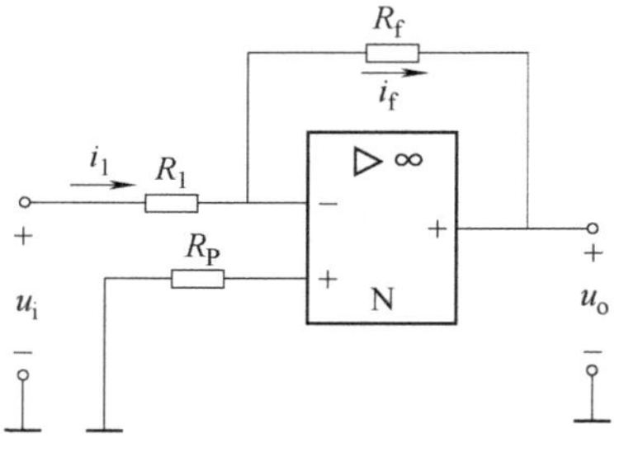

图 6-6　反相比例运算电路

电路工作在闭环状态，集成运放工作在线性区。

根据运算放大器工作在线性区时的两条分析依据可知：

由于 $i_+=i_-\approx 0$（虚断），R_P 上没有压降，故同相输入端 $u_+=0$，且 $u_-\approx u_+=0$（虚短—虚地），反相输入端与输出端构成电流通路。

$$i_1=i_f$$

$$i_1=\frac{u_i-u_-}{R_1}\approx\frac{u_i}{R_1}$$

$$i_f=\frac{u_--u_o}{R_f}\approx-\frac{u_o}{R_f}$$

可得

$$\frac{u_i}{R_1}=-\frac{u_o}{R_f}$$

可知输出电压为

$$u_o=-\frac{R_f}{R_1}u_i \tag{6-3}$$

式(6-3)表明，输出电压与输入电压是比例运算关系，式中的比例系数 $A_{uf}=-R_f/R_1$，称为闭环电压放大倍数，负号则表示输出电压与输入电压反相位，反相比例运算电路也因此得名。式(6-3)还说明，输出电压 u_o 与输入电压 u_i 的关系与集成运算放大器本身的参数无关，只取决于比值 R_f/R_1，只要电阻 R_f 和 R_1 的精度和稳定性足够高，就能保证反相比例运算的精度和稳定性。

当 $R_1=R_f$ 时，由式(6-3)可知，$u_o=-u_i$，即 u_o 与 u_i 大小相等、相位相反，此时电路称为反相器或倒相器。

图中 $R_P=R_1/\!/R_f$，称为平衡电阻或补偿电阻，它的作用是保证集成运放的同相输入端和反相输入端的外接电阻的等效电阻相等，保持集成运放输入级电路的对称性，以消除静态基极电流对输出电压的影响。

2. 同相比例运算电路

如图 6-7 所示电路，输入电压 u_i 通过 R_P 加到集成运放的同相输入端，反相输入端经电阻 R_1 接地，电阻 R_f 跨接在输出端和反相输入端之间，起反馈作用，使电路工作在闭环状态，此时电路称为同相比例运算电路，它是同相输入运算电路中最基本的电路形式。

根据理想集成运放工作在线性区时的两条分析依据，即“虚断”和“虚短”的特点有

$$u_-\approx u_+=u_i,\ i_1\approx i_f$$

由图 6-7 可列出

$$i_1=-\frac{u_-}{R_1}=-\frac{u_i}{R_1}, i_f=\frac{u_- - u_o}{R_f}$$

由此得出输出电压为

$$u_o=(1+\frac{R_f}{R_1})u_i \qquad (6\text{-}4)$$

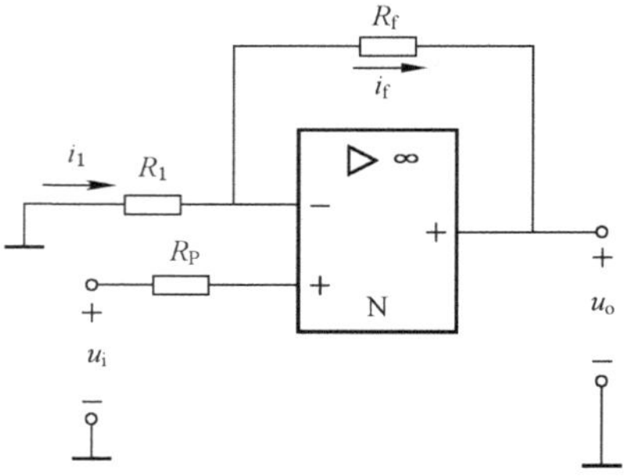

图 6-7　同相比例运算电路

可见输出电压与输入电压成比例关系，且二者同相位，因此该电路称为同相比例运算电路。式中的比例系数为 $A_{uf}=1+\frac{R_f}{R_1}$，也是闭环电压放大倍数，且该系数总是大于或等于 1，这一点与反相比例运算电路不同。该电路也容易保证具有较高的精度和稳定性。图中平衡电阻 $R_P=R_1 /\!/ R_f$。

当 $R_1=\infty$（断开），由式(6-4)知，u_o 等于 u_i，则有电压放大倍数 $A_{uf}=u_o/u_i=1$，即输出电压与输入电压幅值相等、相位相同，二者之间是一种“跟随关系”，故称为电压跟随器。电压跟随器具有极高的输入电阻和较低的输出电阻，广泛应用于各种电路中，起到良好的隔离作用。

假如再令 $R_P=R_f=0$，则电路就成为另一种形式的电压跟随器，如图 6-8 所示。这两种电压跟随器都有广泛的应用。

6.2.2　加法运算电路

1. 反相加法运算电路

在如图 6-6 所示电路的基础上，反相输入端增加若干个输入回路，可以方便地实现对几个输入电压的代数相加运算，称为反相加法运算电路。如图 6-9 所示为具有三个输入电压的反相加法运算电路。

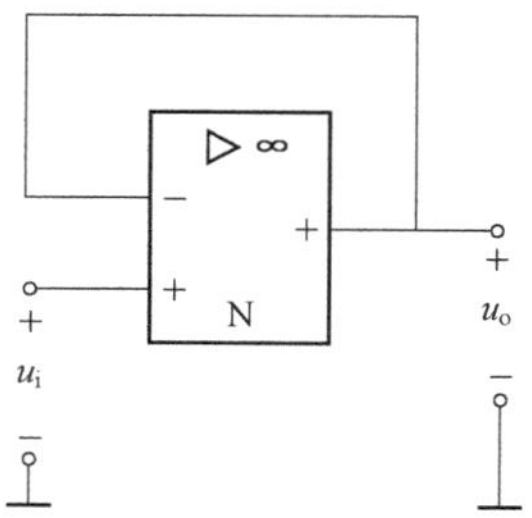

图 6-8　电压跟随器

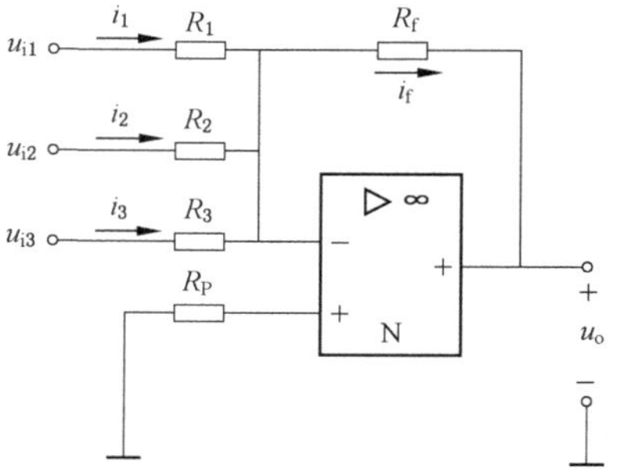

图 6-9　反相加法运算电路

根据“虚短”的特点，由图可列出：

$$u_- \approx u_+ = 0$$

在反相输入端可列出

$$i_1=\frac{u_{i1}}{R_1},i_2=\frac{u_{i2}}{R_2},i_3=\frac{u_{i3}}{R_3},i_f=-\frac{u_o}{R_f}$$

又由“虚断”的特点

$$i_1+i_2+i_3=i_f$$

得输出电压为

$$u_o=-\left(\frac{R_f}{R_1}u_{i1}+\frac{R_f}{R_2}u_{i2}+\frac{R_f}{R_3}u_{i3}\right) \tag{6-5}$$

式(6-5)说明，输出电压等于全部输入电压按比例相加，且极性相反，故该电路称为反相加法运算电路。

反相加法运算电路的实质是通过电流相加的方法实现电压相加。该电路可以推广到有 n 个输入电压的求和运算。运算结果也表明，u_o 和 u_i 的关系与集成运放本身的参数没有关系，只与外部连接电阻的方式和参数有关，只要电阻 R_1、R_2、R_3、R_f 足够精确，该电路就能保证反相加法运算的精确度和稳定性。

当 $R_1=R_2=R_3=R_f$ 时，有

$$u_o=-(u_{i1}+u_{i2}+u_{i3}) \tag{6-6}$$

式(6-6)表明，该电路能够实现多个输入电压的加法运算。

平衡电阻 $R_P=R_1/\!/R_2/\!/R_3/\!/R_f$。

例 6-1　两级运算放大器应用的实例。在如图 6-10 所示电路中，已知 $u_{i1}=1\ \text{V}$，$u_{i2}=0.5\ \text{V}$，求输出电压 u_o。

解　本电路由两级运算电路串联而成，第一级为反相加法运算电路，第二级为反相器，其输入信号为前级运算电路的输出信号 u_{o1}。

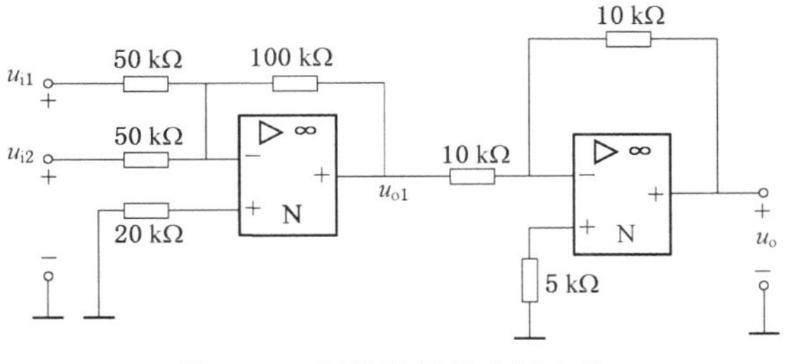

图 6-10　两级运算放大器电路

第一级输出电压为

$$u_{o1}=-\frac{100}{50}(u_{i1}+u_{i2})=-2(u_{i1}+u_{i2})$$

第二级输出电压为

$$u_o=-\frac{10}{10}u_{o1}=-u_{o1}=2(u_{i1}+u_{i2})=3\ \text{V}$$

2.同相加法运算电路

在图6-7的电路中，若在同相输入端增加若干个输入回路，可以实现对多个输入电压的代数相加运算，称为同相加法运算电路。如图6-11所示电路是具有两个输入电压的同相加法运算电路。图中外部的元件参数应满足关系式 $R_2 /\!/ R_3 = R_f /\!/ R_1$。

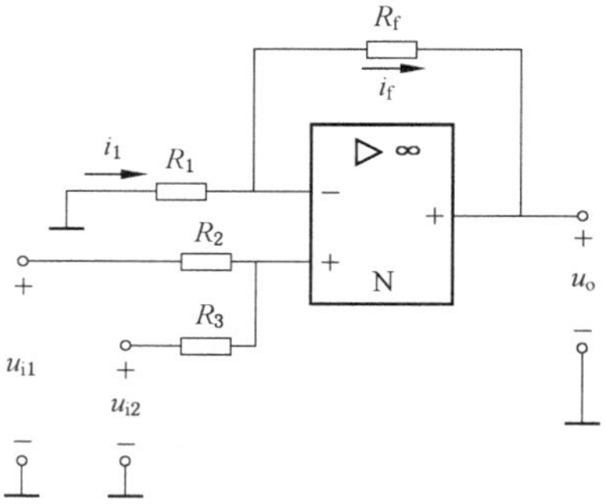

图6-11 同相加法运算电路

应用叠加原理可知，u_+ 可由 u_{i1} 和 u_{i2} 两个电压源单独作用的叠加求出：

u_{i1} 单独作用时，令 $u_{i2}=0$，$u'_+ = \dfrac{R_3}{R_2+R_3}u_{i1}$。

u_{i2} 单独作用时，$u_{i1}=0$，$u''_+ = \dfrac{R_2}{R_2+R_3}u_{i2}$。

两个电压源共同作用时，$u_+ = u'_+ + u''_+ = \dfrac{R_3}{R_2+R_3}u_{i1} + \dfrac{R_2}{R_2+R_3}u_{i2}$。

根据“虚短”现象，$u_- \approx u_+$，而 $u_- = \dfrac{R_1}{R_1+R_f}u_o$，所以有输出电压为

$$u_o = \left(1+\frac{R_f}{R_1}\right)\left(\frac{R_3}{R_2+R_3}u_{i1} + \frac{R_2}{R_2+R_3}u_{i2}\right) \tag{6-7}$$

若选取 $R_1=R_2=R_3=R_f$，则式(6-7)可写成下式：

$$u_o = (u_{i1}+u_{i2}) \tag{6-8}$$

本电路可以推广到同相输入端接有 n 个输入电压的加法运算电路。但是，电路外接电阻的选择，以及要满足电阻平衡和比例系数的要求，使该电路的设计比较麻烦。

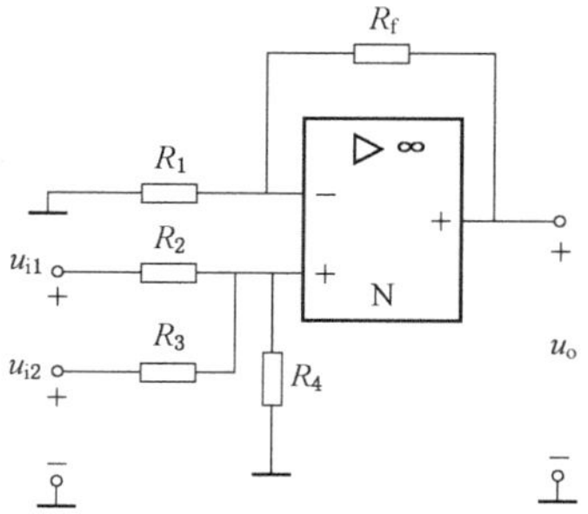

图6-12 例6-2图

例6-2 如图6-12所示电路为两输入信号的同相加法运算电路，试求输出电压和两个输入电压的关系。若 $R_1=R_2=R_3=6\ \text{k}\Omega$，$R_4=R_f=3\ \text{k}\Omega$，$u_{i1}=5\ \text{mV}$，$u_{i2}=10\ \text{mV}$，求输出电压 u_o。

解 由“虚断”特点，得

$$\frac{0-u_-}{R_1} = \frac{u_- - u_o}{R_f}$$

$$\frac{u_{i1}-u_+}{R_2} + \frac{u_{i2}-u_+}{R_3} = \frac{u_+}{R_4}$$

由"虚短"特点，得

$$u_- = u_+$$

代入数据，由以上几式解得

$$u_o = 5.625\ \text{mV}$$

6.2.3　减法运算电路

如果集成运算放大器的两个输入端都有信号输入，则为差分输入。将几个输入信号采用差分输入方式，可以实现对若干个输入信号的加、减运算，称为差分输入和、差运算电路。差分运算在测量和控制系统中应用很多。减法运算电路是基本差分运算电路，如图 6-13 所示。

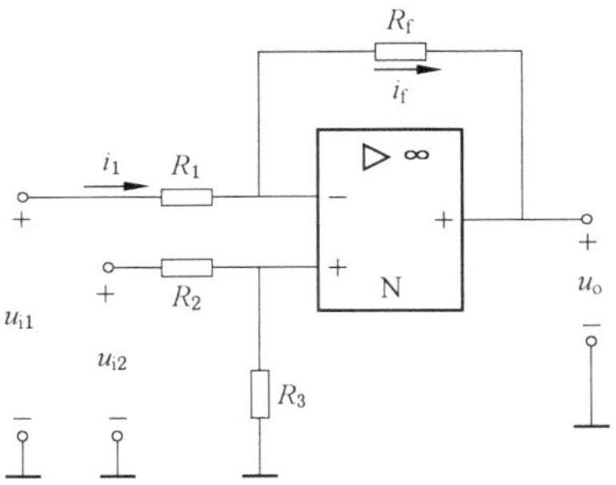

图 6-13　减法运算电路

应用集成运放中"虚短"和"虚断"的特点可得

$$u_- = u_{i1} - \frac{u_{i1} - u_o}{R_1 + R_f} R_1$$

$$u_+ = \frac{u_{i2}}{R_2 + R_3} R_3$$

由"虚短"的特点，$u_+ \approx u_-$，可从上两式得出

$$u_o = \left(1 + \frac{R_f}{R_1}\right)\frac{R_3}{R_2 + R_3} u_{i2} - \frac{R_f}{R_1} u_{i1} \quad (6\text{-}9)$$

当 $R_1 = R_2$ 和 $R_f = R_3$ 时，上式为

$$u_o = \frac{R_f}{R_1}(u_{i2} - u_{i1}) \quad (6\text{-}10)$$

再当 $R_f = R_1$ 时，则有

$$u_o = u_{i2} - u_{i1} \quad (6\text{-}11)$$

由上两式可见，输出电压与两个输入电压的差值成正比，所以该电路可以进行减法运算，故称为减法运算电路。

还可以应用叠加原理求 u_o 与 u_i 的关系，此方法读者可自行推导。

例 6-3　电路如图 6-14 所示，已知各输入信号分别为 $u_{i1} = 0.5$ V，$u_{i2} = -2$ V，$u_{i3} = 1$ V，$R_1 = 20$ kΩ，$R_2 = 50$ kΩ，$R_4 = 30$ kΩ，$R_5 = R_6 = 39$ kΩ，$R_{f1} = 100$ kΩ，$R_{f2} = 60$ kΩ。试回答下列问题：

(1) 图中两个集成运放分别构成何种单元电路？

(2) 求出电路的输出电压 u_o；

(3) 试确定电阻 R_3 的值。

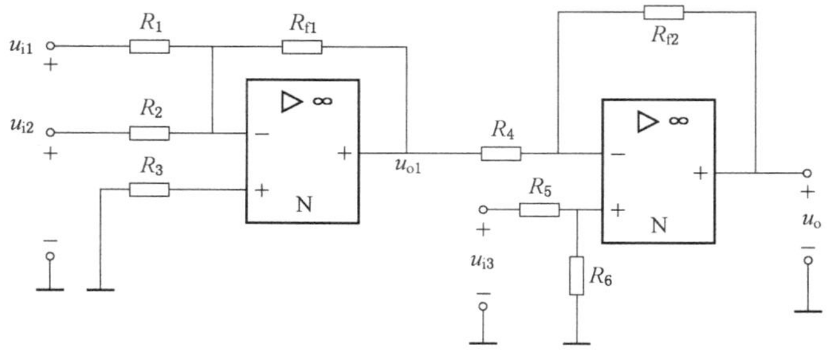

图 6-14　例 6-3 图

解　(1) 第一级为反相加法运算电路，第二级为减法运算电路。

(2) 第一级输出电压为

$$u_{o1}=-\left(\frac{R_{f1}}{R_1}u_{i1}+\frac{R_{f1}}{R_2}u_{i2}\right)=-\frac{100}{20}\times0.5-\frac{100}{20}\times(-2)=1.5\ \text{V}$$

第二级输出电压为

$$u_o=-\frac{R_{f2}}{R_4}u_{o1}+\left(1+\frac{R_{f2}}{R_4}\right)\frac{R_6}{R_5+R_6}u_{i3}=-\frac{60}{30}\times1.5+3\times\frac{1}{2}\times1=-1.5\ \text{V}$$

(3) 平衡电阻 R_3 的大小不影响计算结果，两个输入端等效电阻相等即可，其阻值为 $R_3=R_1/\!/R_2/\!/R_{f1}=12.5\ \text{k}\Omega$。

6.2.4　积分运算电路

与反相比例运算电路相比较，若反馈元件用电容 C_f 代替 R_f，即构成积分运算电路，如图 6-15a 所示。

由于采用反相输入，由“虚短”“虚地”和“虚断”的特点，$u_-\approx u_+=0$，$i_1=i_f$，则

$$u_o\approx-u_C=-\frac{1}{C_f}\int i_f\mathrm{d}t\approx-\frac{1}{C_f}\int i_1\mathrm{d}t$$

而 $i_1=u_i/R_1$，所以

$$u_o\approx-\frac{1}{R_1C_f}\int u_i\mathrm{d}t \tag{6-12}$$

式(6-12)说明了输出电压 u_o 与输入电压 u_i 对时间的积分成正比，故称为积分运算电路，负号表示二者的相位相反，积分时间常数为 $\tau_i=R_1C_f$。

若设输入电压 u_i 为正阶跃电压，即在 $t<0$ 时，$u_i=0$，当 $t\geqslant0$ 时，u_i 突然跃变到 U，且设电容事先未充电。

当阶跃电压突然作用的瞬间，由于储能元件电容上的电压不能跃变，故输出电压 $u_o=0$。此后，随着电容的逐渐充电，u_o 随时间近似按线性关系向负值方向增长，但不能无限增长下去。

当 $u_i=U$ 时，输出电压为 $u_o\approx-\dfrac{U}{R_1C_f}t$，即随着时间 t 的增加，u_o 向负值方

向增大，直到达到负饱和值$-U_{o(sat)}$为止，运算放大器进入饱和工作状态，u_o保持不变，积分作用停止。积分时间常数τ_i越大，达到负饱和值$-U_{o(sat)}$所需时间越长。积分运算电路的阶跃响应u_o随时间变化的波形如图 6-15b 所示。在$t=R_1C_f$时，$u_o\approx -U$。外接平衡电阻$R_p=R_1$。

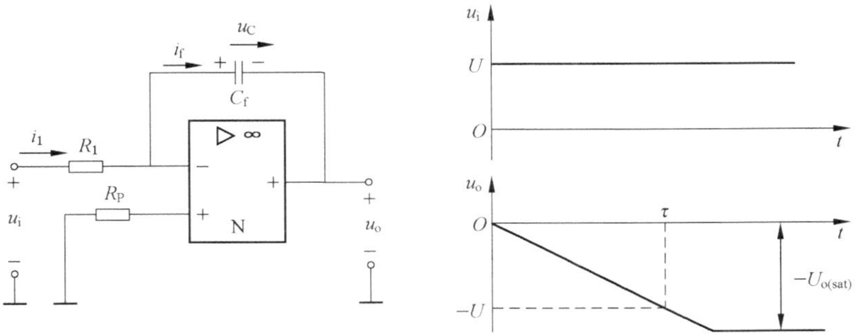

a) 积分电路　　b) 阶跃响应

图 6-15　积分运算电路

例 6-4　已知$u_o=-2\int u_i\mathrm{d}t$，$C_f=1\ \mu\mathrm{F}$，试求积分运算中的$R_1$、$R_p$。

解　由式(6-12)知，$\frac{1}{R_1C_f}=2$，所以

$$R_1=\frac{1}{2C_f}=\frac{1}{2\times 10^{-6}}\Omega=\frac{10^6}{2}\Omega=500\ \mathrm{k}\Omega$$

故有，$R_p=R_1=500\ \mathrm{k}\Omega$。

6.2.5　微分运算电路

微分运算是积分运算的逆运算，将如图 6-16a 所示积分电路中的电阻与电容的位置调换，就构成微分运算电路。

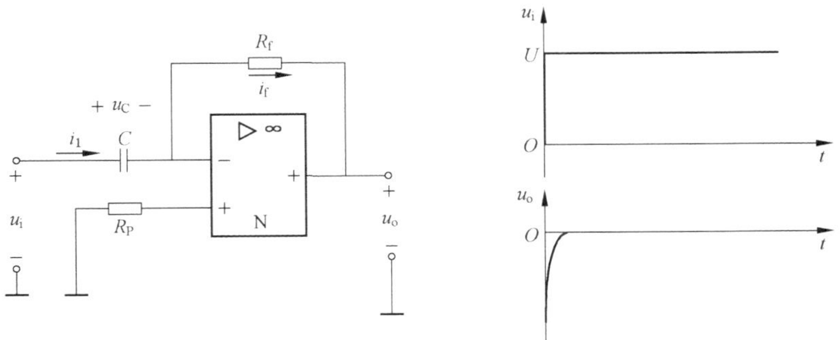

a) 微分电路　　b) 阶跃响应

图 6-16　微分运算电路

由 $u_- \approx u_+ = 0, i_1 = i_f, u_i = u_C$ 可得

$$i_1 = C\frac{du_i}{dt}, i_f = -\frac{u_o}{R_f}$$

所以输出电压为

$$u_o = -i_f R_f = -R_f C\frac{du_i}{dt} \tag{6-13}$$

式(6-13)表明了输出电压 u_o 与输入电压 u_i 的一次微分成正比，故称微分运算电路，比例系数为 $\tau_d = R_f C$，称为微分时间常数。外接平衡电阻 $R_p = R_f$。

设 u_i 为正阶跃电压，且初始状态时电容未充电，由于电容上的电压不能跃变，此时电容相当于短路，输出电压 $|u_o|$ 最大，随着电容 C 的不断充电，输出电压 $|u_o|$ 逐渐衰减，最后趋近于零。衰减的快慢决定于微分时间常数的 $\tau_d = R_f C$ 大小，阶跃输入时的电压波形见图 6-16b，输出电压 u_o 为尖脉冲电压。

例 6-5 试求图 6-17 所示电路的 u_o 与 u_i 的关系式。

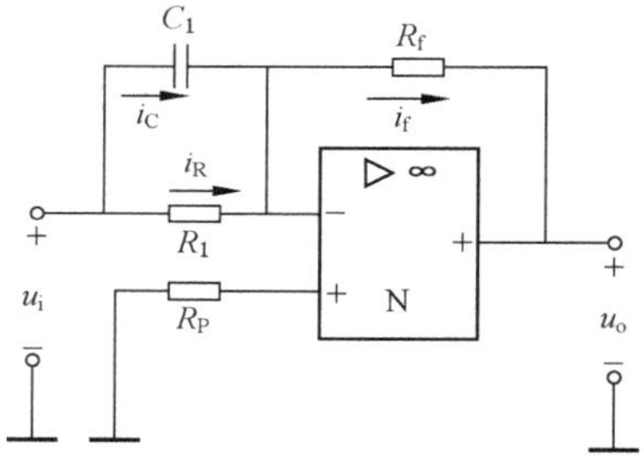

图 6-17 例 6-5 图

解 由图可列出

$$u_o = -i_f R_f$$

$$i_f = i_R + i_C = \frac{u_i}{R_1} + C_1\frac{du_i}{dt}$$

$$u_o = -\left(\frac{R_f}{R_1}u_i + R_f C_1\frac{du_i}{dt}\right)$$

由此可见，此电路是一个反相比例运算和微分运算相结合的电路，因此称为比例-微分调节器(简称 PD 调节器)，用于控制系统中，使调节过程起到加速作用。

［**思考题**］

多级集成运算放大电路如何进行分析？

6.3 电压比较电路

前述讨论的各种运算电路，都是通过外接反馈网络使集成运放工作在闭环状态，处于线性区。此时电路的输出电压与输入电压间的关系主要取决于外接网络的参数，与集成运放本身的参数无关。

当处于开环状态时，集成运放工作在非线性区，只存在正、负饱和两种输出状态。在信号处理方面常见到的信号比较、信号采样保持、有源滤波等电路都属于集成运放开环状态的典型应用。本节介绍由集成运放组成的电压比较电路。

电压比较电路是集成运放的基本应用电路之一，其基本功能是对输入端的模拟电压进行比较，根据输入模拟电压是大于还是小于给定的参考电压来决定电路的输出状态，故称为电压比较器。这种电路能在输入端对模拟电压进行比较，而在输出端则将比较结果转换成脉冲形式输出，即比较器的输出是以高电平或低电平(相当于数字信号的“1”或“0”)的形式来显示比较的结果，因此，它是一种常用的模拟量到数字量的转换接口电路。比较器在自动控制及自动测量系统中，如越限报警、鉴幅、模数转换、各种非正弦波形的产生和变换电路中广泛应用。

6.3.1 基本电压比较电路

由于集成运放处于开环工作状态，极易工作在饱和区，故常用电压传输特性来分析 u_o 与 u_i 的关系。

1. 反相输入的基本电压比较电路

图 6-18a 是一个反相输入的基本电压比较电路。u_i 加在反相输入端，同相输入端接固定参考电压 U_{REF}。

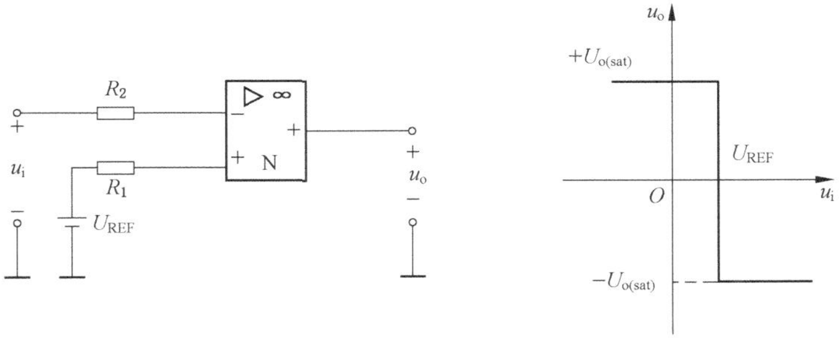

a) 电路结构　　b) 电压传输特性

图 6-18　反相输入的基本电压比较电路

比较器的输入电压为

$$u_i = u_-\ ,\ u_+ = u_{REF}$$

当 $u_i > U_{REF}$ 时，$u_o = -U_{o(sat)}$；当 $u_i < U_{REF}$ 时，$u_o = +U_{o(sat)}$。电路的输出状态在 $u_i = U_{REF}$ 处发生转换。$+U_{o(sat)}$ 和 $-U_{o(sat)}$ 分别接近电路的正、负电源值。

将比较器输出电压翻转时刻所对应的输入电压称为阈值电压或门限电压。反相输入的电压比较电路的电压传输特性如图 6-18b 所示。

2. 同相输入的基本电压比较电路

将参考电压 U_{REF} 加在反相输入端，而输入信号电压 u_i 加在同相输入端，构成同相输入基本电压比较电路，如图 6-19a 所示。

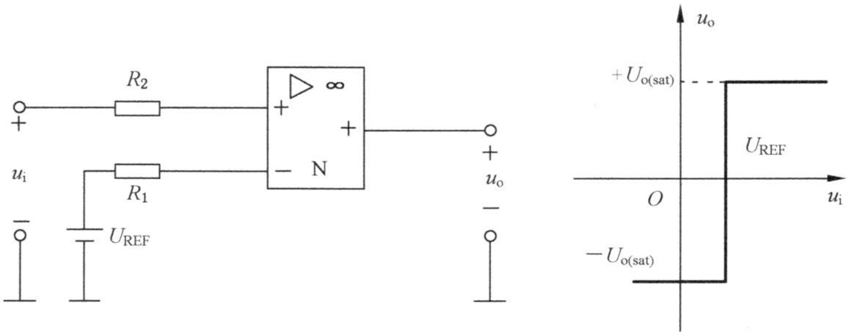

a) 电路结构　　b) 电压传输特性

图 6-19　同相输入的基本电压比较电路

比较器的输入电压为

$$u_i = u_+, u_- = u_{REF}$$

当 $u_i > U_{REF}$ 时，$u_o = +U_{o(sat)}$；当 $u_i < U_{REF}$ 时，$u_o = -U_{o(sat)}$。该电压比较电路的门限电压同样是 U_{REF}。电压传输特性如图 6-19b 所示。

3. 过零比较电路

当参考电压 $U_{REF}=0$ 时，如图 6-20a 所示。其功能是将输入电压 u_i 与参考电压 $U_{REF}=0$ 进行比较。当 $u_i>0$ 时，$u_o=-U_{o(sat)}$；当输入信号 $u_i<0$ 时，$u_o=+U_{o(sat)}$。

电压传输特性如图 6-20b 所示。当输入电压 u_i 由大于零向小于零（或相反）的方向变化经过零电压时，输出电压则由负的饱和值向正的饱和值（或相反）跃变。这种比较器的门限电压为零，故称为过零比较电路。

输入电压也可以加在同相输入端，请读者自行分析。

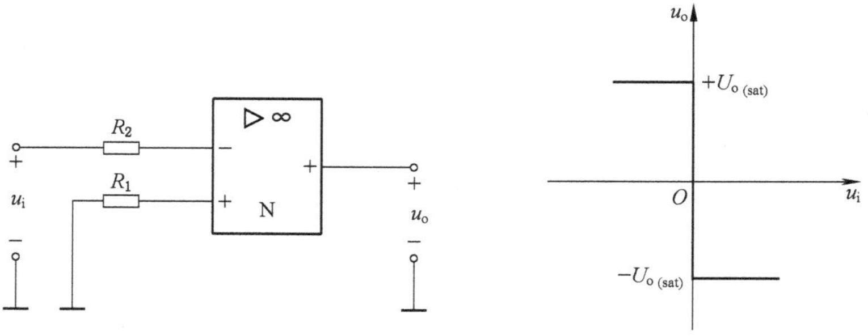

a) 电路结构　　b) 电压传输特性

图 6-20　过零比较电路

例 6-6　电路如图 6-21a 所示电路中，比较器的输入电压为正弦波，RC 电路的时间常数 $\tau \gg T$，T 是正弦波的周期，且 $u_o(0)=0$，试画出 u_{o1} 和 u_{o2} 的波形。

解　该电路的反相输入端的参考电压为零，而同相输入端接输入电压 u_i，此电路为一同相输入过零比较器。若输入电压 u_i 为正弦波，则输出电压 u_{o1} 为矩形波，并且其极性与输入电压 u_i 相同，频率亦与 u_i 相同。

由图可见，集成运放的输出端接 RC 积分电路，由 RC 积分电路对输出电压 u_{o1} 进行积分，由于 RC 电路的时间常数很大，电容的充放电的时间很长，所以 u_{o1} 经积分后的输出电压 u_{o2} 接近三角波。输入电压、各输出电压的波形如图 6-21b 所示。

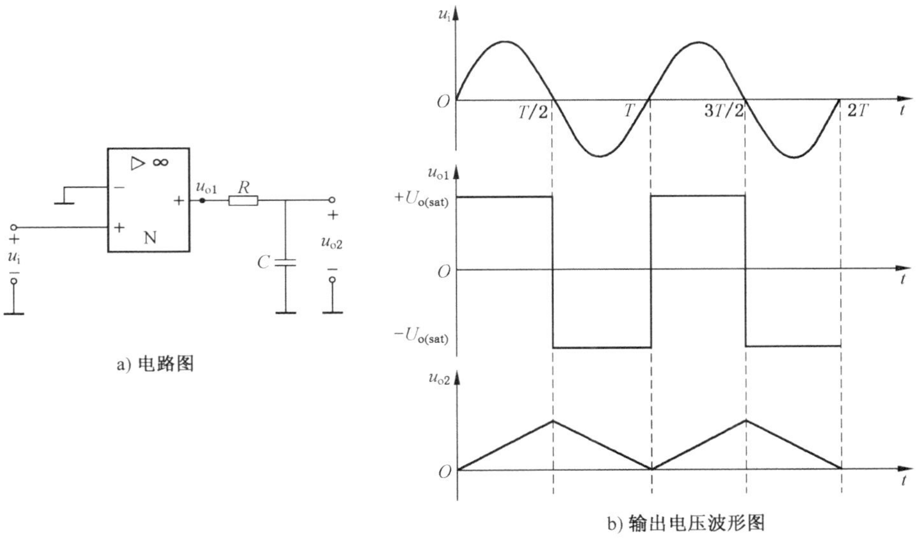

图 6-21　例 6-6 图

6.3.2　具有限幅作用的电压比较电路

当电路需要与所连接的数字电路的电平配合时，要求比较器的输出电压限制在某一特定的数值上，就需要在比较器的输出端接上限幅电路。限幅电路是利用稳压管的稳压功能来实现的。如图 6-22a 所示，比较器的输出通过限流电阻 R 接在特性相同的稳压管 VS_1 和 VS_2 上。这种比较器的输出电压的幅度被稳压管限制，同时可以稳定输出电压。

当 $u_i > U_{REF}$ 时，$u_o = -U_Z$；当 $u_i < U_{REF}$ 时，$u_o = U_Z$。其中 U_Z 为稳压管的稳定输出电压，且 $U_Z < U_{o(sat)}$。电压传输特性见图 6-22b。当输入电压 u_i 为正弦电压时，输出电压 u_o 为正、负半周宽度不等的矩形波，幅度被限制在 $-U_Z$ 和 $+U_Z$ 之间，如图 6-22c 所示。这种输出由双向稳压管限幅的电路称为双向限幅电路。

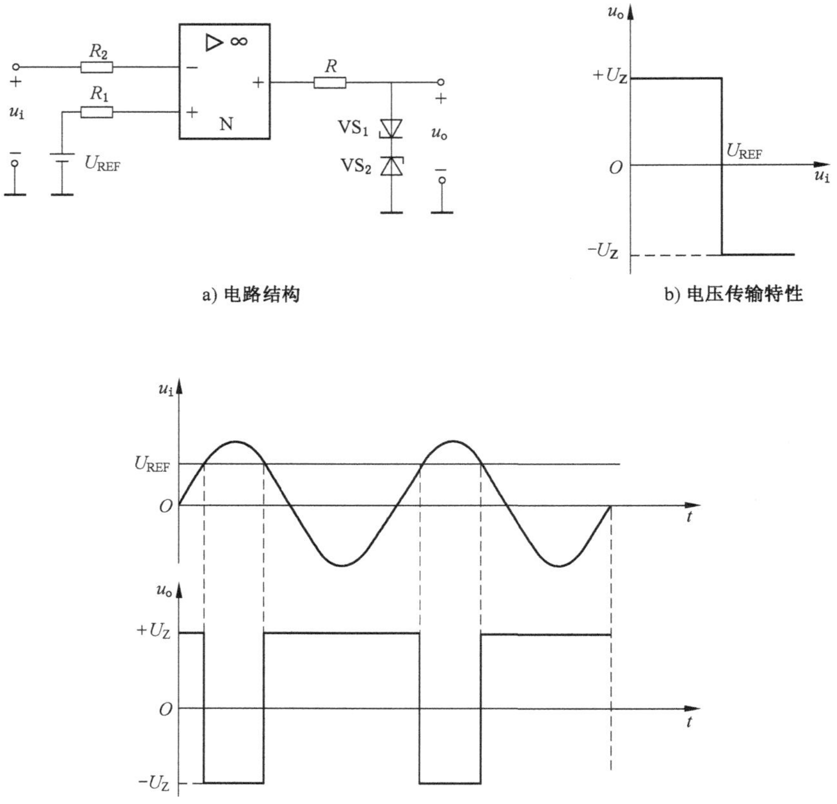

a) 电路结构　　b) 电压传输特性

c) 输入、输出电压波形图

图 6-22　具有限幅作用的电压比较电路

例 6-7　电路如图 6-23a 所示为一越限报警指示电路，试分析电路的功能。

解　输入电压为从传感器取得的某一参数(如温度、压力等)信号，从同相输入端引入，参考电压加在反相输入端。当 $u_i > U_{REF}$ 时，该电路的比较器输出正向电压，使晶体管 V 饱和导通，报警信号灯亮，说明被监视的电压信号超过正常值；当 $u_i < U_{REF}$ 时，电路的比较器输出负向电压，晶体管 V 截止，指示灯不亮，表明被监视的电压信号未超过正常值，工作正常。二极管的作用是保护晶体管 V，当比较器输出负向电压时，二极管反向导通，将反向电压限制在 0.7 V 左右，防止晶体管 V 的发射结反向电压太高而导致的晶体管击穿。这种电路实际是一种正向限幅电路，传输特性见图 6-23b。能够实现反向限幅的电路，请读者自行分析。

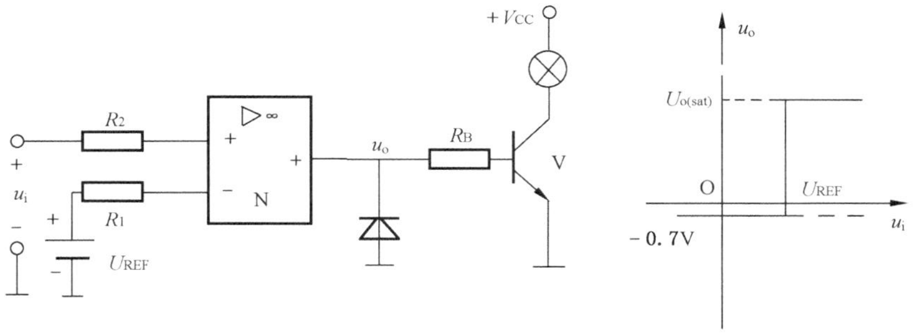

a) 越限报警电路　　b) 电压传输特性

图 6-23　例 6-7 图

［思考题］

1. 电压比较器和基本运算电路中的集成运放的工作有何区别？分别工作在电压传输特性的哪个区？

2. 试分析同相输入的过零比较器的输出电压和输入电压关系，画出电压传输特性。

6.4　集成运放应用实例

模拟电子技术是电子技术中实践性很强的内容，需要通过实践才能很好地理解和掌握。以集成运放为例，目前国内外各厂家生产的集成运放种类非常多，性能各异，以集成运放为核心所组成的应用电路更是多种多样。此处介绍几个以集成运放为基础的实际应用模拟集成电路，供读者在学习和应用时参考。

1. 传感器用放大器

如图 6-24 所示电路为电压传感器的高输入阻抗的交流放大电路。

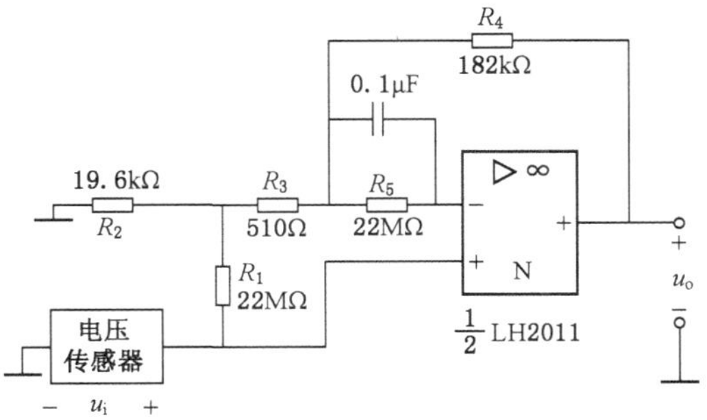

图 6-24　传感器用放大器

由图可知电路的输入电阻为$r_i = R_1\left(1+\frac{R_2}{R_3}\right)$

电路的电压放大倍数为 $A_{uf}=\dfrac{R_2+R_3+R_4}{R_2+R_3}$

图中的放大器若采用双运放 LH2011 时，输入阻抗可高达约 880 MΩ，电压放大倍数约为 20 dB，满足传感器对输入阻抗及放大倍数的要求。

2. 运算放大器测量电路

图 6-25 是运算放大器测量电路。R_1、R_2、R_3 的阻值固定，R_f 是检测电阻。由于某个非电量(压力、温度等)的变化使 R_f 发生变化，其相对变化为 $\delta=\Delta R_f/R_f$，而 δ 与非电量有一定函数关系。如果能得出输出电压 u_o 与 δ 的关系，就可以测得该非电量。设 $R_1=R_2=R$，$R_3=R_f$，并且 $R\gg R_f$。求 u_o 与 δ 的关系。(图中 E 是直流电源)

解 由前述可知，该运放为差分输入电路，输出与输入的关系为

$$u_o=\left(\frac{R+R_f+\delta R_f}{R}\frac{R_f}{R+R_f}-\frac{R_f+\delta R_f}{R}\right)(-E)$$

由于 $R\gg R_f$，故

$$u_o\approx\left(\frac{R_f}{R}-\frac{R_f+\delta R_f}{R}\right)(-E)=\frac{R_fE}{R}\delta$$

3. 高稳定基准电压源

如图 6-26 所示电路为一个高稳定的基准电压源电路。图中的稳压二极管为 IN4594，其稳定电压为 $U_Z=6.4$ V。该电路可得到电压源的电压为 $U_S=10$ V。图中各电阻的取值分别为 $R_1=\dfrac{10-U_Z}{2\times10^{-3}}\Omega$，$R_2=\dfrac{10-U_Z}{1\times10^{-3}}\Omega$，$R_3=\dfrac{U_Z}{1\times10^{-3}}\Omega$。

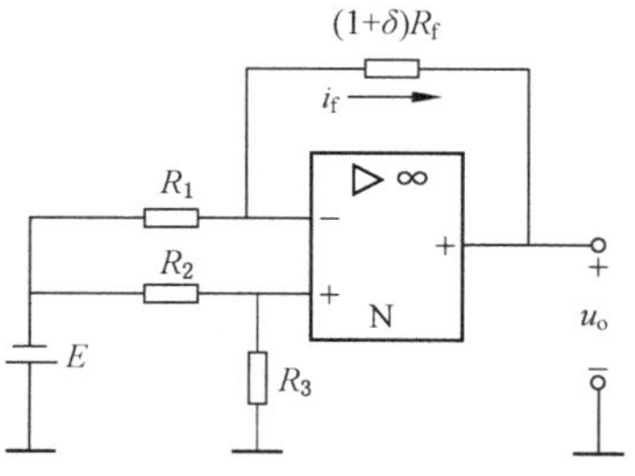

图 6-25 运算放大器测量电路

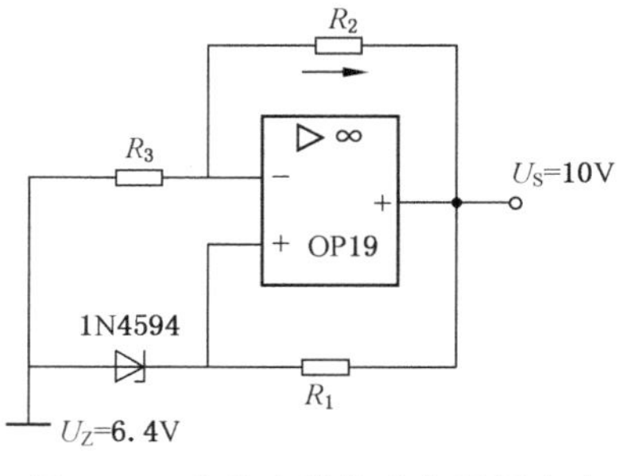

图 6-26 高稳定的基准电压源电路

4. 低成本的可调函数发生器

图 6-27a 是一个低成本的可调函数发生器电路。电路采用了四个单运放 μA741。其中 N_1、N_3 构成比较器，N_2、N_4 构成积分电路。该电路可产生四种不同的波形，A 点输出方波、B 点输出三角波(见图 6-27b)；C 点输出负的窄脉冲，D 点输出锯齿波(见图 6-27c)。各波形的频率与 RC 有关。

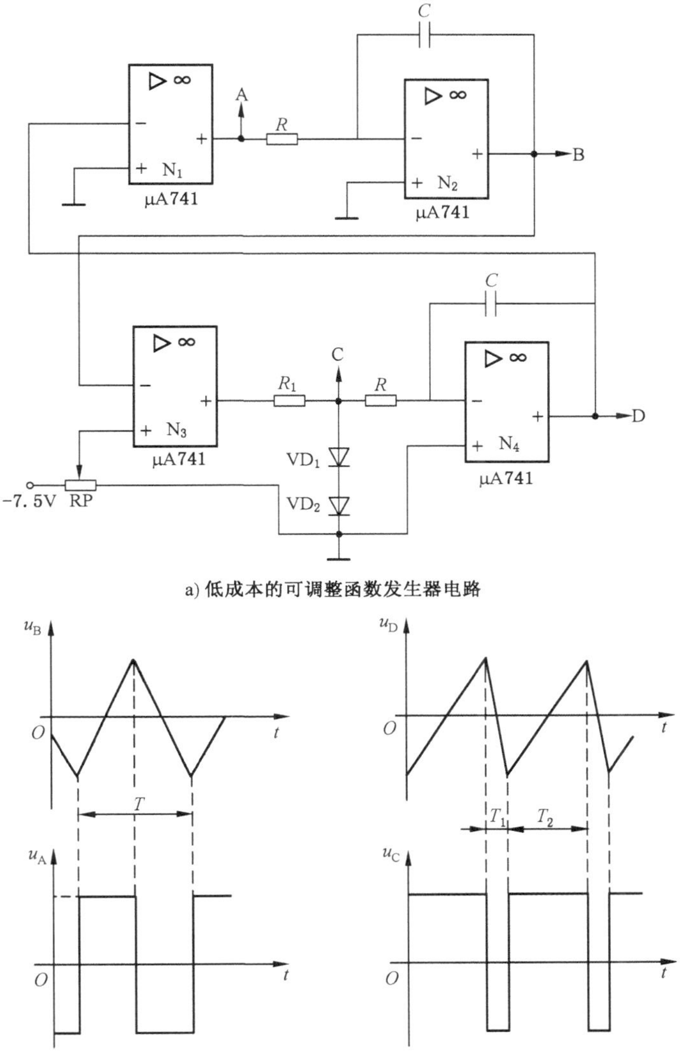

b) 三角波和方波波形　　c) 锯齿波和窄脉冲波形

图 6-27　可调函数发生器电路

5. 电池自动充电电路

图 6-28 电路为一电池自动充电电路，12 V 工作电源可由交流 220 V 变压后经桥式整流电路提供，也可以使用直流 12 V 电源供电。

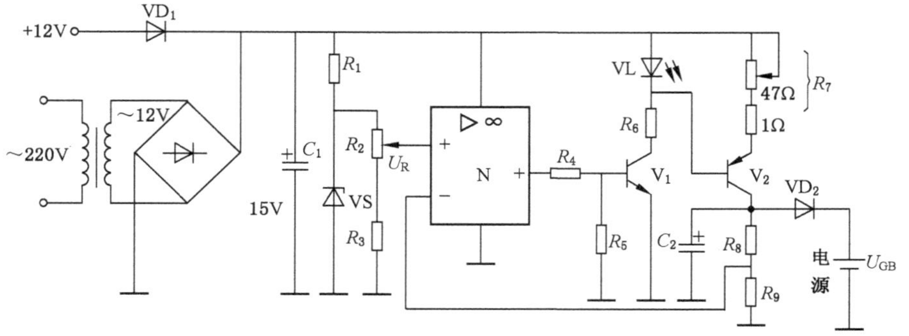

图 6-28 电池自动充电电路

电路各参数如下:$R_1=560\ \text{k}\Omega$,$R_2=2.2\ \text{k}\Omega$,$R_3=3.3\ \text{k}\Omega$,$R_4=5.6\ \text{k}\Omega$,$R_5=1\ \text{k}\Omega$,$R_6=1\ \text{k}\Omega$,$R_8=2.2\ \text{k}\Omega$,$R_9=3.3\ \text{k}\Omega$,$C_1=220\ \mu\text{F}$,$C_2=10\ \mu\text{F}$,V_1 为 3DK2 型,V_2 为 3AD6 型,VS 为 2CWZ7 型。

运算放大器接成比较器形式,同相端加基准电压 U_R,U_R 可通过调节 R_2 来改变大小;反相端取自与电池电压成比例的电压,这样运放就将电池的取样电压 u_- 与 U_R 相比较,以便控制充电电压。当电池的电压不足(低于额定值)时,即 $u_-<U_R$,运放输出为高电平(即正的饱和值),则晶体管 V_1 导通,VL 发光,继而使 V_2 也导通,产生恒定电流流经二极管 VD_2 给电池充电,当电池充电电压上升到预定值 U_{GB} 时,其取样电压 u_- 也相应增加到 U_R,比较器输出变为零,V_1 和 V_2 截止,充电停止,充电电流自动切断,防止了电池的过量充电。

充电结束时电池电压为 $U_{GB}=U_R(R_8+R_9)/R_9-0.6\ \text{V}$,它可按需要调节。充电电流为 $I\approx1.4/R_7\ \text{A}$,调节 R_7 可改变充电电流。

图中二极管 VD_2 是为防止电源断开或整流电路出故障时电池对电路的放电而设的。VD_1 则用来隔离交直流电源的相互影响。

习　　题

6-1 如图 6-29 所示电路,设集成运放为理想元件。试计算电路的输出电压 u_o 和平衡电阻 R 的值。

6-2 如图 6-30 所示是一个电压放大倍数连续可调的电路，试问电压放大倍数 A_{uf} 的可调范围是多少？

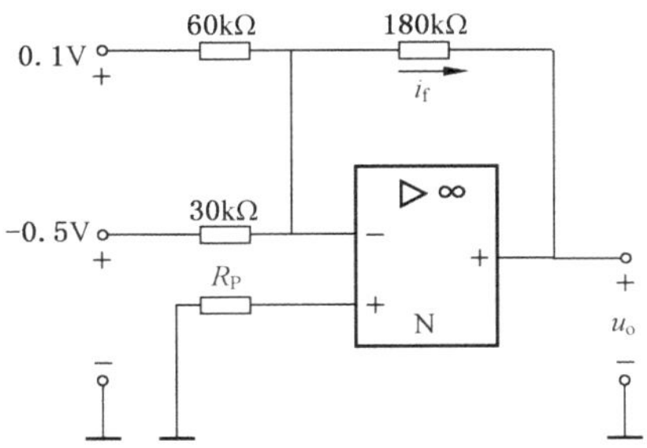

图 6-29 题 6-1 图

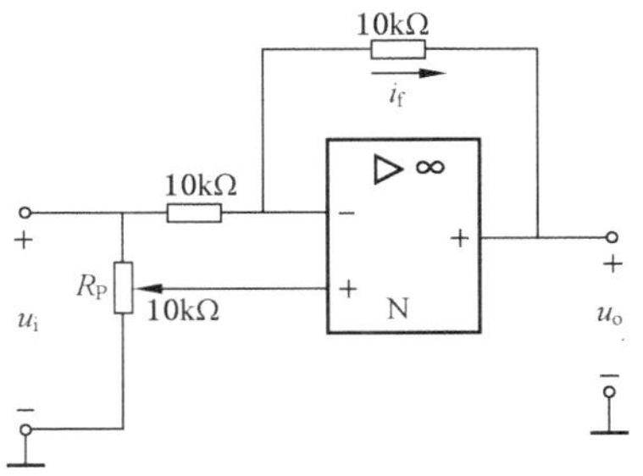

图 6-30 题 6-2 图

6-3 求图 6-31 电路的 u_o 和 u_i 的运算关系式。

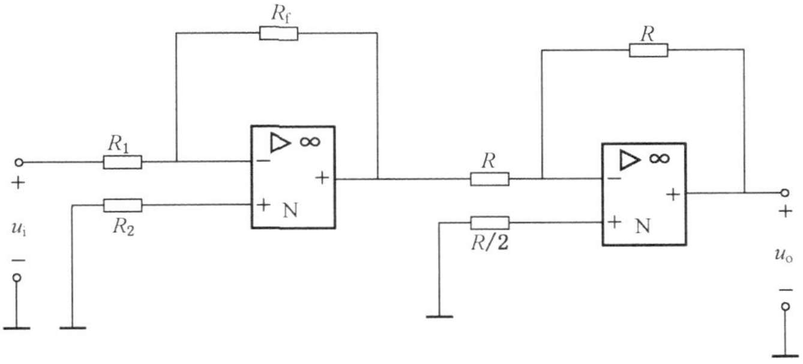

图 6-31 题 6-3 图

6-4 求图 6-32 电路的 u_o 和 u_i 的运算关系式。

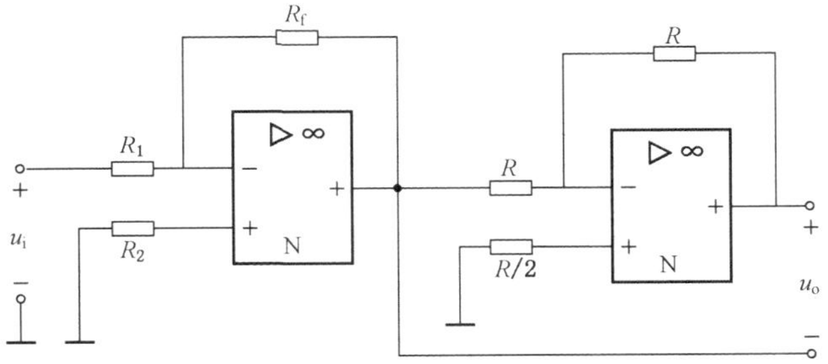

图 6-32 题 6-4 图

6-5 在图 6-33 中，已知 $R_f=2R_1$，$u_i=-2V$，试求输出电压 u_o。

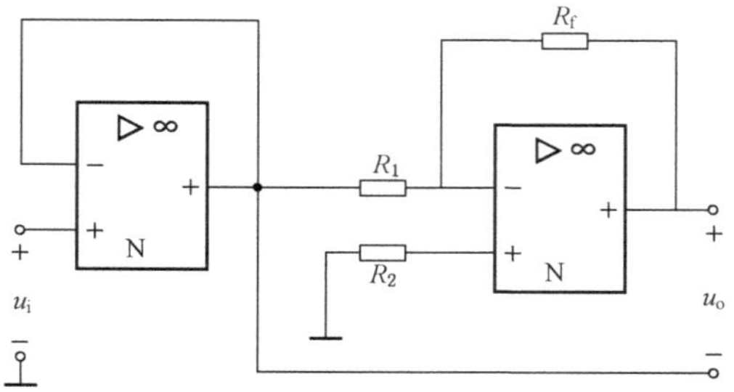

图 6-33　题 6-5 图

6-6 一个测量系统的输出电压和某些非电量(经传感器转化为电压信号)的关系为 $u_o=-(8u_{i1}+4u_{i2}+2u_{i3})$，试设计反相加法运算电路，设 $R_f=100\ k\Omega$。

6-7 求如图 6-34 所示电路中 u_o 与三个输入电压 u_{i1}、u_{i2}、u_{i3} 的运算关系式。

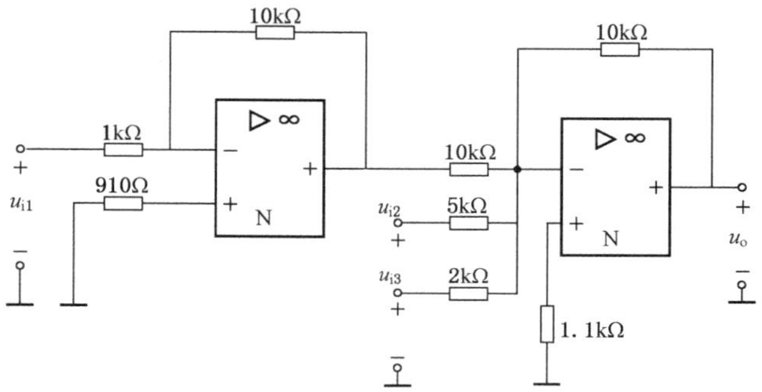

图 6-34　题 6-7 图

6-8 如图 6-35 所示电路是一种求和积分电路，设集成运放为理想元件，当取 $R_1=R_2=R$ 时，证明输出电压 u_o 与两个输入电压 u_{i1}、u_{i2} 的关系为 $u_o=-\frac{1}{RC_f}\int(u_{i1}+u_{i2})dt$。

6-9 设计出实现如下运算功能的运算电路图。

(1) $u_o=-3u_i$；

(2) $u_o=2u_{i1}-u_{i2}$；

(3) $u_o=-(u_{i1}+0.2u_{i2})$；

(4) $u_o=-10\int u_{i2}dt-2\int u_{i2}dt$。

6-10 电路如图 6-36 所示，设集成运放为理想元件，试推导 u_o 与 u_{i1} 及 u_{i2} 的关系。(设 $u_o(0)=0$)

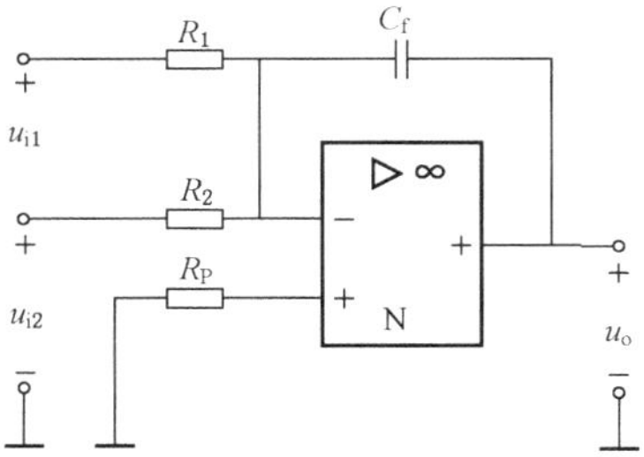

图 6-35　题 6-8 图

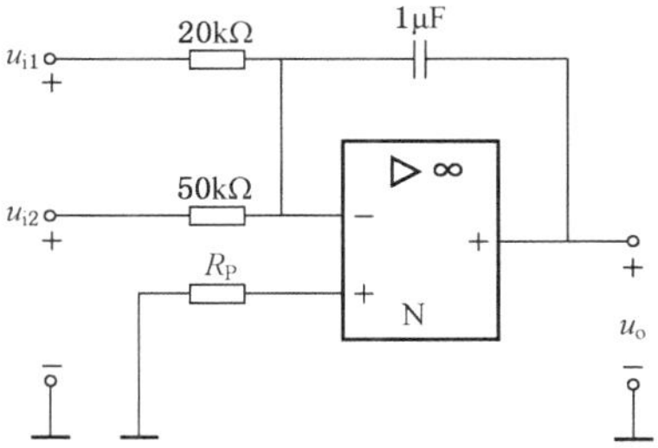

图 6-36　题 6-10 图

6-11　设电路如图 6-37a 所示，已知 $R_1=R_2=R_f$，u_{i1} 和 u_{i2} 的波形如图 6-37b 所示，试画出输出电压 u_o 的波形。

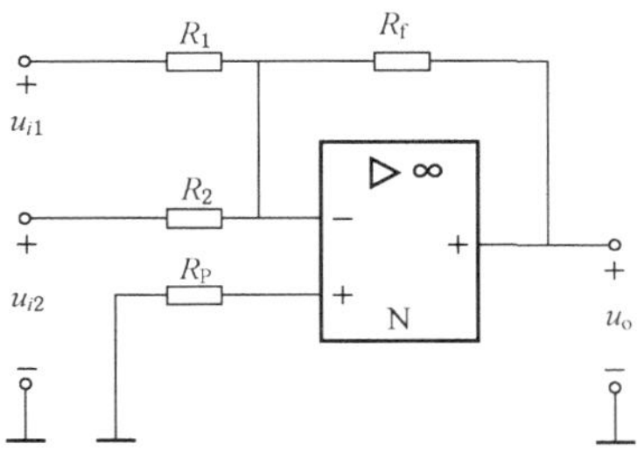

a)

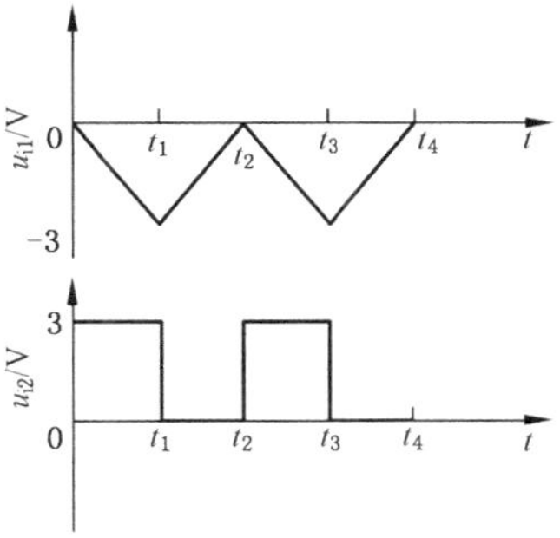

b)

图 6-37　题 6-11 图

6-12　如图 6-38 所示电路为具有四个输入电压的双端输入和差运算电路。求输出电压 u_o 与输入电压 u_{i1}、u_{i2}、u_{i3}、u_{i4} 的关系式。

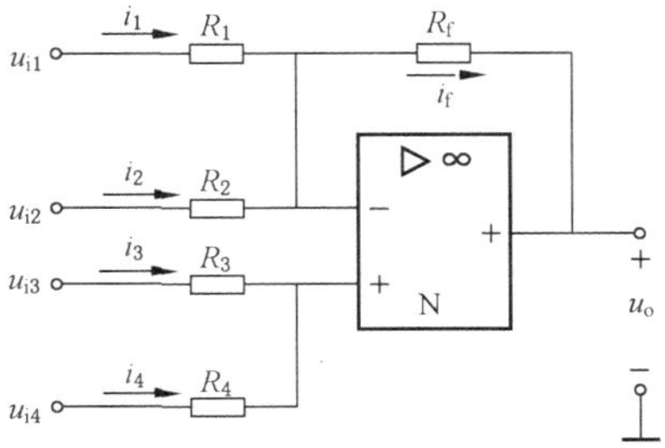

图 6-38　题 6-12 图

6-13　图 6-39 是应用集成运放测量电压的原理电路，设图中集成运放为理想元件，输出端接有满量程为 5 V、500 μA 的电压表，欲得到 50 V、10 V、5 V、0.1 V四种量程，试计算各量程 $R_1\sim R_4$ 的阻值。

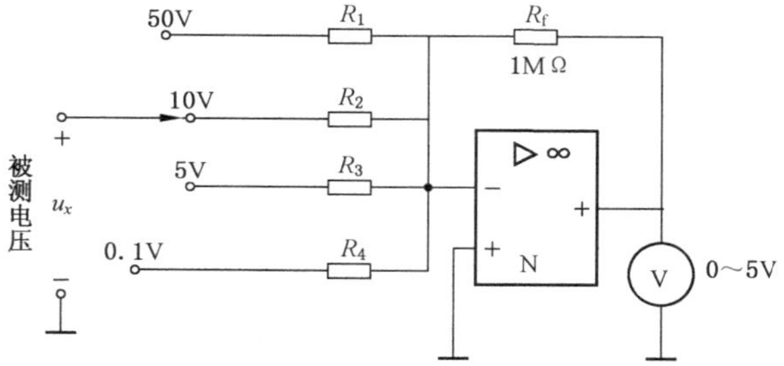

图 6-39　题 6-13 图

6-14　电路如图 6-40 所示，设电容器的电压初始值为零，试写出输出电压 u_o 与输入电压 u_{i1}、u_{i2} 之间的关系式。

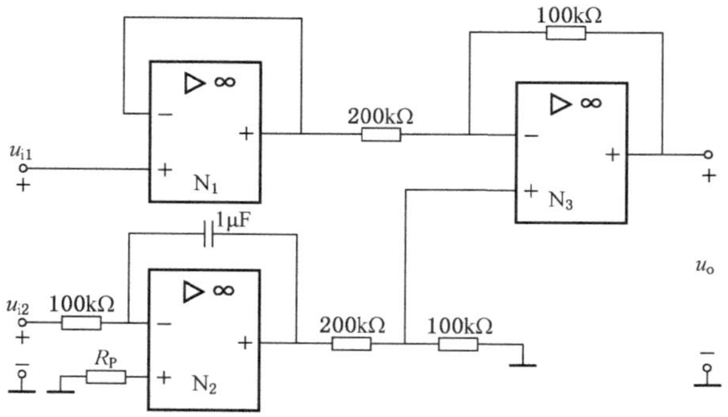

图 6-40　题 6-14 图

6-15　如图 6-41 所示电路，求 u_o 与 u_{i1}、u_{i2} 的关系式。

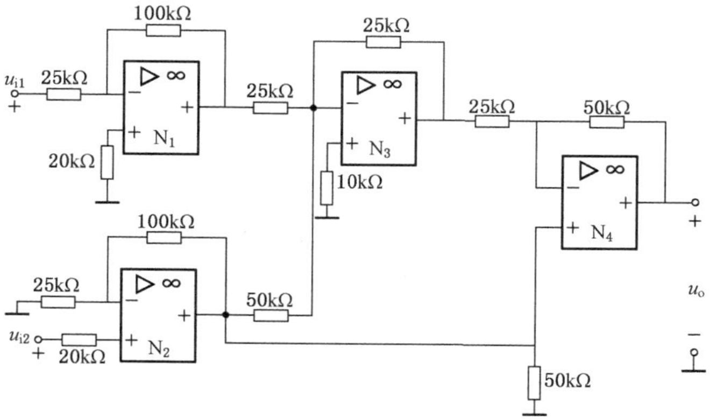

图 6-41　题 6-15 图

6-16　如图 6-42 所示电路是应用集成运放测量电阻的原理电路，设图中集成运放为理想元件。当输出电压为 5 V 时，试计算被测电阻 R_x 的阻值。

6-17　图 6-43 是测量小电流的原理电路，设图中的集成运放为理想元件，输出端接有满量程为 5 V、500 μA 的电压表。试计算各量程电阻 R_1、R_2、R_3 的阻值。

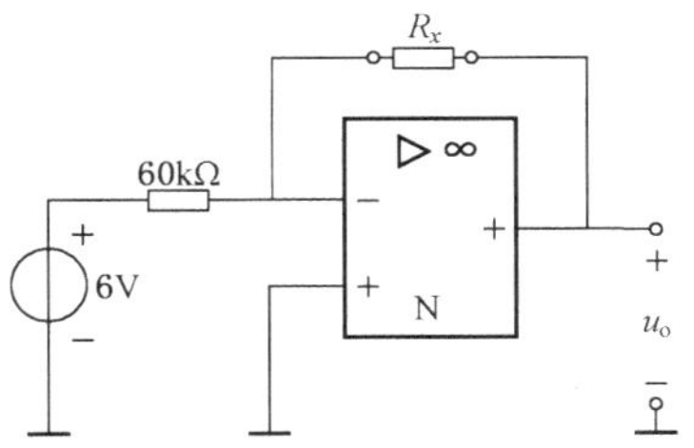

图 6-42　题 6-16 图

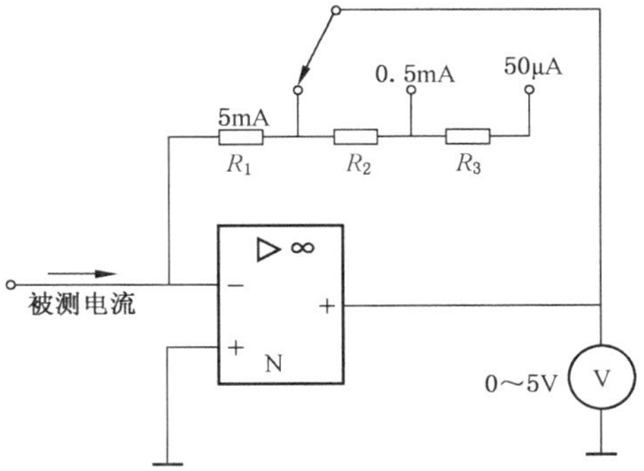

图 6-43　题 6-17 图

6-18　如图 6-44 所示，各元件参数图中已标出。试列写输出电压和输入电压的关系式。

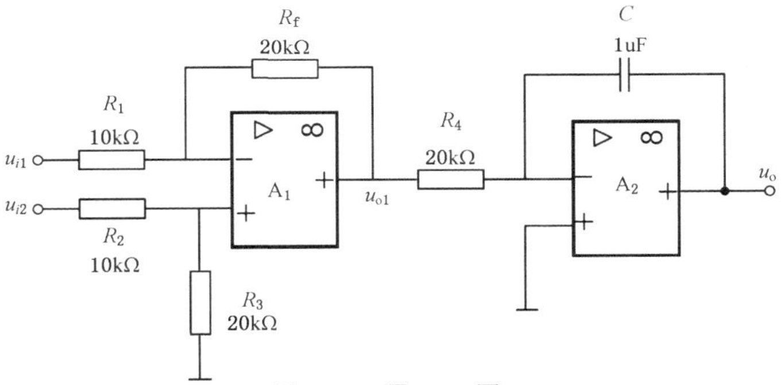

图 6-44　题 6-18 图

6-19　一积分电路和输入电压波形分别如图 6-45a、b 所示，若 $R=50$ kΩ，$C=1$ μF，试画出输出电压 u_o 的波形。

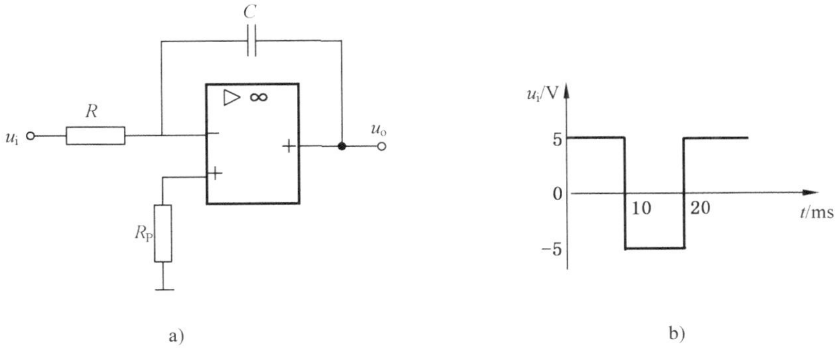

图 6-45　题 6-19 图

6-20 图 6-46 中，运算放大器的最大输出电压 $U_{oM}=\pm12$ V，稳压管的稳定电压 $U_Z=6$ V，其正向压降 $U_D=0.7$ V，$u_i=12\sin\omega t$ V。当参考电压 $U_{REF}=\pm3$ V两种情况下，试画出电压传输特性和输出电压 u_o 的波形。

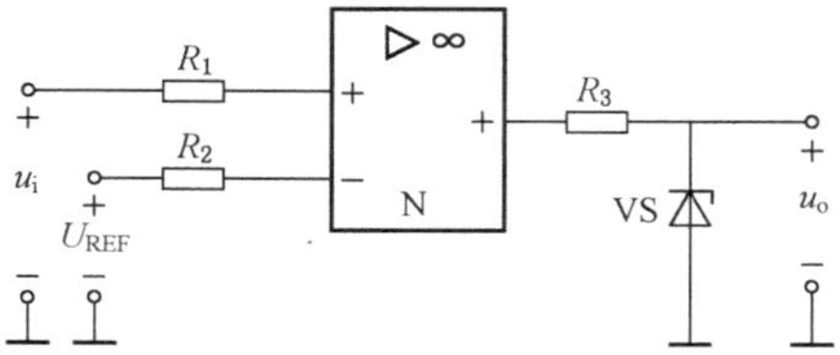

图 6-46 题 6-20 图

6-21 电路如图 6-47 所示，已知 $U_{REF}=1$ V，$u_i=10\sin\omega t$ V，$U_Z=6.3$ V，稳压管正向导通电压为 0.7 V。试画出 u_o 对应于 u_i 的波形。

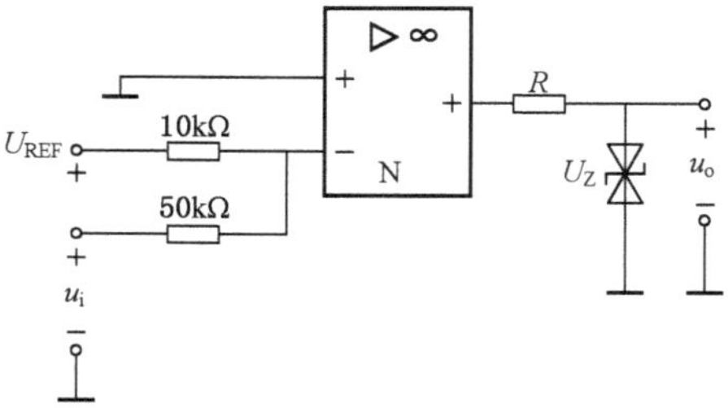

图 6-47 题 6-21 图

6-22 电路如图 6-48 所示，$t=0$ 时刻，u_i 从 0 变为 +5 V，试求要经过多长时间 u_o 由负饱和值变为正饱和值(设 $t=0$ 时，电容电压为零)。

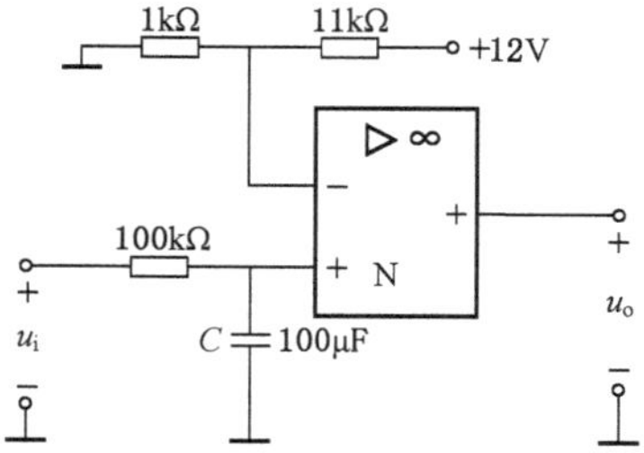

图 6-48 题 6-22 图

6-23 如图 6-49 所示电路是利用运放组成的过温保护电路，在某些复印机中常利用它来防止热辊温度过高而造成的损坏。图中 R_3 是负温度系数热敏电阻，温度高时，阻值变小。KA 是继电器，要求该电路在温度超过上限值时，继电器动作，自动切断加热电源。试分析该电路的工作原理。

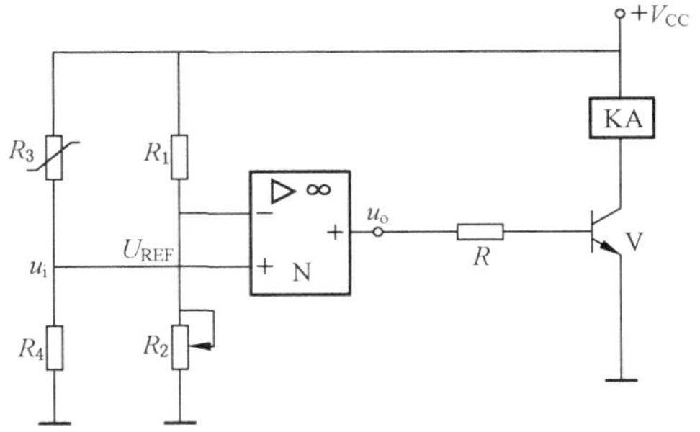

图 6-49　题 6-23 图

6-24　图 6-50 是火灾报警电路的方框图。u_{i1} 和 u_{i2} 分别来自两个温度传感器，它们安装在室内同一处：一个安装在塑料壳内，产生 u_{i1}；另一个安装在金属板上，产生 u_{i2}。无火情时，$u_{i1}=u_{i2}$，声光报警电路不响不亮，一旦发生火情，安装在金属板上的温度传感器因金属板导热快而温度升高较快，而另一个温度上升较慢，于是产生差值电压 $u_{i1}-u_{i2}$，当这个差值电压增高到一定数值时，发光二极管 LED 点亮，蜂鸣器 HA 鸣响，同时报警。请按图示方框图设计电路。

图 6-50　题 6-24 图

第 7 章 逻辑门电路及组合逻辑电路

本章提要 逻辑门电路是构成各种功能数字电路的基本单元电路，逻辑门的组合可构成具有特定功能的组合逻辑电路。本章主要讨论以下几个问题：

1. 基本逻辑运算及逻辑门电路；
2. 逻辑代数的基本运算法则、逻辑关系式的化简；
3. 组合逻辑电路的分析及设计；
4. 加法器、编码器、译码器逻辑功能分析。

本章重点 逻辑函数的化简及组合逻辑电路的分析和设计。

本章难点 逻辑函数的化简。

7.1 逻辑代数及逻辑门电路

7.1.1 逻辑代数及逻辑函数

所谓逻辑就是一定的因果关系。这种因果关系是渗透在日常生活和生产的各个领域的。早在 1849 年，英国数学家乔治·布尔(George Boole)就提出了描述客观事物逻辑关系的数学方法——布尔代数。到 20 世纪 30 年代，布尔代数在电气工程上被用来解决继电器开关电路设计的逻辑问题，为此又称布尔代数为开关代数或逻辑代数。它以数学形式来研究逻辑问题，有一套完整的运算规则，已成为分析和设计逻辑电路的数学工具。数字系统是典型的二值系统，客观事物之间的逻辑关系可以用简单的代数式描述，从而方便地用数字电路实现各种复杂的逻辑功能。

逻辑代数和普通代数一样用字母代表变量，称为逻辑变量，一般用字母 A、B、C、$\overline{A}$、$\overline{B}$、$\overline{C}$…表示，其中，A、B、C、…叫作原变量，$\overline{A}$、$\overline{B}$、$\overline{C}$…叫作反变量。逻辑变量的各种组合，准确地描述着一定的逻辑关系。若将变量 A、B、C、$\overline{A}$、$\overline{B}$、$\overline{C}$…作为逻辑电路的输入变量，用 F 表示该电路的输出变量，那么如果输入逻辑变量 A、B、C、$\overline{A}$、$\overline{B}$、$\overline{C}$…的取值确定以后，输出逻辑变量 F 的值也被唯一地确定了，就称 F 是 A、B、C、$\overline{A}$、$\overline{B}$、$\overline{C}$…的逻辑函数，并写成

$$F=f(A,B,C,\overline{A},\overline{B},\overline{C}\cdots)$$

也称其为逻辑表达式。逻辑函数常用逻辑真值表、逻辑表达式、逻辑图、波形图和卡诺图几种方法表示，它们之间可以互相转换。

逻辑代数中的变量和函数的取值只有两种可能——0(逻辑零)或 1(逻辑壹)，没有中间状态。若从事件发生的因果关系上看，逻辑函数中的变量相当于

决定事件是否发生的多个条件，对于任何一个条件来说，都只有具备和不具备两种可能；函数相当于事件的结果，也只有发生和不发生两种情况。所以 0 和 1 就是表示这两种可能（两种情况）的符号，没有数量的意义。

7.1.2　逻辑运算及逻辑门

数字电路实现逻辑运算时，它的输入输出信号常用电位（或称电平）的高低来反映，称为逻辑电平。高电平和低电平都不是一个固定的数值，而是有一定的变化范围。电平的高低也用 1 和 0 两种状态来区别。如果高电平用 1 表示、低电平用 0 表示，则称为正逻辑，反之称为负逻辑。如果没有特殊说明，本书中所采用的逻辑均为正逻辑。需要注意的是：数字电路中的 1 和 0 是一种逻辑值，不代表数量的大小，仅仅作为一种符号，表示彼此相关又互相对立的两种状态，例如开与关、高与低、发生与不发生、是与非等。

1. 基本逻辑运算及其逻辑门

逻辑代数中，最基本的逻辑运算有“与”“或”“非”3 种。其他任何复杂的逻辑运算都是由这 3 种基本逻辑运算组成的。实现逻辑运算功能的电路为逻辑门电路。

（1）“与”逻辑及“与”门

如图 7-1 所示，如果将开关闭合作为条件，将灯亮作为结果，则只有开关 A 与 B 都闭合时灯 F 才会亮。由此可得出一种因果关系：只有当决定某一“结果”（灯亮）的“条件”（开关闭合）全都具备时，该“结果”才会发生。将这种因果关系称为“与”逻辑。如果用 0 表示开关 A、B 断开和灯 F 不亮，用 1 表示开关 A、B 闭合和灯亮，则可列出表示“与”逻辑关系的表格，如表 7-1 所示。这种表格能完整地描述所有可能的逻辑关系，称之为真值表。

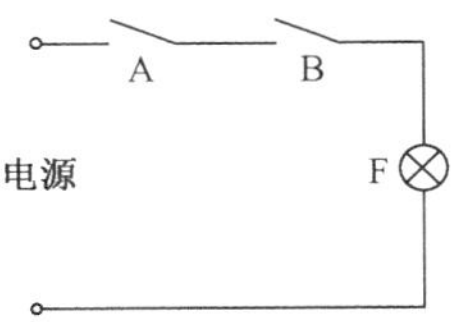

图 7-1　“与”逻辑关系电路

表 7-1　“与”逻辑真值表

A	B	F
0	0	0
0	1	0
1	0	0
1	1	1

若用逻辑表达式来描述“与”逻辑，则可写成

$$F=A\cdot B \tag{7-1}$$

称为“与”运算，又叫作逻辑乘。由表 7-1 可以看出逻辑乘的运算规则为

$$0\cdot 0=0$$

$$0 \cdot 1=0$$

$$1 \cdot 0=0$$

$$1 \cdot 1=1$$

实现基本逻辑关系的电路称为门电路，也称逻辑门。门电路可以由二极管组成，也可以由晶体管或场效应晶体管组成。

实现"与"逻辑运算的门电路称为"与"门电路，如图 7-2a 所示，"与"门在电路中逻辑符号用图 7-2b 表示。"与"门反映的逻辑关系是：只有输入都为 1 时，输出才为 1。

a)"与"门电路　　b)"与"门逻辑符号

图 7-2　"与"门

门电路的逻辑关系还可以用波形图来描述。图 7-3 为"与"门的输入输出波形图。门电路的输入端子不止两个，可以有三输入端和四输入端，也有更多输入端子的集成门电路。

常用的集成"与"门芯片，如 74LS08，其管脚如图 7-4 所示。

集成电路芯片内部含有相同的两输入端"与"门 4 个，因此，称为 2 输入 4 "与"门。在电路设计时，当需要少于 4 个"与"门时，可以只用一片这种集成"与"门。

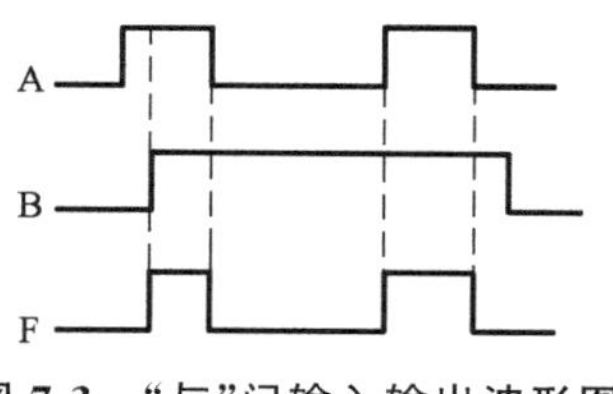

图 7-3　"与"门输入输出波形图

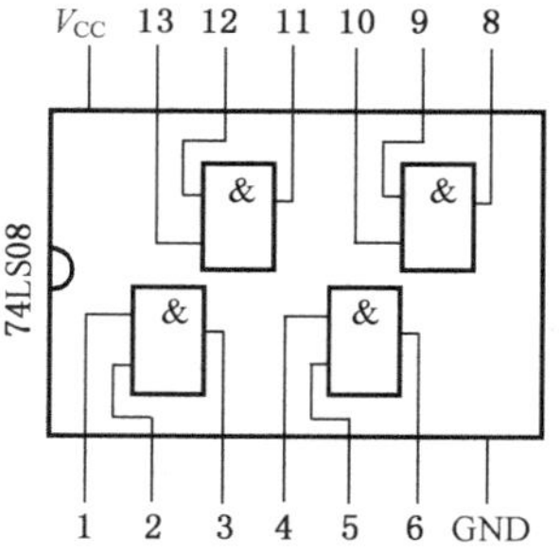

图 7-4　集成"与"门芯片管脚图

例 7-1　有一条传输线，用来传输连续的方波信号。现需增设一个控制信号，使得只有在控制信号为 1 时，方波能够送出，如何解决？

解　可采用一个 2 输入端的"与"门，将传输线接至"与"门的一个输入端 A，控制信号接至另一端 B。当 B=1 时，“与”门的输出端 F 有方波送出，相当于门被打开；当 B=0 时，F=0，相当于门被关闭，方波被禁止输出。输入、输出波形如图 7-5 所示。

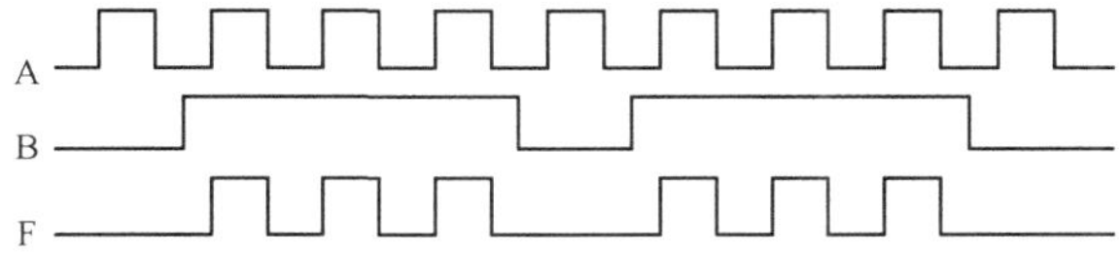

图 7-5　例 7-1 图

(2)“或”逻辑及“或”门

“或”逻辑运算的含义可以用图 7-6 说明。显然，开关 A 或 B 只要有一个闭合，灯就亮。只有开关全断开时，灯才不亮。说明在决定事物结果的诸条件中，只要有任意一个满足，结果就会发生。这样的因果关系称之为“或”逻辑。

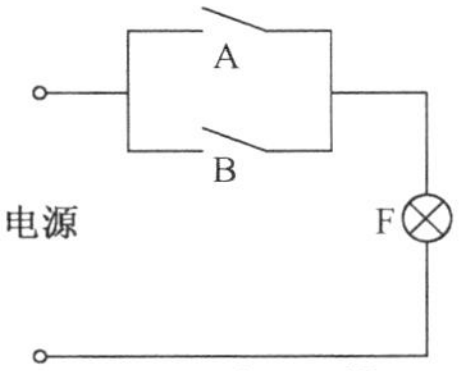

图 7-6　“或”逻辑关系电路

用真值表表示“或”逻辑如表 7-2 所示。

表 7-2　“或”逻辑真值表

A	B	F
0	0	0
0	1	1
1	0	1
1	1	1

也可以用逻辑表达式表示为

$$F=A+B \tag{7-2}$$

称为“或”运算，又叫作逻辑加。由表 7-2 可看出逻辑加的运算规则为

$$0+0=0$$
$$0+1=1$$
$$1+0=1$$
$$1+1=1$$

实现“或”逻辑运算的门电路称为“或”门电路，如图 7-7a 所示，“或”门在电路中逻辑符号用图 7-7b 表示。“或”门反映的逻辑关系是：只要输入中有一个或一个以上为 1，输出便为 1，输入全为 0 时，输出才是 0。

“或”门的输入输出波形如图 7-8 所示。

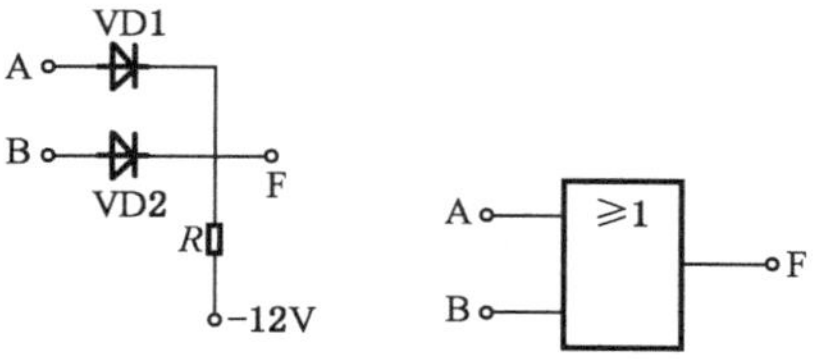

a)“或”门电路　　b)“或”门逻辑符号

图 7-7　“或”门

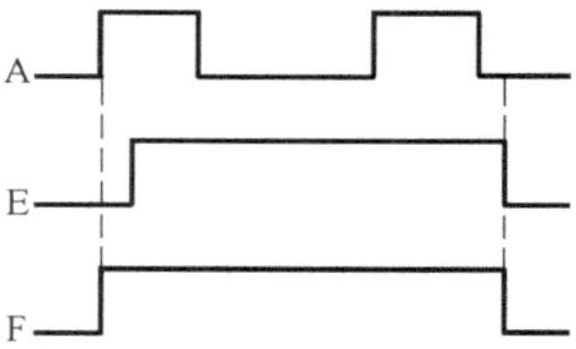

图 7-8　“或”门输入输出波形图

常用的 2 输入 4“或”门集成电路芯片，如 74LS32，其管脚如图 7-9 所示。

例 7-2　如图 7-10 所示为一保险柜的防盗报警电路。保险柜的两层门上各装一个开关 S_1 和 S_2。门关上时，开关闭合。当任一层门打开时，报警灯亮，试说明该电路的工作原理。

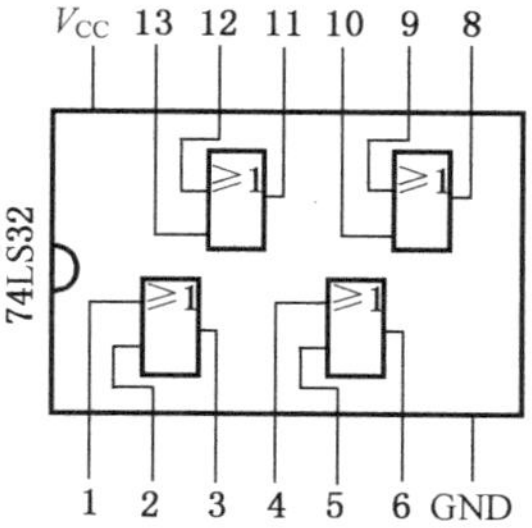

图 7-9　集成“或”门芯片管脚图

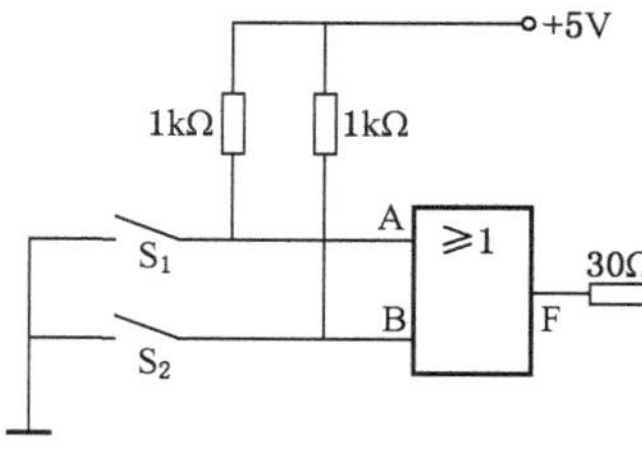

图 7-10　例 7-2 图

解　该电路采用了一个 2 输入端的“或”门。两层门都关上时，开关 S_1 和 S_2 闭合，“或”门的两个输入端全部接地，A=0，B=0，因而输出 F=0，报警灯不亮。任何一个门打开时，相应的开关断开，该输入端经 1 kΩ 电阻接至 5 V 电源，为高电平，故输出也为高电平，报警灯亮。

(3)“非”逻辑及“非”门

“非”逻辑运算的含义可以用图 7-11 说明。

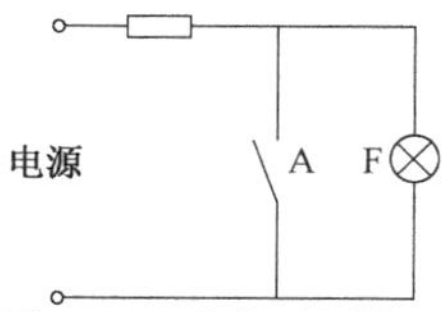

图 7-11　“非”逻辑关系电路

显然，开关 A 断开则灯 F 亮；A 闭合则灯 F 不亮。说明只要某条件具备，结果一定不发生；而此条件不具备时，结果一定发生。这样的因果关系称之为“非”逻辑。用真值表表示“非”逻辑如表 7-3 所示，也可用逻辑表达式表示为

$$F=\overline{A} \tag{7-3}$$

称为“非”逻辑运算，又叫作逻辑求反。变量上方的“—”符号表示“非”的意思。若 A=0，则 $\overline{A}=1$。其运算规则为

$$\overline{0}=1$$

$$\overline{1}=0$$

表 7-3　“非”逻辑真值表

A	F
0	1
1	0

实现“非”逻辑运算的门电路称为“非”门电路，如图 7-12a 所示，“非”门在电路中逻辑符号用图 7-12b 表示。“非”门反映的逻辑关系是：输入为低电平时，输出为高电平；输入为高电平时，输出为低电平。

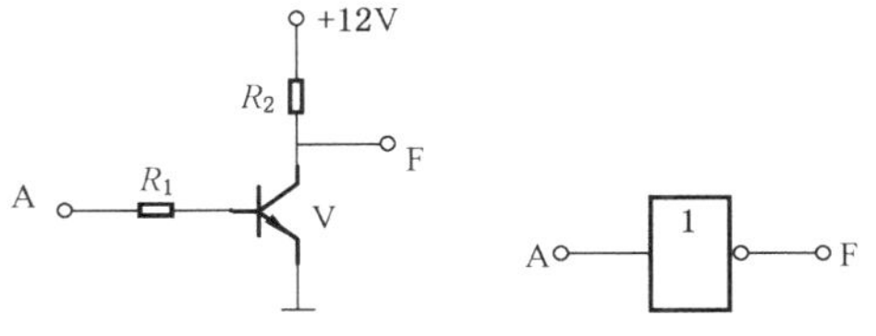

a) “非”门电路　　b) “非”门逻辑符号

图 7-12　“非”门

“非”门的输入输出波形如图 7-13 所示。

常用的集成“非”门电路芯片 74LS04，管脚如图 7-14 所示。这种芯片中含有 6 个相同的“非”门，又称为 6“非”门。

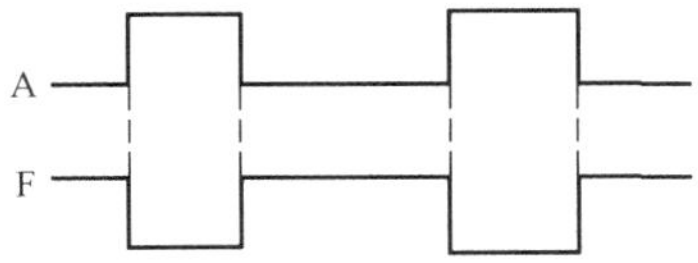

图 7-13　“非”门输入输出波形图

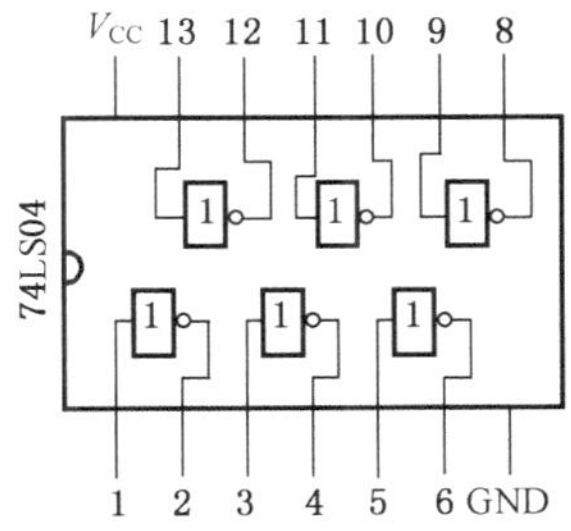

图 7-14　集成“非”门芯片管脚图

2. 复合逻辑运算及其复合门

将基本“与”“或”“非”逻辑运算组合起来构成复合逻辑函数，相应的逻辑门电路称为复合门电路。常用的有“与非”门、“或非”门、“与或非”门、“异或”门和“同或”门等。

(1) “与非”逻辑运算及“与非”门

“与非”逻辑运算是“与”运算和“非”运算的复合。先将输入逻辑变量 A、B 进行“与”运算，再进行“非”运算，其逻辑表达式为

$$F=\overline{A \cdot B}$$

“与非”逻辑函数的真值表如表 7-4 所示。

表 7-4 “与非”逻辑真值表

A	B	F
0	0	1
0	1	1
1	0	1
1	1	0

实现“与非”逻辑关系的电路称为“与非”门电路，简称“与非”门。两输入端(可以不只两输入端)“与非”门的逻辑符号如图 7-15 所示。“与非”门反映的逻辑关系是：只要输入有 0，输出就为 1，输入全 1 时，输出才为 0。其工作波形是将如图 7-3所示“与”门工作波形的输出 F 的波形取反。

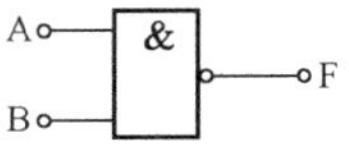

图 7-15 “与非”门逻辑符号

如图 7-16 所示是常用的两输入集成“与非”门 74LS00 管脚图。

例 7-3 两输入端“与非”门的输入信号如图 7-17 中 A、B 所示，试画出其输出波形，并说明 B 信号的作用。

解 根据“与非”门输出与输入的逻辑关系，可以画出如图 7-17 所示的输出波形 F。

由波形图可见，若将 B 信号作为控制信号，则在控制信号为 0 时，输出总是 1，相当于“与非”门被关闭；当控制信号为 1 时，输出端 F 的信号取 A 信号的反，相当于“与非”门被打开。

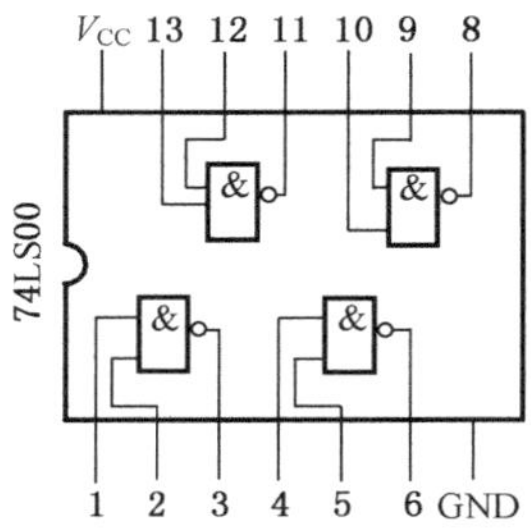

图 7-16 集成“与非”门管脚图

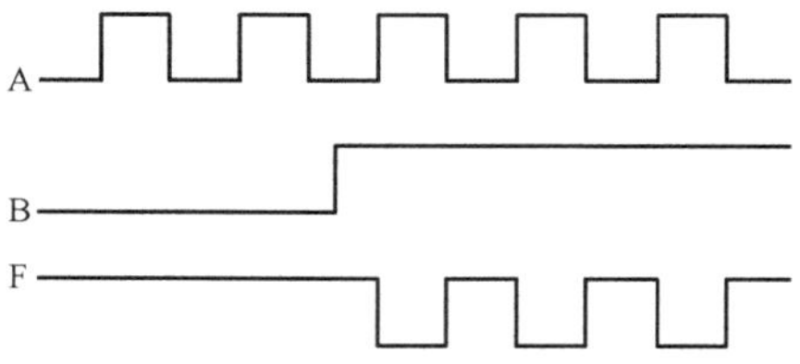

图 7-17 例 7-3 图

(2) “或非”逻辑运算及“或非”门

“或非”逻辑运算是“或”运算和“非”运算的复合。先将输入逻辑变量 A、B 进行“或”运算，再进行“非”运算，其逻辑表达式为

$$F=\overline{A+B}$$

“或非”逻辑函数的真值表如表 7-5 所示。

表 7-5　“或非”逻辑真值表

A	B	F
0	0	1
0	1	0
1	0	0
1	1	0

实现“或非”逻辑关系的电路称为“或非”门电路，简称“或非”门。图 7-18 为其逻辑符号。“或非”门反映的逻辑关系为：只要输入有 1 输出就为 0，输入全为 0 时，输出才为 1。“或非”门也可以不止两个输入端。

如图 7-19 所示是常用的两输入集成“或非”门芯片 74LS28 管脚图。

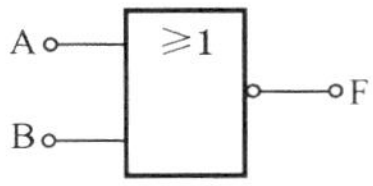

图 7-18　“或非”门逻辑符号

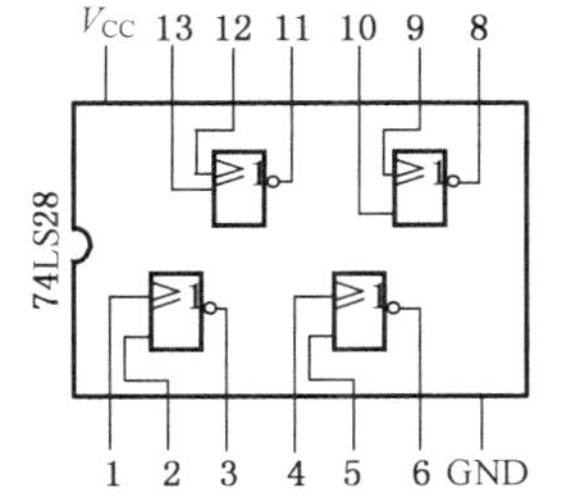

图 7-19　集成“或非”门芯片管脚图

(3)“与或非”逻辑运算及“与或非”门

“与或非”逻辑运算是“与”运算和“或非”运算的复合。先将输入逻辑变量 A、B 及 C、D 分别进行“与”运算，再进行“或非”运算，其逻辑表达式为

$$F=\overline{A\cdot B+C\cdot D}$$

“与或非”逻辑函数的真值表如表 7-6 所示。图 7-20 为“与或非”门的逻辑符号。图 7-21 为常用的集成“与或非”门芯片 74S51 管脚图。

表 7-6　“与或非”逻辑真值表

A	B	C	D	F	A	B	C	D	F
0	0	0	0	1	1	0	0	0	1
0	0	0	1	1	1	0	0	1	1
0	0	1	0	1	1	0	1	0	1
0	0	1	1	0	1	0	1	1	0
0	1	0	0	1	1	1	0	0	0
0	1	0	1	1	1	1	0	1	0
0	1	1	0	1	1	1	1	0	0
0	1	1	1	0	1	1	1	1	0

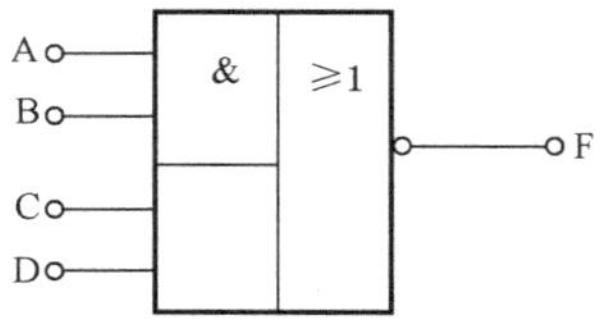

图 7-20 “与或非”门的逻辑符号

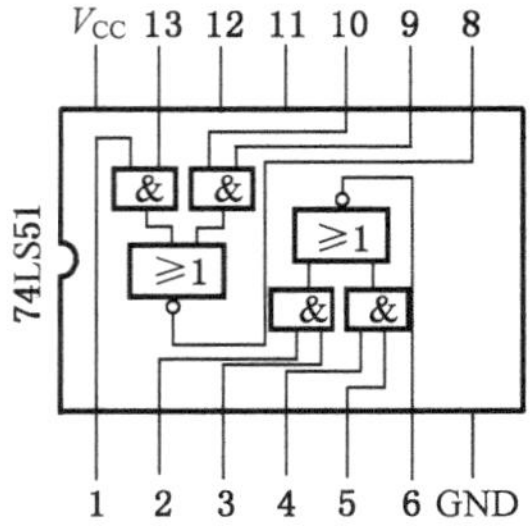

图 7-21 集成“与或非”门芯片管脚图

(4)“同或”逻辑运算和“异或”逻辑运算及其逻辑门

“同或”逻辑函数式为

$$F=\overline{A}\cdot\overline{B}+A\cdot B=A\odot B$$

“异或”逻辑函数式为

$$F=A\cdot\overline{B}+\overline{A}\cdot B=A\oplus B$$

它们的真值表如表 7-7、表 7-8 所示。

表 7-7 “同或”逻辑真值表

A	B	F
0	0	1
0	1	0
1	0	0
1	1	1

表 7-8 “异或”逻辑真值表

A	B	F
0	0	0
0	1	1
1	0	1
1	1	0

由表 7-7 可见，当两个输入变量 A、B 取值相同时，输出变量 F 为 1，否则为 0，称这种逻辑关系为“同或”逻辑。

由表 7-8 可见，当两个输入变量 A、B 取值相异时，输出变量 F 为 1，否则为 0，称这种逻辑关系为“异或”逻辑。

从以上分析可见，“同或”与“异或”的逻辑关系正好相反，即

$$A\odot B=\overline{A\oplus B}\text{或}\overline{A\odot B}=A\oplus B$$

“异或”门的逻辑符号如图 7-22 所示。“异或”门输出加一个“非”门即为“同或”门，因此，一般采用“异或”门较多。图 7-23 为常用的集成“异或”门 74LS86 管脚图。

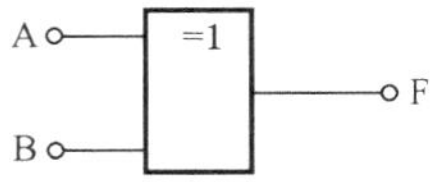

图 7-22　“异或”门逻辑符号

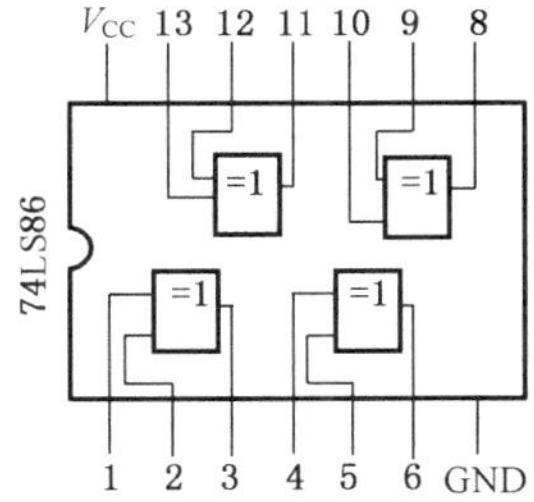

图 7-23　集成“异或”门管脚

(5) 三态“与非”门

前述的“与非”门是不能将两个“与非”门的输出线直接接在公共的信号传输线上的，否则，因两输出端并联，若一个输出为高电平，另一个输出为低电平，两者之间将有很大的电流通过，会使元件损坏。但在实用中，为了减少信号传输线的数量，以适应各种数字电路的需要，有时需要将两个或多个“与非”门的输出端接在同一信号传输线上，这就需要一种输出端除了有低电平 0 和高电平 1 两种状态外，还要有第三种状态 Z(即开路状态)的门电路，称为高阻状态。当输出端处于 Z 状态时，“与非”门与信号传输线是隔断的。这种具有 0、1、Z 三种状态的“与非”门称为三态“与非”门。

与前面介绍的“与非”门相比，三态“与非”门多了一个控制端，又称使能端 E。其逻辑符号和逻辑真值表见表 7-9。表中，第一栏中的三态“与非”门，在控制端 E=0 时，不论 A、B 的状态如何，电路输出均为高阻状态；当 E=1 时，电路为“与非”门状态，故称控制端为高电平有效；在第二栏中的三态“与非”门正好相反，控制端为低电平有效。在逻辑符号中，用 EN 端加小圆圈表示低电平有效，不加小圆圈表示高电平有效。

表 7-9　三态“与非”门逻辑符号和逻辑功能

逻辑符号	逻辑功能	
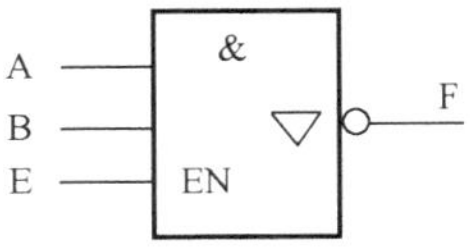	E=0	F=Z
	E=1	$F=\overline{A\cdot B}$
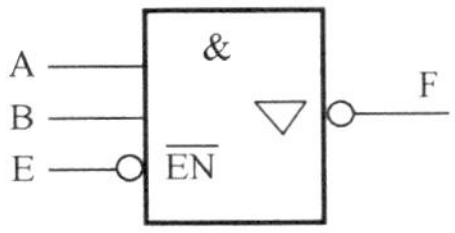	E=0	$F=\overline{A\cdot B}$
	E=1	F=Z

三态门最重要的一个用途是可以实现用一根导线轮流传送几个不同的数据或信号，如图 7-24 所示。这根导线称为母线或总线。只要让各门的控制端轮流

处于高电平，即任何时间只能有一个三态门处于工作状态，其余门均处于高阻态，这样，总线就会轮流接受各三态门的输出。这种用总线来传送数据或信号的方法，在计算机中被广泛采用。

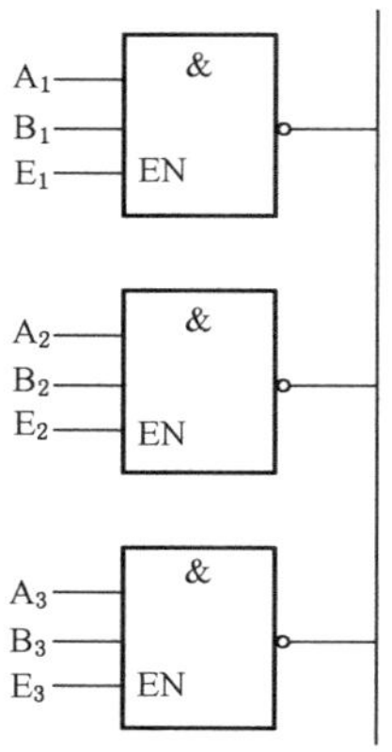

图 7-24　三态门的应用

［思考题］

1. 逻辑关系有哪几种表达形式？

2. 写出逻辑“与非”“或非”“异或”“同或”的逻辑表达式、逻辑图及真值表，说明各自输入与输出逻辑关系的特点。

3. 为什么使用三态门可以实现用一条总线分时传送多个信号？

4. 图 7-25 是由二极管组成的基本逻辑门电路，有两个输入端 A 和 B，一个输出端 F，分析该门电路的逻辑功能。

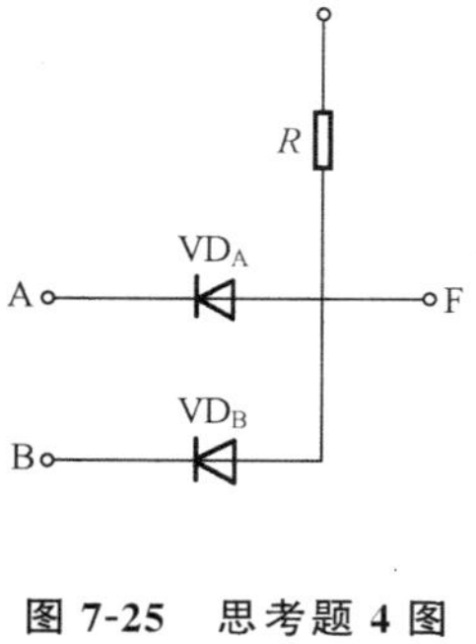

图 7-25　思考题 4 图

7.2　逻辑代数运算及逻辑函数化简

7.2.1　逻辑代数运算法则

1. 基本运算法则

$$0\cdot A=0 \qquad 1\cdot A=A$$
$$A\cdot A=A \qquad A\cdot \overline{A}=0$$
$$0+A=A \qquad 1+A=1$$
$$A+A=A \qquad A+\overline{A}=1$$
$$\overline{\overline{A}}=A$$

2. 基本定律

（1）交换律

$$AB=BA$$
$$A+B=B+A$$

（2）结合律

$$ABC=(AB)C=A(BC)$$
$$A+B+C=A+(B+C)=(A+B)+C$$

（3）分配律

$$A(B+C)=AB+AC$$
$$A+BC=(A+B)(A+C)$$

证　$(A+B)(A+C)=AA+AB+AC+BC$

$$=A+A(B+C)+BC$$
$$=A[1+(B+C)]+BC$$
$$=A+BC$$

（4）吸收律

$$A(A+B)=A$$

证　$A(A+B)=AA+AB=A+AB=A(1+B)=A$

$A(\overline{A}+B)=AB$

$A+AB=A$

$A+\overline{A}B=A+B$

证　$A+\overline{A}B=(A+\overline{A})(A+B)=A+B$

$AB+A\overline{B}=A$

$(A+B)(A+\overline{B})=A$

证　$(A+B)(A+\overline{B})=AA+AB+A\overline{B}+B\overline{B}=A+A(B+\overline{B})=A+A=A$

(5) 反演律(摩根定律)

$$\overline{AB}=\overline{A}+\overline{B}$$

证

A	B	$\overline{A}$	$\overline{B}$	$\overline{AB}$	$\overline{A}+\overline{B}$
0	0	1	1	1	1
1	0	0	1	1	1
0	1	1	0	1	1
1	1	0	0	0	0

$$\overline{A+B}=\overline{A}\cdot\overline{B}$$

证

A	B	$\overline{A}$	$\overline{B}$	$\overline{A+B}$	$\overline{A}\,\overline{B}$
0	0	1	1	1	1
1	0	0	1	0	0
0	1	1	0	0	0
1	1	0	0	0	0

7.2.2 逻辑函数的化简

在逻辑电路的设计中,同一种逻辑功能可以用不同的逻辑电路来实现,有的简单,有的复杂。逻辑函数的化简,不仅有利于简化电路结构,节省器材,同时还可以提高整个电路的可靠性。另外,对于现有逻辑电路的分析,用最简逻辑式便于分析电路的逻辑功能。因此,如何将逻辑函数式变换为最简式就显得非常重要。下面介绍两种逻辑函数的化简方法。

1. 应用逻辑代数运算法则化简

(1) 并项法

利用公式 $A+\overline{A}=1$、$AB+A\overline{B}=A$ 可以将两项并为一项,并可消去 B 和 $\overline{B}$ 两个因子。如:

$$\begin{aligned}F&=ABC+\overline{A}B+AB\overline{C}=AB(C+\overline{C})+\overline{A}B\\&=AB+\overline{A}B=B\end{aligned}$$

(2)吸收法

利用公式 $A+AB=A$,将 AB 项消去,即消去多余因子。如:

$$F=\overline{A}B+\overline{A}BCD(E+F)=\overline{A}B$$

利用公式 $A+\overline{A}B=A+B$,可消去多余因子。如:

$$F=AB+\overline{A}C+\overline{B}C=AB+(\overline{A}+\overline{B})C=AB+\overline{AB}C=AB+C$$

(3) 拆项法

利用 $A+\overline{A}=1$,将式中某一项乘以 $A+\overline{A}$,然后拆成两项,再分别与其他项合并,以得到更简单的结果。如:

$$
\begin{aligned}
F &= AB+\overline{A}\,\overline{C}+B\overline{C}=AB+\overline{A}\,\overline{C}+B\overline{C}(A+\overline{A}) \\
&= AB+\overline{A}\,\overline{C}+AB\overline{C}+\overline{A}B\overline{C} \\
&= (AB+AB\overline{C})+(\overline{A}\,\overline{C}+\overline{A}B\overline{C}) \\
&= AB+\overline{A}\,\overline{C}
\end{aligned}
$$

(4) 添项法

利用公式 $A+A=A$，可以在函数式中重复或多次写入某一项，使总项数增多，再合并化简。如：

$$
\begin{aligned}
F &= ABC+\overline{A}B\overline{C}+AB\overline{C} \\
&= ABC+\overline{A}B\overline{C}+AB\overline{C}+AB\overline{C} \\
&= AB(C+\overline{C})+B\overline{C}(A+\overline{A}) \\
&= AB+B\overline{C}
\end{aligned}
$$

在化简逻辑函数时，往往是上述几种方法的综合灵活运用，没有固定的步骤，有很大的技巧性。关键在于熟练掌握逻辑代数的基本定律和常用公式。

例 7-4　应用逻辑代数运算法则化简下列逻辑式

$$F=AD+A\overline{D}+AB+\overline{A}C+E\overline{BD}+A\overline{B}ED+\overline{EBD}\overline{E}$$

解　利用公式 $D+\overline{D}=1$，把 AD 和 $A\overline{D}$ 合并得 A。

$$F=A+AB+\overline{A}C+E\,\overline{BD}+A\overline{B}ED+\overline{EBD}\overline{E}$$

利用公式 $A+AB=A$，把含 A 这个因子的全部乘积项消去。

$$F=A+\overline{A}C+E\overline{BD}+\overline{EBD}\overline{E}$$

利用公式 $A+\overline{A}\,B=A+B$，可以消去上式 $\overline{A}C$ 中的因子 $\overline{A}$。

$$F=A+C+E\overline{BD}+\overline{EBD}\overline{E}$$

利用加零项的方法，加 $E\overline{E}$ 可以进一步化简。

$$
\begin{aligned}
F &= A+C+E\overline{BD}+\overline{EBD}\overline{E}+E\overline{E} \\
&= A+C+E(\overline{BD}+\overline{E})+\overline{EBD}\overline{E}
\end{aligned}
$$

利用“非-非”律和摩根定律，$\overline{BD}+\overline{E}=\overline{\overline{\overline{E}}+\overline{\overline{BD}}}=\overline{\overline{\overline{E}}\cdot\overline{\overline{BD}}}=\overline{EBD}$，则可以进一步化简得

$$
\begin{aligned}
F &= A+C+E\overline{EBD}+\overline{EBD}\overline{E} \\
&= A+C+\overline{EBD}(E+\overline{E}) \\
&= A+C+\overline{EBD}
\end{aligned}
$$

例 7-5　化简逻辑函数 $F=ABC+ABD+\overline{A}B\overline{C}+CD+B\,\overline{D}$。

解　$F=ABC+\overline{A}B\overline{C}+CD+B(AD+\overline{D})$

利用公式 $A+\overline{A}B=A+B$ 可以消去 AD 中的 D：

$$
\begin{aligned}
F &= ABC+\overline{A}B\overline{C}+CD+B(A+\overline{D}) \\
&= ABC+\overline{A}B\overline{C}+CD+AB+B\overline{D} \\
&= AB(C+1)+\overline{A}B\overline{C}+CD+B\overline{D} \qquad \text{（利用 } C+1=1\text{）} \\
&= AB+\overline{A}B\overline{C}+CD+B\overline{D} \\
&= B(A+\overline{A}\overline{C})+CD+B\overline{D} \qquad \text{（利用 } A+\overline{A}B=A+B\text{）} \\
&= B(A+\overline{C})+CD+B\overline{D} \\
&= AB+B\overline{C}+CD+B\overline{D} \\
&= AB+B(\overline{C}+\overline{D})+CD
\end{aligned}
$$

利用摩根定律 $\overline{C}+\overline{D}=\overline{CD}$可得

$$
\begin{aligned}
F &= AB+B\overline{CD}+CD \qquad \text{（利用 } A+\overline{A}B=A+B\text{）} \\
&= AB+B+CD \\
&= B+CD
\end{aligned}
$$

2. 应用卡诺图化简逻辑函数

对于逻辑函数的化简，除了前面介绍的应用逻辑代数的公式进行化简以外，还有一种通过表格的形式表示逻辑函数进而化简逻辑函数的方法——卡诺图法。它是 1953 年由美国工程师卡诺首先提出的。用卡诺图法不仅可以把逻辑函数表示出来，更重要的是为化简逻辑函数提供了新的途径。

（1）最小项

最小项是满足下列条件的“与”项：

1）各项都含有所有输入变量，每个变量是它的一个因子。

2）各项中每个因子以原变量（A，B，C，…）的形式或以反变量（$\overline{A}$，$\overline{B}$，$\overline{C}$，…）的形式出现一次。

如三变量的全部最小项为 $\overline{A}\overline{B}\overline{C}$，$\overline{A}\overline{B}C$，$\overline{A}BC$，$\overline{A}B\overline{C}$，$A\overline{B}\overline{C}$，$A\overline{B}C$，$AB\overline{C}$，$ABC$。可见 n 个变量有 2^n 种组合，最小项就有 2^n 个。同一个逻辑函数能用多个不同的逻辑式来表达，但是由最小项组成的“与或”逻辑式则是唯一的。

（2）卡诺图

所谓卡诺图就是与变量的最小项对应的按一定规则排列的方格图，每一小方格填入一个最小项。实际上卡诺图就是输入变量按行列排列的真值表。n 个逻辑变量的卡诺图也相应有 2^n 个小方格。图 7-26 分别为二变量、三变量和四变量卡诺图。在卡诺图的行和列分别标出变量及其状态。

变量状态的排列次序是 00，01，11，10，而不是二进制递增的次序 00，01，10，11。这样排列是为了使任意两个相邻最小项之间只有一个变量改变，称为按循环码排列。小方格也可用二进制数对应的十进制数编号，变量的最小项用 m_0，

$m_1, m_2, \cdots$来编号。四变量卡诺图的最小项编号见图 7-26c。

A \ B	0	1
0	$\overline{A}\overline{B}$	$\overline{A}B$
1	$A\overline{B}$	AB

a) 二变量

A \ BC	00	01	11	10
0	$\overline{A}\overline{B}\overline{C}$	$\overline{A}\overline{B}C$	$\overline{A}BC$	$\overline{A}B\overline{C}$
1	$A\overline{B}\overline{C}$	$A\overline{B}C$	ABC	$AB\overline{C}$

b) 三变量

AB \ CD	00	01	11	10
00	m_0	m_1	m_3	m_2
01	m_4	m_5	m_7	m_6
11	m_{12}	m_{13}	m_{15}	m_{14}
10	m_8	m_9	m_{11}	m_{10}

c) 四变量

图 7-26　卡诺图

(3) 应用卡诺图化简逻辑函数

应用卡诺图化简逻辑函数时，先将逻辑式中的最小项（或逻辑真值表中取值为 1 的最小项）分别用 1 填入相应的小方格内。如果逻辑式中的最小项不全，则填写 0 或空着不填。如果逻辑式不是由最小项构成，一般应先化为最小项（或列其逻辑真值表），也可按例 7-10 的方法填写。

应用卡诺图化简逻辑函数时，应了解下列几点：

1) 将取值为 1 的相邻小方格圈在一起，相邻小方格包括最上行与最下行及最左列与最右列同列或同行两端的两个小方格，称为逻辑相邻。

所圈取值为 1 的相邻小方格的个数应为 2^n（$n=0,1,2,3,\cdots$）个，即 1，2，4，8，…，不允许 3，6，10，12 等。

2) 圈的个数应最少，圈内小方格个数应尽可能多。每圈一个新圈时，必须包含至少一个未被圈过的取值为 1 的小方格；每一个取值为 1 的小方格可被圈多次，但不能遗漏。

3) 按照循环码排列变量取值时，相邻小方格中最小项之间只有一个变量取值不同，因此，相邻的两项可合并为一项，消去一个因子；相邻的四项可合并为一项，消去两个因子；依此类推，相邻的 2^n 项可合并为一项，消去 n 个因子。

4) 将合并的结果相加，即为所求的最简"与或"式。

5) 最小圈可只含一个小方格，不能化简。若卡诺图中取值为 1 的小方格都互不相邻，则相应的逻辑表达式就已经是最简式。

由此可见，用卡诺图化简，就是保留一个圈内最小项的相同变量，除去不同的变量。

例 7-6　化简 $F=A+\overline{A}\overline{B}+A\overline{B}$。

解　先通过添项，将上式化成最小项和的形式：

$$F=A(B+\overline{B})+\overline{A}\overline{B}+A\overline{B}=AB+\overline{A}\overline{B}+A\overline{B}$$

然后填入卡诺图，将相邻的两个 1 圈在一起合并最小项，由图 7-27 卡诺图可

得最简“与或”表达式为

$$F=A+\overline{B}$$

例 7-7 应用卡诺图化简 $F=ABC+AB\overline{C}+\overline{A}BC+A\overline{B}C$。

解 将逻辑表达式填入卡诺图，如图 7-28 所示。将相邻的两个 1 圈在一起，合并最小项，可得最简的“与或”表达式为

$$F=AB+BC+CA$$

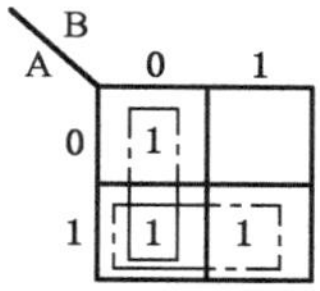

图 7-27 例 7-6 图

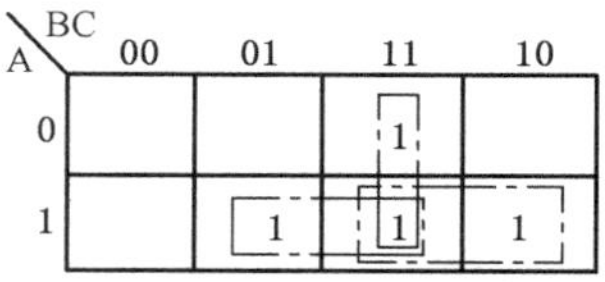

图 7-28 例 7-7 图

例 7-8 应用卡诺图化简 $F=\overline{A}\overline{B}C+\overline{A}BC+A\overline{B}\overline{C}+AB\overline{C}$。

解 将上式填入卡诺图，如图 7-29 所示，图中除 1 和 3 方格相邻外，4 和 6 方格也是相邻的，因此可圈在一起，消去变量 B，而保留 $\overline{A}C$ 和 $A\overline{C}$，最简的“与或”式为

$$F=\overline{A}C+A\overline{C}$$

例 7-9 应用卡诺图化简 $F=\overline{A}\overline{B}C+\overline{A}BC+A\overline{B}\overline{C}+A\overline{B}C+ABC+AB\overline{C}$。

解 (1) 如图 7-30 所示，将取值为 1 的方格圈成两个圈，可得

$$F=A+C$$

(2) 也可将取值为 0 的两个方格圈成一个圈，消去变量 B，可得

$$\overline{F}=\overline{A}\overline{C}$$

$$F=\overline{\overline{F}}=\overline{\overline{A}\overline{C}}=A+C$$

可见，如果卡诺图中取值为 0 的方格数比取值为 1 的方格数少得多时，圈 0 更为简便。

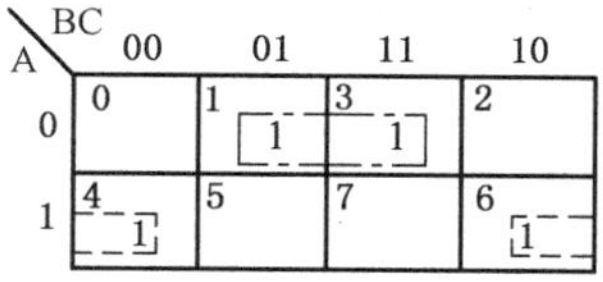

图 7-29 例 7-8 图

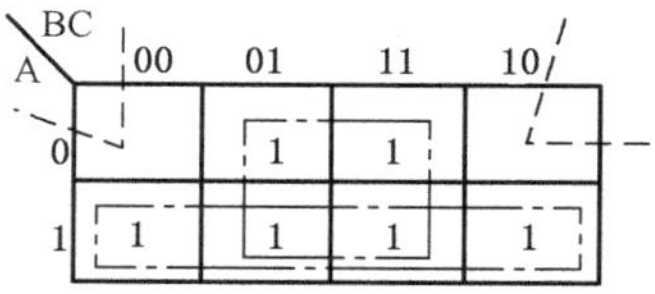

图 7-30 例 7-9 图

例 7-10 应用卡诺图化简 $F=\overline{A}+\overline{A}\overline{B}+BC\overline{D}+B\overline{D}$。

解 首先画出四变量的卡诺图(见图 7-31)，在将逻辑式以 1 填入卡诺图时，可以像例 7-6 那样，先将原逻辑式通过添项写成最小项表达式，再填入卡诺图，也可以直接填入。在本例中，各项均不是最小项，因此每一项都不只对应一个方格。如 $\overline{A}$ 项，应在含有 $\overline{A}$ 的所有小方格内都填入 1(与其他变量取何值无关)，即

图中上面八个小方格。含有 $\overline{A}\overline{B}$ 的小方格有最上面四个，已含在 $\overline{A}$ 内。同理，可在含有 $BC\overline{D}$ 和 $B\overline{D}$ 所对应的方格内也填入 1。而后圈成两个圈，相邻项合并，得到最简的“与或”式为

$$F=\overline{A}+B\overline{D}$$

例 7-11　化简 $F=\overline{A}\overline{B}\overline{C}\overline{D}+\overline{A}B\overline{C}\overline{D}+AB\overline{C}D+A\overline{B}\overline{C}\overline{D}+\overline{A}BCD+ABCD+\overline{A}B\overline{C}D+\overline{A}\overline{B}C\overline{D}+A\overline{B}C\overline{D}$

$$=\sum(0,4,13,8,7,15,5,2,10)$$

解　将上式填入图 7-32 卡诺图，0 号、2 号、8 号和 10 号方格相邻，可圈为一组，消去两个变量 A 和 C，保留 $\overline{B}\overline{D}$；5 号、7 号、13 号、15 号方格相邻圈为一组，消去 A 和 C 保留 BD；4 号和 5 号合并消去 D 保留 $\overline{A}B\overline{C}$。由此可得化简后的逻辑式为

$$F=\overline{A}B\overline{C}+BD+\overline{B}\overline{D}$$

还可以将 0 号和 4 号方格圈为一组，则可得出另一结果：

$$F=\overline{A}\overline{C}\overline{D}+BD+\overline{B}\overline{D}$$

这说明逻辑函数的最简“与或”式不是唯一的。

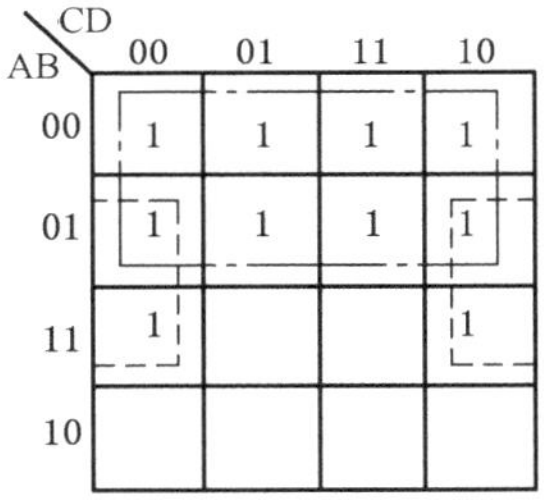

图 7-31　例 7-10 图

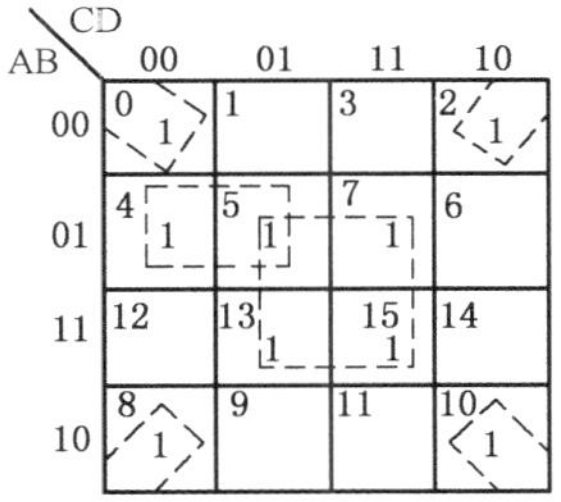

图 7-32　例 7-11 图

［思考题］

1. 什么是逻辑表达式的“与或”表达式？什么是“与非-与非”表达式？二者怎样进行转换？

2. 怎样将逻辑表达式转换成真值表？真值表又如何转换成逻辑表达式？

3. 什么是最小项？逻辑相邻的含义是什么？

4. 怎样理解逻辑真值表与卡诺图的一一对应关系？

7.3　组合逻辑电路

由门电路组成的逻辑电路称为组合逻辑电路，简称组合电路。由于门电路输出电平的高低仅取决于当时的输入，与以前的输出状态无关，是一种无记忆功能的逻辑部件。因此组合电路也是一种无记忆功能的逻辑电路，即在任意时刻，电路的输出状态仅取决于该时刻各输入状态的组合，而与电路的原状态无关。

7.3.1 组合逻辑电路的分析

组合电路的分析是根据给出的逻辑电路，从输入端开始逐级推导出输出端的逻辑函数表达式，并依据该表达式，列出真值表，从而确定该组合电路的逻辑功能。其分析步骤如下：

(1) 由逻辑图写出各门电路输出端的逻辑表达式。

(2) 化简和变换各逻辑表达式。

(3) 列写逻辑真值表。

(4) 根据真值表和逻辑表达式，确定该电路的功能。

下面通过具体实例说明组合电路的分析方法。

例 7-12 分析如图 7-33 所示电路的逻辑功能。

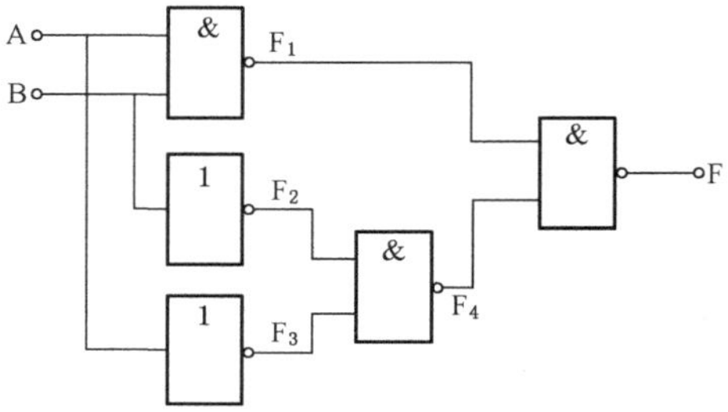

图 7-33 例 7-12 图

解 通常为分析简便，可将上述步骤(1)和(2)同时进行。

(1) 写出逻辑表达式并化简：

$$F_1=\overline{AB}$$

$$F_2=\overline{B}$$

$$F_3=\overline{A}$$

$$F_4=\overline{F_2F_3}=\overline{\overline{A}\,\overline{B}}$$

(2) 列写逻辑真值表见表 7-10。

表 7-10 例 7-12 真值表

A	B	F
0	0	1
0	1	0
1	0	0
1	1	1

$$F=\overline{F_1F_4}=\overline{\overline{AB}\,\overline{\overline{A}\,\overline{B}}}=AB+\overline{A}\,\overline{B}$$

(3) 逻辑功能分析

由真值表可知，该电路的逻辑功能为：当输入 A、B 相同时，输出 F 为 1；当输入 A、B 相异时，输出 F 为 0。可见该电路具有“同或”逻辑功能。

例 7-13　分析如图 7-34 所示电路的逻辑功能。

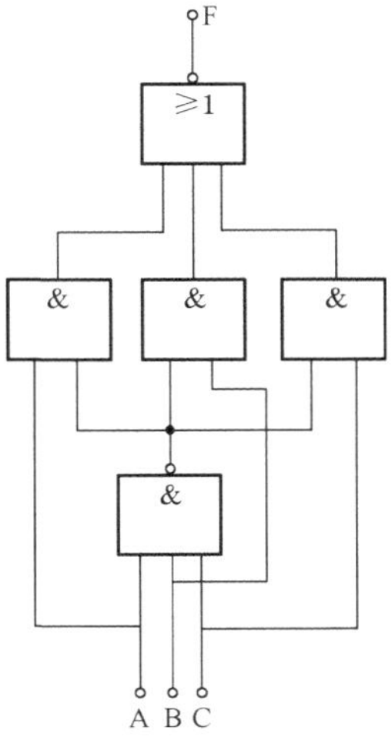

图 7-34　例 7-13 图

解　(1)由逻辑图写出逻辑表达式并化简

$$F=\overline{\overline{ABC}\cdot A+\overline{ABC}\cdot B+\overline{ABC}\cdot C}=\overline{\overline{ABC}(A+B+C)}$$

$$=\overline{\overline{ABC}}+\overline{A+B+C}=ABC+\bar{A}\bar{B}\bar{C}$$

(2) 由逻辑表达式列出逻辑真值表见表 7-11。

表 7-11　例 7-13 真值表

A	B	C	F
0	0	0	1
0	0	1	0
0	1	0	0
0	1	1	0
1	0	0	0
1	0	1	0
1	1	0	0
1	1	1	1

(3) 分析逻辑功能

只有 A、B、C 全为 0 或全为 1 时，输出 F 才为 1。故该电路称为“判一致电路”，可用于判断三个输入端的状态是否一致。

7.3.2　组合逻辑电路的设计

组合电路设计与组合电路分析过程相反，它是根据给定的逻辑功能要求，设计能实现该功能的最简单的电路。这里所说的“最简”，是指电路所用的器件最少，器件的种类最少，而且器件之间的连线也最少。通常组合逻辑电路的设计步骤如下：

（1）根据给定设计问题的逻辑关系或逻辑要求，列出真值表。

很多情况下，所提出的设计要求通常是用文字描述的一个具有一定因果关系的事件。这就需要用逻辑抽象的方法进行如下工作：

1）分析事件的因果关系，确定输入变量和输出变量。一般总是把引起事件的原因定为输入变量，而把事件的结果作为输出变量。

2）定义逻辑变量的含义。以二值逻辑的0、1两种状态分别代表输入变量和输出变量的两种不同状态。

（2）根据真值表写出逻辑表达式。

为便于对逻辑函数进行化简和变换，需要把真值表转换为对应的逻辑表达式，方法如下：

1）取F=1(或F=0)的组合列逻辑式。

2）对一种组合而言，输入变量之间是与逻辑关系，对于F=1的组合，如果输入变量为1，取其原变量；如果输入变量为0，则取其反变量。将真值表中使输出为1的每一组变量写成一个乘积项。

3）各种组合之间，是或逻辑关系，故将以上所有乘积项相或，则可以得到逻辑函数的与或表达式。

如果真值表中输出为1的乘积项多于半数，可以考虑将真值表中输出为0的项按上述方法写成与或表达式，然后取反即可。

（3）化简或变换逻辑表达式。

（4）根据最简的逻辑表达式画出相应的逻辑电路图。

下面通过具体实例说明组合电路的设计方法。

例7-14 试设计一个三输入的三位奇数校验电路。要求输入A、B、C中有奇数个1时，输出为1，否则输出为0。

解 （1）根据题意列出逻辑真值表如表7-12所示。

表7-12 例7-14真值表

A	B	C	F	A	B	C	F
0	0	0	0	1	0	0	1
0	0	1	1	1	0	1	0
0	1	0	1	1	1	0	0
0	1	1	0	1	1	1	1

（2）由真值表写出逻辑表达式：

$$F=\overline{A}\,\overline{B}C+\overline{A}B\overline{C}+A\overline{B}\,\overline{C}+ABC$$

（3）化简该逻辑表达式。化简的方法可任选。这里采用卡诺图法化简，如图7-35所示。可见上述逻辑表达式已经是最简的。

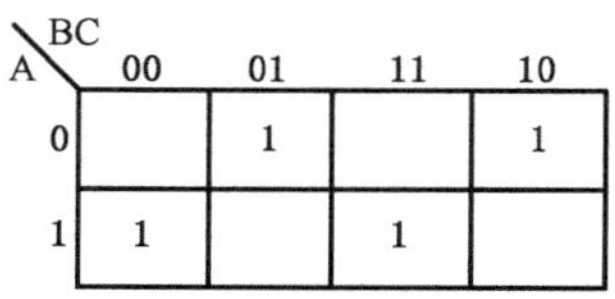

图7-35 例7-14卡诺图

(4) 画出逻辑电路图。如果输入只给出原变量，对所用器件没有要求，则可画出如图 7-36 所示的逻辑电路。

如果输入只给出原变量，要求只用“与非”门实现，则应对上述逻辑表达式用摩根律进行变换：

$$F=\bar{A}\bar{B}C+\bar{A}B\bar{C}+A\bar{B}\bar{C}+ABC=\overline{\overline{\bar{A}\bar{B}C}\cdot\overline{\bar{A}B\bar{C}}\cdot\overline{A\bar{B}\bar{C}}\cdot\overline{ABC}}$$

相应的电路如图 7-37 所示。

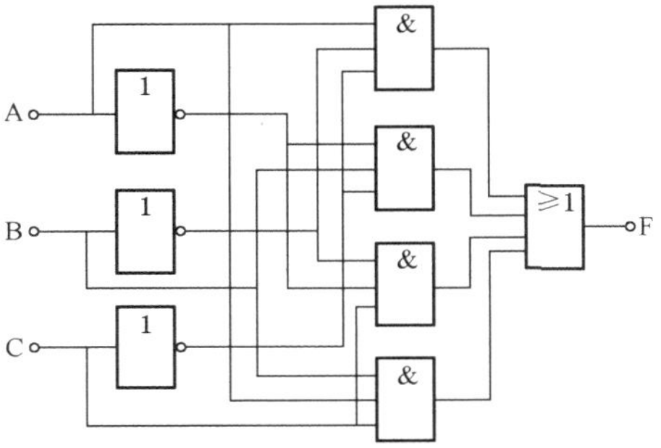

图 7-36　例 7-14 图

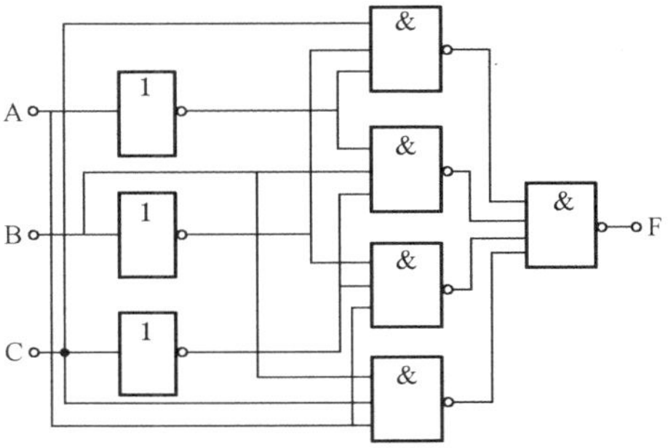

图 7-37　例 7-14 只用”与非”门实现

例 7-15　某工厂有 A、B、C 三个车间和一个自备电站，站内有两台发电机 G_1 和 G_2。G_1 的容量是 G_2 的两倍。如果一个车间开工，只需 G_2 运行即可满足要求；如果两个车间开工，只需 G_1 运行；若三个车间同时开工，则 G_1 和 G_2 均需运行。试画出控制 G_1 和 G_2 运行的逻辑图。

解　用 A、B、C 分别表示三个车间的开工状态：开工为 1，不开工为 0；G_1 和 G_2 运行为 1，停机为 0。

(1) 根据题意列出逻辑真值表如表 7-13 所示。

表 7-13　例 7-15 真值表

A	B	C	G_1	G_2
0	0	0	0	0
0	0	1	0	1
0	1	0	0	1
0	1	1	1	0
1	0	0	0	1
1	0	1	1	0
1	1	0	1	0
1	1	1	1	1

(2) 由逻辑真值表写出逻辑表达式并化简

$$G_1=\bar{A}BC+A\bar{B}C+AB\bar{C}+ABC=AB+BC+CA$$

$$=\overline{\overline{AB+BC+CA}}=\overline{\overline{AB}\cdot\overline{BC}\cdot\overline{CA}}$$

$$G_2=\overline{A}\,\overline{B}C+\overline{A}B\overline{C}+A\overline{B}\,\overline{C}+ABC$$

$$=\overline{\overline{\overline{A}\,\overline{B}C}\cdot\overline{\overline{A}B\overline{C}}\cdot\overline{A\overline{B}\,\overline{C}}\cdot\overline{ABC}}$$

(3) 由逻辑表达式画出逻辑电路图如图 7-38 所示。

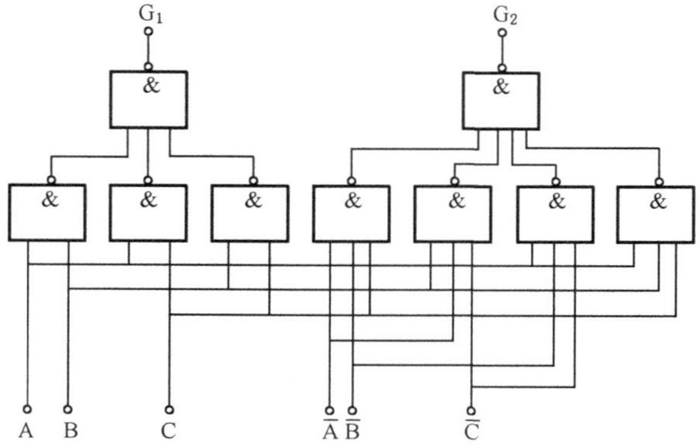

图 7-38　例 7-15 图

7.4　组合逻辑电路的应用

在实用的数字系统中，经常会大量应用一些具有特定功能的组合逻辑模块，如加法器、编码器、译码器、数据分配器、数据选择器等。这些功能模块被制成中规模集成电路，方便使用。本节介绍常用组合逻辑模块的工作原理和使用方法。

7.4.1　加法器

1. 半加器

只求本位和没有相邻低位进位的加法称为半加(如个位加)。两个一位二进制数相加的真值表如表 7-14 所示。其中 A_i、B_i 分别表示被加数和加数，S'_i 表示半加和，C_i 表示进位。由真值表可写出半加和 S'_i 和进位 C_i 的逻辑表达式为

$$S'_i=\overline{A_i}B_i+A_i\overline{B_i}=A_i\oplus B_i$$

$$C_i=A_iB_i$$

图 7-39 是半加器的逻辑图及逻辑符号。

表 7-14　半加器真值表

A_i	B_i	S'_i	C_i
0	0	0	0
0	1	1	0
1	0	1	0
1	1	0	1

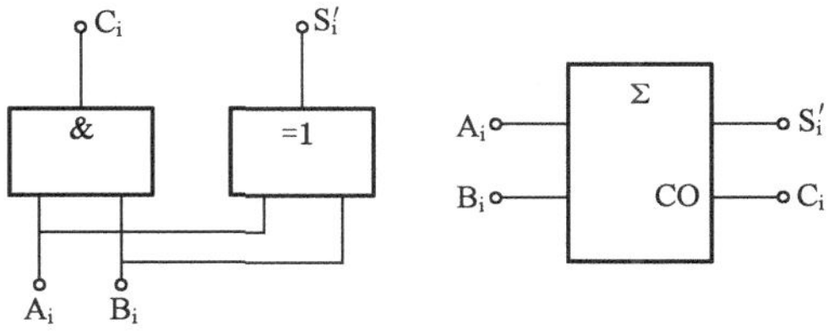

a) 逻辑图　　b) 逻辑符号

图 7-39　半加器逻辑图及逻辑符号

2. 全加器

所谓全加是指除本位外还有低位的进位参与相加的加法。因此，在设计全加器时，不仅要考虑本位的两个加数 A_i、B_i，还必须考虑来自相邻低位的进位 C_{i-1}。表 7-15 是全加器的真值表。

表 7-15　全加器真值表

A_i	B_i	C_{i-1}	S_i	C_i	A_i	B_i	C_{i-1}	S_i	C_i
0	0	0	0	0	1	0	0	1	0
0	0	1	1	0	1	0	1	0	1
0	1	0	1	0	1	1	0	0	1
0	1	1	0	1	1	1	1	1	1

由真值表可写出全加和 S_i 和进位 C_i 的逻辑式：

$$
\begin{aligned}
S_i &= \overline{A_i}\,\overline{B_i}C_{i-1} + \overline{A_i}B_i\overline{C_{i-1}} + A_i\overline{B_i}\,\overline{C_{i-1}} + A_iB_iC_{i-1} \\
&= (A_i\overline{B_i} + \overline{A_i}B_i)\overline{C_{i-1}} + (\overline{A_i}\,\overline{B_i} + A_iB_i)C_{i-1} \\
&= A_i \oplus B_i \cdot \overline{C_{i-1}} + \overline{A_i \oplus B_i} \cdot C_{i-1} \\
&= A_i \oplus B_i \oplus C_{i-1}
\end{aligned}
$$

$$
\begin{aligned}
C_i &= \overline{A_i}B_iC_{i-1} + A_i\overline{B_i}C_{i-1} + A_iB_i\overline{C_{i-1}} + A_iB_iC_{i-1} \\
&= (\overline{A_i}B_i + A_i\overline{B_i})C_{i-1} + A_iB_i(\overline{C_{i-1}} + C_{i-1}) \\
&= A_i \oplus B_i \cdot C_{i-1} + A_iB_i
\end{aligned}
$$

令　$$S'_i = A_i \oplus B_i$$

而　$$\overline{S'_i} = \overline{A_i \oplus B_i}$$

所以　$$S_i = S'_i\,\overline{C_{i-1}} + \overline{S'_i}C_{i-1} = S'_i \oplus C_{i-1}$$

$$C_i = S'_iC_{i-1} + A_iB_i$$

由此可得全加器的逻辑图和逻辑符号，如图 7-40 所示。

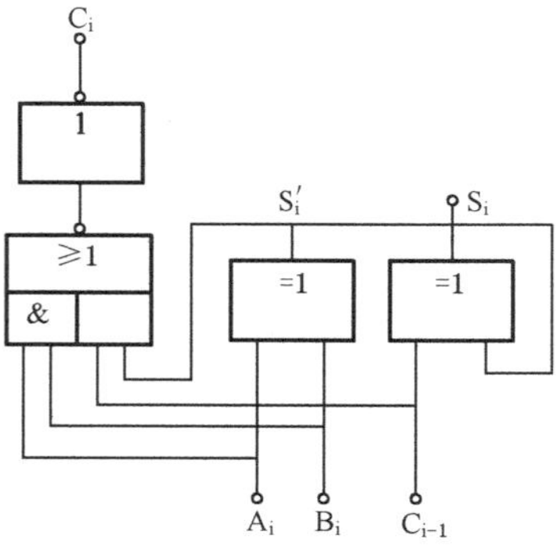

a) 逻辑图

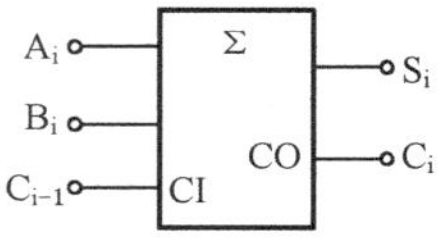

b) 逻辑符号

图 7-40　全加器

7.4.2　编码器

1. 编码

不同的数码不仅可以表示数量的不同大小，而且还能用来表示不同的事物或一些文字符号信息，此时该数码称为代码。例如，在举行长跑比赛时，为便于识别运动员，给每个运动员编一个数码，显然，这些不同的数码，仅代表不同的运动员，而失去了数量大小的含义。

把若干个二进制数码 0 和 1 按一定规律编排在一起，组成不同的代码，并且赋予每组代码以特定的含义，叫做编码。为了便于记忆和查找，在编制代码时，要遵循一定的规则，这些规则称为码制。

(1) 二进制编码

用二进制代码表示有关对象(文字符号信息)的过程叫做二进制编码。在数字电路中大量使用的是二进制编码，因为二进制代码只有 0、1 两个数符，电路上实现起来最容易。1 位二进制代码有 0、1 两种状态，可以表示两个不同的信息；两位二进制代码有 00、01、10、11 四种组合，可以表示四个不同的信息。一般地说，n 位二进制代码有 2^n 种组合，可以表示 2^n 个不同的信息。所以，对 N 个信息进行编码时，可用公式 $2^n \geqslant N$ 来确定需要使用的二进制代码的位数 n。

(2) 二-十进制编码

用二进制数的形式表示十进制数的编码称为十进制数的二进制编码，简称二-十进制编码，也称 BCD 码。

二-十进制编码是用四位二进制数表示一位十进制数符的编码方式。由于四位二进制数有 16 种($2^4=16$)不同的组合，而十进制数的 10 个数符只需要其中的 10 种组合。根据代码排列的规律，共有 $N=A_{16}^{10}=16\times(16-1)\times(16-2)\times\cdots\times[16-(10-1)]\approx 2.9\times 10^{10}$ 种方案可供选择。不同的选择方案就形成不同的

BCD 码。常用的 BCD 代码如表 7-16 所示。

二-十进制码种类繁多，大致可分为有权码和无权码两大类。表 7-16 中的前四种为有权码，即每位都对应着一个固定的位权值。如 8421BCD 码，自高位到低位，各位的位权值为 $2^3 2^2 2^1 2^0$，即 8421。如果将每个代码看作一个四位二进制数，那么这二进制数的值恰好对应着它所代表的十进制数的大小。因此这种代码命名为 8421BCD 码。这是一种最基本的 BCD 码，使用起来简便自然，应用较为广泛。

表 7-16　常用 BCD 码

编码种类 / 十进制数	8421 码	2421 (A)码	2421 (B)码	5211 码	余三码	格雷码	右移码
0	0000	0000	0000	0000	0011	0000	0000
1	0001	0001	0001	0001	0100	0001	10000
2	0010	0010	0010	0100	0101	0011	11000
3	0011	0011	0011	0101	0110	0010	11100
4	0100	0100	0100	0111	0111	0110	11110
5	0101	0101	1011	1000	1000	0111	11111
6	0110	0110	1100	1001	1001	0101	01111
7	0111	0111	1101	1100	1010	0100	00111
8	1000	1110	1110	1101	1011	1100	00011
9	1001	1111	1111	1111	1100	1101	00001
权	$2^3 2^2 2^1 2^0$ 8421	$2^1 2^2 2^1 2^0$ 2421	2421	5211	无权码(单步码)		

例 7-16　用 8421BCD 码表示十进制数 468。

解　4　6　8

↓　↓　↓

0100 0110 1000

所以，$(468)_{10} = (010001101000)_{8421BCD}$

值得注意的是，每四位 BCD 码表示一位十进制数，因此，BCD 码前面的“0”不可以省略。

2. 编码器

用以完成编码的数字电路，称之为编码器。

(1) 二进制编码器

用 n 位二进制代码对 $N=2^n$ 个一般信号进行编码的逻辑装置，叫作二进制编码器。如图 7-41 所示是三位二进制编码器。

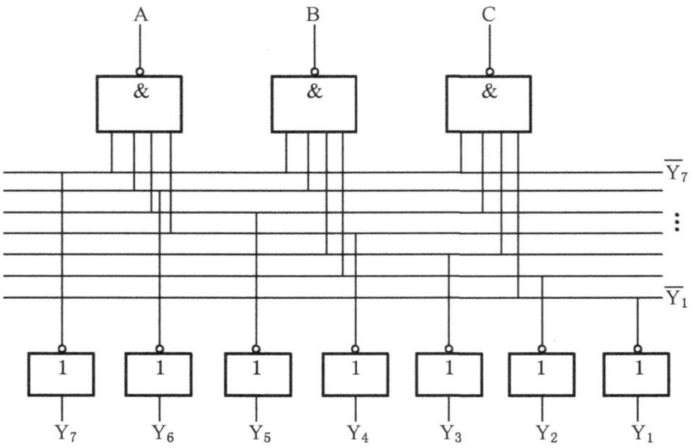

图 7-41　三位二进制编码器

分析编码器的逻辑功能，可以用组合电路的分析方法，即先根据逻辑图写出输出的逻辑表达式，再写出真值表，进而得出其逻辑功能。

根据图 7-41 可列出各输出的逻辑表达式：

$$A=\overline{\overline{Y}_4\ \overline{Y}_5\ \overline{Y}_6\ \overline{Y}_7}=Y_4+Y_5+Y_6+Y_7$$

$$B=\overline{\overline{Y}_2\ \overline{Y}_3\ \overline{Y}_6\ \overline{Y}_7}=Y_2+Y_3+Y_6+Y_7$$

$$C=\overline{\overline{Y}_1\ \overline{Y}_3\ \overline{Y}_5\ \overline{Y}_7}=Y_1+Y_3+Y_5+Y_7$$

编码器某一时刻只能对一个输入信号进行编码，即在输入端不允许两个或两个以上信号为 1 的情况。由此可写出如表 7-17 所示的真值表（也叫编码表）。

要设计一个二进制编码器，首先应分析设计要求，然后列出真值表（编码表），根据真值表写出简化的输出函数表达式，最后画出逻辑图。应该指出的是，二进制编码的方式不是唯一的，因此，实现二进制编码的电路也不是唯一的。

表 7-17　3 位二进制编码器的真值表

输入								输出		
Y_7	Y_6	Y_5	Y_4	Y_3	Y_2	Y_1	Y_0	A	B	C
0	0	0	0	0	0	0	1	0	0	0
0	0	0	0	0	0	1	0	0	0	1
0	0	0	0	0	1	0	0	0	1	0
0	0	0	0	1	0	0	0	0	1	1
0	0	0	1	0	0	0	0	1	0	0
0	0	1	0	0	0	0	0	1	0	1
0	1	0	0	0	0	0	0	1	1	0
1	0	0	0	0	0	0	0	1	1	1

（2）键控 8421BCD 码编码器

因为计算机只能识别二进制代码，而人们习惯于十进制数，因此，在向计算机输入数据时，需要进行十进制数向二进制数的转换，键控 8421BCD 码编码器就可完成此任务。计算机的键盘输入逻辑电路就是由这种编码器组成的。

图 7-42 是由 10 个按键和门电路组成的 8421 码编码器。其中 $S_0 \sim S_9$ 代表 10 个按键，同时作为输入逻辑变量，ABCD 为代码输出（A 为最高位）。

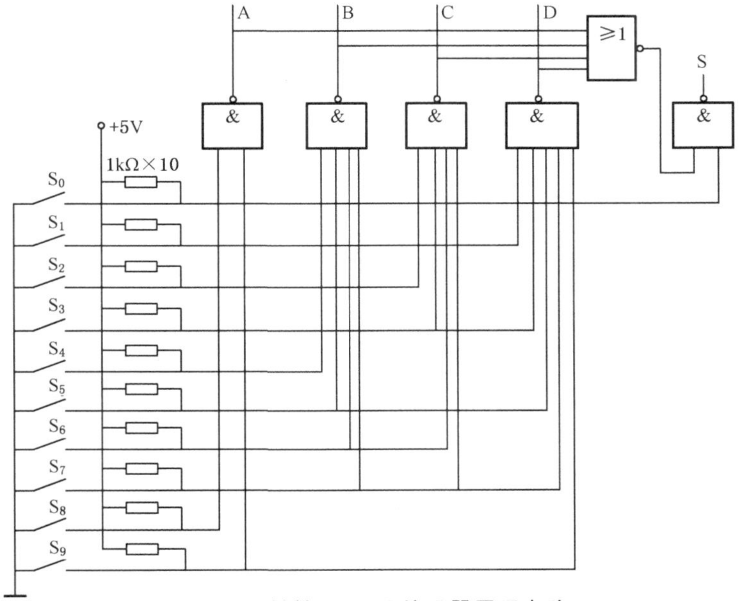

图 7-42 键控 8421 码编码器原理电路

当按下某一按键，如按下 S_3 时，则 $S_3=0$，其余均为 1，这时 ABCD＝0011。同理，当按下不同按键时，便得到相应的输出代码。由此可列出键控 8421 码编码器的真值表，如表 7-18 所示。

表 7-18 8421 码编码器真值表

输入										输出				
S_9	S_8	S_7	S_6	S_5	S_4	S_3	S_3	S_1	S_0	A	B	C	D	S
1	1	1	1	1	1	1	1	1	1	0	0	0	0	0
1	1	1	1	1	1	1	1	1	0	0	0	0	0	1
1	1	1	1	1	1	1	1	0	1	0	0	0	1	1
1	1	1	1	1	1	1	0	1	1	0	0	1	0	1
1	1	1	1	1	1	0	1	1	1	0	0	1	1	1
1	1	1	1	1	0	1	1	1	1	0	1	0	0	1
1	1	1	1	0	1	1	1	1	1	0	1	0	1	1

续表 7-18

输入										输出				
S_9	S_8	S_7	S_6	S_5	S_4	S_3	S_3	S_1	S_0	A	B	C	D	S
1	1	1	0	1	1	1	1	1	1	0	1	1	0	1
1	1	0	1	1	1	1	1	1	1	0	1	1	1	1
1	0	1	1	1	1	1	1	1	1	1	0	0	0	1
0	1	1	1	1	1	1	1	1	1	1	0	0	1	1

由表 7-18 可见，不论是否按下 S_0 键，ABCD 都位 0000，为了区分 S_0 键是否被按下，设置了 S 输出端，称为控制使用标志。当按下 $S_0 \sim S_9$ 中任一键时，S 均为 1，不按键时，S 为 0。这样，可以利用控制使用标志 S 的高、低电平来判断 S_0 键是否被按下。

7.4.3 译码器

译码和编码的过程相反。如前所述，编码是将某种信号或某种代码（输入）编成二进制代码（输出），而译码是将二进制代码（输入）按其编码时的原意译成对应的信号或另一种代码（输出）。译码器一般都是具有 n 个输入和 m 个输出的组合电路。译码器按用途不同，大致可分为三大类：(1) 变量译码器，用以表示输入变量状态的组合电路，如各种二进制译码器。(2) 码制变换译码器，如二-十进制译码器，余三码至十进制译码器等。(3) 数码显示译码器，用来驱动辉光数码管、液晶显示器、发光二极管等。

1. 二进制译码器

图 7-43 为三位二进制译码器（简称 3/8 线译码器）的逻辑电路图。它有 3 个输入端，8 个输出端。由图可写出各输出端的逻辑表达式为

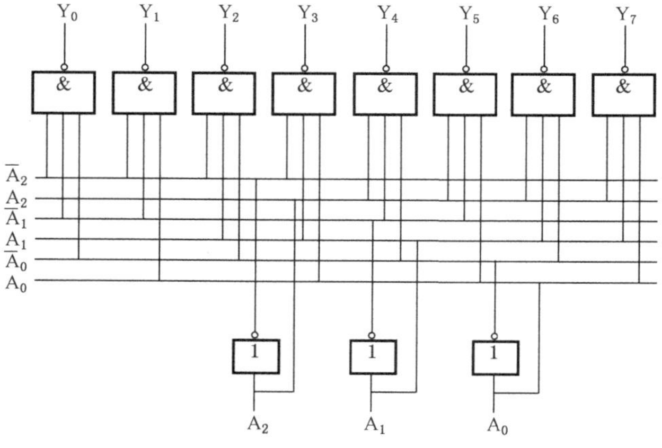

图 7-43　3/8 线译码器逻辑图

$$
\left.
\begin{aligned}
Y_0 &= \overline{\overline{A_2}\,\overline{A_1}\,\overline{A_0}}\\
Y_1 &= \overline{\overline{A_2}\,\overline{A_1}\,A_0}\\
Y_2 &= \overline{\overline{A_2}\,A_1\,\overline{A_0}}\\
Y_3 &= \overline{\overline{A_2}\,A_1\,A_0}\\
Y_4 &= \overline{A_2\,\overline{A_1}\,\overline{A_0}}\\
Y_5 &= \overline{A_2\,\overline{A_1}\,A_0}\\
Y_6 &= \overline{A_2\,A_1\,\overline{A_0}}\\
Y_7 &= \overline{A_2\,A_1\,A_0}
\end{aligned}
\right\}
$$

由逻辑表达式可列出真值表，如表 7-19 所示。

表 7-19　三位二进制译码器的真值表

输入			输出							
A_2	A_1	A_0	Y_0	Y_1	Y_2	Y_3	Y_4	Y_5	Y_6	Y_7
0	0	0	0	1	1	1	1	1	1	1
0	0	1	1	0	1	1	1	1	1	1
0	1	0	1	1	0	1	1	1	1	1
0	1	1	1	1	1	0	1	1	1	1
1	0	0	1	1	1	1	0	1	1	1
1	0	1	1	1	1	1	1	0	1	1
1	1	0	1	1	1	1	1	1	0	1
1	1	1	1	1	1	1	1	1	1	0

由真值表可见，对应输入的任一种组合，8 个输出端中只有一个为 0(有效电平)，其余均为 1。例如，当 $A_2A_1A_0=011$ 时，只有 Y_3 为 0，其余均为 1。这种译码器也称为“8 中取 1”译码器。它是通过输出端的逻辑电平来识别不同代码的。

二进制译码器除 3/8 线译码器外，还有 2/4 线译码器和 4/16 线译码器。

2. 二-十进制显示译码器

在数字电路中，常常需要将测量和运算的结果直接用十进制的形式显示出来，这就要求把二-十进制代码通过显示译码器变换成输出信号再去驱动数码显示器。

(1) 数码显示器

数码显示器简称数码管，是用来显示数字、文字或符号的器件。常用的有辉光数码管、荧光数码管、液晶显示器以及发光二极管(LED)显示器等。不同的显示器对译码器各有不同的要求。下面以应用较多的 LED 显示器为例，简述数字显示的原理。

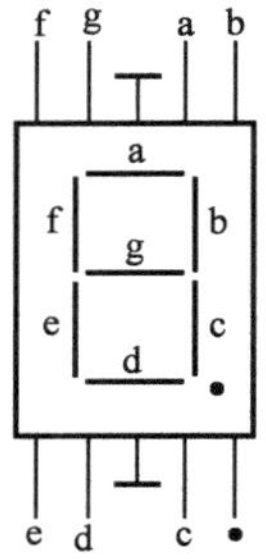

图 7-44 LED 显示器

将七个制成条状的 LED 组装在一起，便构成了七段 LED 显示器。通过不同发光段的组合便可显示 0～9 十个十进制数码。

LED 显示器的结构及外引线排列图如图 7-44 所示。其内部电路有共阴极和共阳极两种接法，如图 7-45 所示。图 7-45a 中的七个发光二极管阴极连在一起接地，阳极加高电平时发光；图 b 中的七个发光二极管阳极连在一起接正电源，阴极加低电平时发光。

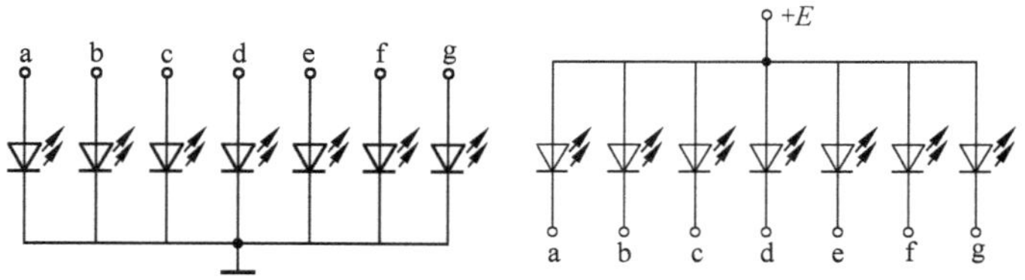

a) 共阴极　　b) 共阳极

图 7-45 LED 显示器的两种接法

（2）7 段显示译码器

显示译码器有四个输入端、七个输出端，它将 8421BCD 码译成七个输出信号以驱动七段 LED 显示器。图 7-46 是显示译码器和 LED 显示器的连接示意图。图 7-47 给出了集成译码器 CT74LS247 的片脚功能。其中 A_0、A_1、A_2、A_3 是 8421 码的四个输入端，$\overline{a}$～$\overline{g}$ 是七个输出端（低电平有效），接 LED 显示器。此外，还有三个输入控制端，其功能如下：

1）试灯输入端 $\overline{LT}$ 用来检验数码管的七段是否正常工作。当 $\overline{BI}=1$，$\overline{LT}=0$ 时，无论 A_0、A_1、A_2、A_3 为何状态，输出 $\overline{a}$～$\overline{g}$ 均为 0，数码管七段全亮，显示“8”字。

2）灭灯输入端 $\overline{BI}$。当 $\overline{BI}=0$ 时，无论其他输入信号为何状态，输出 $\overline{a}$～$\overline{g}$ 均为 1，七段全灭，无显示。

3）灭 0 输入端 $\overline{RBI}$。当 $\overline{LT}=1$，$\overline{BI}=1$，$\overline{RBI}=0$，只有当 $A_3A_2A_1A_0=0000$ 时，输出 $\overline{a}$～$\overline{g}$ 均为 1，不显示“0”字；这时，如果 $\overline{RBI}=1$，则译码器正常输出，显示“0”。当 $A_3A_2A_1A_0$ 为其他组合时，不论 $\overline{RBI}$ 为 0 或 1，译码器均可正常输出。此输入控制信号常用来消除无效 0。例如可消除 000.001 中的前两个 0，显示出 0.001。

上述三个输入控制信号均为低电平有效，在正常工作时均接高电平。表 7-20 为集成译码器 CT74LS247 的真值表。“×”表示既可取 0 也可取 1。

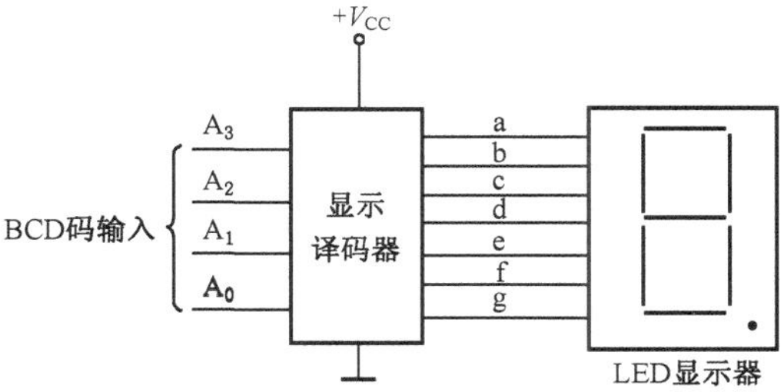

图 7-46　七段显示译码器

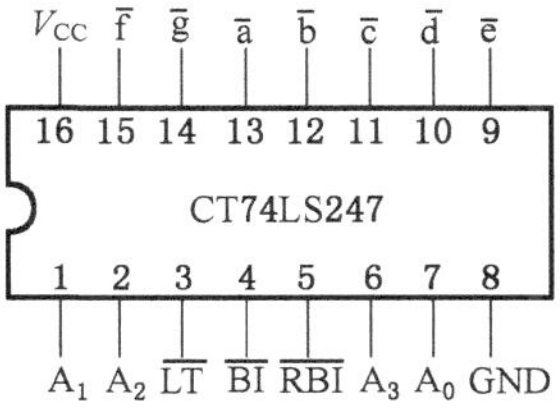

图 7-47　CT74LS247 片脚图

表 7-20　CT74LS247 型七段译码器的真值表

功能和十进制数	输入							输出							显示
	$\overline{LT}$	$\overline{RBI}$	$\overline{BI}$	A_3	A_2	A_1	A_0	$\overline{a}$	$\overline{b}$	$\overline{c}$	$\overline{d}$	$\overline{e}$	$\overline{f}$	$\overline{g}$	
试灯	0	×	1	×	×	×	×	0	0	0	0	0	0	0	8
灭灯	×	×	0	×	×	×	×	1	1	1	1	1	1	1	全灭
灭 0	1	0	1	0	0	0	0	1	1	1	1	1	1	1	灭 0
0	1	1	1	0	0	0	0	0	0	0	0	0	0	1	0
1	1	×	1	0	0	0	1	1	0	0	1	1	1	1	1
2	1	×	1	0	0	1	0	0	0	1	0	0	1	0	2
3	1	×	1	0	0	1	1	0	0	0	0	1	1	0	3
4	1	×	1	0	1	0	0	1	0	0	1	1	0	0	4
5	1	×	1	0	1	0	1	0	1	0	0	1	0	0	5
6	1	×	1	0	1	1	0	0	1	0	0	0	0	0	6
7	1	×	1	0	1	1	1	0	0	0	1	1	1	1	7
8	1	×	1	1	0	0	0	0	0	0	0	0	0	0	8
9	1	×	1	1	0	0	1	0	0	0	0	1	0	0	9

[思考题]

1. 组合逻辑电路分析的任务是什么？简述其步骤。
2. 组合逻辑电路设计的任务是什么？简述其步骤。

3. 什么是半加运算？什么是全加运算？

4. 两个4位的二进制数相加，需要几个加法器来完成？画出该加法器的电路图。

5. 什么是编码？什么是译码？

6. 二进制译码(编码)和二-十进制译码(编码)有何不同？

习　　题

7-1　对应如图7-48所示的各种情况，分别画出F的波形。

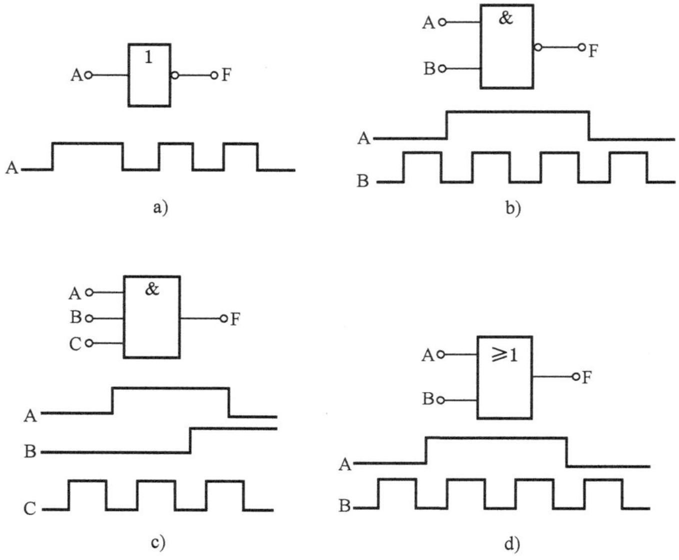

图7-48　题7-1图

7-2　如果“与”门的两个输入端中，A为信号输入端，B为控制端。设A的信号波形如图7-49所示，当控制端B=1和B=0两种状态时，试画出输出波形。如果是“与非”门、“或”门、“或非”门则又如何？分别画出输出波形，最后总结上述四种门电路的控制作用。

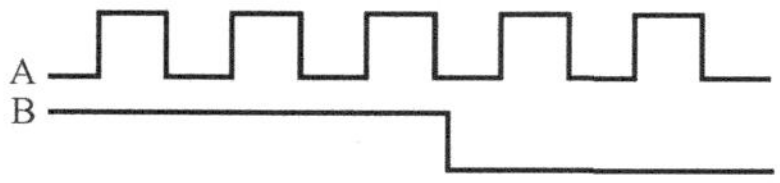

图7-49　题7-2图

7-3　对应如图 7-50 所示的电路及输入信号波形，分别画出 F_1、F_2 的波形。

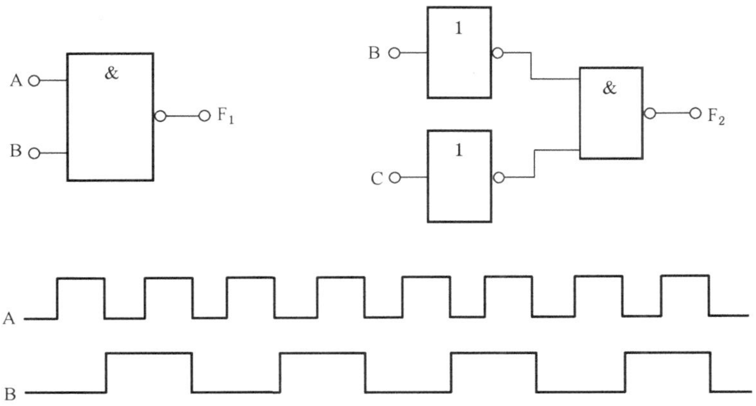

图 7-50　题 7-3 图

7-4　化简下列逻辑函数（方法不限）。

（1）$F=A\overline{B}+\overline{A}C+\overline{C}\,\overline{D}+D$；

（2）$F=\overline{A}(C\overline{D}+\overline{C}D)+B\overline{C}D+A\overline{C}D+\overline{A}C\overline{D}$；

（3）$F=\overline{(\overline{A}+\overline{B})D}+(\overline{A}\,\overline{B}+BD)\overline{C}+\overline{A}\,\overline{C}BD+\overline{D}$。

7-5　证明下列逻辑恒等式（方法不限）。

（1）$A\overline{B}+B+\overline{A}B=A+B$；

（2）$(A+\overline{C})(B+D)(B+\overline{D})=AB+B\,\overline{C}$；

（3）$\overline{(A+B+\overline{C})}\,\overline{C}D+(B+\overline{C})(A\overline{B}D+\overline{B}\,\overline{C})=1$；

（4）$\overline{A}\,\overline{B}\,\overline{C}\,\overline{D}+\overline{A}B\overline{C}D+ABCD+A\overline{B}\,\overline{C}\,\overline{D}=\overline{A\overline{C}+\overline{A}C+B\overline{D}+\overline{B}D}$；

（5）$\overline{A}(C\oplus D)+B\overline{C}D+AC\overline{D}+A\overline{B}\,\overline{C}D=C\oplus D$。

7-6　用卡诺图化简法将下列函数化为最简“与或”形式。

（1）$F=ABC+ABD+\overline{C}\,\overline{D}+A\,\overline{B}C+\overline{A}C\,\overline{D}+A\overline{C}D$；

（2）$F=A\,\overline{B}+\overline{A}C+BC+\overline{C}D$；

（3）$F=\overline{A}\,\overline{B}+B\overline{C}+\overline{A}+\overline{B}+ABC$；

（4）$F=\overline{A}\,\overline{B}+AC+\overline{B}C$；

（5）$F=A\,\overline{B}\,\overline{C}+\overline{A}\,\overline{B}+\overline{A}D+C+BD$；

（6）$F(A,B,C)=\sum(0,1,2,5,6,7)$；

（7）$F(A,B,C)=\sum(1,3,5,7)$；

（8）$F(A,B,C,D)=\sum(0,1,2,5,8,9,10,12,14)$。

7-7 写出如图 7-51 所示各电路的最简逻辑函数表达式。

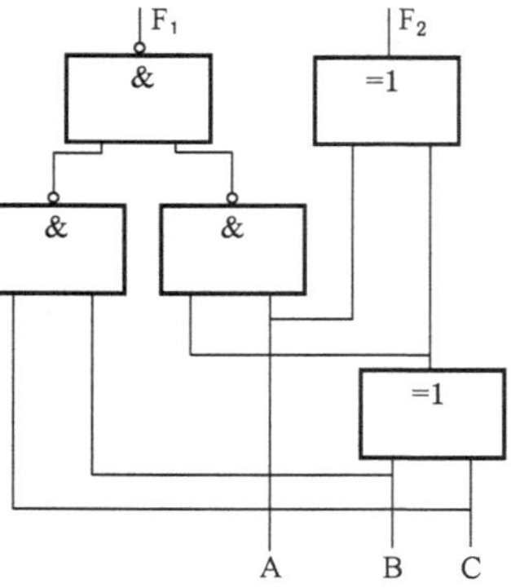

图 7-51 题 7-7 图

7-8 写出如图 7-52 所示各电路的最简"与-或"表达式,列出真值表并说明各电路的逻辑功能。

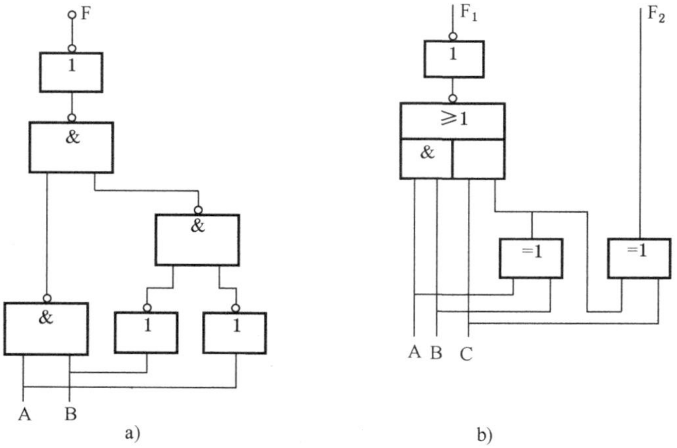

图 7-52 题 7-8 图

7-9 试分析如图 7-53 所示电路的逻辑功能。

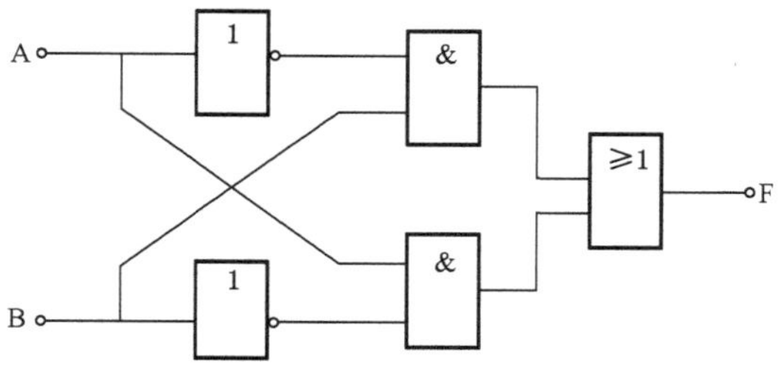

图 7-53 题 7-9 图

7-10　试分析如图 7-54 所示电路的 F 的逻辑表达式,化简成最简与或式,列出真值表,分析其逻辑功能。

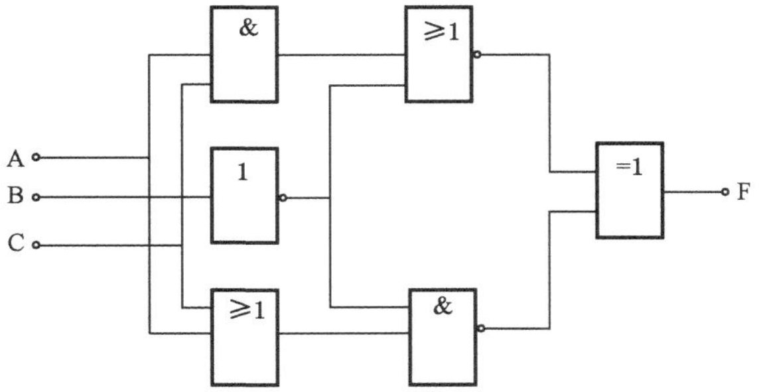

图 7-54　题 7-10 图

7-11　如图 7-55 所示两个电路为奇偶电路。其中判奇电路的功能是输入为奇数个 1 时,输出才为 1;判偶电路的功能是输入为偶数个 1 时,输出才为 1。试分析哪个电路是判奇电路,哪个是判偶电路。

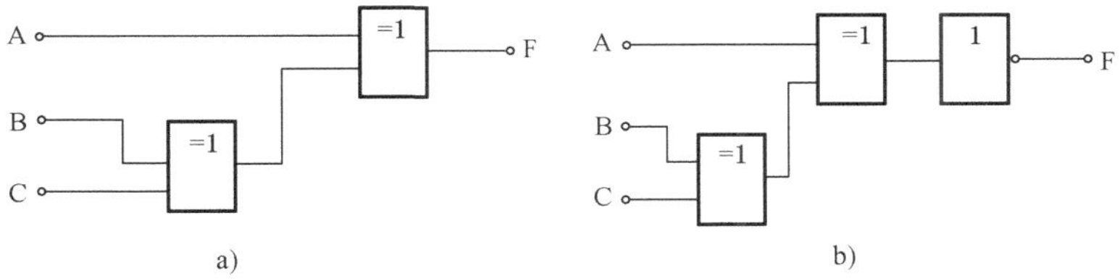

图 7-55　题 7-11 图

7-12　按要求进行逻辑状态表达式转换。

(1) $F=AB+CD$(将"与-或"表达式转换成"与非-与非"表达式);

(2) $F=\overline{\overline{AB}\cdot\overline{BC}}$(将"与非-与非"表达式变成"与-或"表达式)。

7-13　在输入端只给出原变量没有反变量的条件下,用"与非"门和"非"门设计实现下列函数的组合电路:

(1) $F=A\overline{B}+A\overline{C}D+\overline{A}C+B\overline{C}$;

(2) $F(A、B、C、D)=\sum(1,5,6,7,12,13,14)$;

(3) $F=AB+BC+AC$;

(4) $F=(\overline{A}+B)(A+\overline{B})C+\overline{BC}$;

(5) $F=\overline{AB\overline{C}+A\overline{B}C+\overline{A}BC}$;

(6) $F=A\overline{BC}+\overline{(\overline{A\overline{B}}+\overline{A}\,\overline{B})+BC}$。

7-14　有三台炼钢炉,它们的工作信号为 A、B、C。必须有两台,也只允许有两台炉炼钢,且 B 与 C 不能同时炼钢,否则发出中断信号。试用"与非"门组成逻辑电路,反映上述要求。

7-15 某产品有 A、B、C、D 四项指标。规定 A 是必须满足的要求，其他三项中只要满足任意两项要求，产品就算合格。试用"与非"门构成产品合格的逻辑电路。

7-16 用"与非"门分别设计如下逻辑电路：

(1) 三变量的多数表决电路(三个变量中有多数个 1 时，输出为 1)；

(2) 三变量的判奇电路(三个变量中有奇数个 1 时，输出为 1)；

(3) 四变量的判偶电路(四个变量中有偶数个 1 时，输出为 1)。

7-17 某同学参加四门课程考试，规定如下：

(1) 课程 A 及格得 1 分，不及格得 0 分；

(2) 课程 B 及格得 2 分，不及格得 0 分；

(3) 课程 C 及格得 4 分，不及格得 0 分；

(4) 课程 D 及格得 5 分，不及格得 0 分。

若总得分大于 8 分(含 8 分)，就可结业。试用"与非"门构成实现上述逻辑要求的电路。

7-18 图 7-56 是一密码锁控制电路。开锁条件是：拨对密码；钥匙插入锁眼将开关 S 闭合。当两个条件同时满足时，开锁信号为 1，将锁打开。否则报警信号为 1，接通警铃。试分析密码 ABCD 是多少？

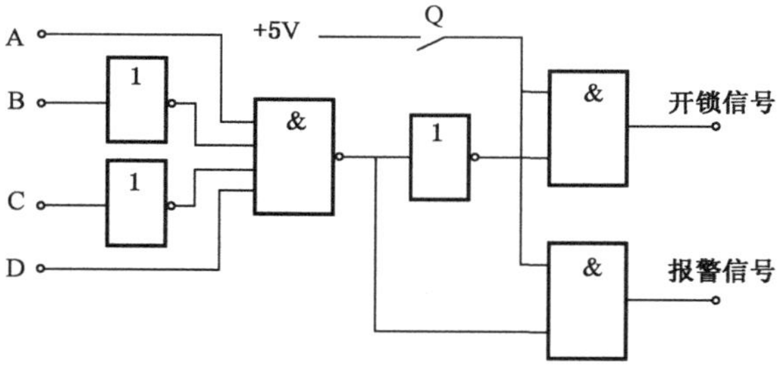

图 7-56　题 7-18 图

7-19 设计一个监视交通信号灯工作状态的逻辑电路。每一组信号灯由红、黄、绿三盏灯组成。正常工作情况下，任何时刻必有一盏灯点亮，而且只允许有一盏灯点亮。而当出现其他各种点亮状态时，电路发生故障，这时要求发出故障信号，以提醒维护人员前去维修。试设计满足上述逻辑功能的电路。

7-20 两地控制一灯电路。如图 7-57 所示为开关 A、B 在两地控制一个照明灯的电路。当 Y=1 时，灯亮；反之，灯灭，试写出 Y 的逻辑表达式，分析电路的工作原理。

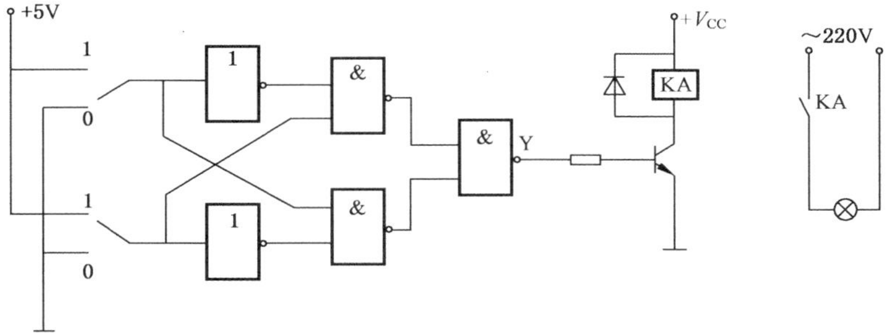

图 7-57　题 7-20 图

7-21　旅客列车有高铁、动车、特快三种，在同一时间，只允许有一列客车从车站发出，即只能给出一种开车信号，上述三种客车的优先级别是高铁最高，其次是动车、特快，试画出实现上述逻辑要求的电路。

7-22　试设计一个能将十进制数编为余 3 代码的编码器。

7-23　设计一个 8 段译码器，其功能是将 8421BCD 码译成 8 段输出信号，供如图 7-58 所示 8 段数码管作译码。

（1）写出该译码器的各段逻辑表达式；

（2）画出用“与非”门实现的逻辑电路。

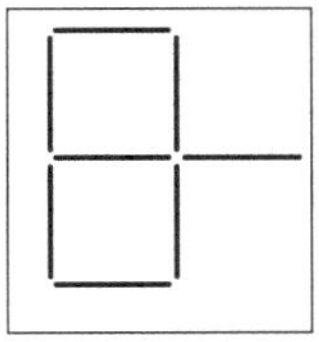

图 7-58　题 7-23 图

7-24　设计一个半减器和全减器。

第 8 章　触发器及时序逻辑电路

本章提要　在数字系统中，常常需要存储各种数字信息，而触发器是具有记忆功能、能存储数字信息的最常用的一种基本单元电路。时序逻辑电路是由触发器和相应逻辑门组成的具有复杂逻辑功能的逻辑电路。

本章主要讨论以下几个问题：

1. 双稳态触发器工作原理；
2. 寄存器、计数器等时序逻辑电路的工作原理；
3. 555 时基电路的组成、工作原理及应用。

本章重点　各类触发器的逻辑功能及其应用。

本章难点　计数器的分析与应用。

8.1　双稳态触发器

触发器的特点是：电路在某一时刻的输出状态，不仅取决于当时输入信号的状态，而且与电路的原始状态有关。当输入信号消失后，输入信号对电路的影响将以新的输出状态保持在输出端。

双稳态触发器是一种具有记忆功能的逻辑单元电路，它能储存一位二进制码。它有两个稳定的工作状态，在外加信号触发下电路可从一种稳定的工作状态转换到另一种稳定的工作状态。

8.1.1　基本 RS 触发器

基本 RS 触发器可以由两个“与非”门 G_1、G_2 交叉耦合构成，如图 8-1a 所示。图 8-1b 为其逻辑符号。

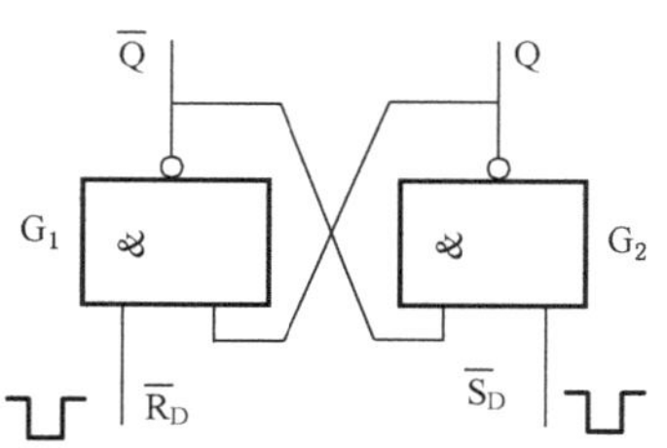

a) 逻辑图

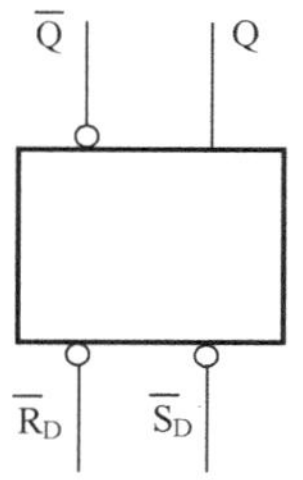

b) 逻辑符号

图 8-1　基本 RS 触发器

图 8-1a 中 Q 和 $\overline{Q}$ 是触发器的输出端，它们的逻辑状态在正常情况下总是相反的。在实际应用中，将 Q 端的状态作为触发器的输出状态。$\overline{R}_D$、$\overline{S}_D$ 为触发器的输入端，其中 $\overline{R}_D$ 称为直接置 0 端或复位端，$\overline{S}_D$ 称为直接置 1 端或置位端。由于基本 RS 触发器是采用低电平（或负脉冲）触发而引出 Q 端状态的翻转，所以在 $\overline{R}_D$ 和 $\overline{S}_D$ 上加一个非号并在逻辑符号中用“o”符号表示，$\overline{Q}$ 端的“o”符号则表示 $\overline{Q}$ 与 Q 状态相反。

由图 8-1a 可写出基本 RS 触发器的输出与输入的逻辑关系式（称为状态方程）

$$\left.\begin{aligned} Q^{n+1} &= \overline{\overline{S}_D\overline{Q^n}} \\ \overline{Q^{n+1}} &= \overline{\overline{R}_D Q^n} \end{aligned}\right\} \tag{8-1}$$

下面按输入的不同组合，分析基本 RS 触发器的逻辑功能。

（1）$\overline{R}_D=1$、$\overline{S}_D=0$

若触发器原状态为 $Q^n=0$，由式(8-1)可得 $Q^{n+1}=1$、$\overline{Q}^{n+1}=0$；若触发器原状态为 1，由式(8-1)同样可得 $Q^{n+1}=1$、$\overline{Q}^{n+1}=0$，即不论触发器原状态如何，只要 $\overline{R}_D=1$、$\overline{S}_D=0$，触发器将置成 1 态。

（2）$\overline{R}_D=0$、$\overline{S}_D=1$

用同样分析可得知，无论触发器原状态是什么，新状态总为 $Q^{n+1}=0$、$\overline{Q}^{n+1}=1$，即触发器被置成 0 态。

（3）$\overline{R}_D=\overline{S}_D=1$

按类似分析可知，触发器将保持原状态不变。

（4）$\overline{R}_D=\overline{S}_D=0$

两个“与非”门的输出端 Q^{n+1} 和 $\overline{Q}^{n+1}$ 全为 1，这破坏了触发器的逻辑关系，在两个输入信号同时消失后，由于“与非”门延迟时间不可能完全相等，故不能确定触发器处于何种状态。因此这种输入情况是不允许出现的。

综上所述，基本 RS 触发器的输出与输入的逻辑关系可列成逻辑真值表，如表 8-1 所示。

表 8-1　基本 RS 触发器逻辑功能真值表

$\overline{R}_D$	$\overline{S}_D$	Q^{n+1}
1	0	1
0	1	0
1	1	不变
0	0	禁止

为了更形象地反映基本 RS 触发器的逻辑功能，通常还用如图 8-2 所示的波

形图来描述。

在图 8-1a 的基本 RS 触发器电路中，由于 $\overline{R}_D$ 和 $\overline{S}_D$ 的输入信号直接作用于 G_1、G_2 门上，所以输入信号在全部作用时间（即 $\overline{R}_D$ 或 $\overline{S}_D$ 为低电平的持续时间）内，都能直接改变输出端 Q 和 $\overline{Q}$ 的状态，故又将基本 RS 触发器称作直接置位、复位触发器。若将触发器的两个输入端同时置高电平 1，则触发器的输出将稳定于某一个状态（1 态或者 0 态），这就是触发器的记忆和存储信息的功能。

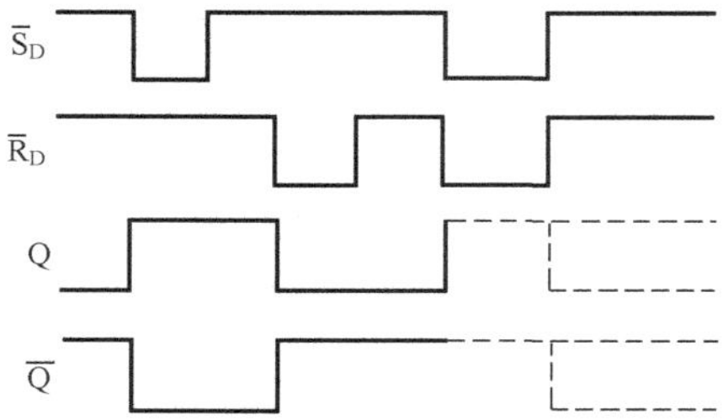

图 8-2　基本 RS 触发器波形图

8.1.2　同步 RS 触发器

在数字系统中，为协调各部分的工作，常常要求某些触发器于同一时刻动作，为此，必须引入同步信号，使这些触发器只有在同步信号到达时，才按输入信号改变状态。通常将这个同步信号叫作时钟脉冲信号，或简称时钟信号，用 CP 表示。受时钟控制的触发器称为时钟控制触发器或可控触发器。

如图 8-3a 所示为同步 RS 触发器的逻辑图，由 G_1、G_2 组成的基本 RS 触发器和由 G_3、G_4 组成的导引电路串联而成。图 8-3b 是同步 RS 触发器的逻辑符号。

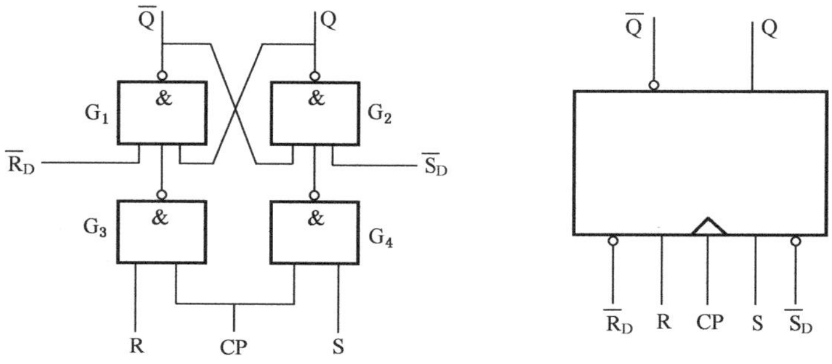

a) 逻辑图　　b) 逻辑符号

图 8-3　同步 RS 触发器

图中 R 端称为置 0 输入端，S 端称为置 1 输入端，CP 端为时钟脉冲输入端，通过导引电路实现时钟脉冲对触发器工作的协调控制。$\overline{R}_D$ 和 $\overline{S}_D$ 是直接复位和直接置位端，不受时钟脉冲控制，只要 $\overline{R}_D$、$\overline{S}_D$ 端分别施加负脉冲（或置低电平），就可以将该触发器直接置 0 或置 1。一般在工作之初，预先使触发器处于某一给定状态，称为初值，工作过程中将 $\overline{R}_D$、$\overline{S}_D$ 端接至高电平或悬空。

时钟脉冲到来之前，即 CP=0 时，不论 R、S 端的电平如何变化，G_3、G_4 门的输出均为 1，触发器保持原状态不变。只有当时钟脉冲到来后 CP=1 时，触发器才按 S、R 端的输入状态来决定其输出状态，故称为同步或钟控式触发器。时钟脉冲过去后，输出状态不变。

当 CP=1 时按输入端的不同组合，分析同步 RS 触发器的逻辑功能。

(1) 当 S=1、R=0 时，G_4 门输出将变为 0，向 G_2 门发一个置 1 负脉冲，触发器的输出端 Q 将处于 1 态。

(2) 当 S=0、R=1 时，G_3 门输出将变为 0，向 G_1 门发一个置 0 负脉冲，触发器的输出端 Q 将处于 0 态。

(3) 当 S=R=0 时，G_3、G_4 门均为 1 态，触发器将保持原状态。

(4) 当 S=R=1 时，G_3、G_4 门输出均为 0，使 G_1、G_2 门输出均为 1，这违背了 Q 和 $\overline{Q}$ 状态应该相反的逻辑要求。当时钟脉冲过去或 S、R 端同时变为 0 后，G_1 门和 G_2 门的输出状态是不确定的。因此，这种不正常情况应禁止出现。

综上所述，同步 RS 触发器的输出与输入的逻辑关系可列成状态转换表，见表 8-2。

表 8-2　同步 RS 触发器的逻辑功能真值表

S	R	Q^{n+1}
1	0	1
0	1	0
0	0	不变
1	1	禁止

因为在 CP=1 的全部时间里 S 和 R 信号都能通过门 G_3 和 G_4 加到基本 RS 触发器上，所以在 CP=1 的全部时间里 S 和 R 的变化都将引起触发器状态的相应改变，这种触发方式可称为电平触发。这就是同步 RS 触发器电平触发方式的动作特点。

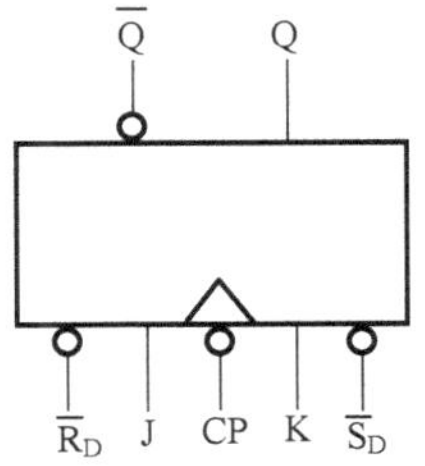

图 8-4　JK 触发器逻辑符号

8.1.3　JK 触发器

JK 触发器为另一种双稳态触发器，其逻辑符号如图 8-4 所示。在图形符号中，CP 输入端靠近方框处用一小圆圈表示下降沿触发。JK 触发器的状态转换表如表 8-3 所示。

表 8-3　JK 触发器的状态转换真值表

J	K	Q^n	Q^{n+1}		功能
0	0	0	0	Q^n	保持
		1	1		
0	1	0	0	0	置 0
		1	0		
1	0	0	1	1	置 1
		1	1		
1	1	0	1	$\overline{Q}^n$	计数
		1	0		

根据状态转换表，可得出 JK 触发器的状态方程

$$Q^{n+1}=J\overline{Q^n}+\overline{K}Q^n \tag{8-2}$$

图 8-5 是 JK 触发器的工作波形。

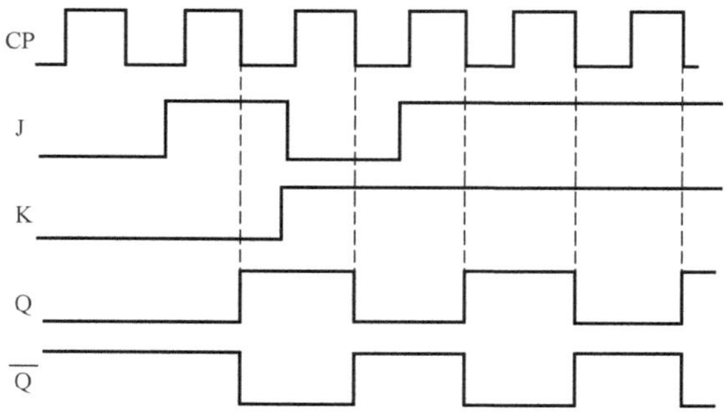

图 8-5　JK 触发器的工作波形

常用的 JK 触发器例如 CC4027 是集成边沿触发器，如图 8-6 所示。图 8-6a 中 CP 输入端没有小圆圈表示触发器改变状态的时刻是在 CP 的上升沿（正跳变）；异步输入端 S_D、R_D 为高电平有效。而触发器的输入端不能悬空，必须通过电阻接电源置为 1。

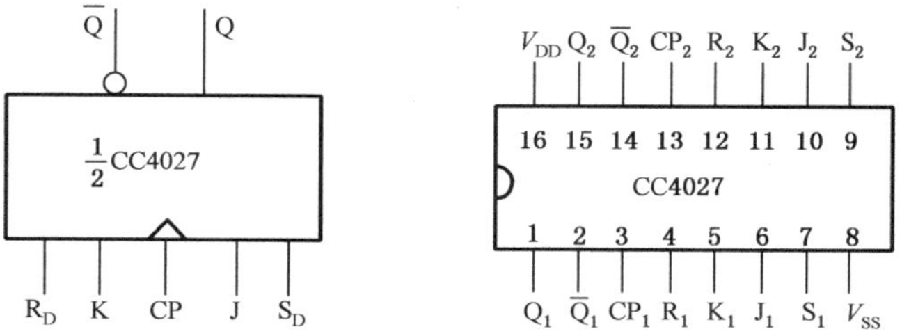

a) 逻辑符号　　b) 芯片管脚功能图

图 8-6　CC4027JK 触发器

例 8-1　图 8-7a 是一单脉冲发生器。已知控制信号 A 和时钟脉冲的波形如图 8-7b 所示，设各触发器的初态为 $Q_1=Q_2=0$。试画出 Q_1 和 Q_2 端的波形。

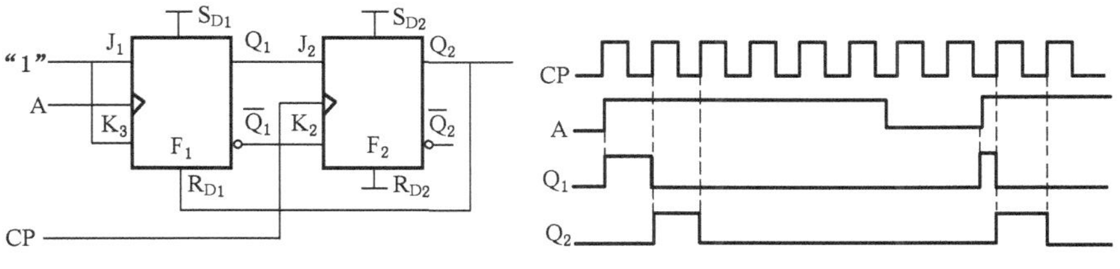

a) 单脉冲发生器　　b) 波形图

图 8-7　例 8-1 图

解　由图 8-7a 可见，触发器 F_2 的 Q_2 端的信号，反馈到触发器 F_1 的直接置 0 端，即 $R_{D1}=Q_2$。当 $R_{D1}=1$，$S_{D1}=0$ 时，无论 J、K 和 CP 的状态如何，触发器将被置 0。

根据 JK 触发器的逻辑功能，当 A 的上升沿到来时，Q_1 由 0 翻转为 1，使 $J_2=1$，$K_2=0$，当 CP 脉冲的上升沿到来时，Q_2 由 0 翻转为 1，同时 $R_{D1}=Q_2=1$，使 Q_1 翻转为 0，而此时 $J_2=0$，$K_2=1$，下一个 CP 脉冲到来时，Q_2 也翻转为 0。当下一个 A 的上升沿到来时，分析过程相同，Q_1、Q_2 的波形如图 8-7b 所示。该电路的功能为：每当控制信号 A 的上升沿到来时，Q_2 端就输出一个持续时间等于 CP 周期的单个脉冲。

8.1.4　D 触发器

D 触发器的逻辑符号如图 8-8a 所示。它有一个信号输入端 D 和一个时钟脉冲输入端 CP，上升沿触发，$\overline{R}_D$、$\overline{S}_D$ 为直接置 0、置 1 端，负脉冲有效。

D 触发器的状态方程为

$$Q^{n+1}=D \tag{8-3}$$

即在 CP 脉冲的作用下，D 触发器的新状态，总是与 D 端的状态相同。图 8-8b 为 D 触发器的波形图。表 8-4 为 D 触发器的逻辑功能真值表。

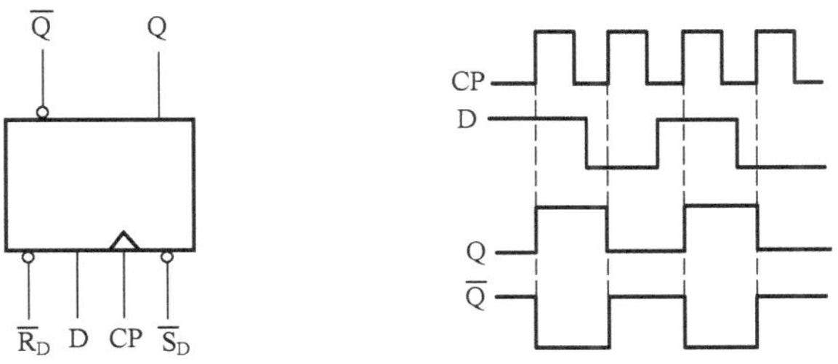

a) 逻辑符号　　b) 波形图

图 8-8　D 触发器

表 8-4　D 触发器的逻辑功能真值表

D	Q^{n+1}
0	0
1	1

图 8-9 为双 D 触发器 CC4013 的芯片管脚功能图。每片含两个相同的 D 触发器，可以单独使用。它们都是 CP 脉冲的上升沿触发，该芯片的直接置位、复位端信号为正脉冲有效。

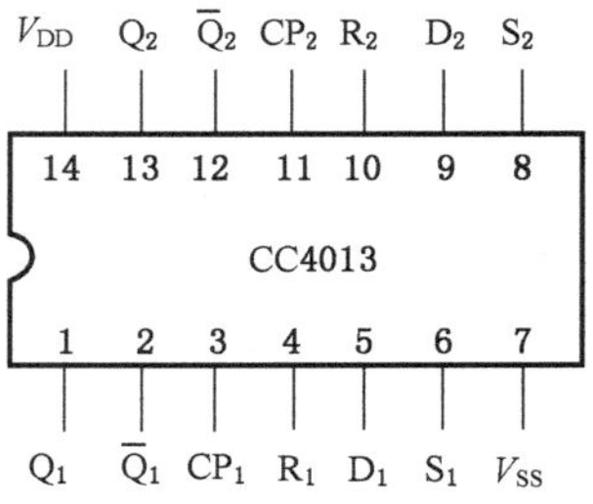

图 8-9　D 触发器 CC4013 管脚功能图

例 8-2　如图 8-10a 所示为由一片双 D 触发器组成的移相电路，可输出两个频率相同，相位差 90°的脉冲信号，已知 CP 波形，试画出 Q_1 和 Q_2 端的波形，设 F_1 和 F_2 的初态为 0。

解　电路中，F_1 的 Q_1 接 F_2 的 D_2，F_2 的 $\overline{Q}_2$ 接 F_1 的 D_1，两个 D 触发器共用一个 CP 脉冲。在 CP 脉冲的作用下，可得如图 8-10b 所示的 Q_1、Q_2 端的波形。可见 Q_1 超前 Q_2 90°。

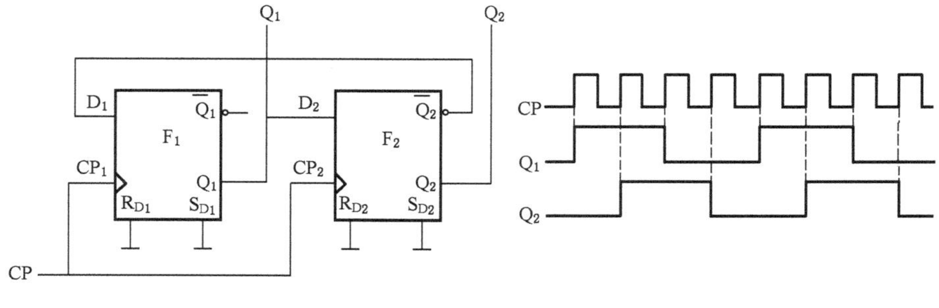

a) 电路图　　　　b) 移相波形

图 8-10　例 8-2 图

［**思考题**］

1. 为什么说门电路没有记忆功能，而触发器有记忆功能？

2. 基本 RS 触发器在置 1 或置 0 脉冲消失后，为什么触发器的状态保持不变？

3. 同步 RS 触发器有什么缺点？

4. 试由 JK 触发器的真值表推导出其状态方程。

5. D 触发器的 $\overline{S}_D$、$\overline{R}_D$ 端有什么作用？使用时如何处理？

8.2　时序逻辑电路

时序逻辑电路是由触发器和相应逻辑门组成的具有复杂逻辑功能的逻辑电路。

时序逻辑电路的特点是任一时刻的稳定输出不仅决定于该时刻的输入，而且还与电路原来的状态有关。时序逻辑电路简称时序电路。本节主要介绍常用的两种时序电路——寄存器和计数器。

8.2.1　寄存器

寄存器是一种用来暂时存放二进制数码的逻辑记忆部件，广泛应用在电子计算机和其他数字系统中。

寄存器存放数码的方式有并行和串行两种。并行方式是数码从各对应位输入端同时输入到寄存器中；串行方式是数码从一个输入端逐位输入到寄存器中。

从寄存器取出数码的方式也有并行和串行两种。在并行方式中，被取出的数码同时出现在各位的输出端上；而在串行方式中，被取出的数码在一个输出端逐位出现。

寄存器分为数码寄存器和移位寄存器两种。

1. 数码寄存器

寄存器具有接收、存放和传送数码的功能，故称为数码寄存器，它由触发器和相应控制逻辑门组成。因为一个触发器可以存放一位二进制数码（1 或 0），所以数码寄存器存放数码的位数和所采用的触发器个数相同。

如图 8-11 所示是由 D 触发器组成的四位数码寄存器逻辑图。D 触发器具有 $Q^{n+1}=D$ 的逻辑功能，所以只要将待寄存的数码按位分别加到各位触发器的输入端，例如 $d_3d_2d_1d_0=1010$，在“寄存指令”正脉冲作用下，数码送入寄存器，各位触发器的输出状态与相应的输入状态相同，即 $Q_3Q_2Q_1Q_0=d_3d_2d_1d_0=1010$，待存数码便被寄存下来。这种寄存器的特点是在操作过程中，不需要预先清零。当有新数据需要寄存时，只要将其加到各相应输入端并发“寄存指令”即可。当然也可以预先在 $\overline{R}_D$ 端加清零负脉冲。

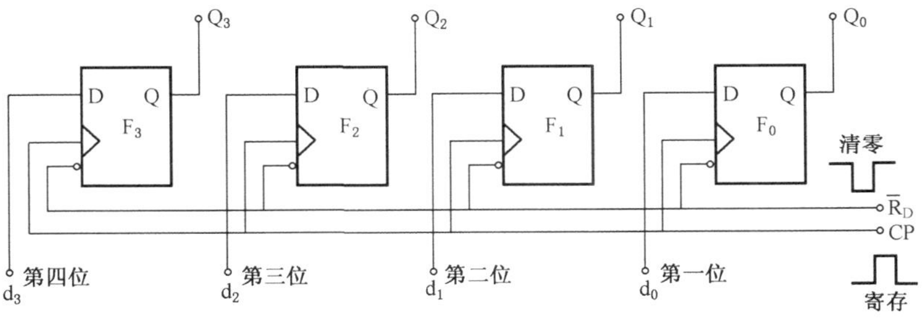

图 8-11　由 D 触发器组成的四位数码寄存器

常用D型触发器构成的四位数码寄存器集成芯片74LS175的管脚功能如图8-12所示。其中$\overline{C}_r$为清除脉冲输入端。当需寄存多位数码时,可将这种寄存器级联使用。

2. 移位寄存器

移位寄存器不仅可以存放数码而且具有移位的功能。所谓移位,就是每来一个移位脉冲,寄存器中所存数码依次左移或右移一位。移位寄存器在计算机中应用广泛。

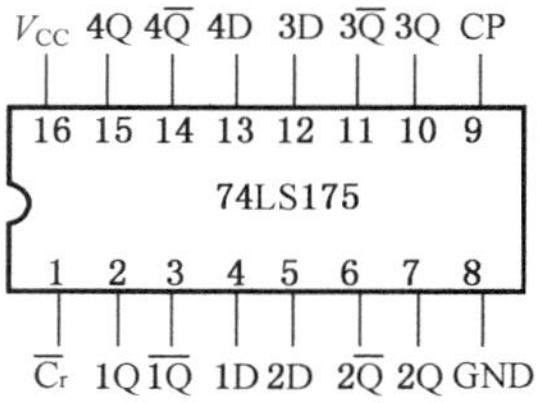

图8-12 74LS175的管脚功能图

图8-13是由D触发器组成的四位移位寄存器逻辑图。图中各位触发器的CP端连在一起,作移位脉冲控制端,最低位触发器F_0的D_0端作数码输入端。

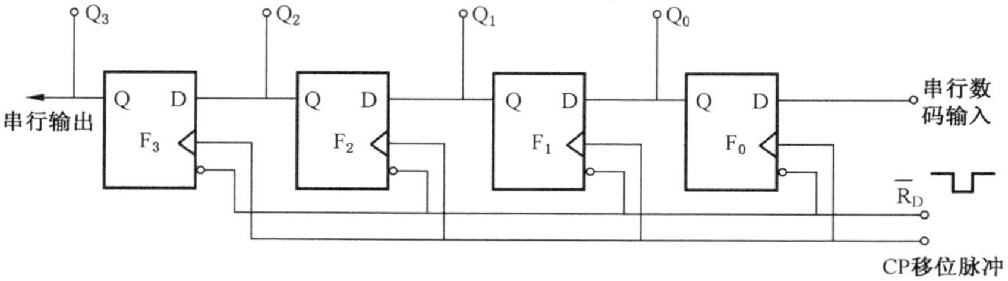

图8-13 4位移位寄存器逻辑图

设四位二进制数码$d_3d_2d_1d_0=1101$,按移位脉冲的工作节拍,从高位到低位逐位送到D_0端,经过第一个时钟脉冲后,$Q_0=d_3$,经过第二个时钟脉冲后,F_0的状态移入F_1,F_0又移入新数码d_2,即$Q_1=d_3$,$Q_0=d_2$,依此类推,经过4个时钟脉冲后,$Q_3=d_3$、$Q_2=d_2$、$Q_1=d_1$、$Q_0=d_0$,四位数码依次全部存入寄存器中。图8-14为这种移位寄存器移位工作波形,表8-5为状态转换表。可见,输入数码依次从低位触发器移入高位触发器,经过4个时钟脉冲后,触发器的输出状态与输入数码一一对应,即$Q_3Q_2Q_1Q_0=d_3d_2d_1d_0=1101$。

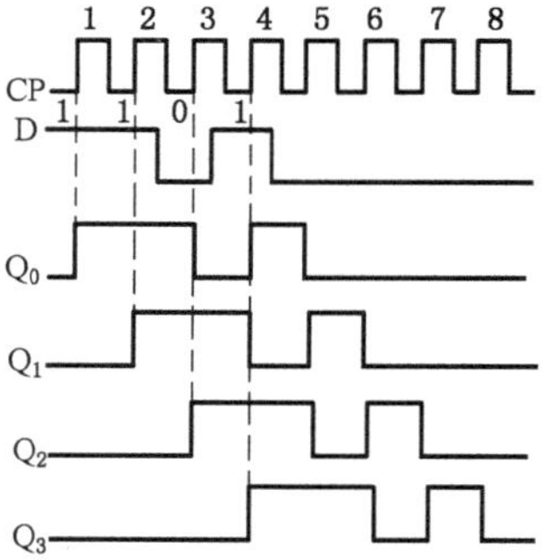

图8-14 移位寄存器工作波形

由上述分析可知,这种移位寄存器寄存的数码是按移位脉冲的工作节拍从高位到低位逐位输入到寄存器中,属串行输入方式。从寄存器中取数有两种方式:一是从4个触发器的Q端同时取数的并行输出方式,二是数码从最高位触发器的Q_3端逐位取出,即串行输出方式。显然,采用串行方式取数时,还必须再送

4 个移位脉冲(见图 8-14 中 5CP～8CP),才能取出存入的四位数码。

表 8-5　移位寄存器状态转换表

Q_3	Q_2	Q_1	Q_0	CP
—	—	—	d_3	1
—	—	d_3	d_2	2
—	d_3	d_2	d_1	3
d_3	d_2	d_1	d_0	4

8.2.2　计数器

在电子计算机和数字系统中,使用最多的时序电路是计数器。计数器的用途非常广泛,它不仅能用于对时钟脉冲计数,还可以用作分频、定时、产生节拍脉冲和进行数字运算等。计数器的种类繁多,按计数器中的各个触发器翻转的先后次序分类,可以把计数器分为同步计数器和异步计数器;按计数过程中数字的增减分类,可分为加法计数器、减法计数器;按计数器循环模数(进制数)不同,又可分为二进制计数器、十进制计数器和任意进制计数器。

1. 二进制计数器

二进制只有 0 和 1 两个数符,而一个触发器具有 0 和 1 两种状态,因此可以用一个触发器表示一位二进制数,用 n 个触发器连接起来,就可以表示 n 位二进制数,从而构成 n 位二进制计数器。

(1) 异步二进制计数器

如图 8-15 所示为四位异步二进制加法计数器逻辑图,它是由 4 个 JK 触发器所组成,并且四个触发器的输入端均为 1,即 J=K=1。计数脉冲从最低位触发器 F_0 的 CP 端输入。每输入一个计数脉冲,F_0 的状态改变一次。低位触发器的 $\overline{Q}$ 端与相邻高位触发器的 CP 端相连,每当低位触发器状态由 1 翻转为 0 时,$\overline{Q}$ 端输出一个由 0 变 1 的正跳变信号,使高位触发器翻转。这种计数器的计数脉冲不是同时加到各触发器的计数输入端,而只加到最低位触发器的计数输入端,其他各级触发器则由相邻的低位触发器输出的进位信号来触发,故称为异步计数器,它具有串行触发的特点,又称为串行计数器。

设计数器原状态为 0000,当第 1 个计数脉冲输入后,F_0 的 Q_0 由 0 变为 1,$\overline{Q}_0$ 未产生进位信号,故 F_3、F_2、F_1 保持 0 状态,计数器的状态为 0001;当第 2 个计数脉冲输入后,F_0 的 Q_0 由 1 变为 0,$\overline{Q}_0$ 产生一个正阶跃信号作用至 F_1 的 CP 端,使 F_1 的 Q_1 由 0 变 1,而此时 F_3、F_2 仍保持 0 状态,计数器的状态为 0010;依此类推。当第 15 个计数脉冲输入后,计数器的状态为 1111,第 16 个计数脉冲输入,计数器的状态返回到 0000。

由上述分析可知,一个四位二进制加法计数器有 $2^4=16$ 种状态,每输入 16 个计数脉冲,计数器的状态就循环一次,故又称其为一位十六进制加法计数器。

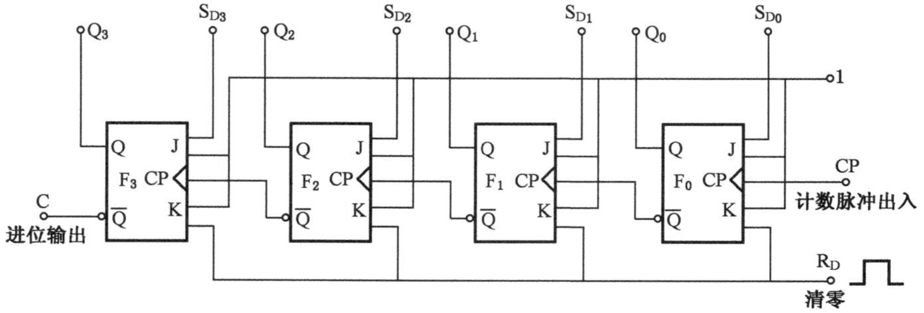

图 8-15　四位异步二进制加法计数器逻辑图

图 8-16 是四位二进制加法计数器的工作波形图。根据分析还可列出四位二进制加法计数器的状态转换表,如表 8-6 所示。

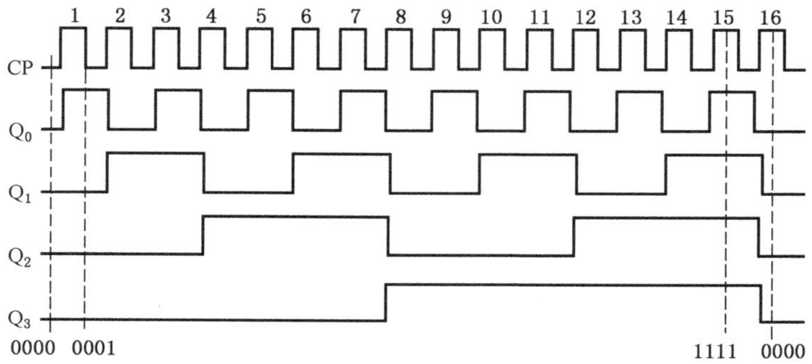

图 8-16　四位二进制加法计数器的工作波形

表 8-6　四位二进制加法计数器状态转换表

计数脉冲序号	触发器状态 Q_3 Q_2 Q_1 Q_0	对应十进制数	计数脉冲序号	触发器状态 Q_3 Q_2 Q_1 Q_0	对应十进制数
0	0 0 0 0	0	9	1 0 0 1	9
1	0 0 0 1	1	10	1 0 1 0	10
2	0 0 1 0	2	11	1 0 1 1	11
3	0 0 1 1	3	12	1 1 0 0	12
4	0 1 0 0	4	13	1 1 0 1	13
5	0 1 0 1	5	14	1 1 1 0	14
6	0 1 1 0	6	15	1 1 1 1	15
7	0 1 1 1	7	16	0 0 0 0	0(进位)
8	1 0 0 0	8			

由图 8-16 的波形图还可以看出,每经过一级触发器,脉冲周期增加 1 倍,即

频率降为原来的 1/2。于是从 Q_0 端引出的波形为二分频，从 Q_1 端引出的波形为四分频，依此类推。从 Q_{n+1} 端引出的波形为 2^{n+1} 分频，因此计数器可以用来作分频电路。

综上所述，异步二进制加法计数器有如下特点：

1）计数器的计数规律符合二进制加法运算规则：0＋1＝1；1＋1＝0，使本位为 0，向高位进 1。

2）计数器中各位触发器的连接方式由触发器的类型而定，如用脉冲上升沿触发的触发器构成的计数器，进位信号从 $\overline{Q}$ 端引出；如用脉冲下降沿触发的触发器构成的计数器，进位信号从 Q 端引出。

3）计数器所能累计的最大脉冲数称为计数容量 N，一个四位二进制加法计数器能累计的最大脉冲数 $N=2^4-1=15$。同理，一个 n 位二进制加法计数器具有 2^n 个状态，其计数容量为 $N=2^n-1$。

4）计数器可以通过 S_{D0}～S_{D3} 预置被加数，若计数从 0000 开始时，它们应接地。

如图 8-17 所示为 4 位异步二进制减法计数器逻辑图。它由 4 个 JK 触发器按二进制减法规则连接。根据二进制减法规则，若低位触发器原状态为 0，则输入一个减法计数脉冲，应翻转为 1，同时向高位发出借位信号，使高触发器位翻转。即计数规律应符合二进制减法运算法则，1－1＝0；0－1＝1，使本位为 1，向高位借 1。

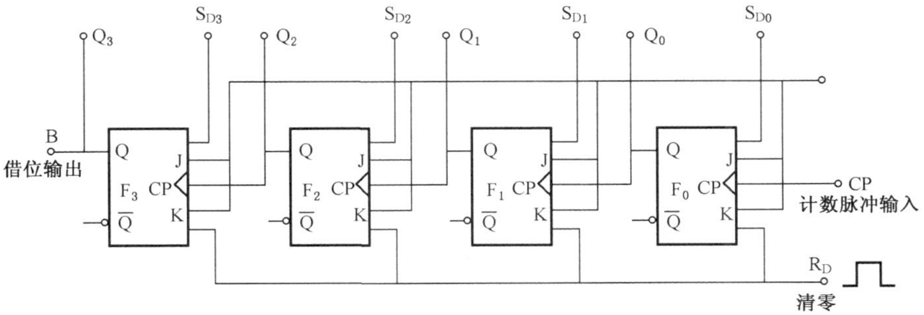

图 8-17　四位异步二进制减法计数器

仿照前述加法计数器的分析方法，读者可自行分析该减法计数器的逻辑功能和状态转换表。

（2）同步二进制计数器

同步二进制计数器是利用计数脉冲同时触发计数器中各位触发器的 CP 端，各位触发器的状态转换与计数脉冲同步。

图 8-18 是由 4 个 JK 触发器组成的四位同步二进制加法计数器的逻辑图，各

位触发器受同一个计数脉冲触发，按各自不同的输入条件翻转。

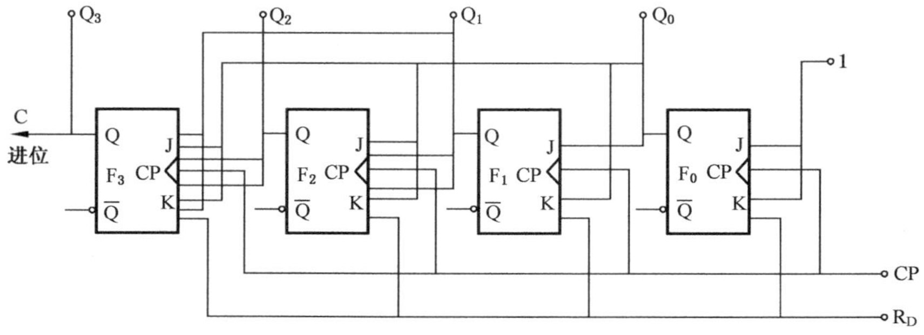

图 8-18　四位同步二进制加法计数器

由图 8-18 可得出各位触发器的 J、K 端的逻辑关系式：

$J_0=K_0=1, J_1=K_1=Q_0, J_2=K_2=Q_1Q_0, J_3=K_3=Q_2Q_1Q_0$

其工作过程分析如下：设计数器原状态为 0000。第 1 个计数脉冲到来后，F_0 翻转为 1 态，由于此时 F_1、F_2、F_3 的输入均为 0，故不翻转，计数器输出状态为 0001；第 2 个计数脉冲到来前，由于 F_1 的输入 $J_1=K_1=Q_0=1$，故在第 2 个计数脉冲到来后，F_0 由 1 翻转为 0，F_1 由 0 翻转为 1，而此时 F_2、F_3 的输入均为 0，不翻转。计数器输出状态为 0010；依此类推，直到第 15 个计数脉冲到来，计数器输出状态为 1111，第 16 个计数脉冲到来，由于各位触发器均满足翻转条件，全部翻转为 0，故计数器返回 0000 状态。

2. 十进制计数器

二进制计数器结构简单，分析设计都较容易，但人们对二进制数毕竟不如常用的十进制数那样熟悉，特别是当二进制的位数较多时，要很快读出数来就比较困难，尤其是输出具有数码显示功能的场合，常采用十进制计数器。

如图 8-19 所示为由四位 JK 触发器组成的同步十进制加法计数器逻辑图。

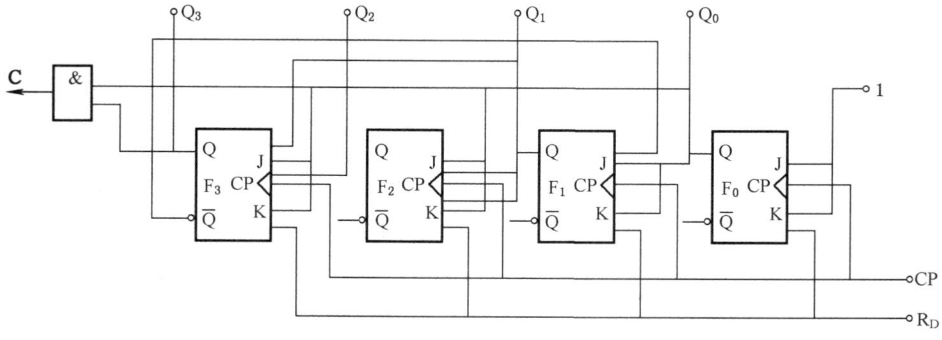

图 8-19　同步十进制加法计数器逻辑图

同步十进制计数器的计数脉冲同时加到各位触发器的 CP 端，各位触发器是否翻转，要看触发器的输入状态是否满足翻转条件，通常采用时序电路的一般分析方法，即通过特征方程分析其逻辑功能。

由图 8-19 可写出各位触发器输入端的激励方程为

$$\left.\begin{aligned}&J_0=K_0=1\\&J_1=Q_0\overline{Q_3},K_1=Q_0\\&J_2=K_2=Q_0Q_1\\&J_3=Q_0Q_1Q_2,K_3=Q_0\end{aligned}\right\}\tag{8-4}$$

将式(8-4)代入 JK 触发器的特征方程式(8-2)即得计数器特征方程为

$$\left.\begin{aligned}&Q_0^{n+1}=\overline{Q_0^n}\\&Q_1^{n+1}=Q_0^n\overline{Q_3^n}\,\overline{Q_1^n}+\overline{Q_0^n}Q_1^n\\&Q_2^{n+1}=Q_0^nQ_1^n\overline{Q_2^n}+\overline{Q_0^nQ_1^n}Q_2^n\\&Q_3^{n+1}=Q_0^nQ_1^nQ_2^n\overline{Q_3^n}+\overline{Q_0^n}Q_3^n\end{aligned}\right\}\tag{8-5}$$

进位输出端

$$C=Q_3^nQ_0^n\tag{8-6}$$

设计数器初始状态为 0000，则根据式(8-4)、式(8-5)计算出计数器的状态转换表如表 8-7 所示。

表 8-7　异步十进制加法计数器状态表

计数脉冲序号	计数器状态				等值十进制数	输出状态
	Q_3	Q_2	Q_1	Q_0		
0	0	0	0	0	0	0
1	0	0	0	1	1	0
2	0	0	1	0	2	0
3	0	0	1	1	3	0
4	0	1	0	0	4	0
5	0	1	0	1	5	0
6	0	1	1	0	6	0
7	0	1	1	1	7	0
8	1	0	0	0	8	0
9	1	0	0	1	9	1
10	0	0	0	0	0	0(进位)

计数器计数到 $Q_3Q_2Q_1Q_0=1001$ 时，再来一个计数脉冲，F_0 和 F_3 由 1 翻转为 0，F_1 和 F_2 保持 0 不变，计数器状态为 0000，完成一位十进制计数。同时进位输出端 $C=Q_3Q_0=1$，实现本位归 0 向高位进 1 的进位规则。

该计数器的各位触发器是由 CP 脉冲的上升沿触发的，其工作波形如图 8-20 所示。

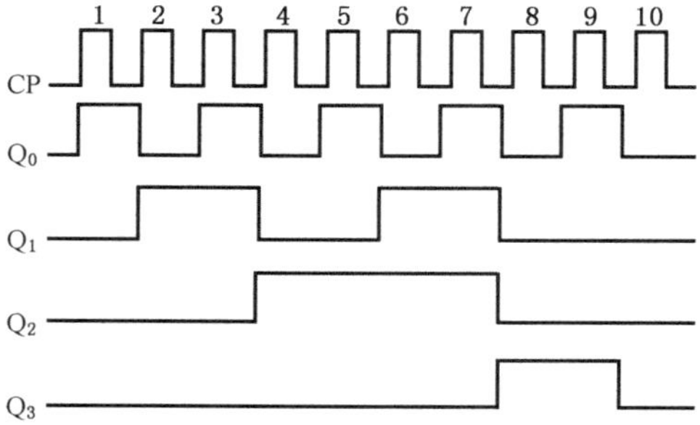

图 8-20 同步十进制加法计数器工作波形

3. 任意进制计数器

除二-十进制计数器外，还有三、四、五、六、七等其他进制的计数器。如前所述，一位触发器即构成一位二进制计数器；二位触发器可构成二位二进制计数器，也是一位四进制计数器，在其中引入适当的反馈线可构成一位三进制计数器；三位触发器可构成三位二进制计数器，也是一位八进制计数器，在其中引入适当反馈线可构成一位五、六、七进制计数器……

例 8-3 电路如图 8-21 所示，试分析其逻辑功能。

解 这是一个同步计数器。由图可见，激励方程为：$J_0=\overline{Q}_1$，$K_0=1$，$J_1=Q_0$，$K_1=1$，将它们代入 JK 触发器的特征方程得

$$Q_0^{n+1}=\overline{Q}_1^n\overline{Q}_0^n$$

$$Q_1^{n+1}=Q_0^n\overline{Q}_1^n$$

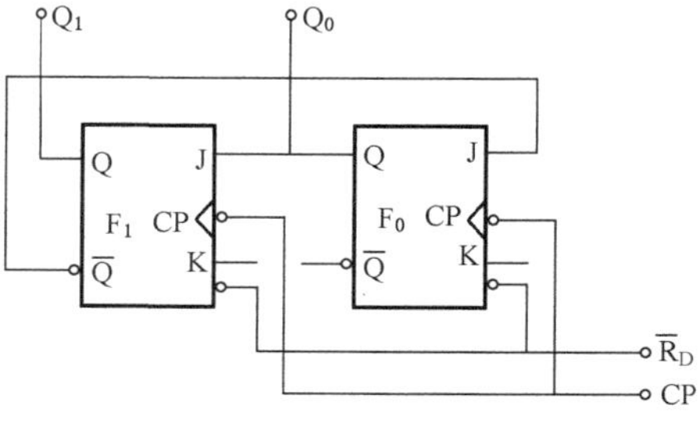

图 8-21 例 8-3 图

设计数器原状态为 $Q_1Q_0=00$，第一个计数脉冲到来后，Q_0^{n+1} 由 0 变 1，Q_1^{n+1} 不变；计数器输出为 $Q_1Q_0=01$；第二个计数脉冲到来后，Q_0^{n+1} 由 1 变为 0，Q_1^{n+1} 则由 0 变为 1，计数器输出为 $Q_1Q_0=10$；第三个计数脉冲到来后，$Q_0^{n+1}=0$，$Q_1^{n+1}=0$，计数器回到 0 状态。可见，该计数器为三进制加法计数器。表 8-8 为其状态转换表。

表 8-8　三进制加法计数器状态转换表

计数脉冲序号	输出状态		对应十进制数
	Q_1	Q_0	
0	0	0	0
1	0	1	1
2	1	0	2
3	0	0	0(进位)

图 8-22 为同步五进制加法计数器的逻辑图，读者可自行分析其逻辑功能。

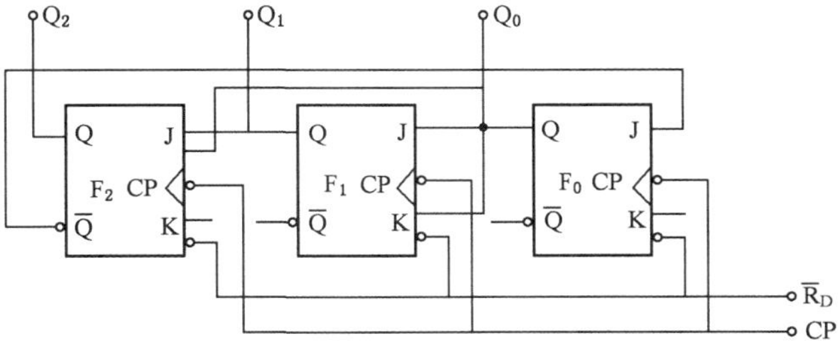

图 8-22　同步五进制加法计数器

如图 8-23 所示为集成电路二-五-十进制计数器 74LS290 的管脚功能图和功能表。$R_{0(1)}$ 和 $R_{0(2)}$ 是清零输入端，当它们为 1 时，计数器将被清零，$Q_3Q_2Q_1Q_0=0000$；$S_{9(1)}$ 和 $S_{9(2)}$ 是置 9 输入端，当它们为 1 时，计数器被置为 9，$Q_3Q_2Q_1Q_0=1001$。由功能表可见，清零时 $S_{9(1)}$ 和 $S_{9(2)}$ 中至少有一端为 0，以保证清零可靠进行。它有两个时钟脉冲输入端，用来控制进位制的转换。

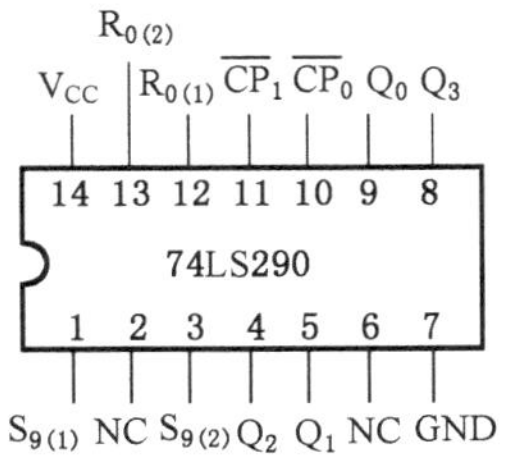

a) 引脚功能图

$R_{0(1)}R_{0(2)}$	$S_{9(1)}S_{9(2)}$	$Q_3\ Q_2\ Q_1\ Q_0$
1　1	0　Φ Φ　0	0　0　0　0
Φ　Φ	1　1	1　0　0　1
Φ　0	Φ　0	计数
0　Φ	0　Φ	计数
0　Φ	Φ　0	计数
Φ　0	0　Φ	计数

b) 功能表

图 8-23　74LS290 型计数器

(1) 只输入计数脉冲 CP_0，由 Q_0 端输出，$Q_1\sim Q_3$ 不用，为二进制计数器。

(2) 只输入计数脉冲 CP_1，由 Q_3、Q_2、Q_1 端输出，为五进制计数器。

(3) 将 Q_0 端与 CP_1 端相连，在 CP_0 端加计数脉冲，则可得到 8421 码的十进制计数器。

如将计数器适当改接，利用其清零端进行反馈置 0，可得到小于原进制的多种进制的计数器。例如将图 8-23a 中的 8421 码十进制计数器改接成如图 8-24 所示的两个电路，就分别成为六进制和九进制计数器。

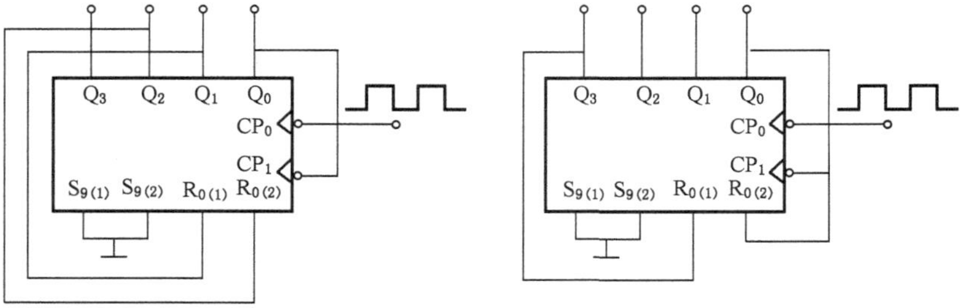

a) 六进制计数器　　b) 九进制计数器

图 8-24　74LS290 改接为六、九进制计数器

例 8-4　数字钟表中的分、秒计数都是六十进制，试用两片 74LS290 型二-五-十进制计数器连成六十进制电路。

解　六十进制计数器由两位组成，个位 F_1 为十进制，十位 F_2 为六进制，电路连接如图 8-25 所示。个位的最高位 Q_3 连到十位的 CP_0 端。

个位十进制计数器经过十个脉冲循环一次，每当第十个脉冲来到后，Q_3 由 1 变为 0（见表 8-7），相当于一个下降沿，使十位的六进制计数器计数。个位计数器经过第一次十个脉冲，十位计数器计数为“0001”；经过二十个脉冲，计数为“0010”；依此类推，经过六十个脉冲，计数为“0110”。接着，立即清零，个位和十位计数器都恢复为“0000”。这就是六十进制计数器。

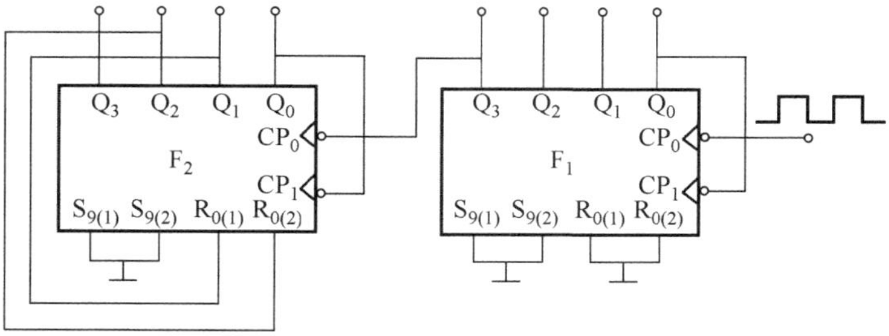

图 8-25　例 8-4 图

［思考题］

1. 说明时序逻辑电路和组合逻辑电路在逻辑功能上和电路结构上有何不同。

2. 数码寄存器和移位寄存器有什么区别？

3. n 位的二进制加法计数器，能计数的最大十进制数是多少？如果要计数的十进制数为 100，需要几位的二进制加法计数器？

4. 异步计数器和同步计数器有何不同？二进制计数器和十进制计数器有何不同？

5. 试用两片 74LS290 构成百进制计数器。

8.3　555 定时器电路及其应用

8.3.1　555 定时器芯片简介

定时器 CC7555、CC7556 是一种产生时间延迟和多种脉冲信号的控制电路，与国外产品 ICM7555 和 ICM7556 相同，还有双极型定时器如国产的 5Gl555，与国外产品 NE555 相同。

CC7555 为单定时器，CC7556 是双定时器，其内部包含如同 CC7555 那样的两个独立单元，它们共用一组电源 V_{DD} 和 V_{SS}，引脚功能如图 8-26 所示。以下分析电路以 CC7555 为例。

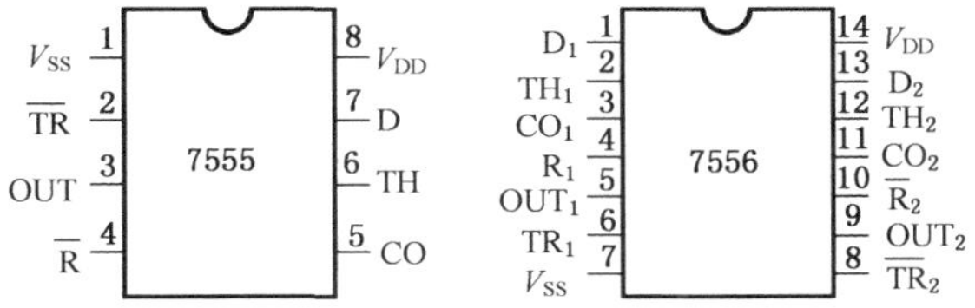

a) CC7555引脚功能　　b) CC7556引脚功能

图 8-26　定时器引脚功能

如图 8-27 所示为 CC7555 的逻辑图。它由电阻分压器、比较器、RS 触发器、放电开关和输出反相器等部分组成。电阻分压器将 V_{DD} 分压成 $U_1=\frac{2}{3}V_{DD}$ 和 $U_2=\frac{1}{3}V_{DD}$。

两个比较器 N_1 和 N_2 的结构完全相同。当 $u_+>u_-$ 时，比较器输出高电平 1；当 $u_+<u_-$ 时，比较器输出低电平 0。比较器的输出作为 RS 触发器的输入。

放电开关 V_N 是一 N 沟道场效应管，当栅极为 1 时，V_N 导通；栅极为 0 时，V_N 截止，放电通过外接电容进行。CC7555 的逻辑功能如表 8-9 所示。

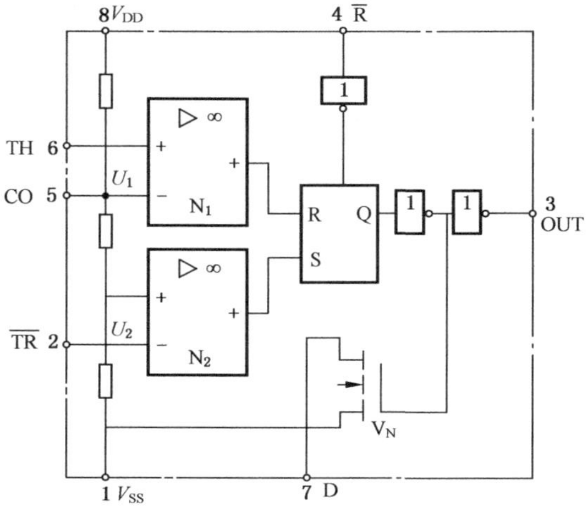

图 8-27　CC7555 定时器逻辑图

表 8-9　CC7555 真值表

输入			输出	
TH	$\overline{TR}$	$\overline{R}$	OUT	D(V_N)
ϕ	ϕ	0	0	接通
$>2/3V_{DD}$	$>1/3V_{DD}$	1	0	接通
$<2/3V_{DD}$	$>1/3V_{DD}$	1	原状态	原状态
$<2/3V_{DD}$	$<1/3V_{DD}$	1	1	关断

由表可知，当 $\overline{R}=0$ 时，不论 TH 和$\overline{TR}$端的输入电平如何，电路输出为 0。故称 $\overline{R}$ 为复位端，低电平有效，正常工作时 $\overline{R}=1$。

当 TH 端输入电压大于$\frac{2}{3}V_{DD}$，$\overline{TR}$端输入电压大于$\frac{1}{3}V_{DD}$时，比较器 N_1 输出为 1，比较器 N_2 输出为 0，则电路输出为 0。

当 TH 端输入电压小于$\frac{2}{3}V_{DD}$，$\overline{TR}$输入电压大于$\frac{1}{3}V_{DD}$时，比较器 N_1 和 N_2 输出均为 0，电路保持原状态不变。

当 TH 端输入电压小于$\frac{2}{3}V_{DD}$，$\overline{TR}$端输入电压小于$\frac{1}{3}V_{DD}$时，比较器 N_1 输出为 0，比较器 N_2 输出为 1，则电路输出为 1。

图 8-27 中 CO 端为电压控制端，如外接电压则可改变触发电平和阈值电压。不用时可将其悬空或经 0.01 μF 的电容接地。

555 定时器电路具有如下特点：

(1) 静态电流较小,每个单元为 80 μA 左右。

(2) 输入阻抗极高,输入电流为 1 μA 左右。

(3) 电源电压范围较宽,在 3～18 V 内均可正常工作。

(4) 由于输入阻抗高,作单稳态触发器等使用时,比用双极型定时器定时时间长且稳定。

8.3.2 CC7555 组成的单稳态触发器

前述的触发器都有两个稳定状态,称为双稳态触发器,从一个稳定状态翻转为另一个稳定状态必须靠信号脉冲触发,信号脉冲消失后,稳定状态能一直保持下去。而单稳态触发器是指只有一个稳定状态,在没有外加触发脉冲作用时,触发器处于稳定状态。当外加触发脉冲后,触发器翻转为新状态,但新状态只能暂时保持(暂稳状态),经过一定时间(由电路参数决定)后自动翻转到原来的稳定状态。

单稳态触发器在数字电路中一般用于定时(产生一定宽度的矩形波)、整形(把不规则的波形变为幅度和宽度都相等的脉冲)及延时(将输入信号延迟一定时间后输出)等。

图 8-28a 是由 CC7555 构成的单稳态触发器。该电路的触发信号从 $\overline{\mathrm{TR}}$ 端输入。TH 端和放电端 D 连在一起。接通电源瞬间,电源通过电阻 R_x 向电容 C_x 充电,充电到 $u_C > \frac{2}{3}V_{DD}$时,输出复位,$u_0 = 0$,放电管 V_N 导通,电容 C_x 放电,电路进入稳态。当触发端$\overline{\mathrm{TR}}$加一负脉冲且幅值低于$\frac{1}{3}V_{DD}$时,比较器 N_2 输出为 1,使触发器置位,$u_0 = 1$,V_N 管截止,电路进入暂稳态。电源通过电阻 R_x 对电容 C_x 充电,当 $u_C > \frac{2}{3}V_{DD}$(此时触发负脉冲已结束)时,电路又发生翻转,$u_o = 0$,V_N 导通,电容 C_x 通过 V_N 管放电,电路恢复至稳态,完成了单稳态触发器的一个工作过程。图 8-28b 为该电路的工作波形。

若忽略 V_N 的饱和压降,则 u_C 从零电平上升到$\frac{2}{3}V_{DD}$所需的时间,即为 u_o 的输出脉冲宽度 t_p,其值可从图 8-28b 的 u_C 波形中求出。为分析方便,以输入负触发脉冲 u_i 下降到$\frac{1}{3}V_{DD}$时的时间 t_1 作为计时起点,则有

$$t_p = R_x C_x \ln 3 \approx 1.1 R_x C_x \tag{8-7}$$

在 t_p 时间内,不能再输入触发脉冲,因此要求输入脉冲宽度要小于输出脉冲宽度 t_p。

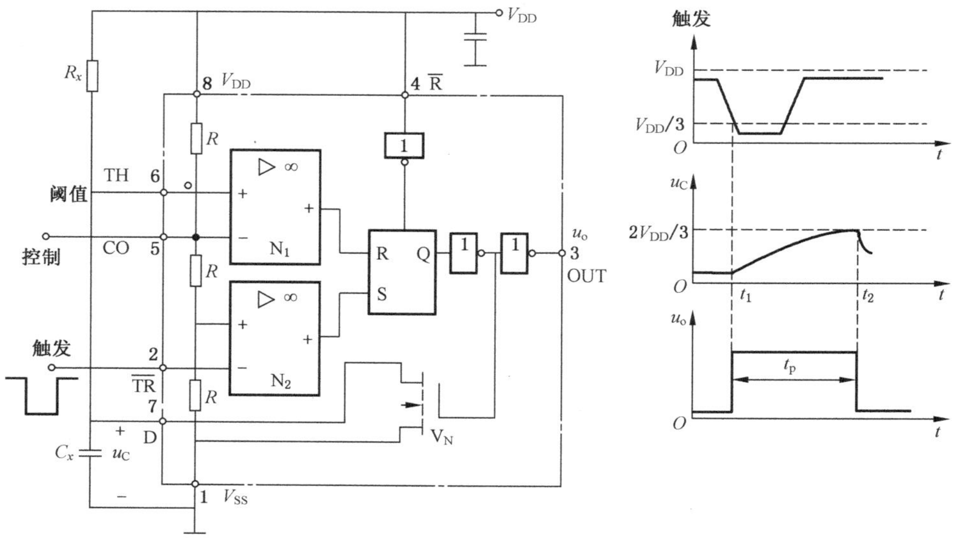

a) 电路图　　　　b) 工作波形

图 8-28　CC7555 构成的单稳态触发器

8.3.3 CC7555 组成的多谐振荡器

主要用于产生方波或矩形波的电路称为多谐振荡器。在数字系统和计算机中，方波或矩形波被用作时钟信号、计数脉冲或其他同步信号。多谐振荡器没有稳定状态，故又称为无稳态电路。

图 8-29 是由 CC7555 构成的多谐振荡器。R_1、R_2、C 是定时元件。接通电源瞬间，定时电容 C 上的电压 u_C 为零，TH 端和$\overline{TR}$端电位均小于$\frac{1}{3}V_{DD}$。由表 8-9 可知，这时集成定时器输出端 OUT 被置位，$u_o=1$，定时器内部放电管 V_N 截止。此后，电源 V_{DD}通过电阻 R_1、R_2 对电容 C 充电，TH 与$\overline{TR}$端的电位逐渐升高，当升高到$\frac{2}{3}V_{DD}$时，输出端 OUT 跳变成低电平，这时定时器内部放电管 V_N 导通，电容 C 通过电阻 R_2 和 V_N 放电，TH 和$\overline{TR}$端电位逐渐下降，当$\overline{TR}$端电位下降到$\frac{1}{3}V_{DD}$时，输出端 OUT 又跳变为高电平，定时器内部放电管截止。依此周而复始形成振荡，在输出端得到如图 8-29b 所示的矩形脉冲信号。

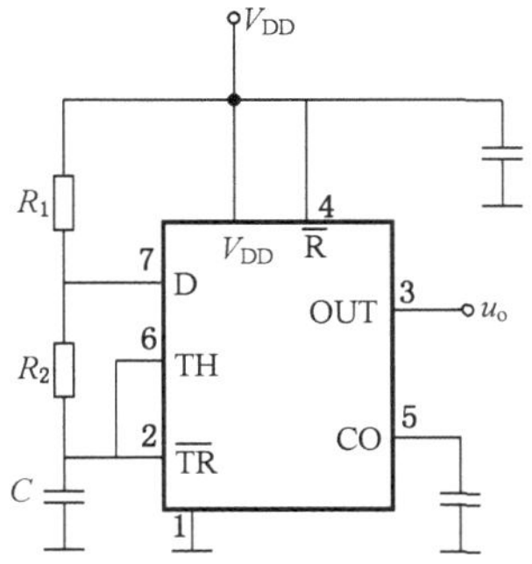

a) 电路图

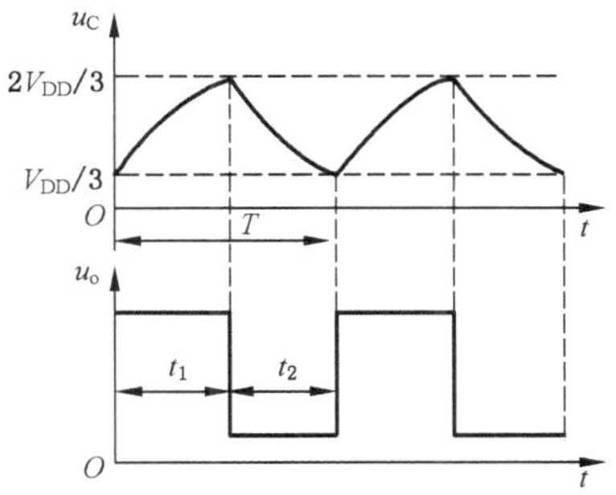

b) 工作波形

图 8-29　CC7555 多谐振荡器

振荡周期 T 和振荡频率 f 可如下近似估算：

$$t_1 = (R_1 + R_2)C\ln 2 \approx 0.7(R_1 + R_2)C$$

$$t_2 = R_2 C\ln 2 \approx 0.7 R_2 C$$

$$T = t_1 + t_2 \approx 0.7(R_1 + 2R_2)C$$

$$f = \frac{1}{T} \approx \frac{1.43}{(R_1 + 2R_2)C} \tag{8-8}$$

可见，由集成定时器构成的多谐振荡器的振荡频率只取决于外接元件。图 8-30 是由 CC7555 集成定时器构成的占空比可调的多谐振荡器。该电路用两个二极管隔离充放电电流，可以分别控制振荡器的高低电平持续时间。这样，用电位器 R_P 就可以调节占空比。选择不同值的电容 C_1，可改变频率，频率的调节范围可以从 200 kHz 至 0.01 Hz 或更低。

该电路电源工作范围较宽，为 3～15 V，输出端吸收电流为 200 mA，最小脉宽为 2.5 μs。

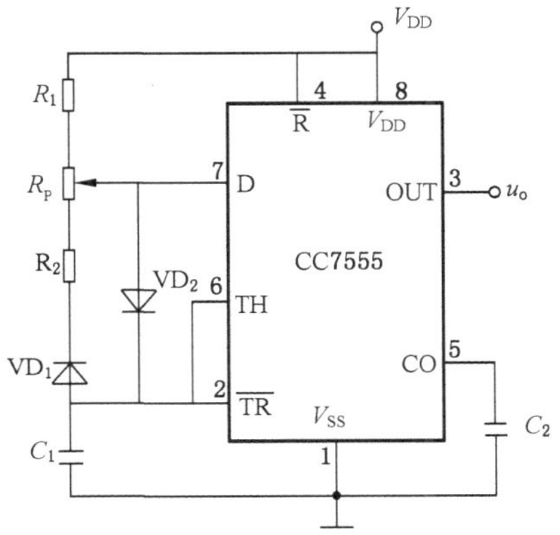

图 8-30　占空比可调的多谐振荡器

［思考题］

1. 单稳态触发器和无稳态触发器各有什么特点？它们产生的方波有何不同？

2. 单稳态触发器为什么能用于定时控制和脉冲整形？

3. 在如图 8-30 所示多谐振荡器电路中，若 $R_1=15\ \text{k}\Omega$，$R_2=68\ \text{k}\Omega$，$C=10\ \mu\text{F}$，则其输出信号的周期为多少？

8.4 时序逻辑电路应用实例

8.4.1 模拟声响发生器

模拟声响发生器的电路如图 8-31a 所示。

图中 IC_1 和 IC_2 是两片 555 定时器电路，模拟声响发生器是由两个多谐谐振荡器构成，两个振荡器电路结构相似但参数不同，尤其应引起注意的是 IC_1 的输出 u_{o1} 的输出接到 IC_2 的复位端。适当选择参数使 IC_1 的振荡频率 $f_1=1$ Hz，IC_2 的振荡频率 $f_2=2$ kHz。很明显，u_{o1} 为高电平时，IC_2 工作，扬声器发声；u_{o1} 为低电平时，使 IC_2 复位，振荡器停振，电路的工作波形如图 8-31b 所示。这种波形将使扬声器发出间隙式声响。

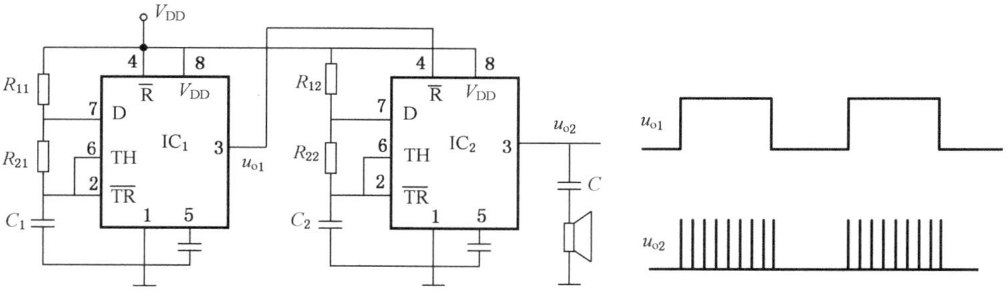

a) 电路图　　b) 工作波形

图 8-31　模拟声响发生器电路

8.4.2 多芯电缆测试仪电路

图 8-32 是一个简易多芯电缆测试仪电路。该电路可以对 10 芯以内电缆的短路、断芯及编号错乱等故障进行判断。

IC_1 为 555 定时器电路，它与外围元件构成多谐振荡器，调节可调电阻可改变振荡器的频率，IC_1 输出的脉冲作为 IC_2 的时钟信号。IC_2 为十进制计数/分配器 CC4017，当从 CP 端输入时钟信号时，其输出端 $Q_0 \sim Q_9$ 便会依次出现高电平。检测时，将电缆线的两端分别接在插座 X_1 和 X_2 上，并分别给以编号。当接通电源后，在 IC_2 的 $Q_0 \sim Q_9$ 端输出高电平的作用下，插座 X_2 后接的发光二极管

LED_1～LED_{10} 以不同的点亮方式反映出电缆的测试结果，详见表 8-10 所示。

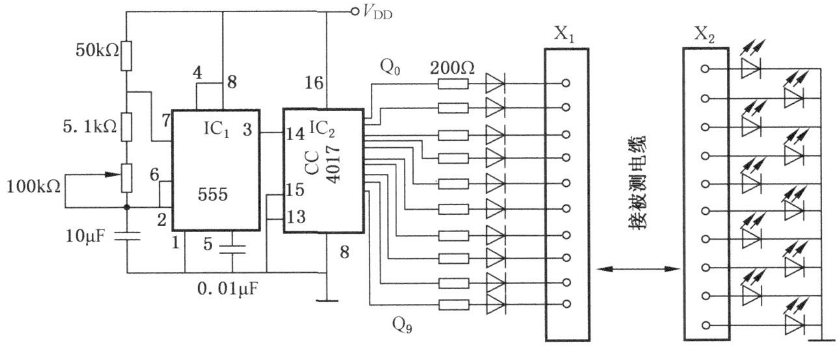

图 8-32 简易多芯电缆测试仪电路

表 8-10 电缆的测试结果

发光二极管点亮方式	测试结果
顺序点亮	电缆无短路、断路现象，线芯编号正确
点亮顺序颠倒	线号编错或接错
有两只以上同时被点亮	电缆芯线间有短路
某个灯不亮	电缆芯线有断路

8.4.3 电风扇的自然风控制电路

电风扇的自然风控制电路能使电风扇产生大自然的天然阵风效果，风量时大时小，给人以舒适的感觉。无干扰的自然风控制电路如图 8-33a 所示。

交流电压经变压器 T 降压、VD_1 ~ VD_4 整流，形成一串半波正弦脉冲电压加到“与非”门 I 的输入端，电压每过零时，“与非”门 I 输出为高电平，从 B 端输出一串过零脉冲信号。555 定时器集成电路与 R_P、R_1、C_2 等组成无稳态自激多谐振荡器，在 C 端输出矩形波脉冲，调节电位器 R_P 的阻值可以改变输出脉冲的周期。与非门 Ⅱ 的两个输入端分别接 B 点与 C 点，只有当 B 点与 C 点都为高电平时，与非门 Ⅱ 的输出才为低电平。D 点输出的间隔脉冲群经 VT_1、VT_2 组成的放大与倒相电路，E 点输出如图 8-33b 所示脉冲，此脉冲加到双向可控硅 VS 的控制极去控制它的导通或关断，从而使风扇产生模拟自然风。由上面分析可知，VS 的触发脉冲是由过零脉冲和矩形脉冲共同产生的，是一串过零的间隔脉冲群。它使风扇得到间隔的正弦波群，没有阶跃跳变，不会产生干扰脉冲。调节电位器 R_P，可以改变风扇的通断时间间隔，即模拟自然风的大小。

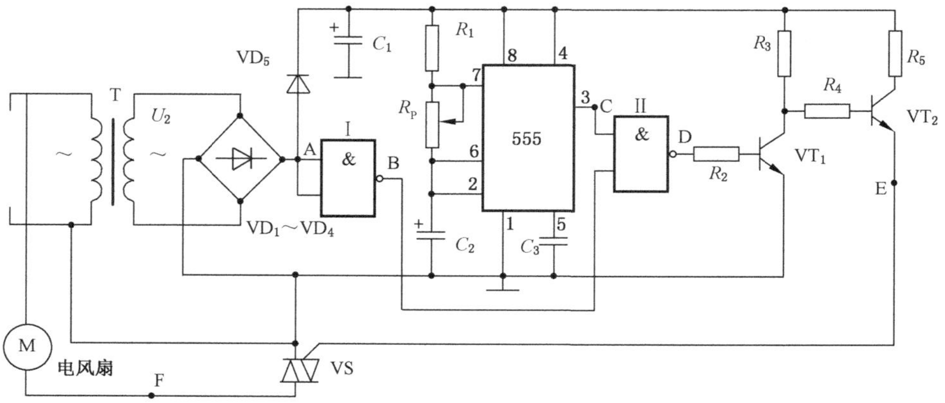

a) 电路图

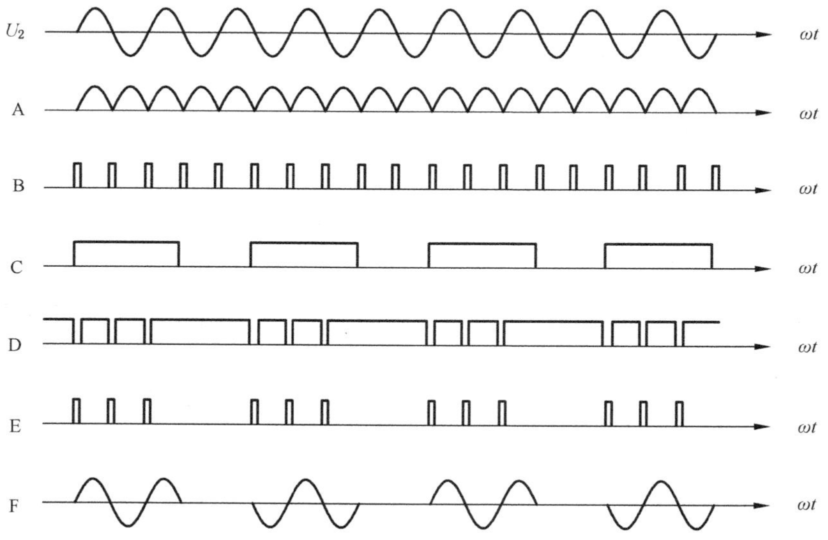

b) 工作波形图

图 8-33　电风扇的自然风控制电路

习　　题

8-1　对应于图 8-1a 逻辑图，若输入波形如图 8-34 所示，试分别画出原态为 0 和原态为 1 对应时刻的 Q 和 $\overline{Q}$ 波形。

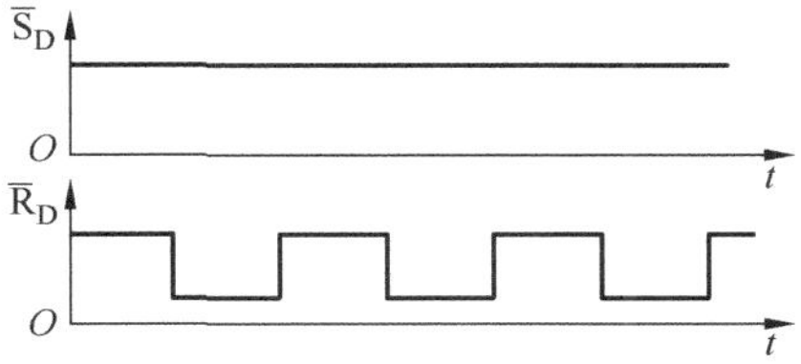

图 8-34　题 8-1 图

8-2　逻辑图如图 8-35 所示，试分析它们的逻辑功能，分别画出逻辑符号，列出逻辑真值表，说明它们是什么类型的触发器。

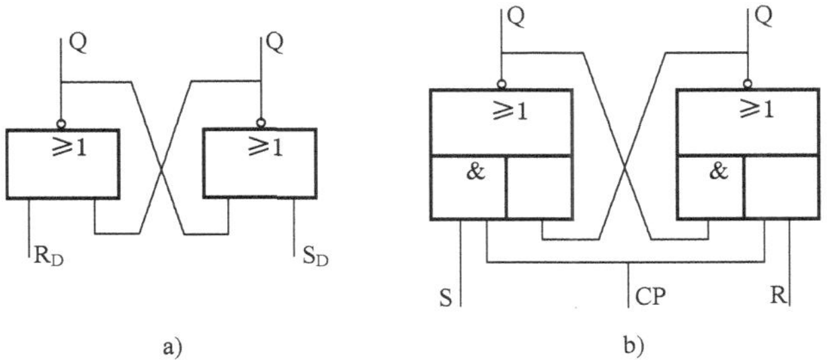

图 8-35　题 8-2 图

8-3　同步 RS 触发器的原状态为 1，R、S 和 CP 端的输入波形如图 8-36 所示，试画出对应的 Q 和 $\overline{Q}$ 波形。

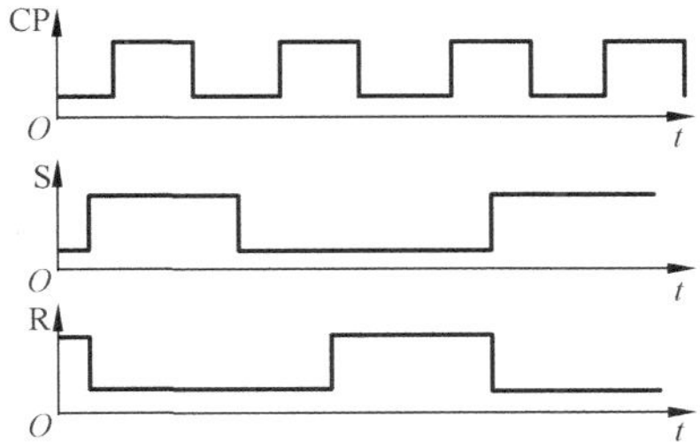

图 8-36　题 8-3 图

8-4　设触发器的原始状态为 0，在如图 8-37 所示的 CP、J、K 输入信号激励下，试画出 JK 触发器输出 Q 的波形。

8-5　设 D 触发器原状态为 0 态，试画出在如图 8-38 所示的 CP、D 输入波形激励下的输出波形。

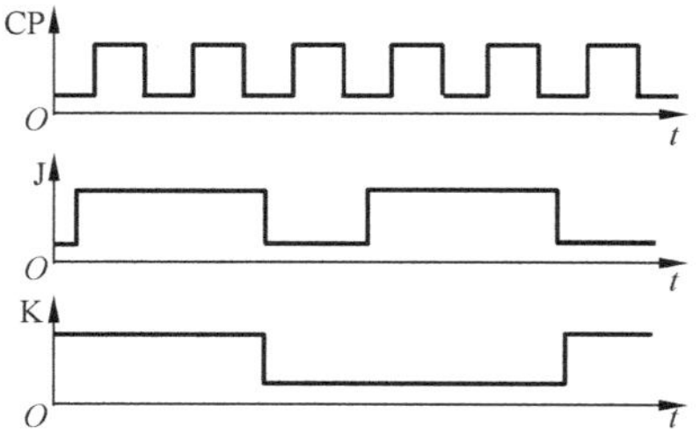

图 8-37　题 8-4 图

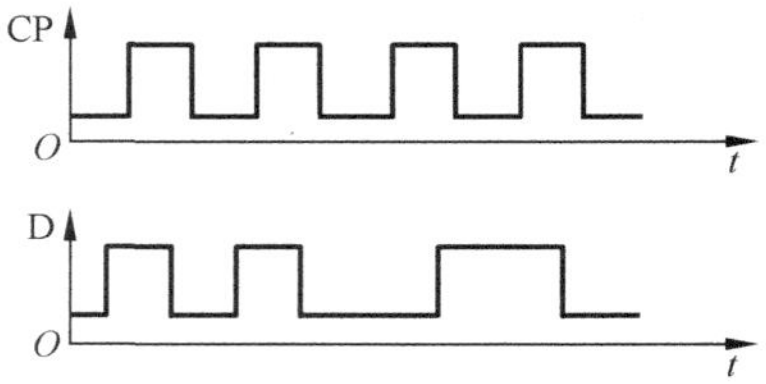

图 8-38　题 8-5 图

8-6　已知时钟脉冲 CP 的波形如图 8-37 所示，试分别画出图 8-39 中各触发器输出端 Q 的波形。设它们的初始状态均为 0。指出哪个具有计数功能。

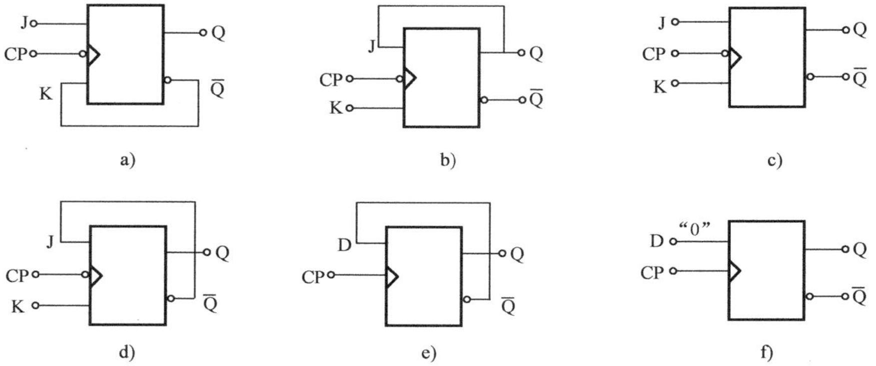

图 8-39　题 8-6 图

8-7　在如图 8-40 所示的逻辑电路中，试画出 Q_1 和 Q_2 端的波形，时钟脉冲的波形 CP 如图 8-37 所示。如果时钟脉冲的频率是 4000 Hz，那么 Q_1 和 Q_2 波形的频率各为多少？设初始状态 $Q_1=Q_2=0$。

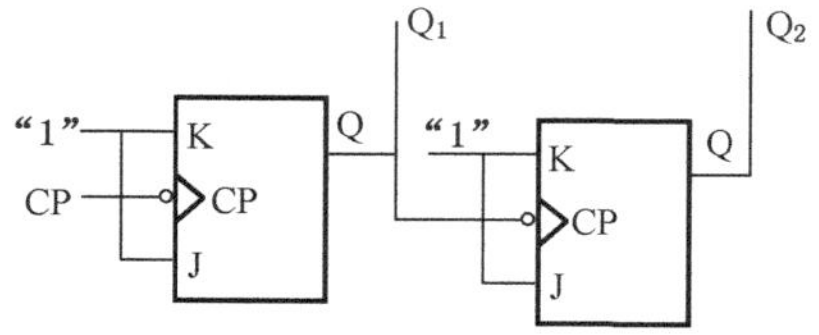

图 8-40　题 8-7 图

8-8　根据如图 8-41 所示的逻辑图及相应的 CP、$\overline{R_D}$ 和 D 的波形，试画出 Q_1 端和 Q_2 端的输出波形，设初始状态 $Q_1=Q_2=0$。

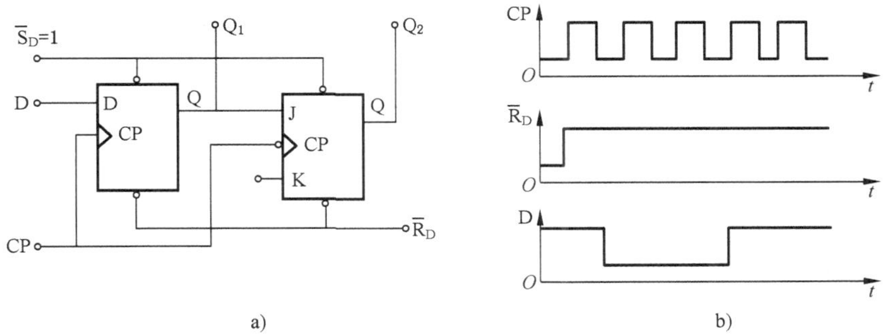

图 8-41　题 8-8 图

8-9　电路如图 8-42 所示，试画出 Q_1 和 Q_2 的波形。设两个触发器的初始状态均为 0。

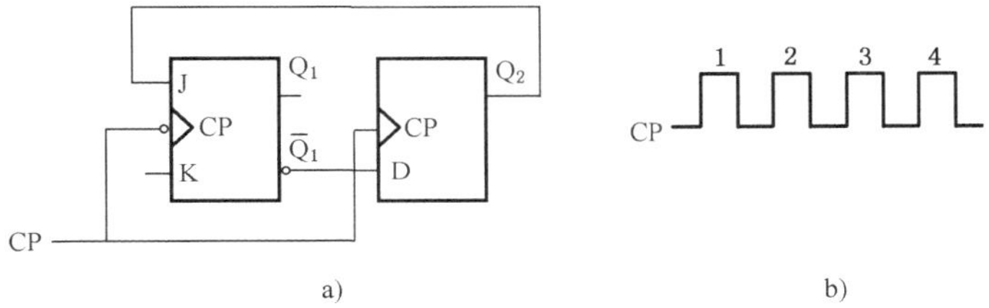

图 8-42　题 8-9 图

8-10　如图 8-43 所示电路是一个可以产生几种脉冲波形的信号发生器。试对应时钟脉冲 CP 的波形，画出 F_1、F_2、F_3 三个输出端的波形。设触发器的初始状态为 0。

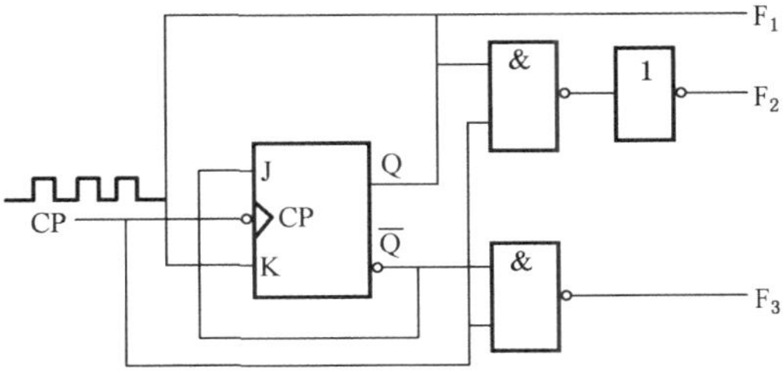

图 8-43　题 8-10 图

8-11　试画出由 D 触发器组成的四位右移寄存器逻辑图，设输入的四位二进制数码为 1101，画出移位寄存器的工作波形。

8-12　如图 8-44a 所示电路，图 8-44b 为输入波形。试画出 Q_1，Q_2 的波形。

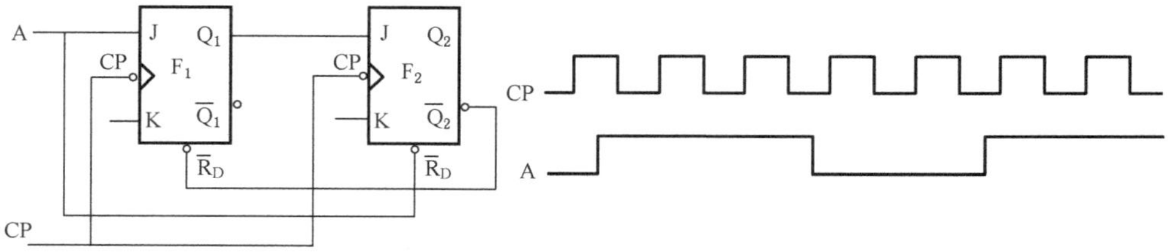

a)　　b)

图 8-44　题 8-12 图

8-13　图 8-22 为同步五进制计数器的逻辑图，在 CP 端输入计数脉冲后，列出它的状态转换真值表，并画出工作波形图。

8-14　图 8-45 是由 4 个 JK 触发器组成的一种计数器，通过分析说明该计数器的类型，并画出工作波形图。

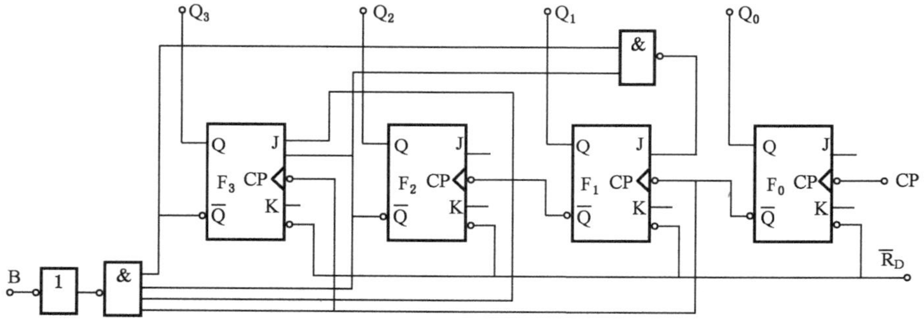

图 8-45　题 8-14 图

8-15　图 8-46 是由 3 个 JK 触发器组成的一种计数器，通过分析说明该计数器的类型，并画出工作波形图。

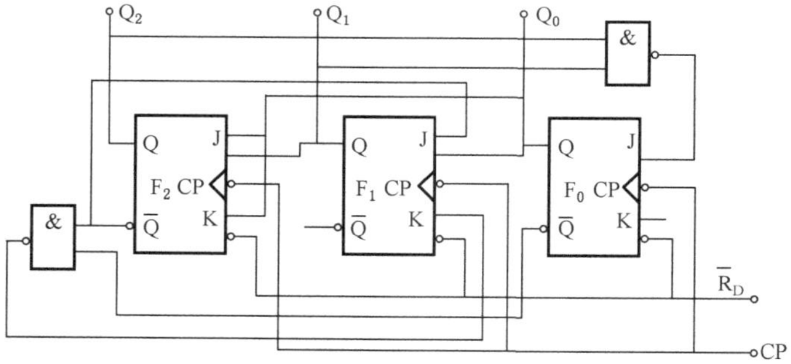

图 8-46　题 8-15 图

8-16　如图 8-47 所示电路。试画出在图中时钟脉冲 CP 作用下 Q_0、$\overline{Q_0}$、Q_1、$\overline{Q_1}$ 和输出 ϕ_1、ϕ_2 的波形图，并说明 ϕ_1 和 ϕ_2 波形的相位差（时间关系）。

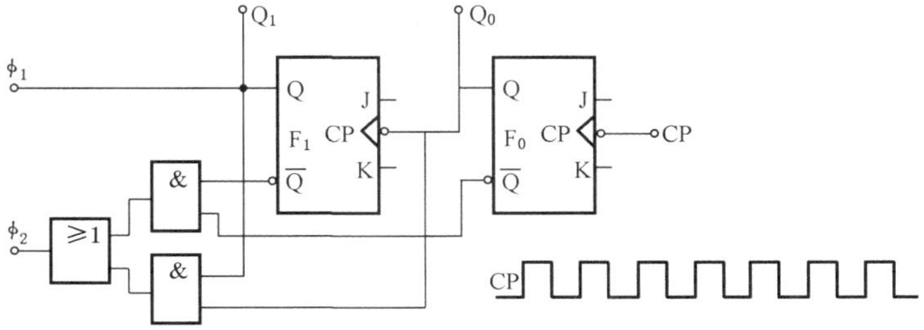

图 8-47　题 8-16 图

8-17　图 8-48 是由 3 个 JK 触发器组成的一种计数器，写出计数器的状态方程，说明该计数器的类型。

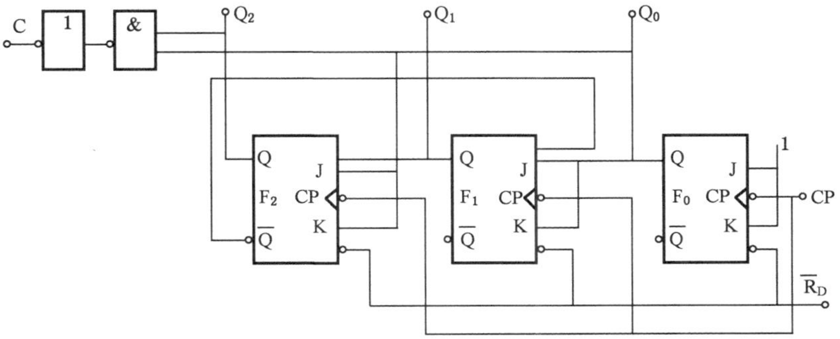

图 8-48　题 8-17 图

8-18　试列出图 8-49 所示计数器的真值表，从而说明它是几进制计数器。设初始状态为 000。

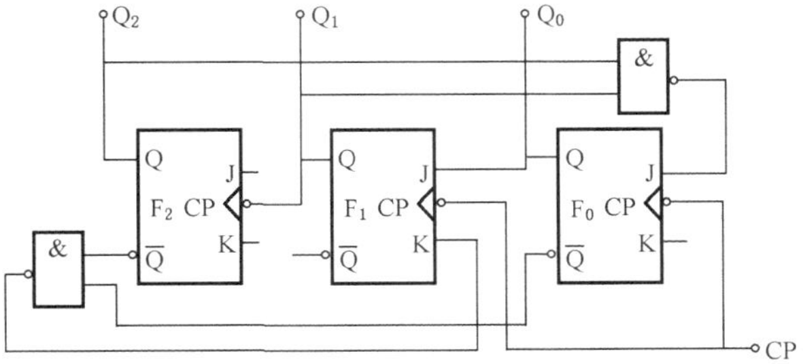

图 8-49　题 8-18 图

8-19　彩灯电路如图 8-50 所示。设 $Q_A=1$，红灯亮；$Q_B=1$，绿灯亮；$Q_C=1$，黄灯亮。试分析该电路，说明三组彩灯点亮的顺序。初始状态三个触发器的 Q 端均为 0。

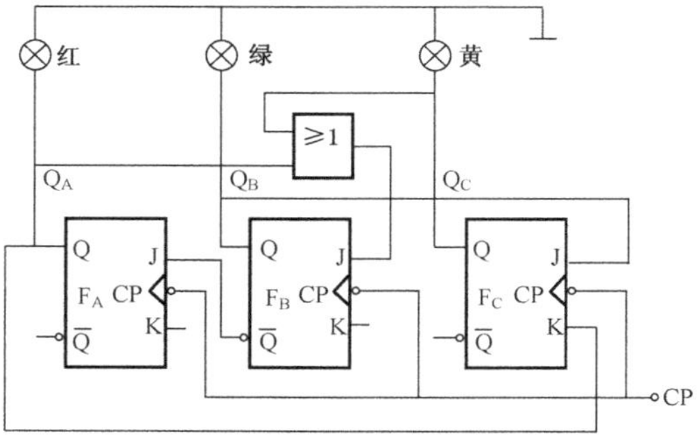

图 8-50　题 8-19 图

8-20　图 8-51a 是一单脉冲输出电路，试用一片 74LS112 型双下降沿 JK 触发器（其引脚图见图 8-51b）和一片 74LS00 型 2 输入四“与非”门连接成该电路，画出接线图，并画出 CP、Q_1、Q_2、F 的波形图。

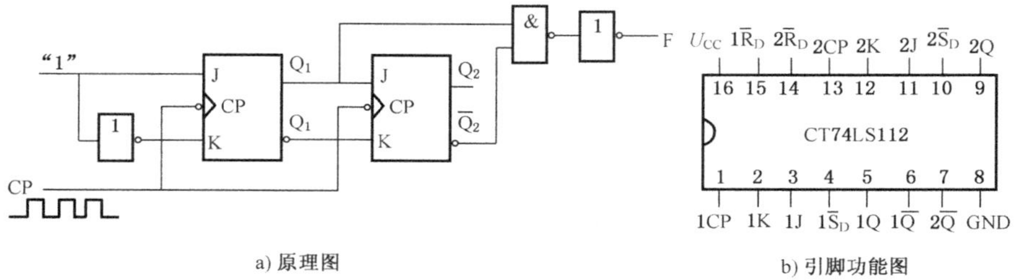

a) 原理图　　b) 引脚功能图

图 8-51　题 8-20 图

8-21　分析如图 8-52 所示时序电路的功能，列出状态转换表。

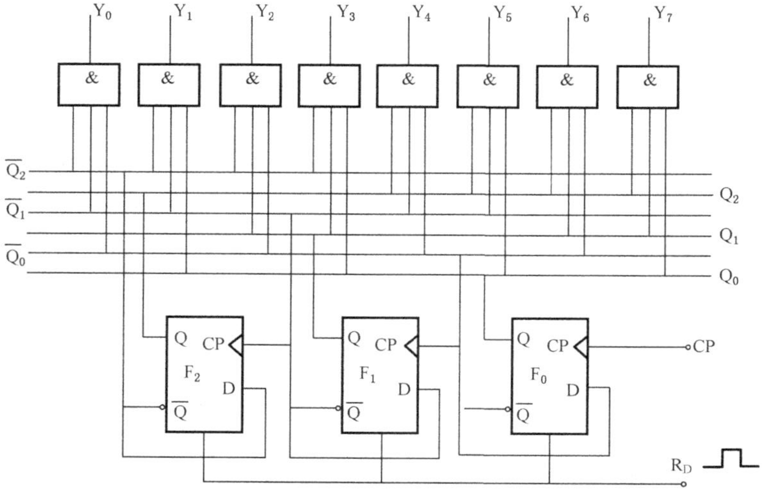

图 8-52　题 8-21 图

8-22　图 8-53 是一简易触摸开关电路，当手摸金属片时，发光二极管亮，经过一定时间，发光二极管熄灭。试说明其工作原理，并问发光二极管能亮多长时间？（输出端电路稍加改变也可接门铃、短时用照明灯、厨房排烟风扇等）

8-23　图 8-54 是一门铃电路，试说明其工作原理。

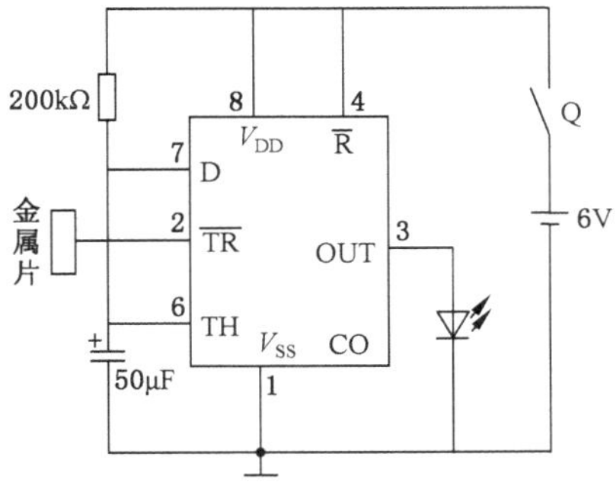

图 8-53　题 8-22 图

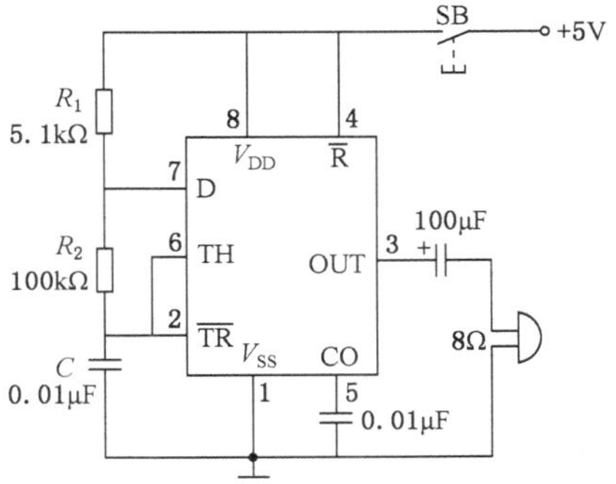

图 8-54　题 8-23 图

8-24　试用 CC7555 定时器设计一个多谐振荡器，要求振荡周期为 1 s，输出脉冲幅度大于 3 V 且小于 5 V，输出脉冲的占空比为 2/3。

8-25　试设计一个三人抢答逻辑电路，要求：

（1）每位参赛者有一个按钮，按下就发出抢答信号；

（2）主持人另有一个按钮，按下电路复位；

（3）先按下按钮者将相应的一个发光二极管点亮，此后他人再按下各自的按钮，电路不起作用。

8-26　试设计一个由两个触发器组成的逻辑电路，能实现三个彩灯 A、B、C 按如图 8-55 所示的顺序亮暗。

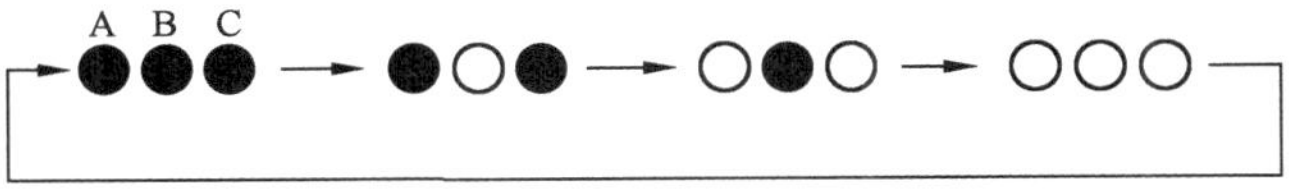

图 8-55　题 8-26 图

第9章 电路仿真软件 Multisim 的应用

本章提要 本章主要介绍 Multisim 的发展史、Multisim 14.0 新增的特性与安装方法，讲解 Multsim 软件界面、基本操作、元件库和各类仿真仪表，同时给出了电子电路应用的一些实例，介绍了用户界面与环境参数自定义和设计步骤。

本章主要讨论以下几个问题：

1. Multisim 的使用方法；
2. Multism 元件库与仿真仪器介绍；
3. Multism 仿真分析方法。

本章重点 掌握 Multisim 元件库与仿真仪器的使用方法。

本章难点 应用 Multisim 进行电路的仿真。

9.1 Multisim 14.0 的使用方法

Multisim 的前身为 EWB(Electronics Workbench)软件，功能十分强大，能进行电路分析、模拟电路、数字电路、高频电路和电力电子电路的虚拟仿真。21世纪初，EWB 5.0 软件升级更新为 Multisim 2001，2003 年升级为 Multisim 7.0，2005 年发布 Multisim 8.0，2016 年发布最新版本 14.0。

使用 Multisim 可交互式地搭建电路原理图，并进行仿真。Multisim 14.0 具有界面形象直观、操作方便、功能强大、易学易用的特点。该软件用于电子电路仿真与设计，初学者易上手，仿真速度快、效率高，更适合电工与电子技术的学习。

将 Multisim 软件和 LabVIEW 测量软件相集成，设计制作自定义印制电路板(PCB)的工程师能够非常方便地进行仿真，规避设计上的反复，减少原型错误并缩短产品上市时间。

Multisim 14.0 推出了很多专业设计特性，主要是高级仿真工具，新增元器件和扩展的用户功能，主要的新增特性包括：

(1) 改进电路的仿真和分析流程，所有分析及其设置都放在一个对话框中，更直观地设置和仿真分析。

(2) 重新设计探针功能，可以用一个清晰和方便的方式对电压、支路电流和功率等进行测量。同时可以对选择的输出变量进行自动分析，如暂态分析和交流分析，运行分析后，变量的值会显示到记录仪中。

(3) 元件可以在搜索结果中预览，在搜索结果对话框中加入了元器件符号和封装预览窗口。

(4) 在两个仿真之间可以自动保存的记录仪设置有：图表标题、图表背景颜色、网格线、数轴标题、迹线颜色、跟踪启用/禁用状态、轨迹线视觉风格、手动改变的缩放比例、光标状态/位置、图表中的顶部和右坐标轴。但不适用于参数分析、温度分析、蒙特卡罗分析和最坏情况分析。

(5) 用户可以添加自定义的封装到主数据库的 RLC 元器件中。在 RLC 元器件表中有新的管理封装按钮可以打开新的管理 RLC 封装对话框。使用这个对话框可以从主数据库、用户数据库或者共同数据库增加任何封装到默认封装菜单以供选择。

(6) 支持的图片格式有：bmp、jpg、jpeg、jpe、gif、tif、tiff、png、ico 和 cur 格式。

(7) 包括了新的元器件。

9.1.1 Multism 的安装

Multisim 的安装步骤如下：

(1) 将安装光盘放入光驱，将自动运行安装程序，出现如图 9-1 所示的安装界面。如果没有自动运行安装程序，可手动打开光盘，运行其中的 SETUP.EXE 文件。安装程序首先初始化，如要取消安装，则单击“Cancel”按钮。

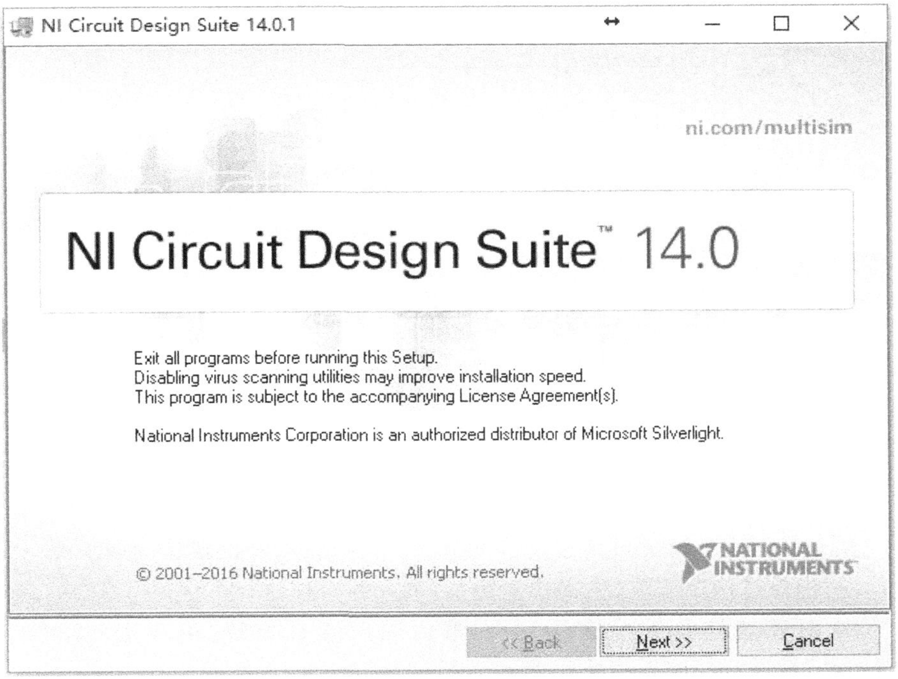

图 9-1　Multisim 安装窗口

(2) 初始化后单击 Next 按钮可执行下一步安装。

(3) 弹出用户信息对话框,要求输入用户全名及公司或组织名称。如已有软件产品序列号,则输入相应序列号;如没有序列号,则选择后面的备选项,安装评估版产品。点击"Cancel"按取消安装,点击"Next"按钮继续执行下一步安装,点击"Back"按钮回到上一步。

(4) 输入的序列号校验通过后,将弹出安装地址对话框,用户可选择默认的安装路径,或者点击"Browse"按钮选择新的安装地址。

(5) 选择要安装的功能模块如图 9-2 所示,这部分有一个备选模块,是主要程序部分,即 NI Circuit Design Suite 14.0 Education。对话框下面的按钮的作用如下:"Restore Defaults"按钮可恢复默认设置,"Disk Cost"按钮可对相应磁盘的剩余空间及所需的安装空间进行分析,其他按钮的功能和上面相同。

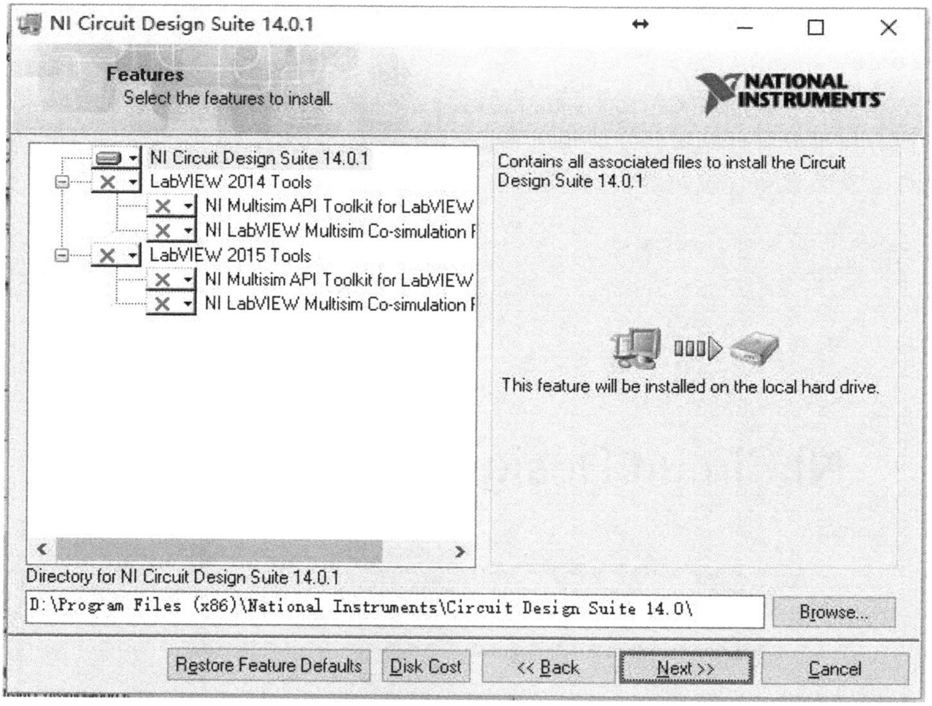

图 9-2 安装功能模块选择

(6) 弹出 NI 软件许可协议对话框,选择接受协议,才可选择下一步。

(7) 仍然是两个协议,选择接受协议,进入下一步。

(8) 对安装信息进行确认,空白框内为已安装模块,可点击"Adding or Changing"重新选择安装模块。如确认无误,单击进行软件安装。

(9) 软件安装完毕后,选中备选项后可对支持和升级单元进行配置。如不准备配置支持和升级单元，可结束安装。

（10）软件安装及配置结束后，软件提示重启电脑。计算机重启后，软件就可以使用了。此时已安装的软件除了 Multisim 14.0 以外，还包括 Ultiboard 14.0。

9.1.2 Multism 的基本界面

打开 Multisim 后，基本界面如图 9-3 所示，主要包括菜单栏、标准工具栏、视图工具栏、主工具栏、仿真开关、元件工具栏、仪器工具栏、设计工具栏、电路工作窗、电子表格视窗。下面对其进行详细说明。

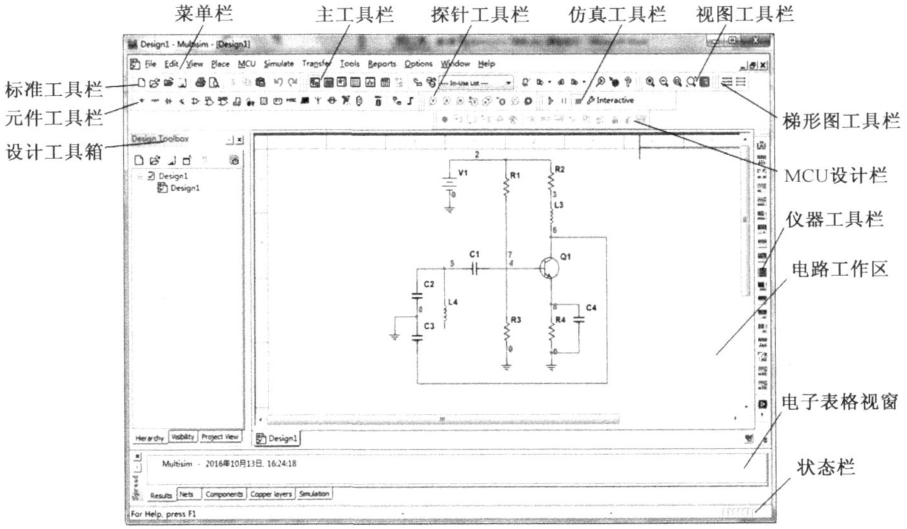

图 9-3 Multisim 基本界面

（1）菜单栏

菜单栏中分类集中了软件的所有功能命令。Multisim 14.0 的菜单栏包含 12 个菜单项，它们分别为文件（File）菜单、编辑（Edit）菜单、视图（View）菜单、放置（Place）菜单、MCU 菜单、仿真（Simulate）菜单、文件输出（Transfer）菜单、工具（Tools）菜单、报告（Reports）菜单、选项（Options）菜单、窗口（Window）菜单和帮助（Help）菜单。以上每个菜单下都有一系列功能命令，用户可以根据需要在相应的菜单下寻找功能命令。

（2）标准工具栏

标准工具栏如图 9-4 所示，提供常用的文件操作功能，按钮从左到右的功能分别为：新建文件、打开文件、打开设计实例、文件保存、打印电路、打印预览、剪切、复制、粘贴、撤销和恢复。

图 9-4　Multisim 标准工具栏

（3）视图工具栏

视图工具栏如图 9-5 所示，按钮从左到右的功能分别为：放大、缩小、缩放区域、缩放页面和全屏显示。

图 9-5　Multisim 视图工具栏

（4）主工具栏

主工具栏如图 9-6 所示，它集中了 Multisim 的核心操作，使电路设计更加方便。该工具栏中的按钮从左到右分别为：显示或隐藏设计工具栏；显示或隐藏电子表格视窗；显示或隐藏 SPICE 网表查看器；打开试验电路板查看器；图形和仿真列表；对仿真结果进行后处理；打开母电路图；打开新建元器件向导；打开数据库管理窗口；正在使用元器件列表；ERC 电路规则检测；将 Multisim 原理图文件的变化标注到存在的 Ultiboard 14.0 文件中；将 Ultiboard电路的改变反标到 Multisim 电路文件中；将 Multisim 电路的注释标到 Ultiboard 电路文件中；查找范例；打开 Education 网站；打开 Multisim 帮助文件。

图 9-6　Multisim 主工具栏

（5）仿真开关工具栏

用于控制仿真过程的开关有 4 个，如图 9-7 所示。依次为仿真启动、暂停、停止开关和交互式仿真分析选择。

图 9-7　Multisim 仿真开关工具栏

（6）元件工具栏

Multisim 的元件工具栏包括 20 种元件分类库，如图 9-8 所示，每个元件库放置同一类型的元件，此外元件工具栏还包括放置层次电路和总线的命令。元件工具栏从左到右的模块分别为：电源库、基本元件库、二极管库、晶体管库、模拟器件库、器件库、CMOS 元件库、其他数字元件库、混合元件库、显示元件库、功率元件库、其他元件库、高级外设元件库、RF 射频元件库、机电类元件库、NI 元件库、连接器元件库、微处理器模块、层次化模块和总线模块，其中层次化模块是将已有的电路作为一个子模块加到当前电路中。各元件库又有不同的分类，我们将在 9.2 节详细介绍。

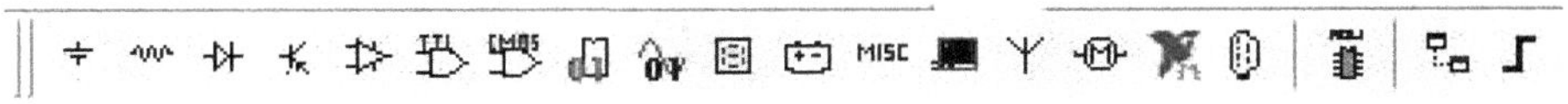

图 9-8　Multisim 元件工具栏

(7) 仪器工具栏

仪器工具栏包含各种对电路工作状态进行测试的仪器仪表及探针，如图 9-9 所示。仪器工具栏从左到右分别为：数字万用表、函数信号发生器、瓦特表、双通道示波器、四通道示波器、波特图仪、频率计、字信号发生器、逻辑转换仪、逻辑分析仪、伏安特性分析仪、失真分析仪、频谱分析仪、网络分析仪、安捷伦函数发生器、安捷伦万用表、安捷伦示波器、泰克示波器、LabVIEW 虚拟仪器和电流探针。各仪器仪表的功能将在 9.2 节详细介绍。

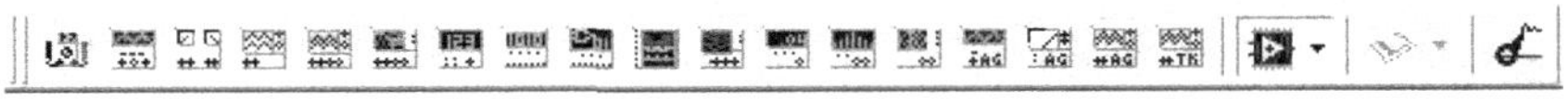

图 9-9　Multisim 仪器工具栏

(8) 设计工具箱

设计工具箱用来管理原理图的不同组成元素。设计工具箱由三个不同的标签页组成，它们分别为层次化(Hierarchy)页、可视化(Visibility)页和工程视图(Project View)页。

(9) 电路工作区

在电路工作区可进行电路图的编辑绘制、仿真分析及波形数据显示等操作，如果需要，还可在电路工作区内添加说明文字及标题框等。

(10) 电子表格视窗

在电子表格视窗中可方便查看和修改设计参数，如元件详细参数、设计约束和总体属性等。电子表格视窗包括 5 个页面：Results 页、Nets 页、Components 页、Copper Layers 页和 Simulation 页。

(11) 状态栏

状态栏用于显示有关当前操作以及鼠标所指条目的相关信息。

9.1.3　用户界面与环境参数自定义

软件和界面的相关设置可在 Options 菜单下进行修改。本节主要对总体参数设置、页面属性设置和用户界面自定义进行介绍。

(1) 总体参数设置(Global Preferences)完成对软件的相关设置，其对话框包括 7 页选项卡：Paths 页、Message Prompts 页、Save 页、Components 页、General 页、Simulation 页和 Preview 页。

(2) 页面属性设置(Sheet Properties)用于对工作区内的当前页面进行设置，该窗口包括 7 页选项卡：Sheet Visibility 页、Colors 页、Workspace 页、Wiring

页、Font 页、PCB 页和 Layer Settings 页。

(3) 用户界面自定义窗口包含五个选项页：Commands 页、Toolbars 页、Keyboard 页、Menu 页和 Options 页。

9.2 Multism 元件库与仿真仪器

9.2.1 Multisim 的元件库

本节主要介绍 Multisim 元件库的结构与分类。Multisim 的元件分别存储于三个数据库中，分别为 Master 库、Corporate 库和 User 库。这 3 种数据库的功能分别为：

(1) Master 库：存放 Multisim 提供的所有元件。该库包含 20 个元件库，各库下面还包含子库。

(2) Corporate 库：用于存放便于团队设计的一些特定元件，该库仅在专业版中存在。

(3) User 库：存放被用户修改、创建和导入的元件。

9.2.2 常用仪表

本节介绍一些电路仿真中常用的仪器仪表，如万用表、示波器、函数发生器等。

(1) 万用表(Multimeter)

万用表是一种可以用于测量交(直)流电压、交(直)流电流、电阻及电路中两点之间分贝电压消耗的一种仪表，它可以自动调整量程。当万用表的正负端连接到电路中时将显示测量数据。万用表图标、面板和参数设置对话框如图 9-10～图 9-12 所示。

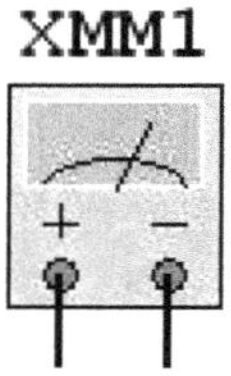

图 9-10 万用表图标

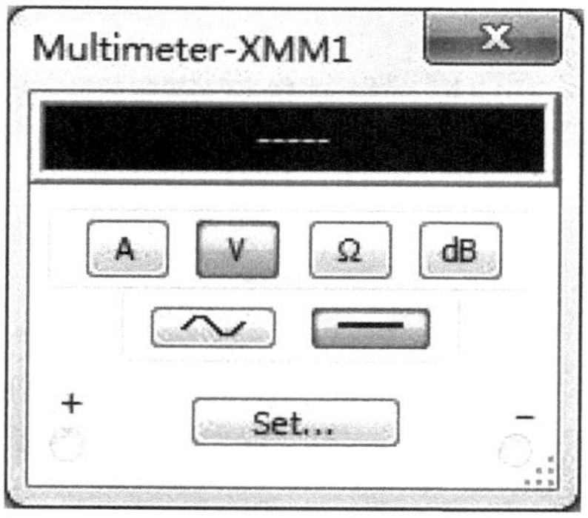

图 9-11 万用表面板

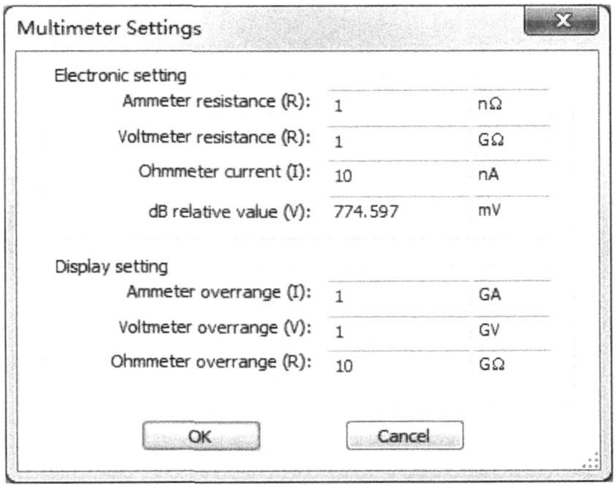

图 9-12　万用表参数设置对话框

用于测量不同类型的信号时，万用表的连接形式不同。这里重点强调一下元件或元件网络电阻的测量。要进行精确的电阻测量应保证：被测元件网络中没有电源；被测元件或元件网络已接地；没有其他部分和被测的元件或元件网络并联。

（2）函数信号发生器(Function Generator)

函数信号发生器可提供正弦波、三角波和方波三种电压信号。函数发生器除了正负电压输出端，还有公共接地端。函数信号发生器图标、面板和方波上升/下降时间设置对话框如图 9-13～图 9-15 所示。

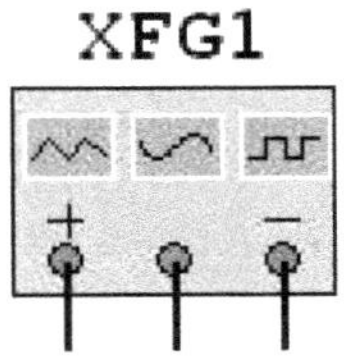

图 9-13　函数信号发生器图标

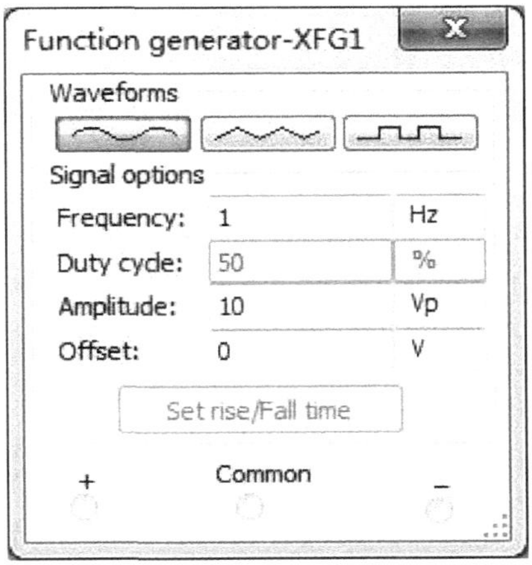

图 9-14　函数信号发生器面板

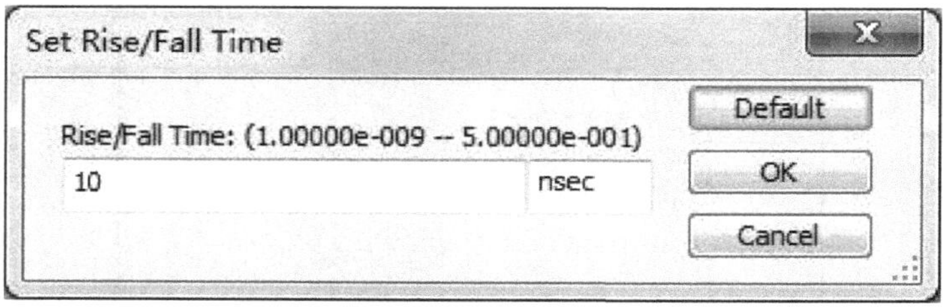

图 9-15　方波上升/下降时间设置对话框

（3）功率计(Wattmeter)

功率计又称瓦特计，如图 9-16 和图 9-17 所示，用于测量电路的功率及功率因数。面板中上面显示电路输出负载上的功率值，下面显示功率因数。连接功率计时，应使电压表与负载并联，电流表与负载串联。功率计图标和面板如图 9-16、图 9-17所示。

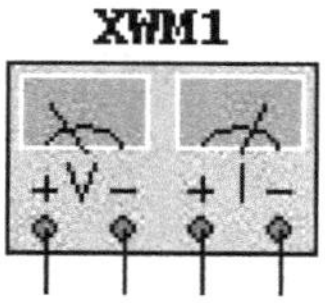

图 9-16　功率计图标

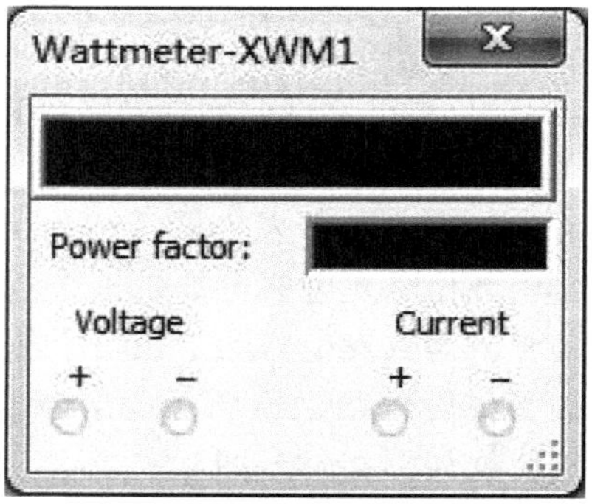

图 9-17　功率计面板

（4）双通道示波器(Oscilloscope)

双通道示波器是用于观察电压信号波形的仪器，可同时观察两路波形。如图 9-18 所示，示波器图标中的三组信号分别为 A、B 输入通道和外触发信号通道。双击图标将打开图 9-19 所示的面板，其主要按钮的作用调整及参数的设置和实际示波器相似，由波形和数据显示部分、时基控制部分、示波器通道设置部分、触发参数设置部分共四部分组成。

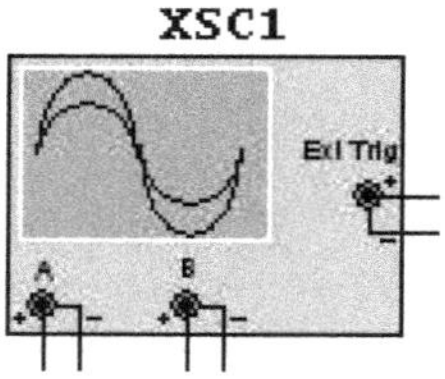

图 9-18　示波器图标

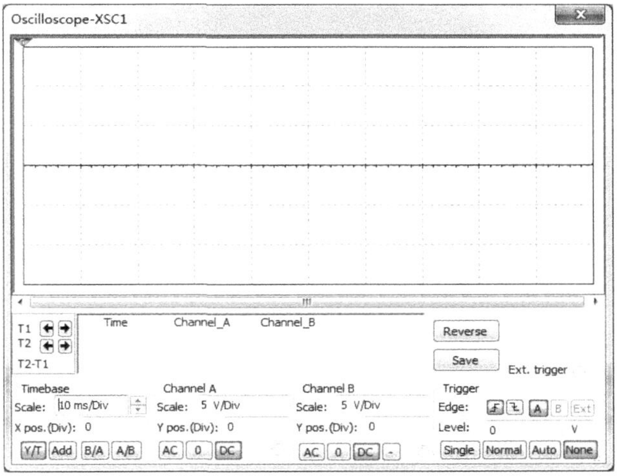

图 9-19　示波器面板

(5) 四通道示波器(Four-channel Oscilloscope)

四通道示波器可以同时测量四个通道的信号，其他的功能几乎完全相同。示波器图标如图 9-20 所示，其中 A、B、C、D 引脚分别为四路信号输入端，T 为外触发信号通道，G 为公共接地端。四个通道的控制通过一个旋钮来实现，当单击某一方向上的旋钮，则可对该方向所对应通道的参数进行设置。双击图标可打开如图 9-21 所示的面板。

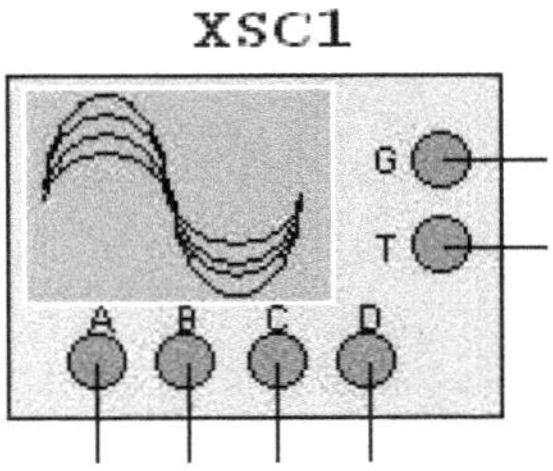

图 9-20　四通道示波器图标

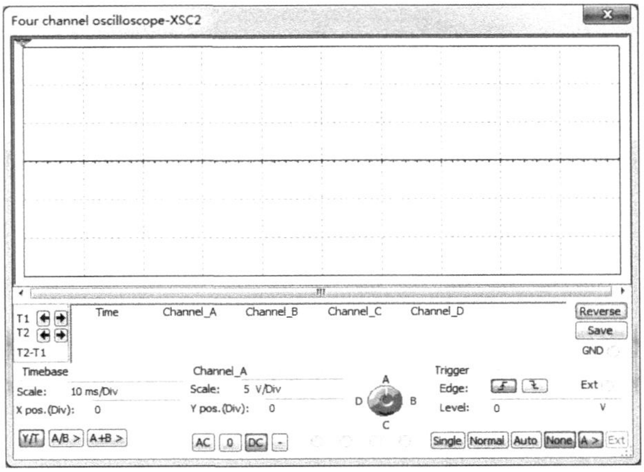

图 9-21　四通道示波器面板

(6) 波特图仪(Bode Plotter)

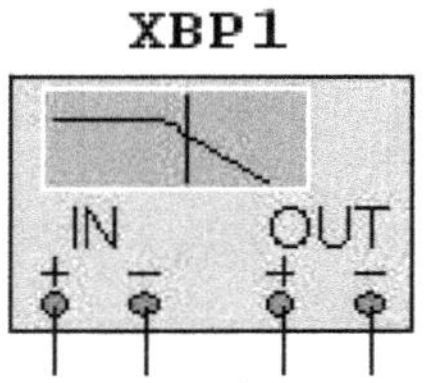

图 9-22 波特图仪图标

波特图仪如图 9-22 所示,可用来测量电路的幅频特性和相频特性。在使用波特图仪时,电路的输入端必须接入交流信号源。双击图标可打开如图 9-23 所示的面板,波特图仪面板包括数据显示区、模式(Mode)选择区、坐标设置区和控制(Controls)区。

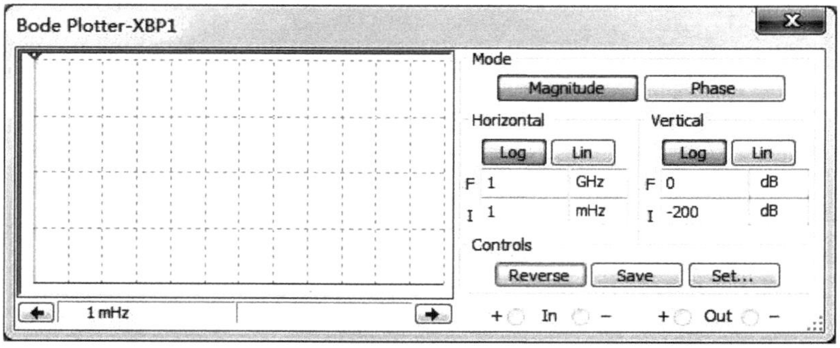

图 9-23 波特图仪面板

(7) 频率计数器(Frequency Counter)

图 9-24 频率计数器图标

频率计数器如图 9-24 所示,可以测量电路中电路的频率、周期等。频率计数器面板如图 9-25 所示,其中 Measurement 栏可以查看电路的频率、周期、正负脉冲所需时间和信号的上升下降时间;Coupling 栏可以选择信号输入的耦合方式,当用 AC 耦合时,输入信号只有交流的分量而把直流分量滤掉,当用 DC 耦合时,将输入信号的直流和交流分量;Sensitivity(RMS)栏,可以设置灵敏电压,当大于电路中电压时,频率计数器将不工作;Trigger Level 栏可以设置触发电压大小;选择 Slow Change Signal 复选框,可以显示电路的实时频率;Compression Rate 可以设置波形周期的压缩比例。

(8) 字信号发生器(Word Generator)

如图 9-26 所示,字信号发生器能同时产生 32 路逻辑信号,用于对数字逻辑电路进行测试。图标左右两边分别为 32 路信号输出端,R 端为备用信号端,T 端为外触发信号端子。如图 9-27 所示面板包括字信号编辑显示区、Controls 选项区、Display Type 选项区、Trigger 选项区和 Frequency 选项区。

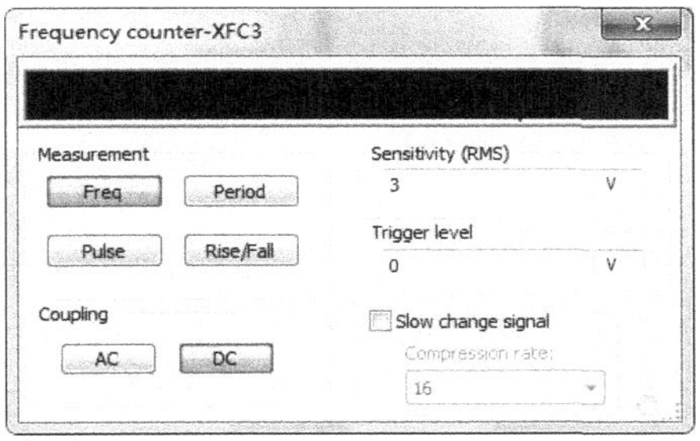

图 9-25　频率计数器面板

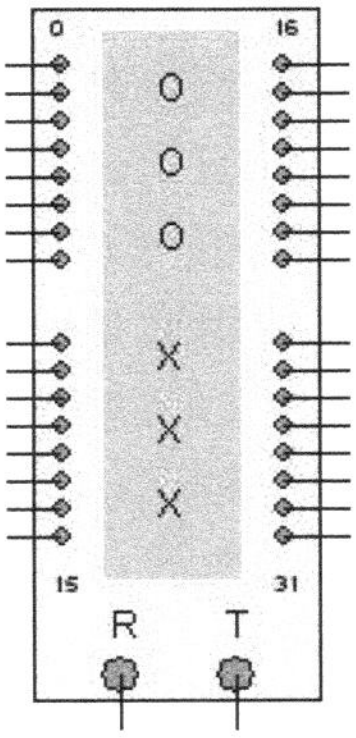

图 9-26　字信号发生器图标

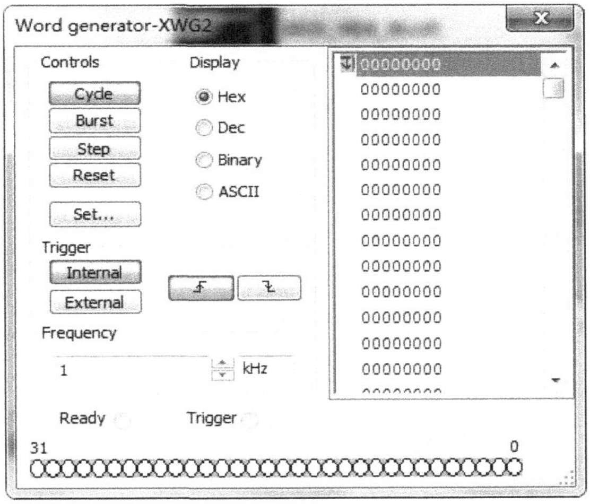

图 9-27　字信号发生器面板

(9) 逻辑转换仪(Logic Converter)

逻辑转换仪是 Multisim 特有的仪器，能够完成真值表、逻辑表达式和逻辑电路三者之间的相互转换。如图 9-28 所示，图标共有 9 个接线端，左边的 8 个端子为输入端子，连接需要分析的逻辑电路的输入信号，最后一个端子是输出端子，连接逻辑电路的输出端。如图 9-29 所示，面板最上面的 A 到 H 为输入端连接情况标识，如端子变为白色，则表示已连接上，反之表示未连接；面板中间为真值表，连接端子个数确

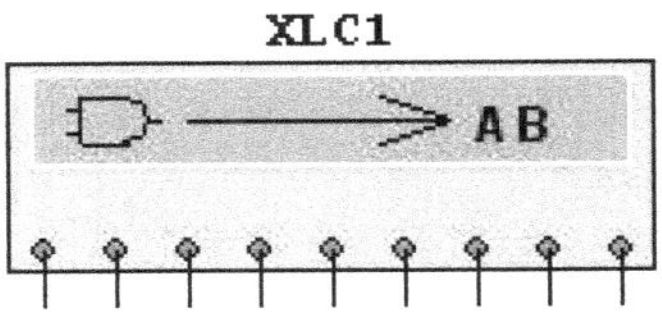

图 9-28　逻辑转换仪图标

定后，该栏中会自动列出前两栏的数值，输出的值可由分析结果给出或由用户定义；真值表下方的空白栏中可显示逻辑表达式。最右边的“Conversions”栏中有六个控制按钮。

(10) 逻辑分析仪(Logic Analyzer)

逻辑分析仪用来对数字逻辑电路的时序进行分析，可以同步显示 16 路数字信号。如图 9-30 所示图标左边的 16 个引脚可连接 16 路数字信号，下面的 C 端用于外接时钟信号，Q 端为时钟控制端，T 端为外触发信号控制端。如图 9-31 所示面板由波形及数据显示区、控制按钮区、Clock 选项区和 Trigger 选项区四部分组成。

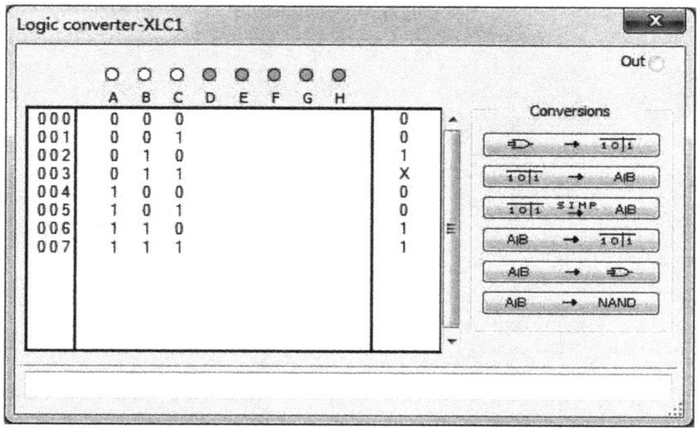

图 9-29　逻辑转换仪面板

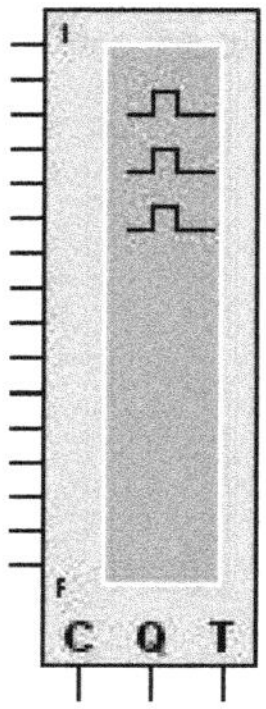

图 9-30　逻辑分析仪图标

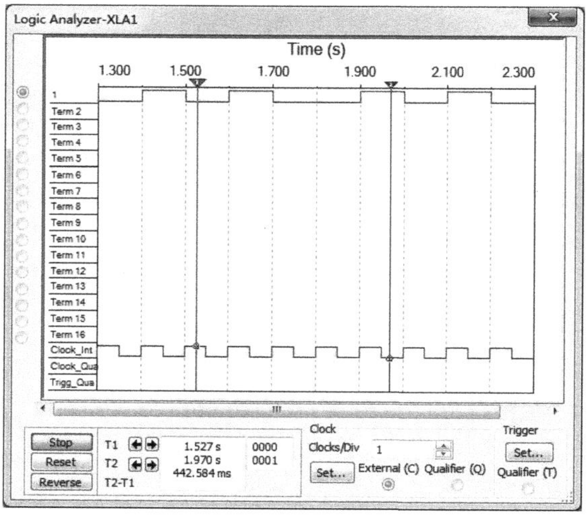

图 9-31　逻辑分析仪面板

(11) 伏安特性分析仪(IV Analyzer)

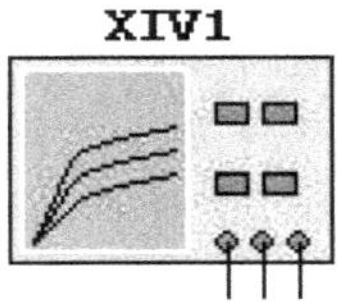

图 9-32　伏安特性分析仪图标

伏安特性分析仪可用于测量二极管、三极管和 MOS 管的伏安特性曲线，被测元件应是在电路中无连接的单独元件，如需要测量电路中某一元件的伏安特性，需要先将连接断开。图标如图 9-32 所示，其面板如图 9-33 所示，由被测元件类型选择(Components)、显示范围设置、仿真参数设置、图形和数据显示区共四部分组成。

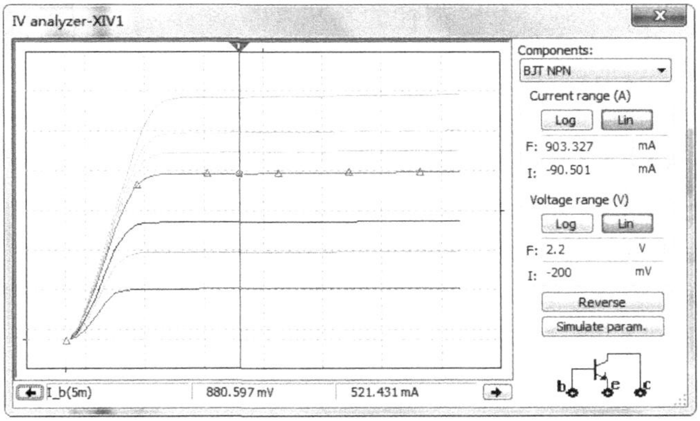

图 9-33　伏安特性分析仪面板

(12) 频谱分析仪(Spectrum Analyzer)

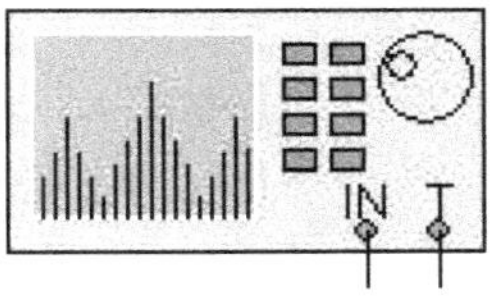

图 9-34　频谱分析仪图标

频谱分析仪可以用来分析信号在一系列频率下的功率谱，确定高频电路中各频率成分的存在性，如图 9-34所示。面板如图 9-35 所示，可分为以下几部分：频谱显示区、Span Control 选项区、Frequency 选项区、Amplitude 选项区、Resolution Freq. 选项区、控制按钮区。

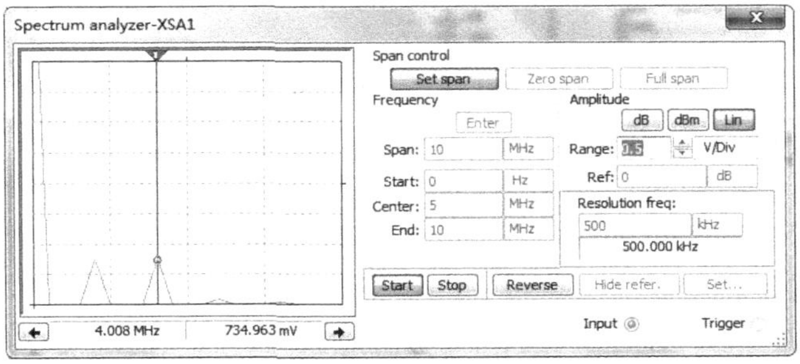

图 9-35　频谱分析仪面板

9.2.3 其他仪器

测量探针作为动态探针可在工作空间中方便快捷地测量电路中不同点处的电压、电流、功率和频率值等，在进行各种电路分析时，它又可作为静态探针，将该点的电压和电流值作为分析的变量。Multisim 为用户提供了 7 种不同的探针供用户选择，分别为电压探针、电流探针、功率探针、差动探针、电压-电流探针、参考电压探针、数字探针。

Multisim 中的电流探针效仿工业中的电流钳探针，将测量点处的电流转化为该点的电压值，然后通过电流探针的输出端接到示波器上以观察该点的电压值，如图 9-36 所示。实际电流可由探针的电压/电流比率决定，这个比率可双击电路中的电流探针

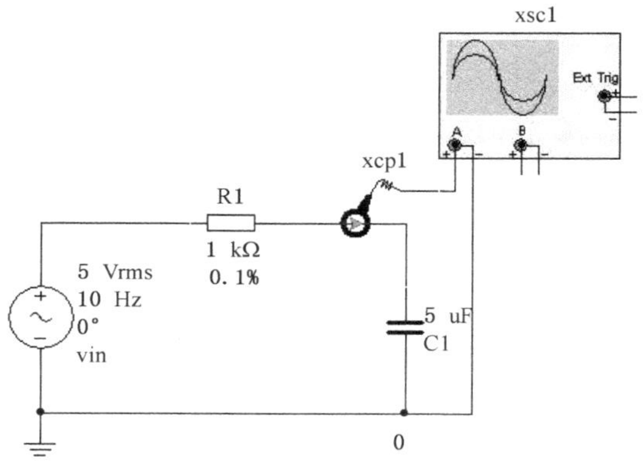

图 9-36 电流探针的应用

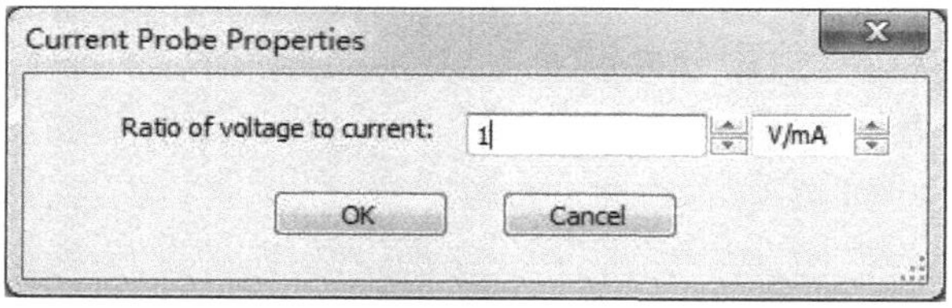

图 9-37 电流探针属性设置

9.3 Multism 仿真分析方法

9.3.1 直流工作点分析(DC Operating Point Analysis)

直流工作点分析是最基本的电路分析，通常是为了计算一个电路的静态工作点。合适的静态工作点是电路正常工作的前提，如果设置得不合适，会导致电路的输出波形失真。直流分析的结果通常是后续分析的基础。例如，直流分析的结果决定了交流频率分析时任何非线性元件(如二极管和三极管)的近似线性的小信号模型。在进行直流工作点分析时，电路中的交流信号将自动设为 0，电

容视为开路，电感视为短路，数字元件被当成接地的一个大电阻来处理。

以如图 9-38 所示 BJT 共射放大电路为例，对所有直流工作点仿真方法加以说明。选择 5、6、7 点为仿真节点来分析放大电路的静态工作点，点击“Run”按钮，得到分析结果如图 9-39 所示。由工作在静态工作区时晶体管基极、集电极和发射极需满足的电压关系可知，此放大电路可稳定工作。

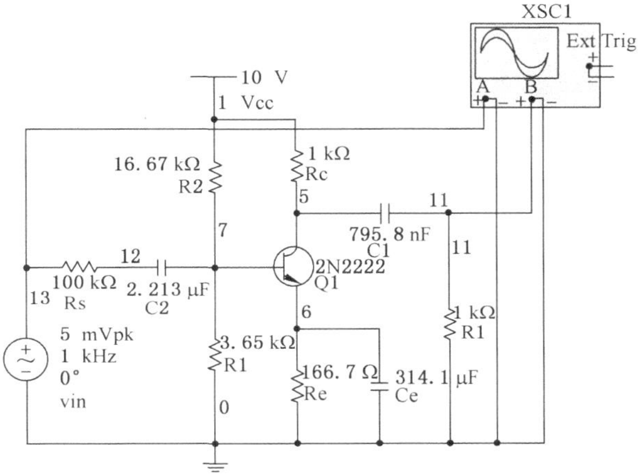

图 9-38　共射放大电路

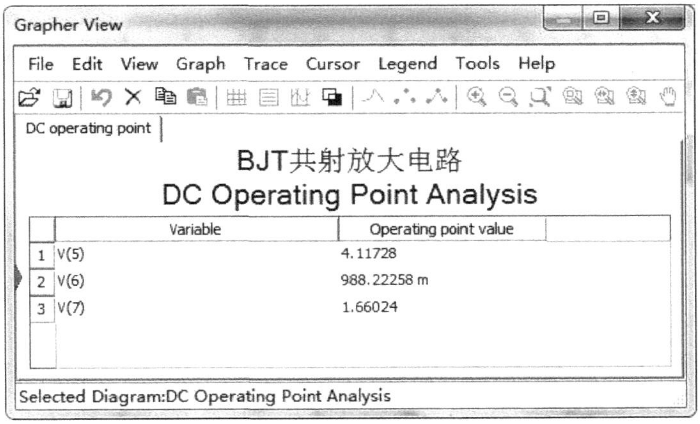

图 9-39　共射放大电路静态工作点分析结果

9.3.2　交流扫描分析(AC Sweep Analysis)

交流扫描分析用来计算线性电路的频率响应。在交流扫描分析中首先通过直流工作点分析计算所有非线性元件的线性、小信号模型。然后建立一个包含实际和理想元件的复矩阵，建立复矩阵时，直流源设为 0，交流源、电容和电感用它们的交流模型来表示，非线性元件用计算出的线性交流小信号模型来表示。

所有的输入源信号都将用设定频率的正弦信号代替，即如果信号发生器设置的波形是矩形波或三角波，分析时实际波形将自动转换成正弦波。在小信号的模拟电路中，数字元件通常等效为接地的大电阻。在进行交流分析时，电路的信号源的属性设置中必须设置交流分析的幅值和相角，否则电路将会提示出错。

图 9-40 为铂电阻测温电路图。金属铂电阻器性能十分稳定，在 0～+630 ℃之间铂电阻 R_t 与温度 t 的关系为

$$R_t = 100 + 0.39684t + (-5.847 \times 10^{-5})t^2 \tag{9-1}$$

铂电阻测温电路输入电压源用小信号交流源代替。以 V_1 代表温度 t，应用压控多项式函数模块用来实现上述函数，其输出为电压值，铂电阻数学表达式可表示为

$$R_t = 100 + 0.39684V_1 + (-5.847 \times 10^{-5})V_1^2 \tag{9-2}$$

对此电路进行交流分析，可以看到所设计电路的频带宽度。频率参数全部选择默认设置，观察电路中输出端 21 点的交流分析结果，如图 9-41 所示，可见此电路具有低通特性，截止频率约为 1 MHz 左右。

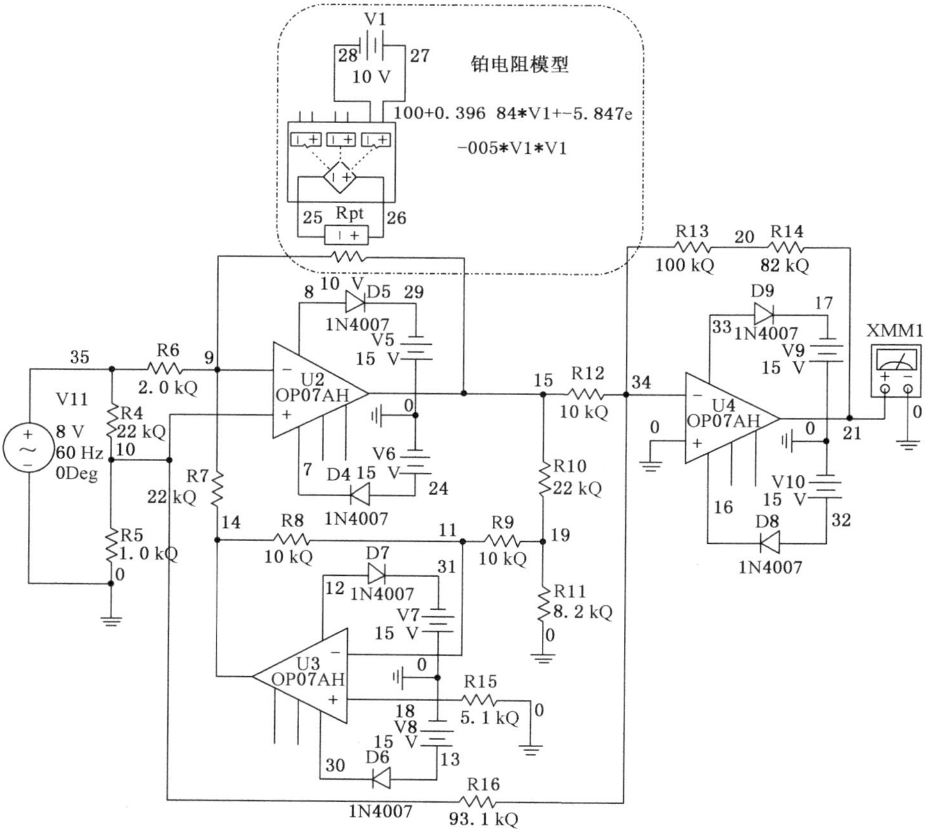

图 9-40　铂电阻测温电路

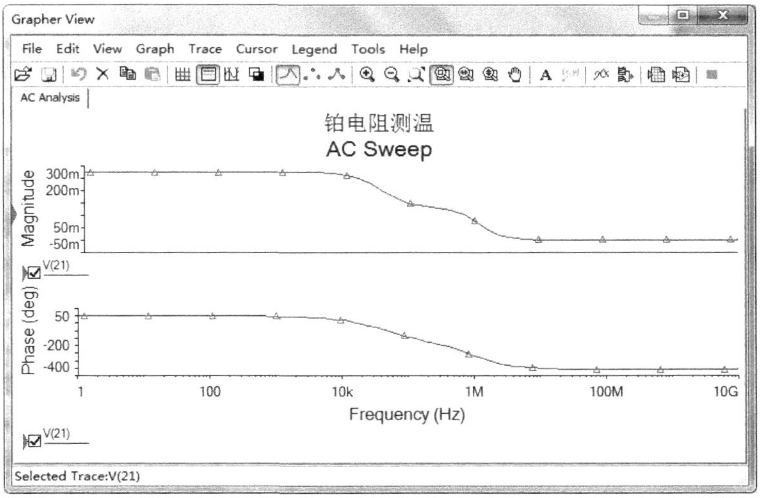

图 9-41　交流分析结果

9.3.3　瞬态分析(Transient Analysis)

以图 9-40 的电路为例，设置初始条件为 Determine Automatically，由程序自动设定初始值，然后将开始分析的时间设为 0、结束分析的时间设为 0.1 秒(总共分析 0.1 秒)，最大时间步长和初始时间步长为系统自动设置。另外，在 Output 页里，指定分析 21 节点(即测温电路的输入端)；其他设置为默认，最后点击 Run 按钮进行分析，其结果如图 9-42 所示。如果把输入改接直流源，对输出节点进行瞬态分析将得到一条直线。

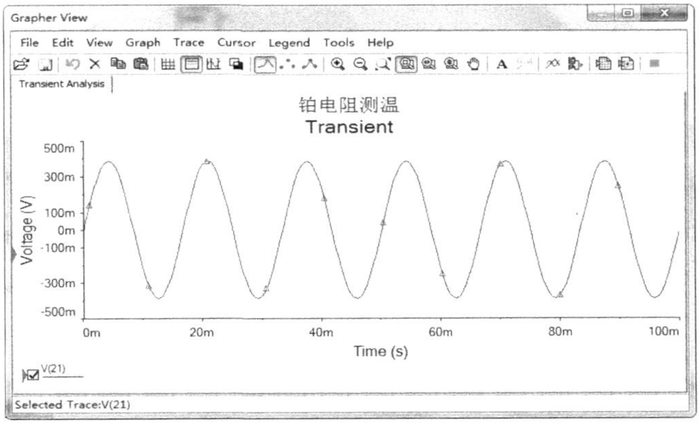

图 9-42　瞬态分析结果

9.3.4　单频交流分析(Single Frequency AC)

单频交流分析工作原理类似于交流分析，但是只用于测量某个频率下的相应值。可以选择输出结果的表示形式:大小/相位或实部/虚部。

利用图 9-40 的电路进行仿真参数设置,频率选择 60 Hz,选择频率输出复选,输出形式选择实部/虚部,输出节点选择 1、10、21、34,进行仿真得到如图 9-43 所示的结果,可以看到在 60 Hz 时,这 4 个节点电压的实部和虚部。

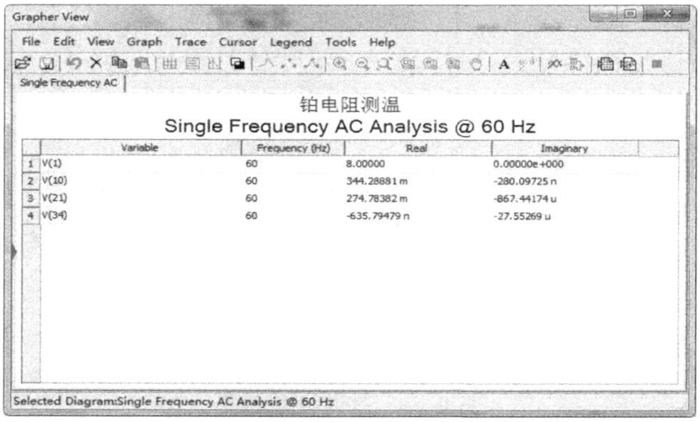

	Variable	Frequency (Hz)	Real	Imaginary
1	V(1)	60	8.00000	0.00000e+000
2	V(10)	60	344.28881 m	-280.09725 n
3	V(21)	60	274.78382 m	-867.44174 u
4	V(34)	60	-635.79479 n	-27.55269 u

图 9-43　单频交流分析结果

9.3.5　傅里叶分析(Fourier Analysis)

傅里叶分析是一种在频域(Frequency Domain)中分析复周期信号的方法,可用于电路的进一步分析,还可观察在原信号中叠加其他信号的效果。傅里叶级数是将周期性的非正弦波信号,转换成直流成分基础上的正弦波或余弦波(可能数量无限),即

$$f(t)=A_0+A_1\cos\omega t+A_2\cos 2\omega t+\cdots+B_1\sin\omega t+B_2\sin 2\omega t+\cdots$$

当用 Multisim 进行离散傅里叶变换时,只使用电路输出端时域或瞬态响应基波成分的第二个周期来进行计算,第一周期认为是置位时间而丢弃。每一谐波的系数由时域中从周期的开始到时间 t 这段时间内采集到的数据计算而来,一般来说是自动设定的,且是基本频率的一个函数。傅里叶分析需要设定一个基本频率,使它与交流源的频率相匹配,或者是多个交流源频率的最小公因数。

把图 9-40 电路的交流源用图 9-44 的电源代替,对修改后电路进行傅里叶分析。基本频率和停止时间均点击“Estimate”按钮由程序设定,基频值最后选定为 20 Hz(对于多个交流源,取它们频率的最小公因数);谐波数设为 9;结果显示选择显示相位图,显示方式为线形图,并对图形归一化;以图和表的形式显示;纵坐标选择线性坐标。点击仿真按钮,可得图 9-45 的仿真结果。

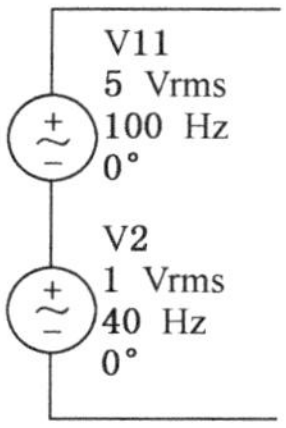

图 9-44　多交流源电路

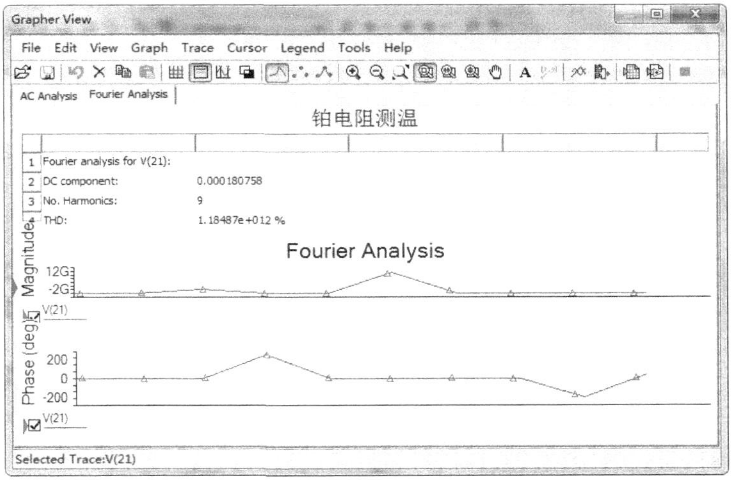

图 9-45 仿真结果

9.4 电路仿真软件 Multisim 应用实例

9.4.1 直流电路仿真实例

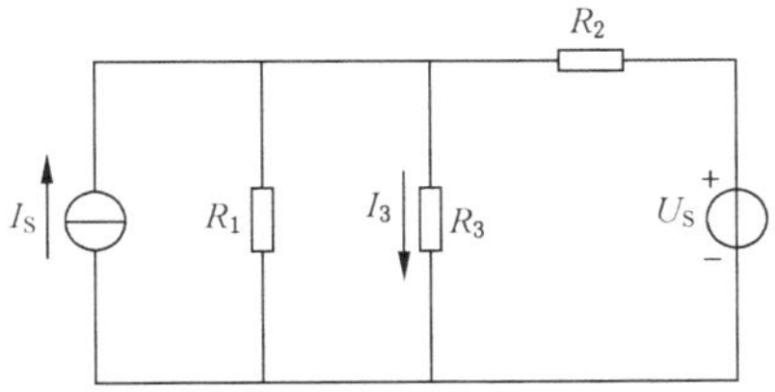

图 9-46 直流电路图

直流电路如图 9-46 所示，已知 $I_S=12$ A，$U_S=120$ V，$R_1=20$ Ω，$R_2=20$ Ω，$R_3=5$ Ω，用 Multisim 软件进行仿真验证叠加原理。

（1）理论计算

如图 9-46 所示电路的电流 I_3 可以看成是由图 9-47a 和图 9-47b 两个电路的电流 I'_3 和 I''_3 叠加起来的。

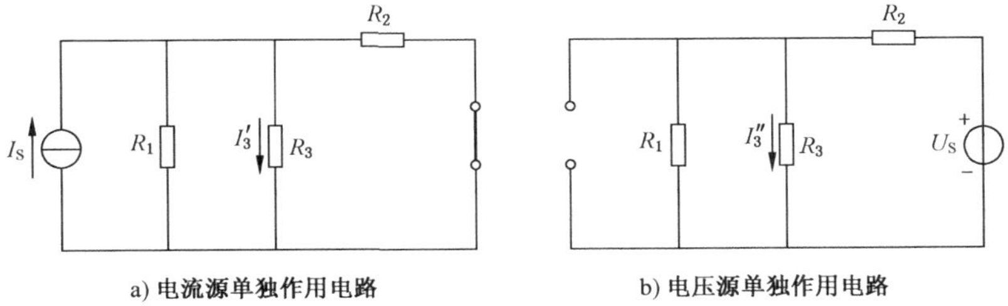

图 9-47 图 9-46 的叠加原理分解

根据叠加原理，当理想电流源 I_S 单独作用时，可求出 $I'_3=8$ A；当理想电压源 U_S 单独作用时，可求出 $I''_3=4$ A。所以，$I_3=I'_3+I''_3=12$ A。

(2) Multisim 仿真

用 Multisim 14.0 软件对此电路进行仿真验证叠加原理。打开软件，从元器件库中选择电压源、电流源、电阻，设置参数，创建电路，并将万用表接在电阻 R_3 支路上，测量电流 I_3。

首先使电流源 I_S 单独作用，电压源 U_S 短路处理，此时万用表测出的电流为 8 A，仿真电路和结果如图 9-48 所示。

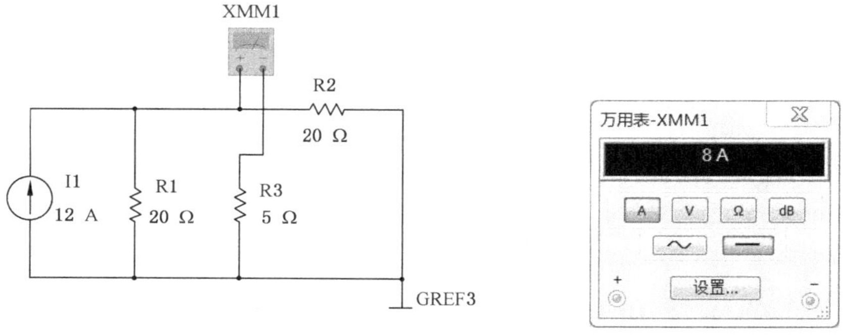

a) 仿真电路 b) 测量结果

图 9-48 直流电路电流源单独作用的仿真图

然后使电压源 U_S 单独作用，电流源 I_S 开路处理，此时万用表测出的电流为 4 A，仿真电路和结果如图 9-49 所示。

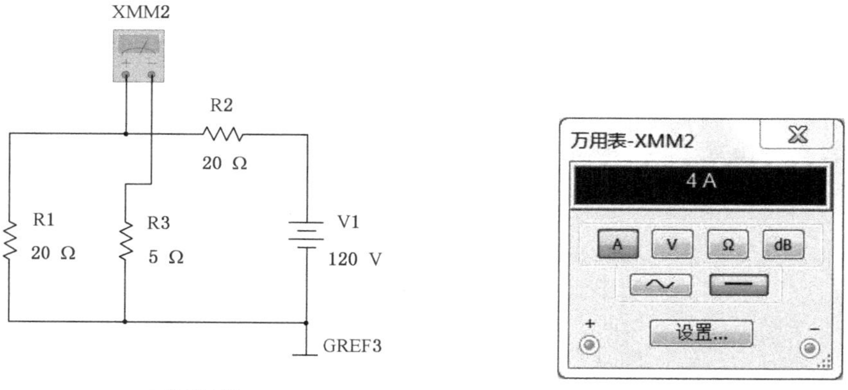

a) 仿真电路 b) 测量结果

图 9-49 直流电路电压源单独作用的仿真图

最后让两个电源同时作用，此时万用表测出的电流为 12 A，仿真电路和结果如图 9-50 所示。仿真结果验证了叠加原理的正确性。

9.4.2 正弦交流电路仿真实例

在线性电路中，当激励是正弦电压(或电流)时，其响应也是同频率的正弦量，本节利用 Multisim 软件来研究电路在正弦激励下的响应，应用 Multisim 对图 9-51 所示电路进行仿真，求出图示电路中的电压 u_{ab}的瞬时波形。

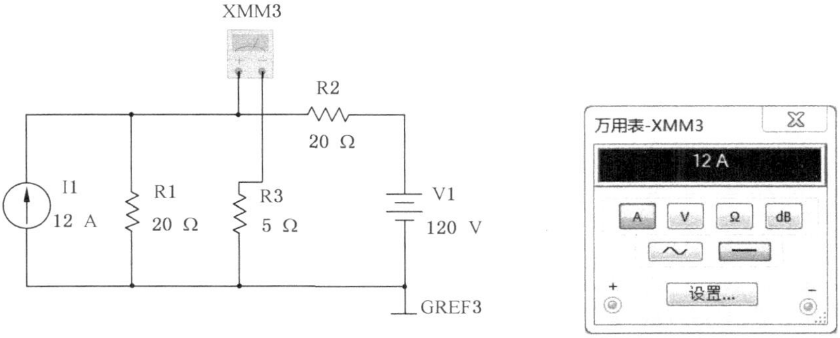

a) 仿真电路　　　　b) 测量结果

图 9-50　直流电路的仿真图

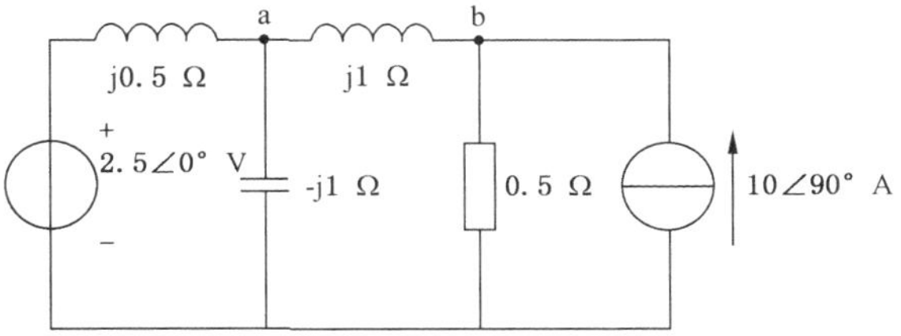

图 9-51　正弦交流电路图

新建一个设计，从元件库中选取交流电压源、交流电流源、电阻、电容、电感、示波器放置到电路设计窗口中，修改元件的参数和名称，构建如图 9-52 所示的仿真电路。各元器件的所属库如表 9-1 所示。仿真结果如图 9-53 所示。

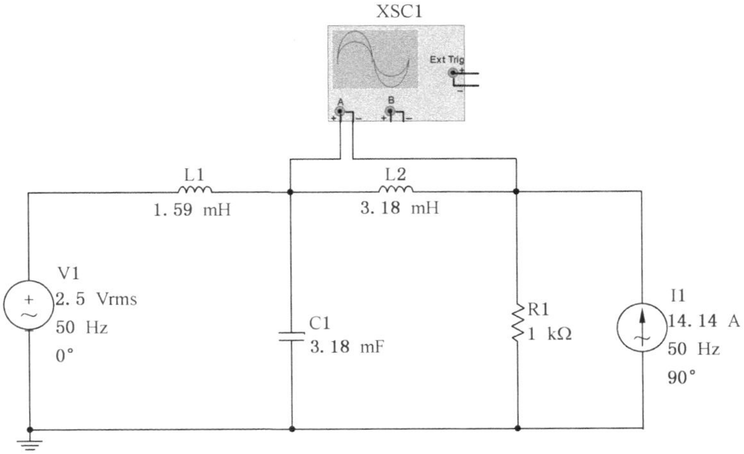

图 9-52　正弦交流电路仿真模型图

表 9-1　正弦交流电路所用元件及所属库

序号	元器件	所属库
1	交流电压源	Sources/POWER_SOURCES
2	交流电流源	Sources/SIGNAL_CURRENT_SOURCES
3	电阻	Basic/RESISTOR
4	电容	Basic/CAPACITOR
5	电感	Basic/INDUCTOR

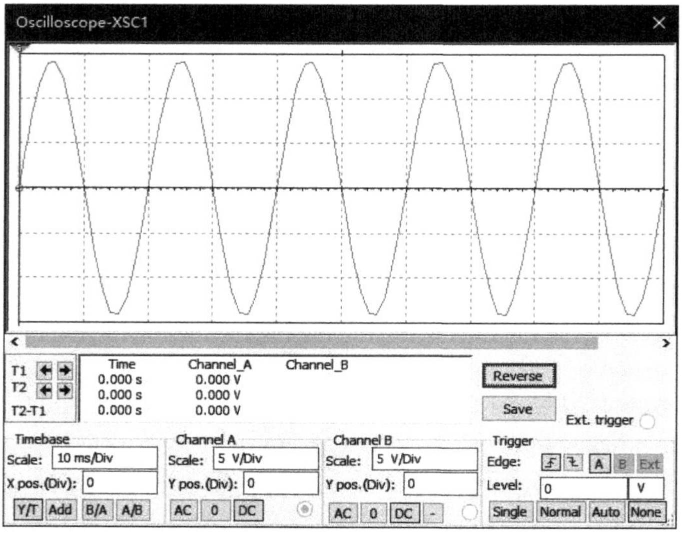

图 9-53　仿真结果

9.4.3　三相交流电路仿真实例

1. 对称三相电路分析

三相负载星形联结的三相四线制电路如图 9-54 所示，对称三相负载为纯电阻，每相负载阻值为 1 kΩ。

从元件库中选取三相交流电源、电阻、四踪虚拟示波器、万用表，并设置相应参数。观察四踪示波器波形，如图 9-55 所示。从图中可以看出，三相电压幅值相等，相位差均为 120°。从图中三相电压的幅值和相位来看，测量结果反映了三相电源的基本特征，测量结果和理论分析一致。

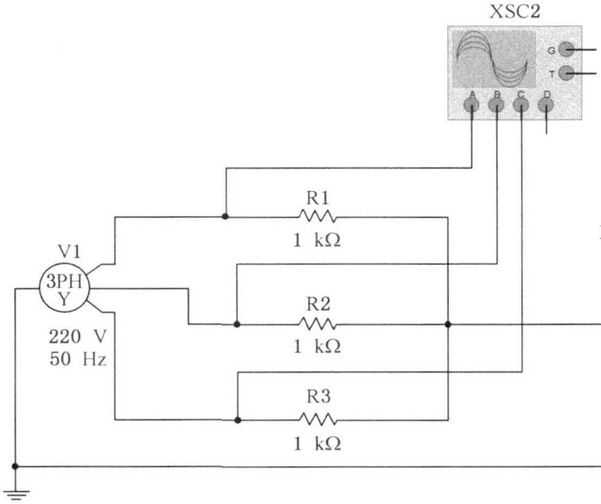

图 9-54　对称三相电路图

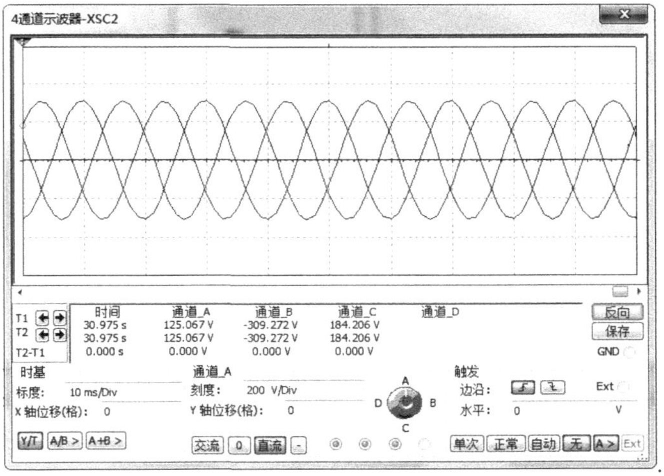

图 9-55　对称三相电源电压波形

万用表用于测量中性线电流，如图 9-56 所示。电流测量值为 0 A，说明对称三相电流三相四线制连接时，中性线电流为 0，测量结果与理论分析一致。

图 9-56　中性线电流

2．三相电路功率分析

测量三相电路的功率可以是用三只功率表分别测出三相负载的功率，然后将其相加得到。功率测量电路如图 9-57 所示。三只功率表(瓦

特计）测量结果如图 9-58 所示，分别为 48.408 W、48.408 W、48.408 W，则三相总功率测量值为

$$P=P_1+P_2+P_3=48.408+48.408+48.408=145.224\ \text{W}$$

根据三相功率计算公式，理论计算结果为

$$P=3U_pI_p\cos\varphi=3\times220\times0.22\times1=145.2\ \text{W}$$

仿真结果和理论计算基本一致。

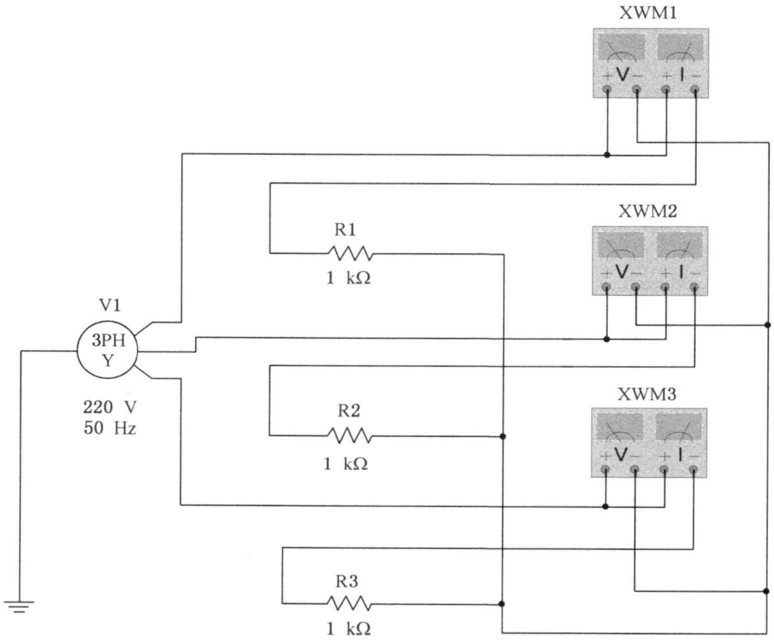

图 9-57 对称三相电路功率测量电路

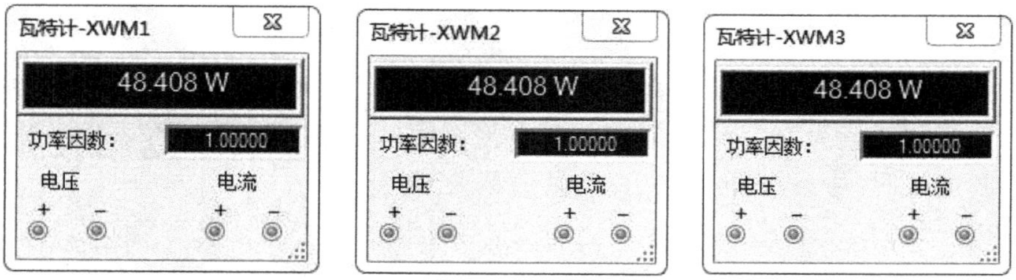

a) A相功率表测量值　b) B相功率表测量值　c) C相功率表测量值

图 9-58 对称三相电路的功率测量值

3. 功率因数分析

当负载功率因数不为 1 时，负载阻抗为 $Z=(12+j15.7)\Omega$。仿真电路如图 9-

59 所示，功率表测量结果如图 9-60 所示。

单相负载有功功率测量结果为 1.462 kW，功率因数为 0.602。每相负载有功功率理论计算结果为 $P=1.486$ kW，功率因数计算结果为 $\cos\varphi=0.607$。仿真结果与理论计算基本一致。

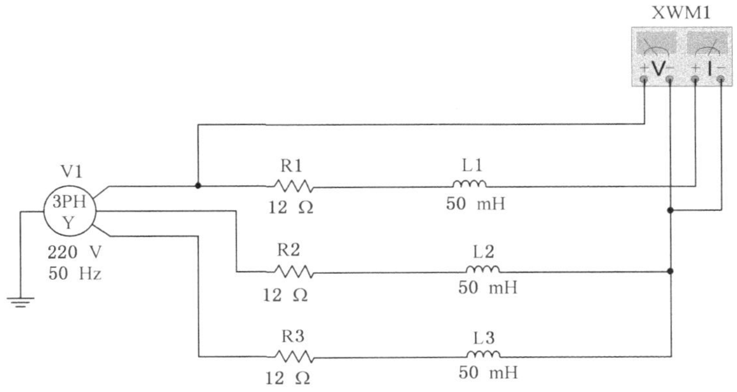

图 9-59　功率因数分析仿真模型图

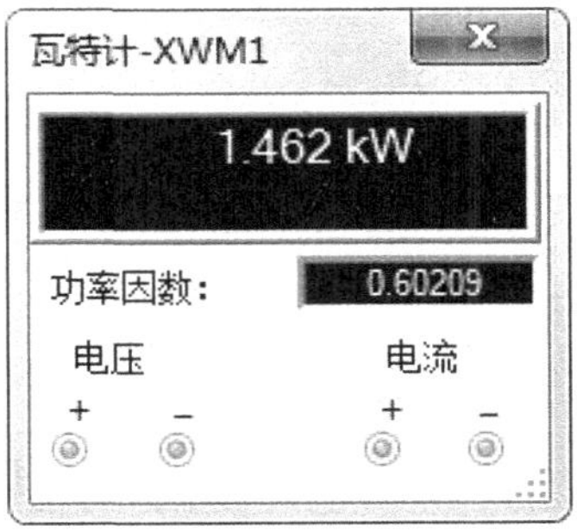

图 9-60　有功功率和功率因数测量结果

9.4.4　三相异步电动机正反转控制电路仿真实例

三相异步电动机正反转控制电路如图 9-61 所示。

(1) 选取元器件构建电路。新建一个设计，从元件库中选取三相交流电源、熔断器、开关、电动机、电压表，放置到电路设计窗口中，修改元件的参数和名称，构建如图 9-61 所示的仿真电路。各元器件的所属库如表 9-2 所示。

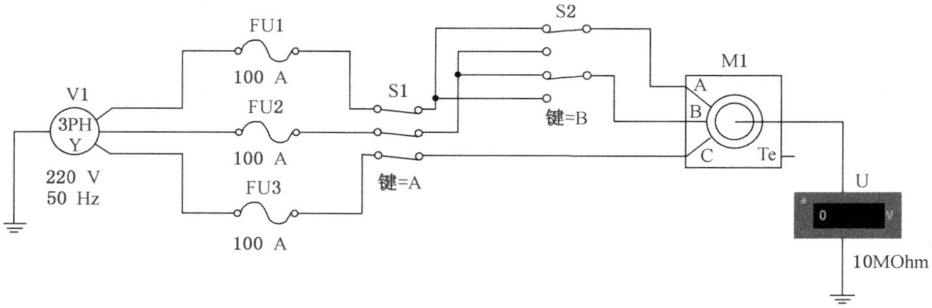

图 9-61 手动控制的三相异步电动机正反转仿真电路

表 9-2 手动控制的三相异步电动机正反转电路所用元件及所属库

序号	元器件	所属库
1	三刀单掷开关 3PST_SB	Electro_Mechanical/ SUPPLEMENTARY_SWITCHES
2	双刀双掷开关 DPDT_SB	Electro_Mechanical/ SUPPLEMENTARY_SWITCHES
3	熔断器 FUSE_RATED	Basic/RATED_VIRTUAL
4	接地 GROUND	Sources/POWER_SOURCES
5	笼型三相异步电动机 INDUCTION_MACHINE_SQUIRREL_CAGE	Electro_Mechanical/MACHINES
6	三相交流电源 THREE_PHASE_WYE	Sources/POWER_SOURCES

(2) 设置三相交流电源 V1 的相电压有效值为 220 V,频率为 50 Hz,Y 形联结,如图 9-62 所示。

(3) 设置熔断器 FU1~FU3 的熔断电流为 100 A,如图 9-63 所示。若设置数值过小,则仿真时会熔断。

(4) S1 为电动机的启动开关,开关 S2 将两相电源对调,控制电动机的正反转。设置开关 S1、S2 对应的键值分别为 A、B,如图 9-64 所示。

(5) M1 为三相差型异步电动机,其 ω_m 端输出的直流电压代表转轴的角速度,单位是 rad/s,可在此端接机械负载。直流电压表 U 的读数代表转轴的角速度,正负号代表转轴的转向,电动机的另一个输出端 Te 是电磁转矩测量端。

闭合开关 S1,启动电动机,电压表 U 的读数逐渐增大,代表电动机逐步加速。切换开关 S2 的状态,U 的极性变化,代表电动机的转向发生变化。

双击电动机符号,打开其参数设置对话框,如图 9-65 所示,可设置电动机的参数，电动机的参数主要与定子和转子电路中电阻、电感的数值有关，改变三相异步电动机的极对数(Number of Pairs)p，电动机的转速会发生变化。

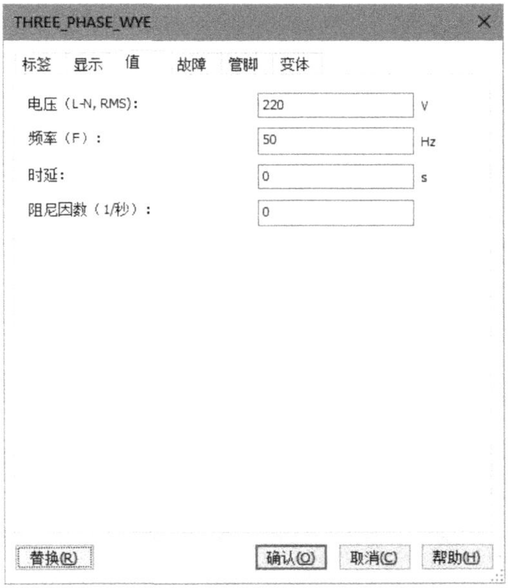

图 9-62　三相电源参数的设置

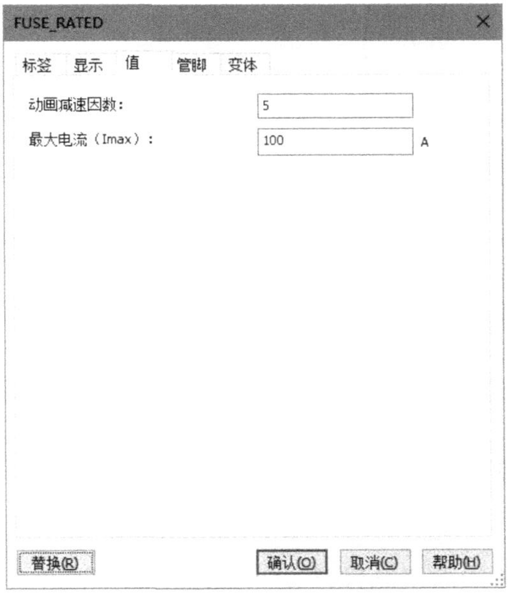

图 9-63　熔断器参数的设置

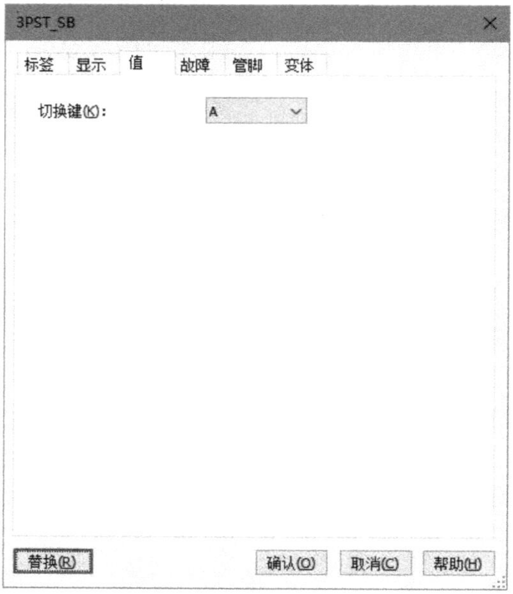

图 9-64　开关参数的设置

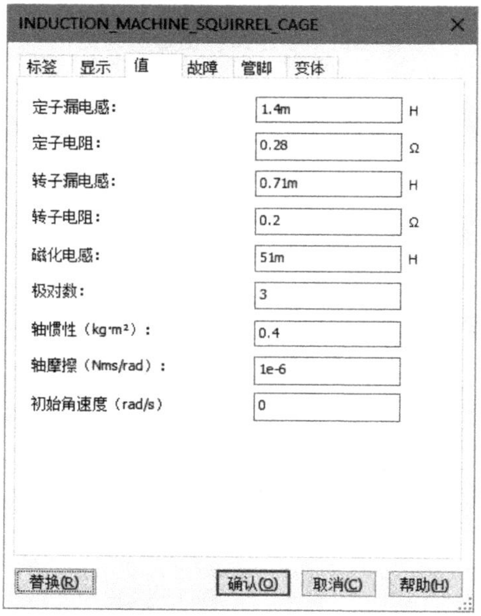

图 9-65　电动机参数的设置

9.4.5　共射极放大电路仿真实例

（1）选取元器件构建电路。新建一个设计，从 Multisim 元件库中选取电源、电阻、晶体管、示波器等元器件放置到电路设计界面中，修改元件的参数和名称，构建如图 9-66 所示的仿真电路。

在 Simulation 菜单中选择 Analysis and Simulation，在弹出的窗口中选择 DC Operation Point，点击 Run 按钮，可得直流静态工作点仿真结果，如图 9-67 所示。

(2) 运行仿真，得输出电压的波形如图 9-68 所示。从波形图可以看出，输出电压值比输入电压值放大了约 50 倍。验证了电路的电压放大作用。

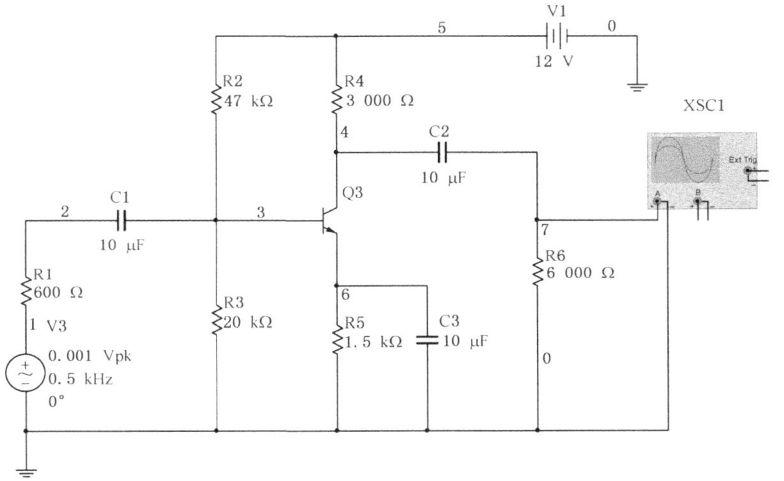

图 9-66　共射极放大电路仿真图

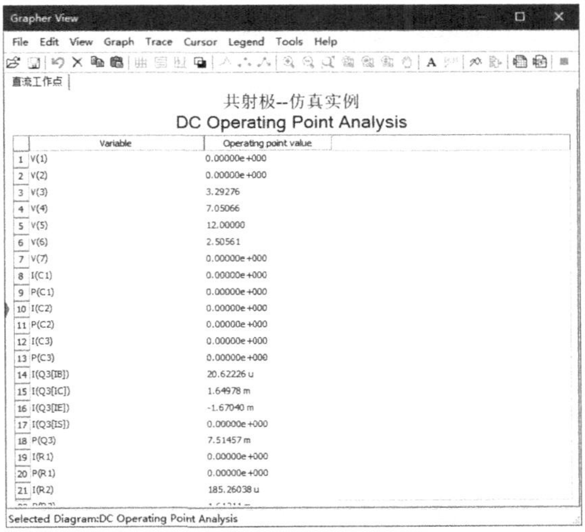

Grapher View

File Edit View Graph Trace Cursor Legend Tools Help

直流工作点

共射极--仿真实例

DC Operating Point Analysis

	Variable	Operating point value
1	V(1)	0.00000e+000
2	V(2)	0.00000e+000
3	V(3)	3.29276
4	V(4)	7.05066
5	V(5)	12.00000
6	V(6)	2.50561
7	V(7)	0.00000e+000
8	I(C1)	0.00000e+000
9	P(C1)	0.00000e+000
10	I(C2)	0.00000e+000
11	P(C2)	0.00000e+000
12	I(C3)	0.00000e+000
13	P(C3)	0.00000e+000
14	I(Q3[IB])	20.62226 u
15	I(Q3[IC])	1.64978 m
16	I(Q3[IE])	-1.67040 m
17	I(Q3[IS])	0.00000e+000
18	P(Q3)	7.51457 m
19	I(R1)	0.00000e+000
20	P(R1)	0.00000e+000
21	I(R2)	185.26038 u

Selected Diagram:DC Operating Point Analysis

图 9-67　共射极放大电路静态工作点仿真结果

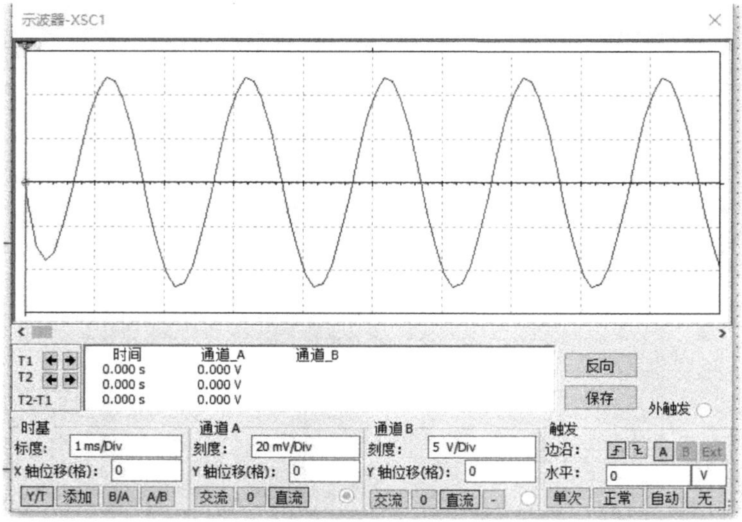

图 9-68 共射极放大电路输出电压波形图

9.4.6 同相加法运算电路仿真实例

如图 9-69 所示电路为两输入信号的同相加法运算电路，$R_1=R_2=R_3=6\ \mathrm{k\Omega}$，$R_4=R_F=12\ \mathrm{k\Omega}$，对图示电路进行仿真，输入电压 $u_{i1}=5\ \mathrm{V}$，$u_{i2}=3.5\sqrt{2}\sin 314t\ \mathrm{V}$，应用 Multisim 进行仿真。

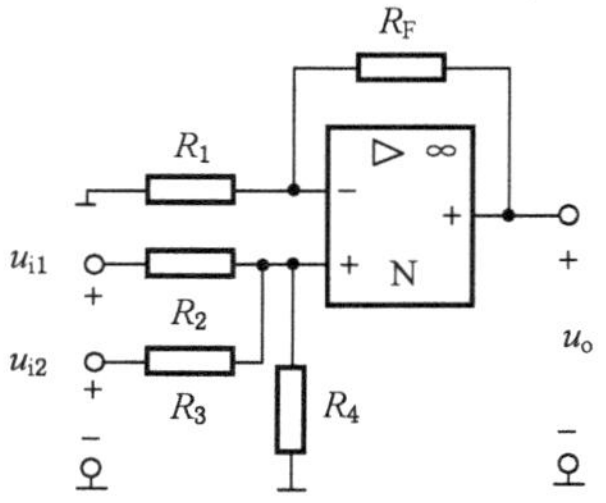

图 9-69 同相加法电路图

根据图 9-69 搭建仿真模型，如图 9-70 所示。

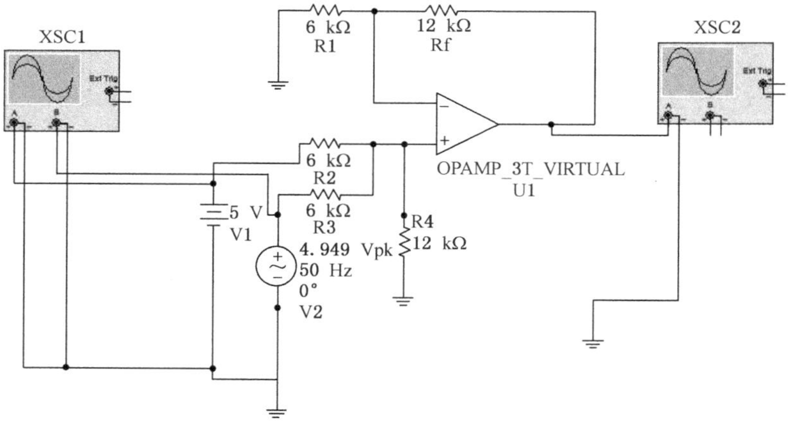

图 9-70 同相加法电路仿真模型图

从元件库中选取交流电源、直流电源、电阻、运算放大器、示波器，交流电源

u_{i2} 参数设置如图 9-71 所示。

图 9-71　交流电源 u_{i2} 参数设置

观察示波器，可以得到输入、输出的波形，分别如图 9-72、图 9-73 所示。从图 9-72中可以看出两路输入分别为直流和正弦交流电压。

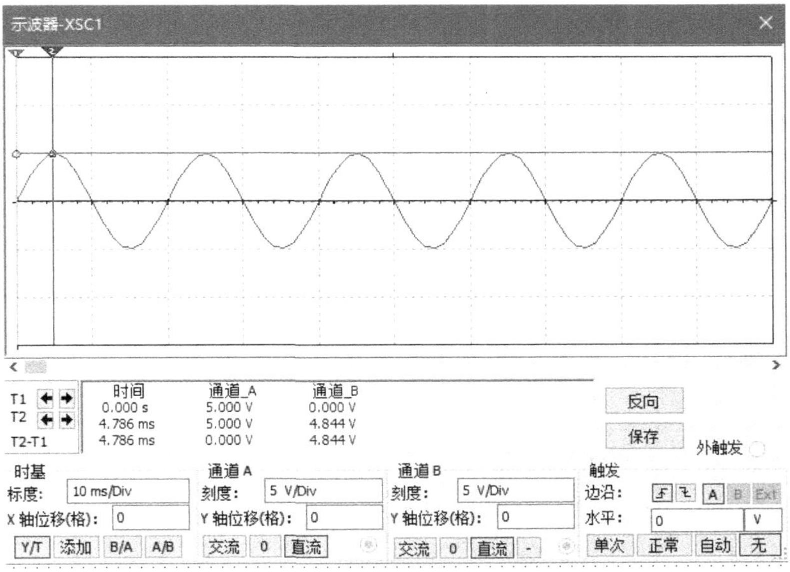

图 9-72　输入电压波形

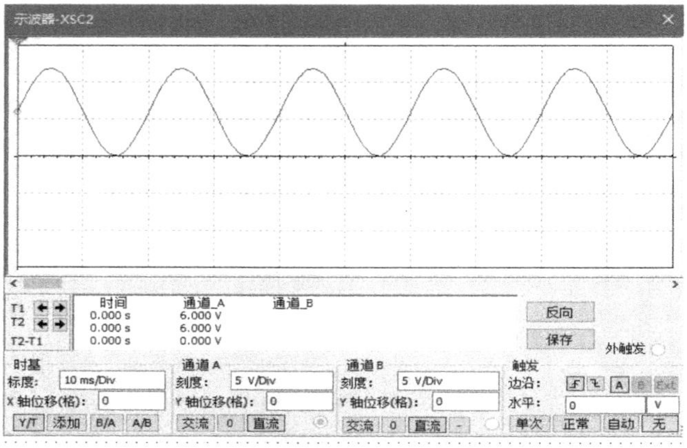

图 9-73　输出电压波形

9.4.7　电压比较器电路仿真实例

电压比较器电路如图 9-74 所示，运算放大器的最大输出电压 $U_{oM}=\pm12$ V，稳压管的稳定电压 $U_Z=6$ V，其正向压降 $U_D=0.7$ V，$u_i=12\sin\omega t$ V。当参考电压 $U_{REF}=\pm3$ V 两种情况下，求输出电压 u_o 的波形。

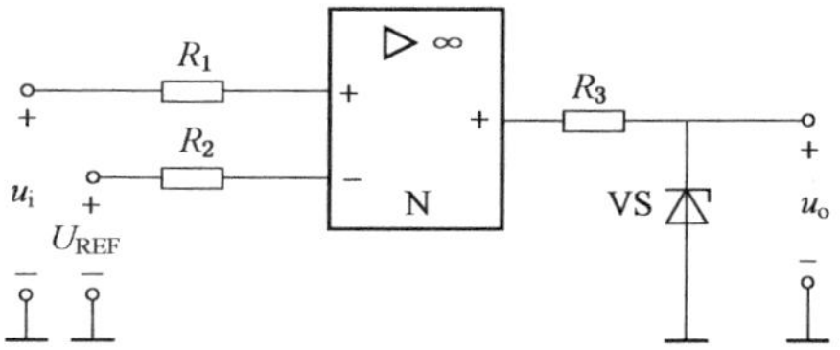

图 9-74　电压比较器电路图

(1) 选取元器件构建电路。根据所给的电路图，在 Multisim 软件中新建一个设计，从元件库中选取交流电源、直流电源、电阻、运算放大器、稳压管、示波器，放置到电路设计窗口中，修改相应元件的参数和名称，构建如图 9-75 所示的仿真电路。

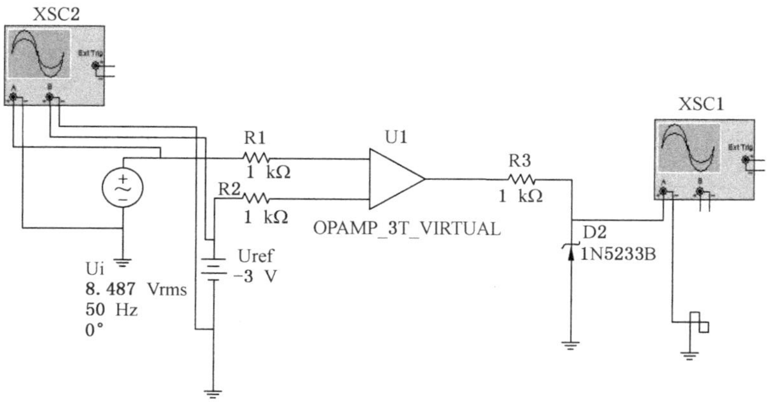

图 9-75　电压比较器电路仿真电路图

各元器件的所属库如表 9-3 所示。

表 9-3　电路仿真所需元器件及所属库

序号	元器件	所属库
1	交流电源 AC_POWER	Sources/power sources
2	直流电源 DC_POWER	Sources/power sources
3	电阻 RESISTOR	Basic/RESISTOR
4	接地 GROUND	Sources/POWER_SOURCES
5	运算放大器 OPAMP_3T_VIRTUAL	Analog/ANALOG_VIRTUAL
6	稳压管 1N5233B	Diodes/ZENER

（2）输入信号源电压为 $u_i = 12\sin\omega t$ V，设置交流电源的电压有效值为 8.487 V，频率为 50 Hz，如图 9-76 所示。

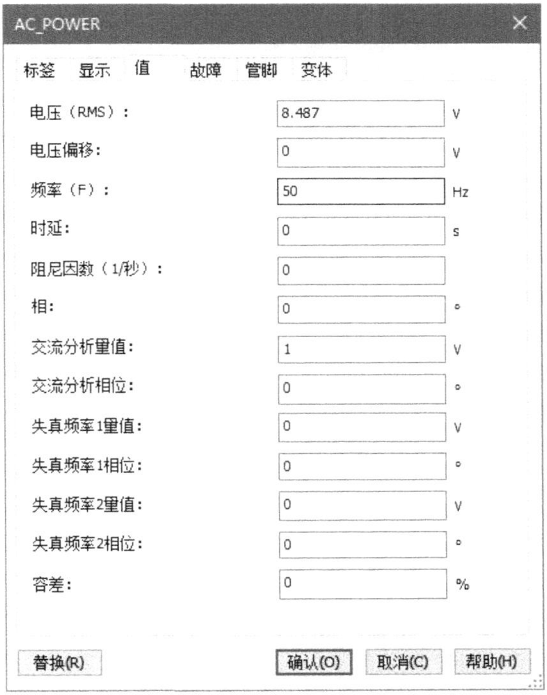

图 9-76　输入信号源电压有效值设置

（3）稳压管 VS 的稳定电压 $U_Z = 6$ V，正向压降 $U_D = 0.7$ V，选取合适的稳压管，参数设置如图 9-77所示。

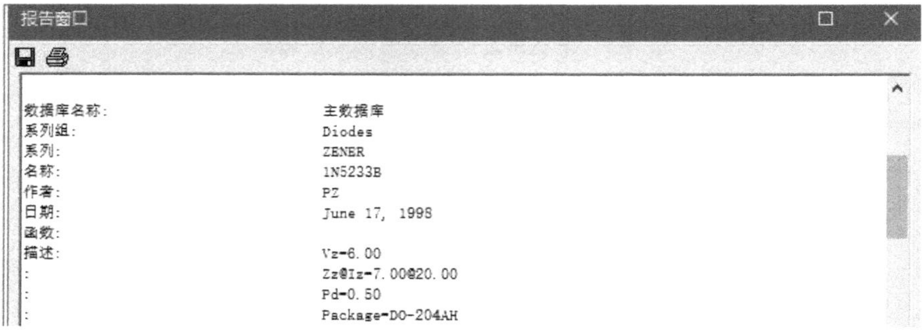

图 9-77　稳压管参数设置

图 9-74 中 $U_{REF}=\pm 3$ V，选取直流电源，需要在电路仿真中依次进行参数的修改。当参考电压修改为 $+3$ V 时，输入电压和输出电压的波形分别如图 9-78 和图 9-79 所示。

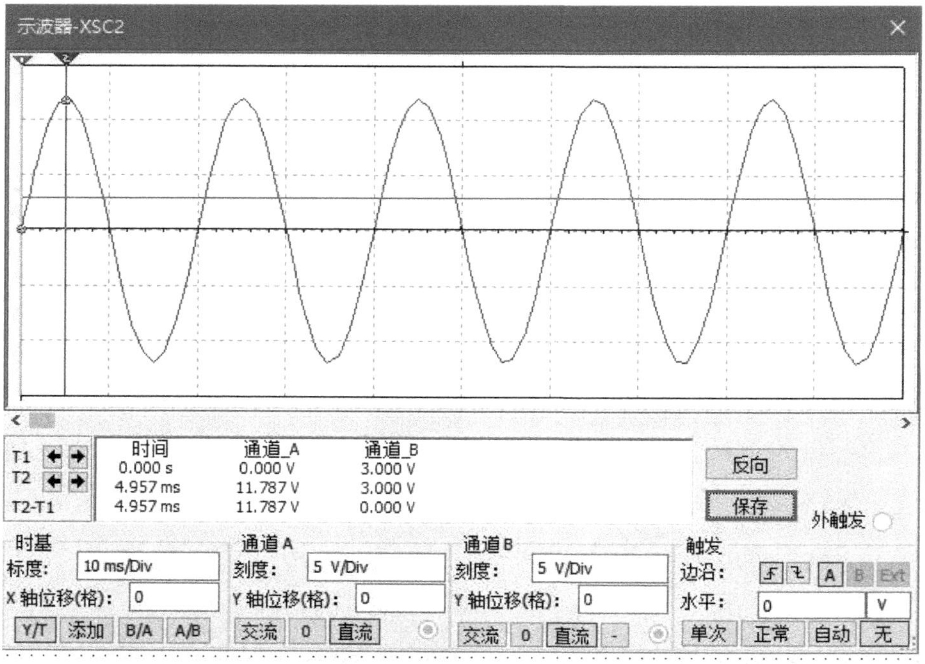

图 9-78　$U_{REF}=+3$ V 时电压比较器电路输入电压波形

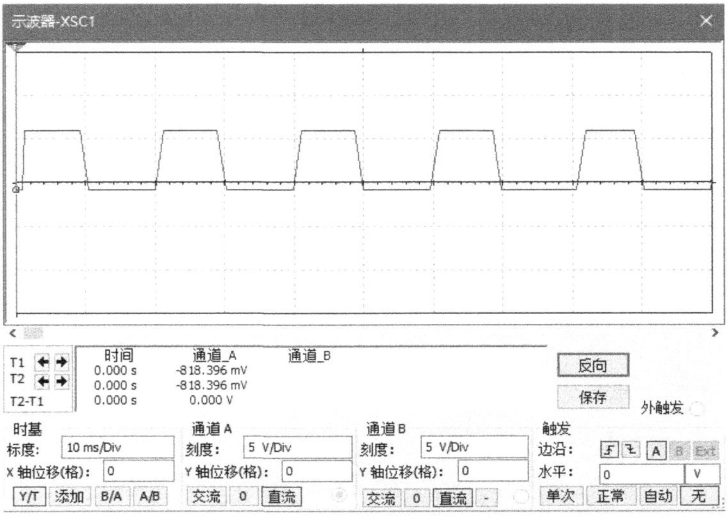

图 9-79　U_{REF}＝＋3 V 时电压比较器电路输出电压波形

当参考电压等于－3 V 时，观察示波器，输入电压和输出电压的波形分别如图 9-80 和图 9-81 所示。

9.4.8　竞赛抢答器电路仿真实例

以四人抢答电路为例。四人参加比赛，每人一个按钮，其中一人按下按钮后，相应的指示灯点亮，并且在没有清零时，其他人按下按钮不起作用。

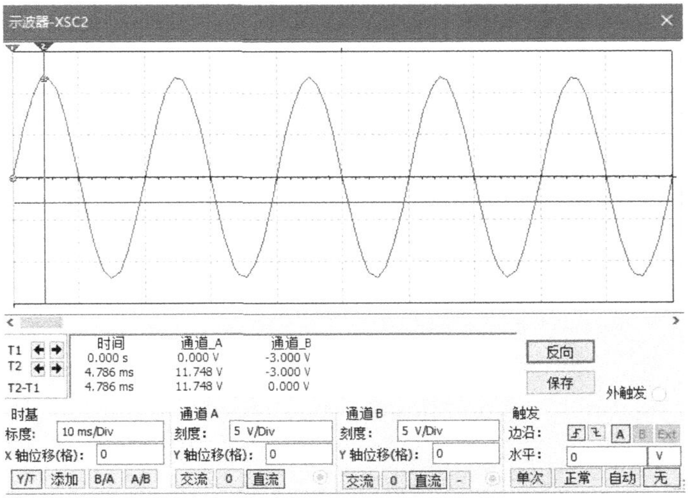

图 9-80　U_{REF}＝－3 V 时电压比较器电路输入电压波形

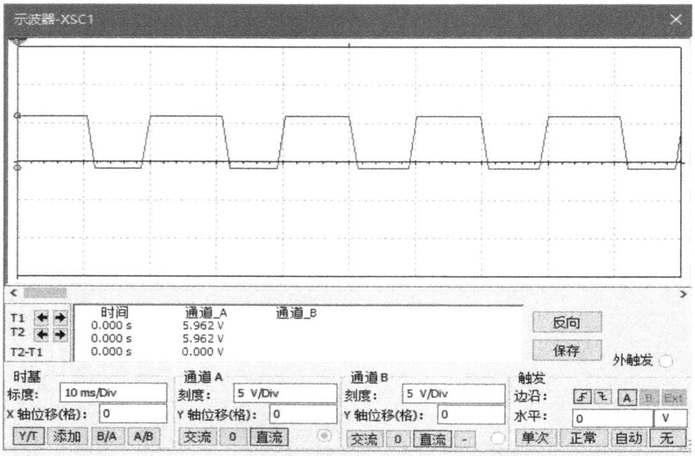

图 9-81　$U_{REF}=-3$ V 时电压比较器电路输出电压波形

以 74LS175N 四 D 触发器为核心器件设计四人竞赛抢答器电路，其中清零信号用于赛前清零，清零后电路结果如图 9-82 所示。

按下 #1 键后，X1 信号灯点亮，同时系统的时钟输入端被锁定。在上述情形下，按动其他按键，系统不响应动作。

9.4.9　NE555 定时器仿真实例

图 9-83 是一个防盗报警电路。a、b 两端被一细铜丝接通，此铜丝置于认为盗窃者必经之处。当盗窃者闯入室内将铜丝碰断后，扬声器即发出报警声（扬声器电压为 1.2 V，通过电流 40 mA）。用 Multisim 软件进行仿真，分析在电容 C 等于 0.01 μF、1 μF 两种情况下，测量电容 C 两端、扬声器两端的波形。

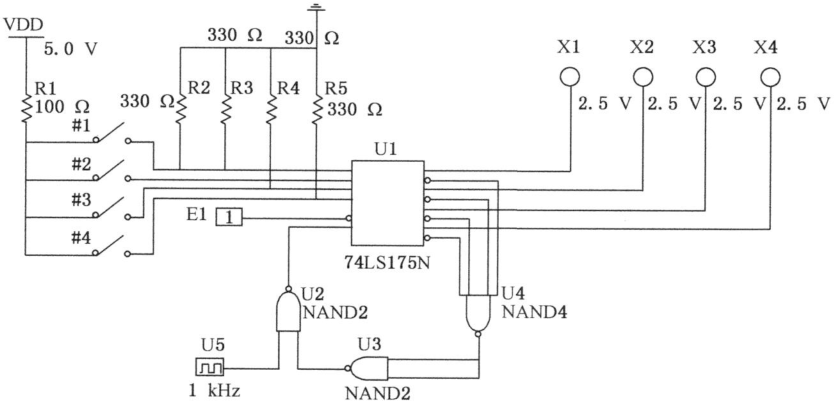

图 9-82　电路清零仿真模型图

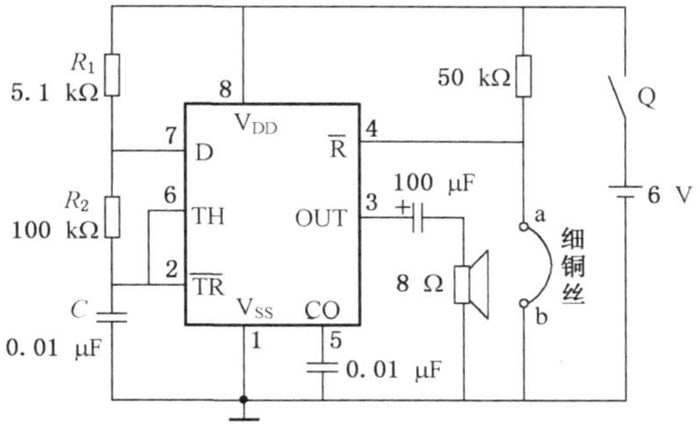

图 9-83 防盗报警电路

防盗报警电路仿真模型图如图 9-84 所示，波形图如图 9-85 所示。

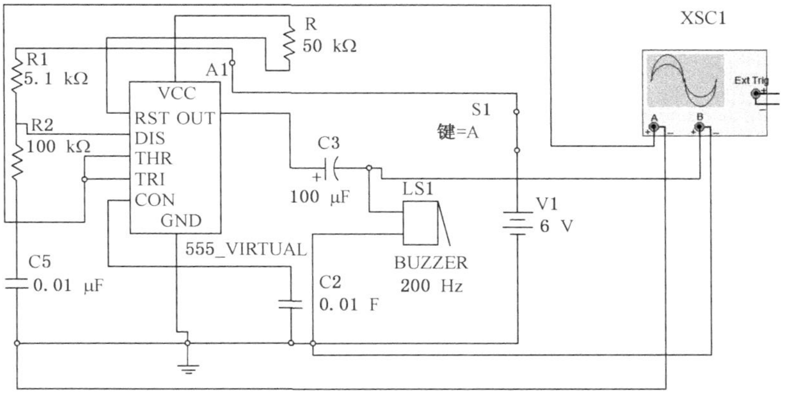

图 9-84 防盗报警电路仿真模型图

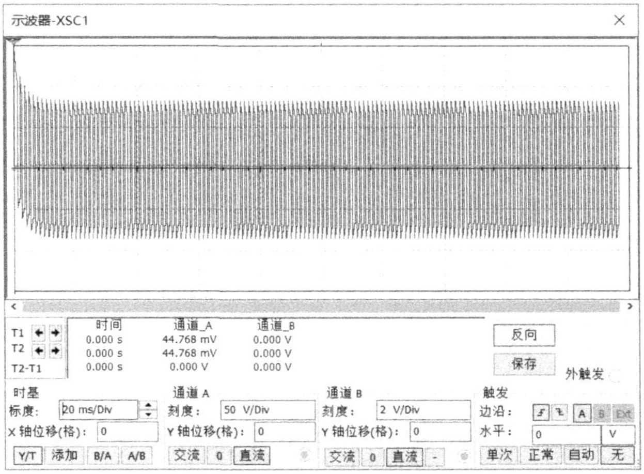

a) C=0.01 μF时电容器和扬声器两端的波形

图 9-85 电容器和扬声器两端的波形图

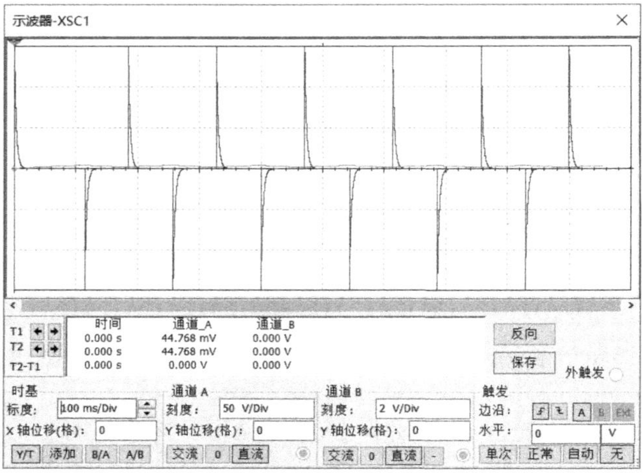

b) C=1 μF时电容器和扬声器两端的波形

续图 9-85

[思考题]

如图 9-61 所示，在 Electro_Mechanical/MACHINES 元件库中选取绕线式三相异步电动机 INDUCTION_MACHINE_SQUIRREL_WOUND，在其转子电子电路中串联可变电阻，在定子电路中串联交流电流表，在 ω_m 接直流电压表，改变可变电阻的阻值，观察工作电流、转速的变化规律。

习　　题

9-1　应用 Multisim 对图 9-86 所示电路和各个电源单独作用时的等效电路进行仿真，求出原电路中电压 U 及其各个分量，并与理论分析结果进行比较。

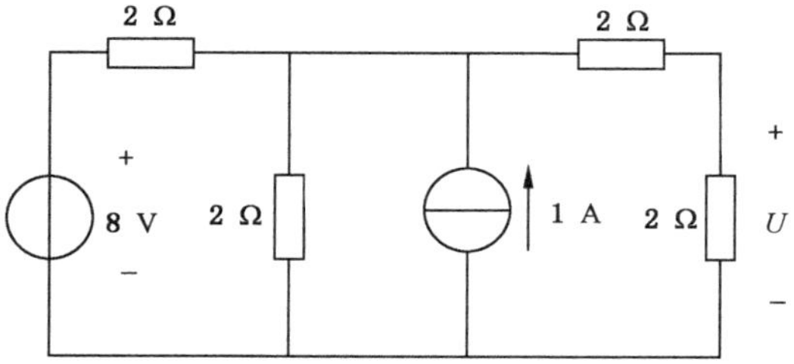

图 9-86　题 9-1 图

9-2　在线电压为 380 V 的三相电源上，接两组电阻性对称负载，如图 9-87 所示，用示波器观测三相电压的波形，并与理论分析结果进行比较。

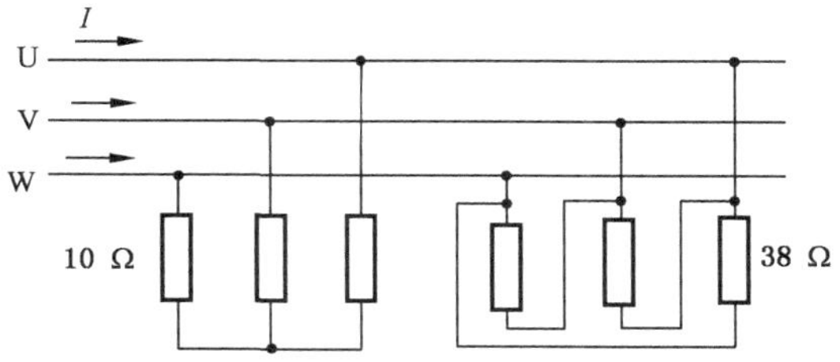

图 9-87　题 9-2 图

9-3　图 9-88 中，$E=5$ V，$u_i=10\sin\omega t$ V，二极管的正向压降可忽略不计，用示波器观测输出电压 u_o、电阻 R 上电压 u_R 和二极管 VD 上电压 u_VD 的波形。

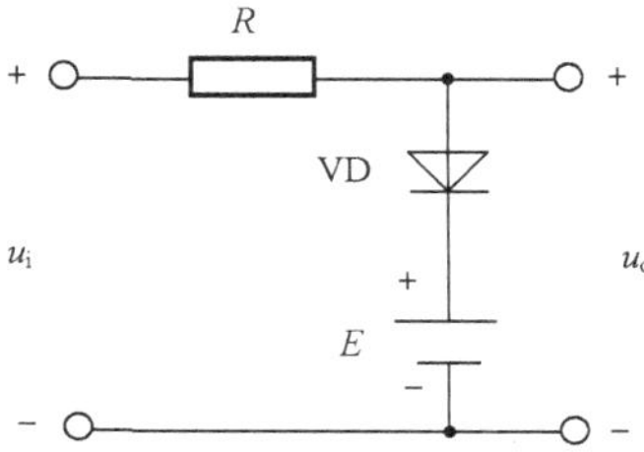

图 9-88　题 9-3 图

9-4　放大电路如图 9-89 所示，已知晶体管的 $\beta=60$，$r_{bb'}=300\ \Omega$，$u_s=15\sin 314t$ mV，其他参数如图中所示。求：

（1）若信号源内阻 R_s，仿真出放大电路带负载和不带负载时的输出电压 u_o 和 u_{o0} 的波形图；

（2）设 $R_s=0.85$ kΩ，作出带负载时的输出电压 u_o 波形图。

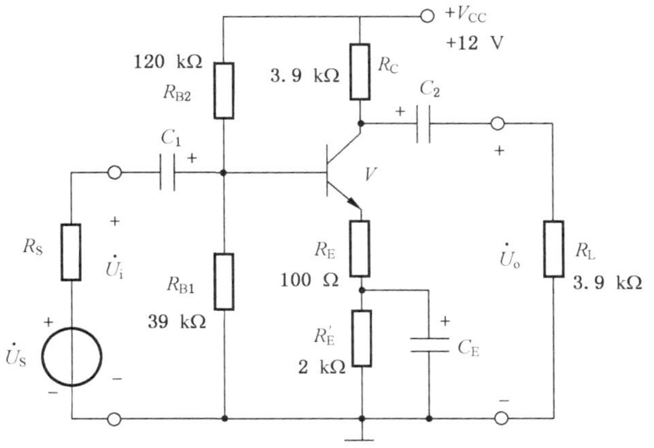

图 9-89　题 9-4 图

9-5　如图 9-90 所示电路是一种求和积分电路，设集成运放为理想元件，设

$u_{i1}=1$ V，$u_{i2}=2$ V。

(1) $R_1=R_2=50$ kΩ 时，C_F 分别为 100 μF、500 μF、1 000 μF、2 000 μF 时输出电压波形；

(2) $C_F=100$ μF 时，$R_1=R_2$，分别为 10 kΩ、100 kΩ、1 MΩ 时输出电压波形。

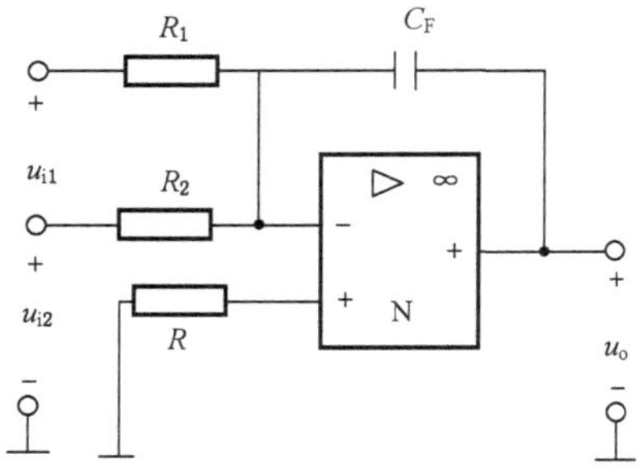

图 9-90　题 9-5 图

9-6　设计出四变量的判偶电路(四个变量中有偶数个 1 时，输出为 1)，并应用 Multisim 进行仿真验证。

9-7　用 JK 触发器制作 4 位同步二进制加法计数器，并用 Multisim 软件来仿真实现电路的功能。